W0258628

VERSTÄNDLICHE WISSENSCHAFT

DRITTER / VIERTER BAND

EINFÜHRUNG IN DIE WISSENSCHAFT VOM LEBEN

ODER

ASCARIS

VON

RICHARD GOLDSCHMIDT

SPRINGER-VERLAG

BERLIN · GÖTTINGEN · HEIDELBERG

1954

EINFÜHRUNG IN DIE WISSENSCHAFT VOM LEBEN

ODER

ASCARIS

VON

PROFESSOR DR. RICHARD GOLDSCHMIDT

ZOOLOGISCHES INSTITUT DER UNIVERSITY OF CALIFORNIA
BERKELEY, CAL. (USA)

DRITTE, VERBESSERTE UND VERMEHRTE AUFLAGE
9.–14. TAUSEND

MIT 160 ABBILDUNGEN

SPRINGER-VERLAG

BERLIN · GÖTTINGEN · HEIDELBERG

1954

Herausgeber der Naturwissenschaftlichen Abteilung:
Prof. Dr. Karl v. Frisch, München

ISBN-13: 978-3-642-86527-5   e-ISBN-13: 978-3-642-86526-8
DOI: 10.1007/ 978-3-642-86526-8

Meinen lieben Kindern

Inhaltsverzeichnis

Verzeichnis der aus anderen Werken entnommenen Abbildungen

Die Abbildungen sind zum Teil in Anlehnung an die in den genannten Werken veröffentlichten Abbildungen neu gezeichnet worden.

Abb. 82 aus *Kerner:* Pflanzenleben (Bibliographisches Institut, Leipzig).

Abb. 4, 10, 59, 60 aus *Brehm:* Tierleben (Bibliographisches Institut, Leipzig).

Abb. 110 aus *Gegenbaur:* Vergleichende Anatomie der Wirbeltiere (Wilh. Engelmann, Leipzig).

Abb. 136, 137 (nach *Boveri* und *Goldschmidt*), 141 (nach *Gruben-Rüdin*), 142 (nach *Wilson*) aus *Goldschmidt:* Einführung in die Vererbungswissenschaft (Wilh. Engelmann, Leipzig).

Abb. 85, 103, 108, 115, 134, 157 aus *Günther:* Vom Urtier zum Menschen (Deutsche Verlagsanstalt, Stuttgart).

Abb. 147 aus *Baur* und *Goldschmidt:* Wandtafeln (Gebr. Borntraeger, Berlin).

Abb. 100 aus *Buchner:* Tier und Pflanze in intrazellulärer Symbiose (Gebr. Borntraeger, Berlin).

Abb. 140, 143 (nach *Correns*) aus *Correns* und *Goldschmidt:* Vererbung und Bestimmung des Geschlechts (Gebr. Borntraeger, Berlin).

Abb. 121 (nach *Smith*), 125 (nach *Steinach*), 126 (nach *Goodale*), 127, 144—146 aus *Goldschmidt:* Mechanismus und Physiologie der Geschlechtsbestimmung (Gebr. Borntraeger, Berlin).

Abb. 14 aus *Abel:* Paläobiologie (Gust. Fischer, Jena).

Abb. 6a, 31, 39, 48, 61, 72, 73, 75, 114, 118, 128 aus *Boas:* Lehrbuch der Zoologie (Gust. Fischer, Jena).

Abb. 2, 9, 11, 55, 148 (nach *Enderlein*) aus *Chun:* Tiefen des Weltmeeres (Gust. Fischer, Jena).

Abb. 83, 84 aus *Doflein:* Ameisenlöwe (Gust. Fischer Jena).

Abb. 42 u. 43 (nach *Retzius* aus *Baglioni*), 52c—53—54 (nach *Heß*), 65 (nach *Huxley* aus *Mangold*), 87a/b (nach *Jennungs* u. *Uexküll*), 90. 92, 99 (nach *Biedermann*), 104 (nach *Haeckel* aus *Biedermann*), 105 (nach *Bujard* aus *Biedermann*): Handbuch der vergleichenden Physiologie (Gust, Fischer, Jena).

Abb. 112a/b aus *Hertwig:* Allgemeine Biologie (Gust. Fischer, Jena).

Abb. 112c aus *Hertwig:* Handbuch der vergleichenden und experimentellen Entwicklungsgeschichte (Gust. Fischer, Jena).

Abb. 113 (nach *Balfour*) aus *Hertwig:* Lehrbuch der Entwicklung der Menschen und Wirbeliere (Gust. Fischer, Jena).

Abb. 158 aus *Hertwig:* Lehrbuch der Entwicklungsgeschichte (Gust. Fischer, Jena).

Abb. 81, 131, 132 aus *Hertwig:* Lehrbuch der Zoologie (Gust. Fischer, Jena).

Abb. 23a/b (nach *Bordage*), 25 (nach *Morgan*), 27 (nach *Harrison*) aus *Korschelt:* Regeneration und Transplantation (Gust. Fischer, Jena).

Abb. 112d aus *Korschelt-Heider:* Lehrbuch der vergleichenden Entwicklungsgeschichte der wirbellosen Tiere (Gust. Fischer, Jena).

Abb. 66 aus *Kühn:* Orientierung der Tiere im Raum (Gust. Fischer, Jena).

Abb. 51, 52 a/b, 86, 107, 129, 133 (nach *Schulze*), 135 (nach *Hofer*) aus *Lang:* Vergleichende Anatomie der Wirbellosen (Gust. Fischer, Jena).

Abb. 82 aus *Strasburger:* Lehrbuch der Botanik (Gust. Fischer, Jena).

Abb. 63 aus *Wiedersheim:* Lehrbuch der vergleichenden Anotomie der Wirbeltiere (Gust. Fischer, Jena).

Abb. 149, 150 aus *Ziegler:* Vergleichende Entwicklungsgeschichte der niederen Wirbeltiere (Gust Fischer, Jena).

Abb. 49 (nach *v. Frisch*) aus Zoologische Jahrbücher 1914 (Gust. Fischer, Jena).

Abb. 40 aus *Spalteholz:* Handatlas der Anatomie des Menschen (S. Hirzel, Leipzig).

Abb. 50 *Tigerstedt:* Lehrbuch der Physiologie des Menschen (S. Hirzel, Leipzig).

Abb. 123 aus *Brandt:* Grundriß der Zoologie (Hirschwaldsche Buchhandlung, Berlin).

Abb. 93, 96 aus *Escherich:* Termiten (Werner Klinkhardt, Leipzig).

Abb. 102 aus *Pfurtscheller:* Zoologische Wandtafeln (A. Pichler's Wwe. & Sohn, Wien).

Abb. 120 (nach *Doflein*), 161 (nach *Leuckart*) aus *Goldschmidt:* Fortpflanzung der Tiere (B. G. Teubner, Leipzig).

Abb. 5 (nach *Pfurtscheller*), 8 (nach *Chun*), 15, 21b, 22, 29 (nach *Spengel*schen Präparaten), 56, 57, 67 (nach *Hertwig* u. *Claus*), 74 (nach *Forel*), 76, 80 (nach *Delage*), 88, 89, 91, 94, 116 (nach *Zeller*), 117 (nach *Brandes*), 130 (nach *Meisenheimer*), 156 aus *Hesse-Doflein:* Tierbau und Tierleben (B. G. Teubner, Leipzig).

Abb. 95, 106 aus *Kraepelin:* Einführung in die Biologie (B. G. Teubner, Leipzig).

Abb. 17 (nach *Jewolff* u. *H. v. Meyer*), 20 (nach *Hesse-Doflein*), 38 (nach *Hesse-Doflein*) aus *Hanstein:* Tierbiologie (Quelle & Meyer, Leipzig).

Abb. 151 (nach *Wilson*), 152 (nach *Spemann*) aus *Dürken:* Einführung in die Experimentalzoologie (Verlag Julius Springer, Berlin).

Abb. 119 aus *Goldschmidt:* Die quantitative Grundlage von Vererbung und Artbildung (Verlag Julius Springer, Berlin).

Abb. 68, 124 aus *Höber:* Lehrbuch der Physiologie des Menschen (Verlag Julius Springer, Berlin).

Abb. 41, 98 aus *Röseler-Lamprecht:* Leitfaden für biologische Übungen Verlag Julius Springer, Berlin).

Abb. 122 (nach *Looß*) aus *Selenka-Goldschmidt:* Zoologisches Taschenbuch (Georg Thieme, Leipzig).

Abb. 32 (nach *Schulze*) aus *Schimkewitsch:* Lehrbuch der vergleichenden Anatomie (Schweizerbart, Stuttgart).

Abb. 44, 45 aus *Prenant Bouin, Maillard:* Traité d'Histologie (Masson & Cie, Paris).

Abb. 16 (nach *Marey*) aus *Cuénot:* La génèse des espèces animales.

Die Abb. 1, 6b, 21a, 26, 28, 30, 33—37, 46, 47, 58, 62a—d, 67, 70, 71, 77, 78, 97, 101, 109, 111, 138, 139, 153, 154, 159 sind Originale, Abb. 18a-b nach einer Photographie von Professor *Poll*, Abb. 3 nach einem alten japanischen Holzschnitt, Abb. 7 aus der japanischen Kinderfibel. Abb. 12 (nach *Brauer*), 19 (nach *Schmidt*), 24 nach *Tornier*), 69 (nach *Goldschmidt*), 79 (nach *Nerlsheimer*), 148 (nach *Boveri* u. *Spemann*), 155 (nach *Courlin*).

I. Der Spulwurm unterrichtet uns über Anpassung

Ascaris, ein wohlklingender Name! Die Gelehrten, die es sich in den Kopf gesetzt haben, allen den zahllosen Tieren und Pflanzen griechische und lateinische Namen zu geben, haben es sich oft dabei nicht weniger sauer werden lassen als mancher Vater, der ganze Büchereien durchstöbert, bis er einen Namen gefunden, der seines Kindes würdig ist. Und dabei ergeht es oft beiden recht ähnlich: ein armer Schwächling heißt zeitlebens Achilles und ein vierschrötiger Gesell führt den sanften Namen Damian; die Naturforscher aber haben den Namen der holdseligen Aphrodite einem borstigen Wurm gegeben, Clio, die liebliche Muse, schwimmt als quabblige Schnecke im Weltmeer umher und Stentor, der gewaltige Rufer im Streit, ist ein mikroskopischer Bewohner des Wassertropfens. Nach diesen Vorbereitungen nun heraus mit dem Geständnis: Ascaris ist ein Spulwurm, eines jener verachteten Wesen, vor denen jedermann graust. Pfui, wer mag einen Wurm anrühren und noch dazu einen, der in den Eingeweiden von Tier und Mensch haust! Nun aber gar ein Buch über ein so verachtungswürdiges Geschöpf zu schreiben! Der Naturforscher ist aber doch anderer Ansicht. Er hat die Natur des Kindes. Auch dies faßt jeden Wurm an und sucht sein Wesen zu ergründen, bis ihm andere beibringen, daß dies ekelhaft sei. Und wieviel Fragen vermag ein Kind über einen Wurm zu stellen, die du, verehrter Leser, nicht beantworten kannst? Warum sollen wir ihn darum nicht einmal vornehmen und so lange fragen, bis er uns seine ganze Geschichte und darüber hinaus viele andere Geschichten erzählt hat? Ich vermute fast, daß dann seine Häßlichkeit bald vergessen wird und er uns als ein, wenn nicht ebenso schönes, so doch ebenso bemerkenswertes Glied der Schöpfung erscheinen wird wie Pfau und Paradiesvogel. Doch seien wir lieber gleich ehrlich! Der Wurm Ascaris ist wirklich nur ein halbernster Vorwand, sagen wir sogar ein Trick, an dem wir unsere Betrachtungen über die Erscheinungen der lebenden Natur verankern wollen. Wir hätten auch eine Fliege oder einen Elefanten, einen Fisch oder den Menschen wählen können. Der Wurm symbolisiert nur die allgemeine Wesensgleichheit alles Lebendigen!

1. Einseitige Anpassung

Ein Schmarotzer! So etwas kann man doch nicht zu den ehrenwerten Geschöpfen rechnen! Während andere unter ständigen Kämpfen und Gefahren ihr Dasein fristen, im Schweiß ihres Angesichts ihr Brot verdienen, lebt er untätig mitten im Überfluß, sozusagen im Reisbreiberg des Schlaraffenlandes und verzehrt mühelos die Nahrung, die sein unfreiwilliger Gastwirt für seinen eigenen Verbrauch verdaut hat. Geht es seinem Wirt gut, so geht es auch ihm gut. Aber wehe ihm, wenn sich das ändert! Denn mit diesem Leben der Üppigkeit hat er auch seine Freiheit verkauft. Stirbt der Wirt, so stirbt auch sein getreuer Schmarotzer mit ihm! Erkrankt der Darm des Wirtes, so mag das auch ein Ende des Wurmes bedeuten. Verzehrt der Wirt Dinge, die der verwöhnte Wurm nicht vertragen kann — tut er es absichtlich, so sagen wir, daß er ein Wurmmittel nimmt —, so muß der Schmarotzer, der in seinem Gefängnis nicht ausweichen kann, heraus, d. h. in den sicheren Tod. Und wie eng ist sein Gefängnis! Man glaube nun nicht etwa, daß er unfähig sei, sich hinauszubewegen. Man beobachte einmal ein paar lebensfrische Tiere in einem Glas, wie sie sich mit heftigen Bewegungen hin und her schlängeln. Ohne Zweifel vermöchten sie auch herumzuwandern, und in der Tat erwacht manchmal in ihnen die Wanderlust und führt sie aus ihrem sicheren Wohnort, dem Dünndarm, in Abenteuer hinaus. Aber wohl nie kehrt einer von einer Wanderfahrt lebend heim. Da liegt ganz nahe von ihrer Behausung, auf dem Wege ins Freie, der Dickdarm. Aber wehe dem, der dort einen Besuch abstattet! Er muß zur Strafe das Land verlassen und in dem Schmutz einer Kloake sterben. Auch auf der anderen Seite winkt ein Ausgang: dort geht es in den Magen. Aber auch da geht es dem Wanderer nicht besser. Zunächst kann er das Klima dort gar nicht vertragen: in seinem Dünndarm herrschte die milde Beschaffenheit der Umgebung, die die Wissenschaft als alkalisch bezeichnet. Hier im Magen aber ist es höchst sauer. Dem Magen jedoch ist der Eindringling auch nicht willkommen, und er wirft ihn einfach hinaus, zum großen Schreck der Mutter, deren

Kind Würmer erbricht. Aber am allerunvernünftigsten ist es doch, wenn Herr oder Frau Ascaris (Abb. 1) es sich in den Kopf gesetzt haben, neue Gegenden zu erforschen. Glücklicherweise ist dieser Einfall selten, denn er endet mit dem Selbstmord des Wurmes und der Ermordung seines Wirtes samt allen in ihm lebenden Brüdern und Schwestern des Verbrechers. Ein solcher Geselle bohrt sich nämlich

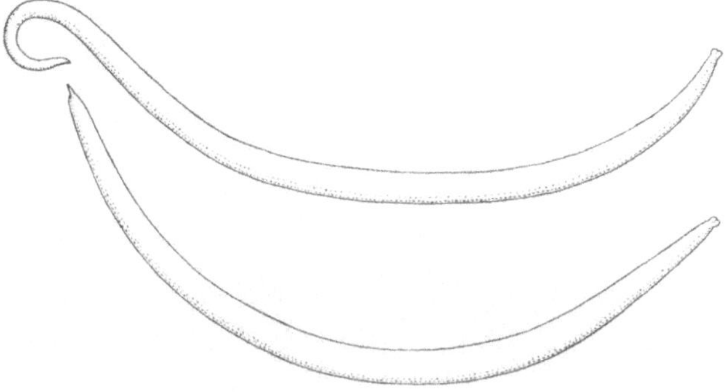

Abb. 1. Ascaris.

durch die Darmwand hindurch und wandert, wohin er gelangen kann. Es ist schon vorgekommen, daß dies die Lunge war und von da ist es ja durch die Luftröhre gar nicht so weit bis zur Nase: einem solchen armen Kranken konnte man wirklich die Würmer aus der Nase ziehen.

So hat denn, das ist klar, der Schmarotzer sein Leben im Reisbreiberg teuer erkauft mit dem Verlust jeglicher Freiheit. Nur auf engem Raum vermag er zu leben, jeder andere Ort bedeutet Tod. Er kann nur essen, was sein Wirt ihm verdaut hat. Hungert jener, so hungert auch er, jenes Krankheit ist seine Krankheit, jenes Tod sein Tod. Er hat eben all sein Sach' auf eins gestellt, hat sich vor einer Menge Gefahren des Kampfes ums Dasein an einen sicheren Platz geflüchtet und ist dafür hilflos geworden, wenn irgend etwas in seiner behaglichen Umgebung sich ändert. Mit seiner Eingewöhnung in ganz besondere und einzigartige Bedingungen ist er auch diesen rettungslos ausgeliefert.

2. Anpassung überall

Ist nun solch sklavisches Abhängigkeitsverhältnis des Schmarotzers von seinem Wirt wirklich so etwas Besonderes und Einzigartiges? Ist es vielmehr nicht nur ein, wenn auch etwas weitgehender Fall alltäglichen Vorkommens? Sehen wir uns doch einmal in der Natur um und versuchen uns auszumalen, wie es einem in seiner Art

Abb. 2. Kormorane.

vollkommenen Geschöpf ergehen muß, wenn es seine natürliche Umgebung verläßt. Wenn der Spulwurm, an dessen unappetitliche Gewohnheiten wir uns nun schon etwas gewöhnt haben, aus der behaglichen Körperwärme seines Wirtes hinaus ins Freie gelangt, ist er alsbald kältestarr und muß auch bei tropischer Hitze erfrieren. Geht es denn aber den Tieren und Pflanzen heißer Zonen, die wir unserem rauhen Klima aussetzen, schließlich nicht ebenso? Welch ein Unterschied zwischen den Menschenaffen tropischer Urwälder, wie sie kreischend und zankend in den Wipfeln himmelhoher Bäume herumturnen und den armseligen Geschöpfen, die in Tiergärten unsere Schaulust befriedigen, um früher oder später dem Bundesgenossen der Kälte, der Schwindsucht, zu erliegen! Welcher Unterschied zwischen der stolzen Palme am Strand einer Kokosinsel und dem armen, kältestarren Geschöpf unserer Gärten!

Habt ihr schon einmal in einem Tiergarten die merkwürdigen, heiser krächzenden Vögel mit dem schlanken Körper und dem langen Hals, die Kormorane, gesehen (Abb. 2)? Auf den Felsklippen der kalifornischen Küste sitzen sie zu Tausenden und erfüllen die Luft mit ihrem Gekrächze. Von Zeit zu Zeit erhebt sich

Abb. 3. Kormoranfischerei.

einer und fliegt in schwerfälligem Flug davon; aber man sieht es ihm an, die Luft ist nicht sein Element. Nun solltet ihr aber den plumpen Gesellen sehen, wenn er, von der geschickten Hand eines japanischen Fischers an langer Schnur regiert, nachts bei loderndem Fackelschein am Nagarafluß Forellen jagt (Abb. 3). Wie ein Blitz schießt er unter Wasser hin und her, um mit der Beute im Schnabel aufzutauchen, sie hinunterzuwürgen und schon nach einer frischen zu tauchen. In wenigen Minuten ist sein langer Hals mit an die hundert Fische gefüllt, die ganz hinunter zu schlucken eine festgebundene Schnur verhindert. Und gutmütig spuckt er sie alle in den Korb des Fischers. Nun aber stelle man sich vor, daß dieser unvergleichliche Tauchvogel an einen Platz versetzt würde, an dem es kein Wasser und keine Fische gibt. Wäre er imstande, sich wie eine Schwalbe im schnellen Flug Insekten zu erhaschen? Niemals! Er

Abb. 4. Ameisenbär.

wäre hilflos verloren, genau wie der Spulwurm außerhalb des Körpers. Denn auch er besitzt seine ganz besonderen Fähigkeiten, ist einer bestimmten Lebensweise angepaßt und damit auch völlig abhängig von seiner Umgebung.

Trifft das nicht überall zu, wohin man in der belebten Natur blickt? Habt ihr etwa schon einmal das abenteuerliche Wesen mit dem riesenlangen buschigen Schwanz, dem langen, dünnen Kopf und den winzigen Äuglein geschen, den Ameisenbär (Abb. 4)? Aus seinem röhrenartigen Maul schießt er eine riesenlange Zunge hervor zur Erde und zieht sie mit ein paar anklebenden Insekten zurück, von denen er sich jahrein, jahraus ernährt. Laßt alle Insekten in seiner Umgebung verschwinden, so muß er sterben und verderben, auch wenn Tausende flinker Mäuschen um ihn herumlaufen, an denen sich sein Nachbar im Käfig, der Fuchs, leicht gütlich tun würde. In gleicher Weise könnten wir uns überall in der Welt umsehen und würden bemerken, daß mehr oder weniger alle Lebewesen in ihrer Art ebensolche Eigenbrödler des Lebens sind wie unser Spulwurm. Da muß ich denn an den Mann denken, den ich in einem der Riesenschlachthäuser Chikagos sah, der, tagaus, tagein von früh bis abends auf einem Fleck stehend, mit den sicheren Bewegungen einer Maschine, ein Schwein nach dem andern abstach, das auf einer Schienenrolle aufgehängt an ihm vorbeisauste. Ob er wohl nach Jahren noch imstande wäre, als Robinson auf einer einsamen Insel sein Leben zu fristen?

3. Unverdaulichkeit als Anpassung

Auf was man nicht alles von einem Spulwurm aus kommt! Da fällt mir eine kleine Geschichte aus meiner Gymnasialzeit ein. Auf einem jener Maiausflüge, die den Höhepunkt des Schuljahres bildeten, fischten wir in dem Weiher nahe einer sagenumwobenen Odenwaldsburg Molche oder, wie wir es damals nicht ganz einwandfrei nannten, Salamander. Da kam ein Junge auf den gräßlichen Gedanken, eine Wette anzubieten, daß er einen lebenden Molch hinunterschlucken könne. Die Wette wurde angenommen und gewonnen. Was wurde aus dem Molch? Kein Zweifel, nichts anderes, als aus dem Stück Fleisch der vorhergehenden Mahlzeit oder aus der Auster, deren Schicksal es ist, lebend verschluckt zu werden: er wurde verdaut. Merkt ihr nun, weshalb mir diese Geschichte wieder einfiel? Nun, warum wird denn der Molch und die Auster verdaut, der Spulwurm aber lebt ungestört in dem gleichen Darm, ringsumher Auflösung, der er selbst nicht verfällt? Da sollten wir erst einmal wissen, was „verdauen“ eigentlich bedeutet, und das ist, wenn wir nicht gar zu unbescheidene Fragen stellen, leicht zu erfahren. Wirf ein Stück Zucker in Wasser und es löst sich alsbald auf. Wirf aber ein Stück Fleisch in das Wasser und es bleibt unverändert. Nun gehe in die Apotheke und kaufe dir ein Gläschen eines gelblichen Pulvers mit der Aufschrift „Trypsin“. Setze davon dem Wasser einiges zu und stelle das Glas in einen Wärmeschrank, in dem es ebenso warm ist wie in unserem Darm. Zu deinem Erstaunen wirst du sehen, daß sich nun das Fleisch auch auflöst. Was ist geschehen? Das geheimnisvolle Pulver, das wir zusetzten, ist einer jener Stoffe, die wir Umwandler nennen — die Wissenschaft spricht

so gern lateinisch oder griechisch und sagt „Enzym", — deren Wesen
es ist, daß ihre bloße Anwesenheit genügt, um andere Stoffe in
ihrer Beschaffenheit umzuwandeln. In unserem Fall hat das Tryp-
sinpulver die Stoffe des Fleisches so umgewandelt, oder, richtiger
gesagt, so zerlegt und in neue Zusammenhänge gebracht, daß sie
jetzt ebenso löslich sind wie der Zucker, mit anderen Worten, das
Fleisch ist verdaut worden. So seht ihr, was Verdauung ist: unlös-
liche Stoffe, die das Lebewesen als Nahrung verzehrt, werden durch
die unwiderstehlich umwandelnde Wirkung der Enzyme in Lösliches
zerlegt und umgeordnet. Denn nur in gelöster Form können die
Stoffe weiter vom Darm aus in den Körper gelangen und ihm seine
Nahrung liefern.

Vielleicht hat euch diese merkwürdige umwandelnde Kraft der
Enzyme zunächst etwas in Erstaunen gesetzt. Aber besinnt euch nur
ein wenig, dann bemerkt ihr, daß sie euch eigentlich ganz vertraut ist.
Die Bäuerin setzt der Milch Labkraut zu, um Käse zu erhalten, natürlich, weil das Labkraut ein solches Enzym, das Lab, enthält, das die
Stoffe der Milch so umwandelt, daß sie zu Käse wird. Die spar-
same Hausfrau, der der Arzt verordnet hat, Kefirmilch zu trinken,
kauft sich nur die erste Flasche und wandelt mit einem Rest, den sie
gewöhnlicher Milch zusetzt, diese in Kefir um. Es ist klar, daß sie
mit jenem Rest nur das notwendige Enzym zusetzte in Gestalt
enzymbereitender Bakterien. Der Bierbrauer würde aber wohl aus
seinem Gerstenbrei nie Bier bekommen, wenn er nicht in Gestalt
der Hefe die Bereiter des unumgänglich notwendigen Enzyms
zusetzte, nachdem die Gerste durch Einweichen verzuckert ist. Das
Hefeenzym aber vergärt den Zucker zu verderblichem Alkohol und
prickelnder Kohlensäure.

Nun aber zurück zu unserem Spulwurm! Der Salamander wurde
verdaut, weil er für die Enzyme des Darms nichts anderes war als
ein jedes Stück Fleisch. Wenn also der Spulwurm im gleichen Darm
lebt, so muß er einen Schutz gegen Verdautwerden besitzen. Ist er
vielleicht unangreifbar? Durchaus nicht. Denn stirbt er innerhalb
des Darmes, so wird er alsbald auch verdaut. Er muß also wohl,
solange er lebt, selbst etwas gegen das Verdautwerden tun. Wenn
der Arzt zu einem Mann gerufen wird, der sich vergiftet hat, so
gibt er ihm schleunigst das richtige Gegengift, das die zerstörende
Wirkung aufhebt. Nicht viel anders ist das Verfahren, mit dem sich die

Ascaris vor dem Verdautwerden schützt: sucht das Enzym sie zu verdauen, so setzt sie dem ein Gegenenzym entgegen, das jene Wirkung verhindert.

4. Was der Blutegel tut

Das ist nun zweifellos etwas recht Erstaunliches, was der Spulwurm da fertig bringt und wir beginnen sicher bereits, das häßliche Geschöpf etwas wohlwollender zu betrachten; denn wirkliche Leistungen sollen stets Ehrfurcht einflößen. Wir haben es uns nun einmal in den Kopf gesetzt, das Scheusal schließlich zum Liebling des Lesers zu machen. Liebe jedoch soll uns nicht blind machen. Das, was da die Ascaris vollbringt, ist sicher bewundernswürdig, aber deshalb doch nicht einzig dastehend.

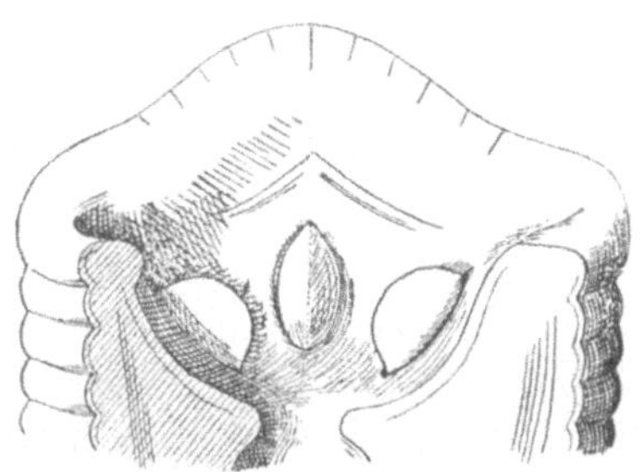

Abb. 5. Vorderende eines Blutegels, aufgeschnitten, um die drei Kiefer in der Mundhöhle zu zeigen.

Gleiches oder ähnliches finden wir auch sonst vielfach. Gar mancher erinnert sich wohl noch der Zeit, wo Schröpfen zu den beliebtesten Allheilmitteln der Medizin gehörte und in keiner Apotheke das Glas mit Blutegeln fehlen konnte. In manchen Gegenden Deutschlands war ihre Zucht eine einträgliche Industrie und Millionen der nützlichen Würmer wurden alljährlich nach dem Ausland ausgeführt. Was geht nun vor sich, wenn dieser lebende Schröpfkopf dem Patienten angesetzt wird? Zunächst durchschneidet der Egel mit seinen drei scharfen Kiefern, die wie Kreissägen aussehen (Abb. 5), die Haut und beginnt dann, das ausströmende Blut aufzusaugen, bis er prall gefüllt ist wie ein Sack und ermattet abfällt. Nun weiß wohl ein jeder, daß eine solche kleine blutende Wunde nach einiger Zeit aufhört zu bluten. Daß dem so ist, ist wieder einem jener geheimnisvollen Enzyme zu verdanken, das das Blut im richtigen Moment so umwandelt, daß in seiner Flüssigkeit feste Fäden eines durch die Wirkung des Enzyms gebildeten Stoffes auftreten. Wir sagen dann, das Blut gerinnt und verstopft die Wunde. Nun mag aber der gierige Egel stundenlang

saugen, das Blut gerinnt nicht. Wenn wir den Wurm noch nach
Wochen aufschneiden — der Genießer verdaut nämlich monatelang
an einer Mahlzeit —, das Blut in seinem Innern ist noch nicht ge-
ronnen. Und warum? Sicher errät der Leser bereits die Antwort;
wie der Spulwurm dem Verdauungsenzym ein unschädlich machen-
des Gegenenzym engegensetzt, so verhindert der Blutegel durch die
Ausscheidung eines geeigneten Stoffes die Wirkung des Gerinnungs-
enzyms.

5. Anpassung als allgemeines Prinzip

Wenn ein Kind uns etwa fragt: warum wechseln stets in der
gleichen Weise die Jahreszeiten vom Frühling bis zum Winter
und wieder zu neuem Frühling, so wird ihm wohl zur Antwort
allerlei von dem unermüdlichen Lauf der Erde um die Sonne erzählt.
Da möchte ich das Kind sehen, das dann nicht fragt, warum die
Erde um die Sonne läuft, oder ein ähnliches wie und warum? Es
hat ja jedes Kind die Seele eines Naturforschers — und sicher auch
der wahre Forscher die Seele eines Kindes —, das auf jede Antwort
sogleich wieder die neue Frage wie und warum bei der Hand hat.
So liegt uns denn auch schon eine neue Frage auf den Lippen, noch
ehe wir uns die letzte Antwort recht eingeprägt haben: Das ist doch
etwas gar Merkwürdiges! Dieser Eingeweidewurm führt doch ein ganz
besondersartiges Leben, zu dem all die vielen anderen Würmer, die
wir kennen, durchaus nicht fähig wären. Einmal in grauen Vorzeiten
muß diese Art von Leben aber doch begonnen haben. Uns fällt es
aber schwer, uns mit der Lösung zu bescheiden, die die längst ver-
moderten Forscher vergangener Jahrhunderte sich ausdachten, nämlich, daß die göttliche Güte den Schmarotzer mitsamt seinem Wirt
erschaffen habe. Nun ist doch der Wurm zweifellos seinem Dasein
wundervoll angepaßt. Hätte er nicht die Fähigkeit, ein Gegenenzym
auszuscheiden, so könnte er nicht eine Stunde im Darm leben. Aber
wir sahen ja auch, daß der Kormoran seiner Lebensweise angepaßt
ist. Es scheint also wohl eine Art Gesetz zu sein, daß ein Tier seiner Umgebung angepaßt ist. Wie erklärt sich das? Wie kommt das zustande?

Das ist sicher eine sehr wichtige Frage, die es wohl wert ist, daß
wir bei der Antwort ein wenig verweilen. Wer hat nicht schon einen
Maulwurf gesehen, wie er sich mit größter Geschwindigkeit in die
Erde einwühlt? Man könnte sich doch wohl keine Gestalt aus-

denken, die besser geeignet wäre, ohne großen Widerstand das Erd-
reich zu durchschneiden als diese glatte, vorn zugespitzte Walze
weichen Felles, aus der die Füße kaum hervorragen? Und welche
Füße! Sind die sonderbaren kräftigen Schaufeln, die der Erfindungsgabe eines jeden Mechanikers Ehre machen würden, wirklich nichts als
die in vollendete Grabwerkzeuge umgewandelten Vorderfüße des

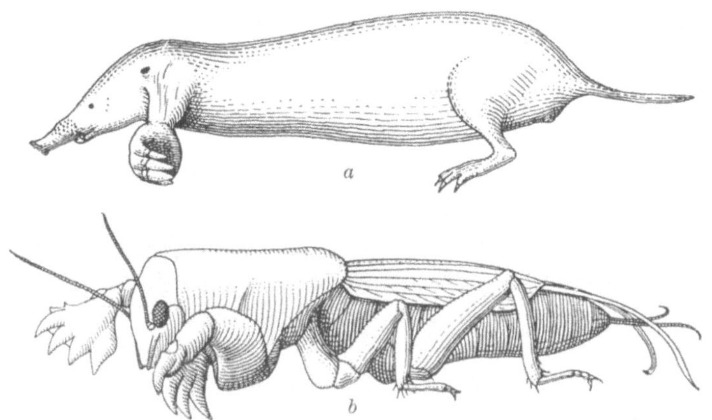

Abb. 6a u. b. a Maulwurf nach Entfernung der Haare. b Maulwurfsgrille.

pelzigen Gesellen? Sieh, da durchwühlt nebenan ein anderes kaum
fingergroßes Wesen den Boden, das auf den ersten Blick wie eine
verkleinerte Ausgabe des Maulwurfs erscheint: dieselbe walzige
Gestalt, dieselben Schaufeln (Abb. 6). Aber näheres Zusehen zeigt,
daß es mehr dem unappetitlichen Feind der Hausfrau, der Küchen-
schabe oder dem Schwaben gleicht oder auch der mehr besungenen
als gekannten Grille. Es ist die Maulwurfsgrille, die, obwohl vom
Maulwurf so verschieden wie der Maikäfer vom Eichhörnchen, doch
in einem mit ihm übereinstimmt: in dem vollendeten Zusammen-
passen von Bau und Lebensweise.

Nun treten wir in die nahe Wiese und eine große grüne Heu-
schrecke fliegt auf, um sich ein paar Schritte entfernt wieder nieder-
zulassen. Wir treten vorsichtig hinzu, aber keine Spur von dem Tier
ist zu sehen. Endlich entdecken wir es gerade vor unserer Nase und
bemerken, warum sie uns so lange verborgen blieb: sie ist ebenso
grün wie das Gras und wird damit in ihrer natürlichen Umgebung

unsichtbar. Wie habe ich mich einst über ihre Schwestern geärgert, die in der kaktusübersäten Wüste von Arizona zu Hause sind. Überall rechts und links springen sie auf und sind alsbald wieder verschwunden. Dabei sitzen ein paar auf dem Stein gerade vor mir, aber der schmutzfarbige Leib mit ein paar dunklen Binden darüber macht sie nahezu unsichtbar. In gleicher Weise mag man umherschauen, wo man will, in Land, Wasser, Luft, unter der Erde und in der Tiefe des Weltmeeres, in der äußeren Erscheinung, in dem feinsten inneren Bau und in den verwickeltsten chemischen Prozessen im Innern eines Lebewesens: überall die gleiche Erscheinung der vollkommensten Anpassung an die Lebensbedingungen.

6. Anpassung an Dunkelleben

Die Tiefe des Weltmeeres! Das sind doch zu verlockende Worte, um so einfach darüber hinwegzugehen! Denn nichts läßt unsere nach Geheimnisvollem langende Seele mehr erschauern als der Gedanke an die ewige Nacht in jenen dem Menschenauge verschlossenen Tiefen. Die Wirklichkeit aber, die phantastische Absonderlichkeit der dort hausenden Lebewesen, überbietet, das wissen wir jetzt, jede Vorstellung und dabei stehen, wie zu erwarten, die Anpassungen an das Leben in ewiger Nacht im Vordergrund. Aber nein, es herrscht ja gar keine ewige Nacht; dafür sorgen eine ganze Anzahl kleiner Lebewesen, die vorsorglich ihre eigenen Glühlämpchen mit sich tragen, die leuchtenden Tiere der Tiefsee. Wer hat nicht schon einmal in einer milden Sommernacht die Leuchtkäferchen gleich Fünkchen durch die Luft schwirren sehen (Abb. 7)? Man fängt eines mit dem Hut und erkennt sogleich, daß es nur ein kleiner Fleck am Hinterleib des Tierchens ist, der genügend Licht aussendet, um die Inschrift des Hutfutters lesen zu können. Vielleicht habt Ihr auch einmal das Glück, in einer jener zauberhaften Mainächte, die es nur hier gibt, zum Heidelberger Schloß hinaufzusteigen, wenn die Luft von Fünkchen flimmert, alle Büsche glühen und auf den moosbewachsenen Treppenstufen bald hier bald dort ein Lichtlein aufglimmt und wieder verlöscht. Vielleicht ist es Euch gar einmal vergönnt, inmitten eines fröhlichen Völkchens in einem der zierlichen Teehäuser, draußen vor den Toren von Tokyo zu verweilen, in denen buntgekleidete Frauen und Kinder in heißen Juninächten ein Leuchtkäferfest feiern; ein jeder trägt einen kleinen Bambuskäfig mit leuchtenden Glühwürmchen, und Erwachsene wie Kinder suchen mit Fächern die Tausende im Garten schwirrenden Käferchen zu haschen. Vielleicht durftest du auch einmal in einer stillen Nacht im Boot durch die Fluten des Ozeans gleiten, wenn das Wasser von den Rudern wie flüssiges Gold fließt und die Tropfen wie Funken stieben, erfüllt von Myriaden leuchtender Lebewesen. Oder du

Abb. 7. Das japanische Leuchtkäferchen.

standest in schwüler Tropennacht an Bord eines der stolzen Schiffe, die den Indischen Ozean durchschneiden und sahst Tausende von faustgroßen Leuchtquallen vorbeitreiben, erregt funkelnd ob der Störung ihres stillen Pfads.

Aber wie bescheiden müßte das alles sein, wie müßte es verblassen, könnte das Auge in die fürchterliche Tiefe des Weltmeeres dringen. (Tatsächlich sind zwei amerikanische Forscher über 1000 m tief in einer Stahlkugel getaucht und sahen all dies durch ein Quarzfenster!) Nur eine schwache Vorstellung können wir uns aus dem bilden, was die heraufgefischten Wesen zeigen. Da sind Fische, deren ganze Körperlinien mit in verschiedenfarbigem Licht erstrahlenden Leuchtflecken besetzt sind, so daß sie wie ein bunt erleuchtetes Schiff in dunkler Nacht erscheinen müssen; andere zeigen besondere Zeichnungen und Muster von bunten Lämpchen gebildet, wieder andere

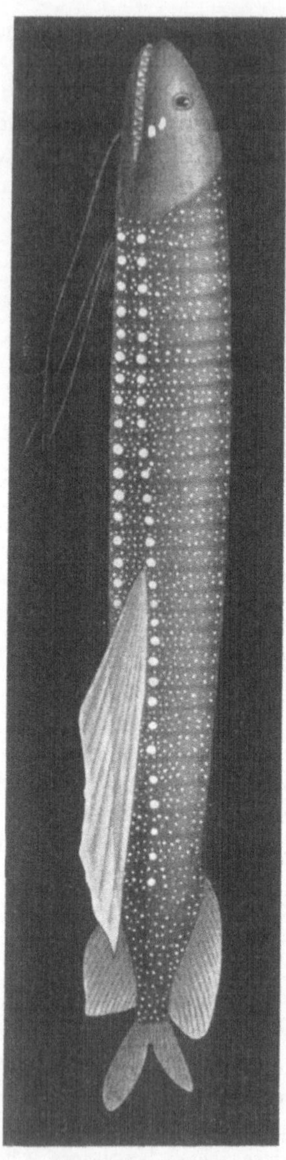

Abb. 8. Ein Tiefseefisch, übersät
mit Leuchtorganen.

erglühen nur an einzelnen Körperstellen oder tragen auf langen
Stielen helle Fackeln vor sich her.
Könnte man da einmal hineinblik-
ken, ich glaube der Eindruck würde

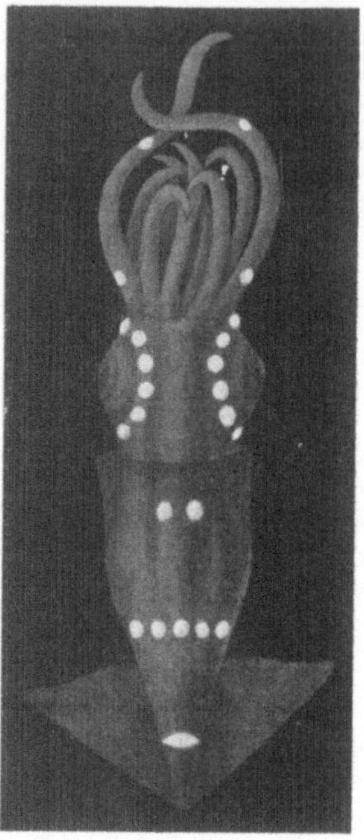

Abb. 9. Ein Tiefseetintenfisch, übersät
mit Leuchtorganen.

ein ähnlicher sein, wie wenn man in
dunkler Nacht von einem hohen
Berggipfel herab ein Seefest am
Vierwaldstätter See beobachtet.
Schiffe aller Arten huschen hin und
her. Aber man sieht im Dunkel nur
die Reihen und Girlanden bunter
Papierlaternen, die sich Deck, Mast

und Tauwerk entlang ziehen, oder die hellen bengalischen Flammen, die andere am Bug entzündet haben (Abb. 8, 9).

Nun muß ich gestehen, daß ich einer der wenigen Sterblichen weißer Hautfarbe bin, denen es vergönnt war, doch einen kleinen Blick in diese Wunderwelt zu tun, ohne mein Leben in einer Stahlkugel aufs Spiel zu setzen. An der Westküste Japans, abseits vom Weg

Abb. 10. Der blinde Grottenolm.

der Weltenbummler liegen zwei kleine Fischerstädtchen Uodzu und Namerikawa, bewohnt von freundlichen und guten Menschen. Vor nicht langer Zeit wurden nun die Gelehrten des Landes auf etwas sehr Merkwürdiges aufmerksam: von alters her ist es jenem Fischervolk bekannt, daß alljährlich während ganz bestimmten Wochen an diesem schmalen Küstenstreifen ungezählte Millionen von kleinen Tintenfischen auftreten, um dann wieder für ein Jahr zu verschwinden. In ungeheuren Massen wurden die Tiere gefischt und, da man nichts Besseres mit ihnen anzufangen wußte, als Dünger für die Reisfelder verwandt. Heutzutage ist man allerdings praktischer: man kocht sie, trocknet sie an der Sonne und schickt sie schiffladungsweise nach China, wo sie als Leckerbissen verzehrt werden. Sie schmecken übrigens gar nicht schlecht. Als nun die Fachgelehrten des Landes sich zum erstenmal diese Tiere richtig ansahen, bemerkten sie mit Erstaunen, daß sie einen der merkwürdigsten Bewohner der Tiefsee

vor sich hatten, der der Wissenschaft bisher nur aus ein paar einzelnen Stücken bekannt geworden war, die man mühsam aus den
größten Tiefen des Weltmeeres heraufgeholt hatte, und zwar einen
jener Tintenfische, die an ihren langen Fangarmen ähnliche Leuchtorgane tragen wie die Fische, von denen wir sprachen. Es zeigte sich
bald, daß diese Wesen alljährlich aus den finsteren Tiefen in ungeheueren Massen emporsteigen, um in der Nähe der Küste ihre

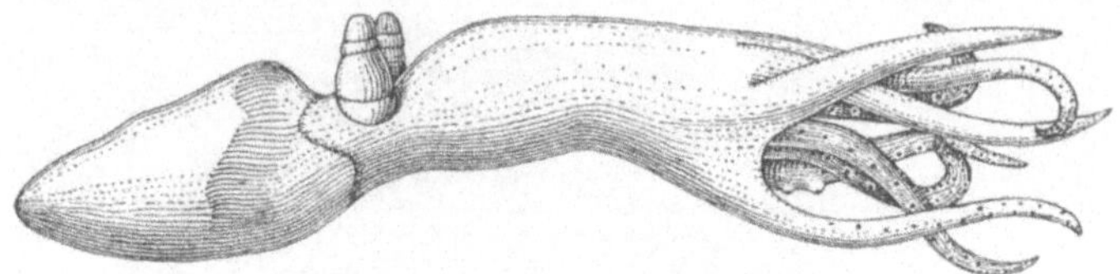

Abb. 11. Ein Tiefseetintenfisch mit Teleskopaugen.

Eier abzusetzen. Ich werde den Abend nie vergessen, als ich in
Begleitung des Entdeckers dieses Wunders mit den Fischern hinausfuhr zu den vorher gelegten Netzen. Das ganze Wasser ringsum
war erfüllt mit seltsam tanzenden Funken, hellstrahlenden, bläulichen Lämpchen, die die sonderbarsten Reigen aufführten, immer
zwei und zwei umeinander wirbelnd. Man brauchte nur ins Wasser
zu greifen, um eines der handgroßen, zappelnden Wesen zu halten,

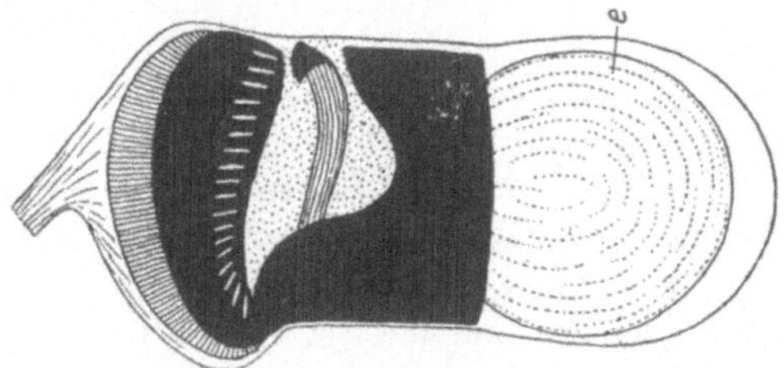

Abb. 12. Ein einzelnes Teleskopauge einer Seeschnecke. Bei *e* die riesige Linse.

das nun mit seinen beiden Hauptarmen, an deren Spitze die Leuchtorgane sitzen, in der Luft herumfuchtelte. Das ausgestrahlte Licht
glich nicht dem milden Funken eines Glühwürmchens, sondern erschien eher wie eine winzige Magnesiumfackel oder Bogenlampe. Als
dann die Netze aufgezogen wurden, ergoß sich mit dem Gewühl
der hunderttausend Leiber ein Strom leuchtender Sterne in das
Fischerboot, allmählich im Tod erlöschend. Nun vermag ich mir

16

doch ein wenig vorzustellen, wie es wohl drunten in der Tiefsee aussieht.

Aussieht! Ja, sieht denn überhaupt ein lebendes Wesen etwas von dieser Pracht? Das führt uns zu einer der merkwürdigsten Anpassungen an die einzigartigen Lebensbedingungen da drunten „in Nacht und Grauen". Viele Lebewesen, deren nächste Vettern an der Oberfläche ausgezeichnete Augen haben, sind da unten, wo ihnen ein gewöhnliches Auge nicht viel nützen möchte, blind, ebenso blind, wie der unter der Erde hausende Maulwurf oder der in der Adelsbergergrotte heimische Olm (Abb. 10). Sehr viele andere aber, und zwar allerverschiedenster Art, haben im Gegenteil ganz besonders entwickelte Augen, man ist versucht zu sagen, Überaugen, die gewaltig groß und langgestreckt sind wie ein Fernrohr (Abb. 11, 12), höchst geeignete Instrumente, um den schwachen Lichtschimmer im unendlichen Dunkel wahrzunehmen.

7. Anpassung und Abstammungslehre

Nun haben wir aber ein langes Garn gesponnen, wie der Seemann sagen würde, und müssen trachten, daß der Faden hübsch auf der Spule bleibt. All diese Dinge sind uns ja eingefallen, als wir uns darüber wunderten, daß der Spulwurm durch seine Fähigkeit, ein Gegenenzym zu bilden, so schön dem Aufenthalt in zerstörenden Verdauungssäften angepaßt ist; wir brauchten dann nur ein wenig die Gedanken in aller Welt und im köstlichen Buch der Erinnerungen umherschweifen zu lassen, um zu finden, daß sie immer wieder auf die gleiche Erscheinung stießen, die glänzende Anpassung der Lebewesen an ihre Umgebung und Lebensweise. Da sind wir denn wieder einmal bei dem unersättlichen Wörtchen „warum" angelangt. Nun, ein wenig Geduld!

Es gibt wohl wenige denkende Menschen, die nie den Namen Darwins gehört haben, wenn es auch nicht allzu viele gibt, die seine Schriften lesen. Es gab eine Zeit — sie liegt nicht gar so weit zurück — wo dieser Name zugleich ein Kampfgeschrei bedeutete. Das ist nun vorüber und über die Grundgedanken seiner Lehre gibt es bei denen, denen ihre Kenntnis das Recht zu urteilen verleiht, keine zweierlei Meinungen. Wir sind alle überzeugt, daß die Welt von Lebewesen, wie sie uns jetzt umgibt, nicht immer so gewesen ist, sondern daß sich alles aus einfachen Anfängen heraus im unendlichen Lauf der Zeiten zu seiner jetzigen Form entwickelte. So wird denn auch niemals jemand daran zweifeln, daß auch der schmarotzende Spulwurm von Formen „abstammt", die ein freies Leben im Tageslicht führten wie ihre Brüder. Niemand wird ferner daran zweifeln, daß die Ahnen der absonderlichen Tiefseefische den gewöhnlichen Fischen der Meeresoberfläche glichen. Die besondersartige Lebensweise im Darm eines anderen Lebewesens oder in den finsteren Abgründen der Tiefsee muß also einmal neu gewesen sein und die Eigenschaften, die jene Wesen so gut in ihrer neuen Umgebung angepaßt erscheinen lassen, müssen einmal entstanden sein. Nun möchten wir gar zu gern wissen, wie sie entstanden sind.

Da fällt mir nun wieder eine Geschichte aus meiner Gymnasiastenzeit ein. Ich gehörte schon früh zu den verworfenen Jünglingen, die sich erlaubten, allerlei Dinge interessanter zu finden, als die Geschichte des bayrischen Erbfolgekrieges, auch Kartoffelkrieg genannt. Die Lieblingsbeschäftigung meiner Mußestunden waren aber Bücher über die Abstammungslehre und ähnliche Fragen, die den Erkenntnisdrang des halbreifen Jünglings befriedigen. In der Begeisterung für die neu gewonnene Erkenntnis suchte ich sie natürlich auch meinen Mitschülern mitzuteilen. Als ich so wieder einmal in einer Gruppe von Freunden stand, eifrig für die Wahrheit der Darwinschen Lehre kämpfend, hörte ich den Primus der Klasse, einem abgeschworenen Feind moderner Erkenntnis, spöttisch sagen: „Er bekehrt wieder!" Jetzt, nach so vielen Jahren, muß ich gestehen, daß er in gewissem Sinne recht hatte. Tatsächlich suchte ich andere glauben zu machen, was ich selbst nicht beweisen konnte. Wäre mir nun damals obige Frage nach dem Ursprung der Anpassungen vorgelegt worden, so hätte ich wohl im Sinn der Bücher, die ich gelesen hatte, geantwortet: Das ist doch sehr einfach. Unter den vielen Geschwistern der Fischfamilie, die eines Tages sich als Wohnquartier und Jagdgründe die Tiefsee aufsuchten, waren nicht alle völlig gleich, so wie sich auch zwei Brüder nie völlig gleichen. Da mögen auch einige gewesen sein, deren Augen zufällig ein klein wenig von denen der anderen abwichen, so daß sie schwächeres Licht wahrnehmen konnten als ihre Brüder. Dadurch waren sie natürlich im ständigen Kampf um das tägliche Brot den anderen überlegen, vielleicht waren sie auch besser imstande, zur Fortpflanzungszeit die Weibchen aufzufinden, kurzum, ihre Aussichten, durchzukommen und

Nachkommen zu zeugen, waren bessere. Die Nachkommen aber erbten jene natürlichen Eigenschaften und unter ihnen waren wieder einige, bei denen die Augen in der gleichen Richtung noch etwas mehr vervollkommnet waren. Nun fand die gleiche Auslese der besser Gestellten wieder statt und so immer und immer wieder, bis die Wirkung des Kampfes ums Dasein durch immer wiederkehrende Auswahl der besten Seher einen Fisch mit Fernrohraugen gezüchtet hatte. Ja, so hätte ich wohl damals geantwortet. Seitdem haben andere und ich viel gelernt und wissen jetzt, daß es richtiger wäre, so zu sprechen: Es ist doch kaum möglich, daß irgendein Wesen in neuen besonderen Bedingungen bestehen kann, wenn es nicht schon vorher die dazu nötigen Eigenschaften besaß. Wer ohne Pelzmantel zum Nordpol geht, erfriert. Wer in der Erde wühlen will wie ein Maulwurf, kommt nicht weit, wenn er nicht von Anfang an Grabschaufeln hatte. Wenn der erste Spulwurm, der in einen Darm einwanderte, nicht schon vorher die Fähigkeit gehabt hätte, das Gegenenzym auszuscheiden, so wäre er einfach verdaut worden und es wäre beim ersten Versuch geblieben. Es mag also wohl eher mit den schönen Anpassungen umgegekehrt gegangen sein: Zuerst waren die Eigenschaften da, und dann konnte das Lebewesen es sich leisten, an einen Platz zu gehen, wo zu leben diese Eigenschaften ihm und nur ihm ermöglichten: also nicht eine Anpassung an gegebene Bedingungen, sondern eine Einwanderung an einen seinen Fähigkeiten zusagenden Platz. Heute weiß ich aber noch mehr als dies: ich weiß, daß es vergeudete Zeit ist, allzuviel über diese Dinge zu streiten. Warum reden, wenn Taten möglich sind? Man nehme Lebewesen und unterwerfe sie neuen Bedingungen und sehe dann, was erfolgt. Man nehme ein Wesen einer Art, das sich von seinen Brüdern unterscheidet und stelle fest, ob seine Nachkommen den Unterschied als Erbstück von ihm erhalten. Man nehme Lebewesen und versuche, ob man sie zwingen kann, neue Eigenschaften hervorzubringen. Kurzum, man wende alle seine Kraft daran, der Natur Fragen zu stellen und sie zu zwingen, darauf zu antworten; man grüble nicht, sondern experimentiere! Muß nun noch gesagt werden, daß Hunderte von scharfsinnigen Hirnen und geschickten Händen damit beschäftigt sind, das zu tun und auf unsere Frage wie tausend andere die richtige Antwort zu erhalten? Geduld! Wir werden noch davon hören.

Nun wollen wir aber zunächst einmal einhalten! Fragen auf Fragen, die uns immer weiter fortreißen und uns ganz vergessen lassen, daß wir ja noch kein Recht haben, die großen Zusammenhänge der Welt lösen zu wollen. Wir wollen seiltanzen, ehe wir gehen gelernt haben. Also sachte zurück von den Höhen des Geistesfluges in die Niederungen beharrlicher Arbeit. Denn eigentlich wissen wir ja doch bis jetzt nicht viel mehr, als daß vor uns ein Spulwurm liegt, durch dessen Betrachtung wir in die Wissenschaft vom Leben eindringen wollen.

II. Der Spulwurm führt uns auf Wachstum, Form und Farbe der Lebewesen

Meine gute, alte Tante, die so gar nicht verstehen konnte, weshalb ich, anstatt rechtschaffen mein Brot zu erwerben, mich auf eine so brotlose Kunst versteifte, wie es die Naturforschung einmal ist, frug mich einst: „Ja, hast du denn immer noch nicht alle Katzen und Hunde aufgeschnitten und gesehen, wie sie inwendig ausschauen?" Damals war ich sehr beleidigt und meinte, daß sie doch nicht das richtige Verständnis für meine Wissenschaft habe. Aber wer weiß, vielleicht lag doch ein tiefer Sinn in der naiven Frage: mehr oder minder sind doch alle Tiere wie Katze und Hund; sie atmen, fressen, verdauen, bewegen sich, fühlen und vermehren sich, und so werden sie ja wohl alle „inwendig" mehr oder minder gleich sein: wenn man eines richtig „aufgeschnitten" hat, sollte man sie sozusagen alle kennen. Wenn wir das nicht gar so wörtlich nehmen, sondern nur so im großen und ganzen an die wichtigsten Abläufe des Lebens denken, so ist das auch wahr. Wäre dem nicht so, dann könnten wir ruhig die Feder niederlegen; es wäre ja dann sinnlos, durch Vermittlung irgendeines Lebewesens, Spulwurm oder Mensch, in die Wissenschaft vom Leben eindringen zu wollen. So wollen wir uns denn einmal unsere Ascaris etwas genauer ansehen, sie auch aufschneiden, um zu erkennen, wie verwickelt eigentlich schon die einfachsten Teile ineinander greifen, die ein jedes tierische Wesen benötigt, um zu leben.

1. Größe, Wachstum, Zellvermehrung

Die Arbeit, die auf uns wartet, ist die, daß wir uns die Spulwürmer in der Schüssel warmen Wassers auf dem Studiertisch nun

einmal genauer ansehen. Da ist es sicher das erste, was wir feststellen, daß wir lange, drehrunde, weiße Würmer vor uns haben.
Größe, Form, Farbe sind die Eigenschaften eines neuen Gegenstandes, die sich uns zuerst einprägen. Das ist auch beim Naturforscher der Fall, wenn er versucht, die Lebewesen der Erde zu
einem geordneten Ganzen anzuordnen. Er unterscheidet etwa das
große und das kleine Nachtpfauenauge, den braunen und den
schwarzen Bären, die glatte und die gekielte Wegschnecke. So fragen
wir uns denn sogleich, warum Form, Farbe, Größe in der Natur
verschieden sind, ob ihnen irgendeine Bedeutung zukomme — etwa
im Zusammenhang mit der Lebensweise der Tiere — oder ob sie
vielleicht nur dem regellosen Spiel des Zufalls entspringen.

Die Spulwürmer, die wir vor uns haben, entstammen dem Darm
eines Pferdes und sind über fußlang. Hätten wir bei einem Schwein
gesucht, so möchten wir wohl eine andere, wenn auch sehr ähnliche
Art gefunden haben, die halb so groß wird; der Hundespulwurm aber
ist wiederum nur halb so groß. Der Schweinespulwurm ist von gleicher Art wie der Menschenspulwurm; gelegentlich kommt aber auch
beim Menschen ein sehr gefürchteter Vertreter, der Hakenwurm, der
Verursacher der Bergwerkskrankheit, vor. Er lebt im gleichen Darm,
unter denselben äußeren Bedingungen, und doch wird er nie größer
als die Breite eines Daumens. Das ist ja zweifellos eine recht alltäg-
liche Weisheit: Das verwöhnte und mit allen Leckerbissen gefütterte
Florentinerhündchen bleibt stets klein, während der immer hungrige
Hofhund ein riesiger Geselle ist. Könnte ein Pony je die Gestalt
eines ungeschlachten Brauwagenpferdes erreichen? Das zeigt uns
klar: Die Größe ist sichtlich etwas Vorbestimmtes, im Wesen des
Geschöpfes Liegendes, das es bereits mit sich auf die Welt brachte.
Seine Eltern waren ebenso groß, seine Kinder werden ebenso groß
sein, die Größe ist eben sein Erbteil.

Was ist das nun, Erbteil? Davon werden wir erst viel später
allerlei hören. Jetzt wollen wir nur einmal bei der Größe selbst
bleiben und uns durch einen Scherz auf den richtigen Weg führen
lassen. Vor einer Jahrmarktsbude pflegte der Ausrufer zu verkün-
den: „Hier sehen Sie, meine Herrschaften, die größte Riesenschlange
der Welt. Sie mißt vom Kopf zum Schwanz zehn und vom Schwanz
zum Kopf zwölf Meter; wenn sie ausgewachsen ist, wächst sie immer
noch, ihre natürlich Größe aber erreicht sie nie!" Wir lächeln über

den lustigen Unsinn, Unsinn, weil es doch so selbstverständlich ist, daß etwas Ausgewachsenes nicht mehr weiterwächst, und daß jedes Tier, wenn ausgewachsen, seine natürliche Größe hat. Nun aber stutzen wir vor diesen selbstverständlichen Dingen. Was bedeuten denn Ausgewachsensein und natürliche Größe? Warum wachsen die Bäume nicht in den Himmel? Wenn ein Haus „wie aus dem Boden wächst", dann tragen fleißige Maurer Stein auf Stein, und es hängt schließlich nur von ihnen und des Architekten Willen ab, wie lange sie das fortsetzen, und ob das Haus groß oder klein wird. Der Turm von Babel hat längst aufgehört, eine Unmöglichkeit zu sein: es ist nur eine Frage von Baukunst, Zeit, Geld und Arbeitskraft, wie hoch ein Haus wächst. Auch wenn ein Lebewesen wächst, muß es Stein auf Stein schichten, die winzig kleinen Zellen, die den Leib ebenso zusammensetzen, wie die Steine die Mauer. Aber da ist kein Maurer, der neue Steine bringen kann, das Lebewesen wächst vielmehr, solange seine Zellen, gleichzeitig Stein und Mauer, sich teilen, sich vermehren. Jeder Stein muß den nächsten selbst erzeugen; die Zelle teilt sich, wenn sie ein Stück gewachsen ist, in zwei neue Tochterzellen. Die Bäume wachsen also nicht in den Himmel, die Maus wird nicht gleich dem Elefanten, weil ihre Zellen nach vielen geschäftigen Teilungen schließlich müde und alt werden und sich zur Ruhe setzen. Der Maurer hat aufgehört zu arbeiten, höchstens, daß er hie und da notwendige Ausbesserungen ausführt, das Tier ist ausgewachsen. So bedeutet also die verschiedene Größe der Lebewesen nichts anderes als die von ihren Eltern ererbte Fähigkeit der Zellen, sich ungehindert bis zu einem bestimmten Maß zu teilen, vorausgesetzt natürlich, daß keine äußere Macht sie in ihrer rastlosen Tätigkeit stört.

Die letztere Einschränkung ist ja wohl nicht ganz unerwartet. Denn jedermann weiß, daß wir durch schlechte Behandlung Tier oder Pflanze, die groß werden sollten, klein halten können und durch gute Pflege Kleines bis zu einem gewissen Maß vergrößern können. Gar mancher hat schon die winzigen japanischen Zwergbäumchen gesehen. In Japan begegnet man Prunkstücken von 300jährigen Kiefern, die nicht größer sind als ein Rosenstock im Topf. Hier wurde das Wachstum durch geschickte Verkürzung der Ernährung aufgehalten, verkrüppelt. Aber das ist nun beileibe nicht eine kleine Fichtenart, sondern nur eine verkrüppelte große Fichte.

Ließen wir ihre Samen ungestört wachsen, so ergäben sie den gleichen großen Baum, den die Mutterpflanze auch ergeben hätte, wenn sie nicht gewaltsam daran gehindert worden wäre. Diese Zwergpflanze ist also etwas ganz anderes als etwa das Zwerghündchen, das seine Zwergenhaftigkeit ererbt hat und auch unter den glänzendsten Bedingungen ein Zwerg bleibt. Diese so einfachen Tatsachen lehren uns aber etwas sehr Wichtiges: zwei sichtbarlich ganz gleiche Erscheinungen, hier die Zwergenhaftigkeit, können etwas ganz Verschiedenes sein; einmal eine ererbte Anlage, ein andermal eine äußerlich aufgezwungene Veränderung, die die ererbte Anlage nicht zur Geltung kommen läßt. Sicher sind wir auf den ersten Blick nie imstande zu entscheiden, was wir vor uns haben. Das einzige Mittel der Entscheidung ist, zuzusehen, wie die Eltern sich verhielten, und wie die Nachkommen sich verhalten. An ihren Früchten sollt ihr sie erkennen.

Wir bezeichneten diese doch recht alltäglich erscheinende Weisheit als sehr wichtig. Weshalb wohl? Die Antwort liegt gar nicht so fern, wenn wir uns an das erinnern, was wir vor kurzem über die Abstammung höherer Lebewesen von einfacheren und über die Anpassung an die Verhältnisse der Außenwelt hörten. Unter den Möglichkeiten, wie neue Eigenschaften bei Tieren und Pflanzen zustande kommen können, gibt es eine besonders naheliegende. Die Außenwelt wirkt zweifellos verändernd auf ein Lebewesen ein, das stets bereit ist, ähnlich einem feinen Meßinstrument, auf Veränderungen in den Lebensverhältnissen zu antworten: also etwa, um bei unserem Ausgangspunkt zu bleiben, in schlechten Nahrungsverhältnissen zu verzwergen. Es liegt nun recht nahe, zu glauben, daß die Nachkommen wenigstens etwas von dieser Veränderung erben; und daß, wenn sie wieder unter den gleichen Verhältnissen leben, ihre Kinder noch mehr in der gleichen Richtung verändert sind, bis schließlich die von jeder Generation erworbenen und der nächsten vererbten Eigenschaften sich zu etwas ganz Neuem zusammenaddieren. Um beim Beispiel zu bleiben, würde das etwa bedeuten, daß durch jahrhundertelange Aushungerung der Zwerghund aus einem normalen gezüchtet werden könne. Man frage irgendeinen Tierzüchter, wie er es macht, neue Rassen zu züchten, und er wird sehr oft antworten, daß er es wirklich so mache. Zweifellos glaubt er auch daran, aber es trifft doch nicht zu. Tatsächlich hat noch

niemand bis heute derartiges fertiggebracht, obwohl viele Gelehrte
schon versuchten, es zu beweisen. Es zeigt sich vielmehr stets, daß
mit dem Aufhören der besonderen äußeren Bedingungen auch die
hervorgebrachten Veränderungen verschwinden. Das, wovon wir
hier reden, nennt man die Frage nach der Vererbung erworbener
Eigenschaften, und wir sehen nach welcher Seite die Wagschale der
Entscheidung neigt. Wie in aller Welt kommt denn aber etwas Neues
wie eine Zwerghunderasse zustande? Ein wenig Geduld, so weit
sind wir jetzt noch nicht. Eigentlich sprechen wir ja bis jetzt nur
von der Größe des Spulwurmes, die uns noch mancherlei Bemerkenswertes lehren könnte, wenn nicht auch andere Fragen unserer
harrten.

2. Die tierische Form als Anpassungsmerkmal; direkte Organanpassung

Bei der Betrachtung des Spulwurmes bemerkten wir ja auch seine
Form, aus der wir nun ebenfalls hoffen, mehr herauslesen zu können
als die bloßen Worte „drehrund, lang, wurmförmig". So lassen wir
einmal unsere Blicke umherschweifen und auf die Formen der belebten Welt ein wenig achten. Dort sehen wir auf der Straße ein
paar Hunde miteinander tollen, ein Windspiel mit schlanken Gliedern in leichten Sprüngen und einen Zughund in plumpen Sätzen
sich kurzer Freiheit erfreuend. Dort führt man ein leicht tänzelndes
hochbeiniges Rennpferd vorbei, und seinen Pfad kreuzt mit schweren, wuchtigen Schritten ein haariges Lastpferd. Beim Fischhändler
um die Ecke schießen lange, spitzschnäuzige Hechte durch den Behälter, auf dem Boden eines anderen aber liegt, flach wie eine
Scheibe, die träge Flunder. Drüben am Bach stolziert gravitätisch
auf langen Beinen ein Storch, mit seinem langen Schnabel klappernd,
und daneben watschelt die kurzbeinige Ente und schnattert mit
kurzem, breiten Mundwerk. Bedeuten die vertrauten Formen all
dieser Tiere nicht eine Kette von Fragen?

Da erscheint es uns sogleich sozusagen selbstverständlich, daß die
schlanke geschmeidige Gestalt des Windhundes, des Rennpferdes
oder der Gazelle mit ihrer Flüchtigkeit zusammenhängt; daß der
Storch auf langen Beinen dahersteigt, um im Sumpf watend nach
Fröschen suchen zu können, die Ente aber mit ihren kurzen Beinchen
ebenso zufrieden sein kann, da ihr Lebenselement das Wasser und
nicht die Wiese ist; daß die räuberische Muräne oder der bekanntere

Hecht gut daran tun, schlank zu sein, um auf der Jagd schnell genug durchs Wasser schießen zu können, die flache Scholle aber schön dazu geeignet ist, platt im Meeressand zu liegen. Ist das nun aber wirklich so selbstverständlich? Erinnern wir uns doch einmal, welcher geistige

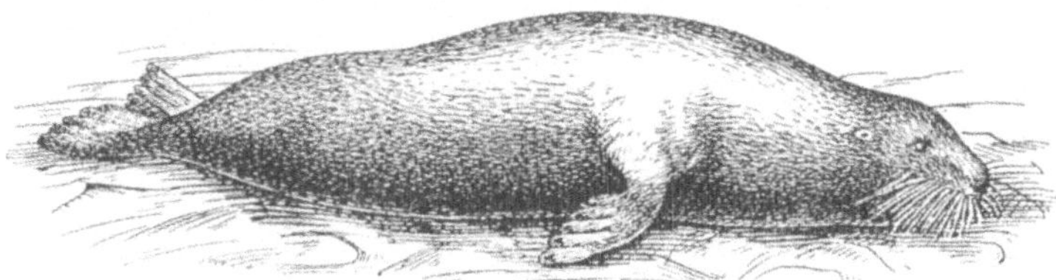

Abb. 13

Abb. 14

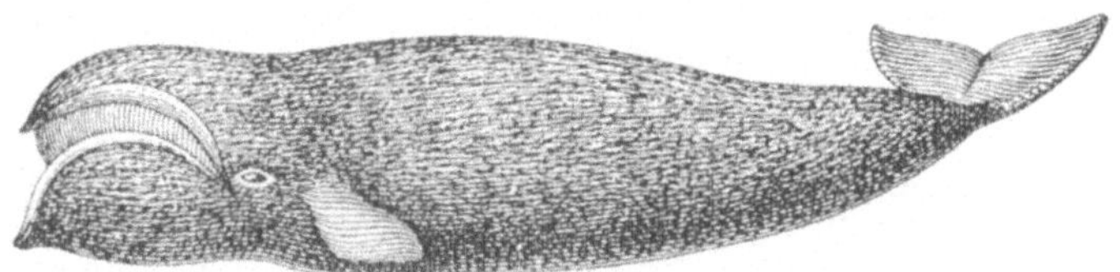

Abb. 15

Abb. 13—15. Gestalt von Wassertieren verschiedener Klassen.
13 Seelöwe. 14 Vorweltliche Fischechse. 15 Walfisch.

Aufwand nötig war, um aus der plumpen Form der Galeere die elegante Gestalt des Torpedobootes zu entwickeln, in dem jede Linie und Krümmung darauf berechnet ist, mit möglichst geringer Hemmung das Wasser zu durchschneiden. Das ist aber doch die gleiche Aufgabe, die in der Form des Hechtes oder Haifisches so glänzend gelöst ist.

Schauen wir uns nun einmal ein wenig unter den uns bekannten Lebewesen um, die eine ähnliche Form zeigen, so fällt uns wohl bald der Walfisch ein (Abb. 15). Aus unserer Schulzeit erinnern wir uns wohl noch, daß dieser ungeschlachte Riese, der sich durch die Fluten des Meeres wälzt, gar kein Fisch ist, sondern ein Säugetier. Leute, die es wissen müssen, können versichern, daß er seinem ganzen Bau nach ein Vetter der Huftiere, also Rindvieh, Pferd, Schwein ist. Seine so wundervoll zu seiner Lebensweise passende Fischform muß sich also einmal in grauer Vorzeit aus einer seinen Vettern ähnlichen Form entwickelt, umgebildet haben. Wenn wir vom Wal reden, denken wir auch alsbald an die am Lande so plumpen, im Wasser so geschmeidigen Seehunde und Seelöwen, deren heiseres Bellen zur Zeit der Fütterung die Besucher des Tiergartens in Stömen herbeilockt (Abb. 13). Die Wissenschaft versichert uns, nachdem sie genau den inneren Bau geprüft hat, daß sie nahe Vettern der Raubtiere sind. Aber welcher Unterschied der Gestalt zwischen Landlöwe und Seelöwe! Vielleicht sind euch auch, nicht nur aus Scheffels Lied, die vorweltlichen Seeungeheuer bekannt, Ichthyosaurus, zu deutsch Fischechse genannt (Abb. 14). Auch sie haben die Fischgestalt des Hechtes oder Walfisches, und dabei sind es eidechsenartige Tiere. Nun halten wir einmal ein und denken ein wenig darüber nach, was es bedeutet, daß Tiere aus so verschiedenen Gruppen alle eine ähnliche Form besitzen, die den mechanischen Bedingungen ihrer Umgebung sich vollendet anschmiegt. Da bemerken wir wohl sogleich, daß wir, wie der verirrte Wanderer bei Nacht im Kreis herumgegangen sind und uns jetzt plötzlich wieder an dem gleichen Punkt befinden: bei dem Begriff der Anpassung. Mehr aber als bei allen anderen bisher benutzten Beispielen glauben wir sie hier direkt bei der Arbeit zu sehen und fragen uns: hat vielleicht der Druck des Wassers oder eine ähnliche mechanische Wirkung den Wesen so verschiedenartiger Herkunft eine gleiche, zweckentsprechende Form aufgezwungen? Oder, wenn wir es von der anderen Seite betrachten, hat das Lebendige die Fähigkeit, auf besondere Verhältnisse der Außenwelt in einer vernünftigen, sachdienlichen Weise zu antworten? Drücken wir das gleiche einmal scherzhaft aus: Ein Raubtier beginnt, sich an das Wasserleben zu gewöhnen und muß sich nun täglich darüber ärgern, daß das Wasser auf jeden Vorsprung seines Körpers drückt und seiner Bewegung Schwierigkeiten bereitet.

Schließlich sagt es sich, der Klügere gibt nach, zieht alle unnützen Vorsprünge ein und wird rund wie eine Walze. Wie gesagt, nur ein Scherz, aber ist der dahinterliegende ernste Gedanke berechtigt?

Wir müssen zunächst in der Tat zugeben, daß bis zu einem gewissen Maß dem Lebendigen die Fähigkeit zukommt, sich höchst

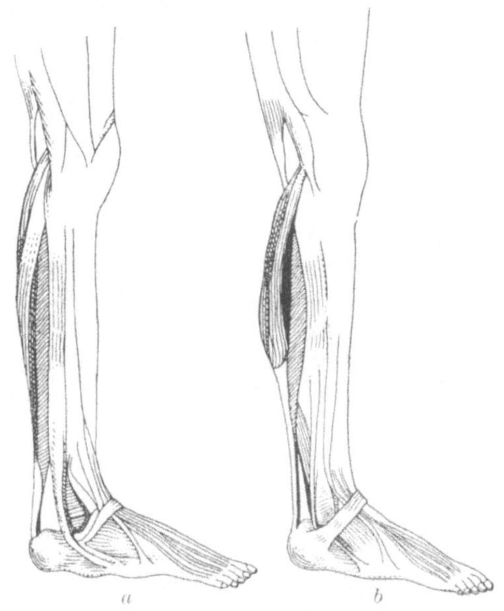

Abb. 16a u. b. Wadenmuskel, Achillessehne und Fersenbein.
a eines Negers, b eines Weißen.

zweckentsprechend zu verhalten, wenn es äußere oder innere Verhältnisse erfordern. Darüber können wir uns leicht Rechenschaft geben, wenn wir uns die Frage vorlegen (das ist nun diesmal kein Scherz): Warum hat der Neger keine Wade? Es ist wohl bekannt, daß die Form einer Gliedmaße von ihren Knochen, Muskeln, Sehnen bedingt wird. Daß unser Unterschenkel oben zu einer Wade anschwillt, unten aber sich verschmälert, obwohl der Knochen überall annähernd gleich stark ist, kommt vom besonderen Bau des Wadenmuskels, des Muskels, der beim Gehen und Springen unsere Ferse hebt. Sein Bau ist derart, daß der eigentliche tätige Muskel, das Wadenfleisch, oben in der Wade sitzt, während der ganze Rest bis zur Ferse hinab eine lange Sehne, die Achillessehne, darstellt (Abb. 16). Daß dem so ist, kann man leicht erkennen, auch ohne in den Seziersaal des Anatomen zu gehen. Wir wissen ja alle, daß ein viel gebrauchter Muskel stärker wird, anschwillt; Läufer und Bergsteiger zeigen meist sehr starke Waden, während das Bein unterhalb der Wade gleichbleibt. In fast lächerlicher Weise mag man das gleiche an den Wagenziehern des fernen Ostens beobachten, die stundenlang in unermüdlichem Dauerlauf ihr Wägelchen über Berg und Tal ziehen. Diese braven und genügsamen Menschen — der verächtliche Beigeschmack des Wortes Kuli tut ihnen bitter Unrecht — zeigen oft eine solche Entwicklung der Waden bei größter Schmächtigkeit des Oberkörpers, daß ihre Figur dadurch geradezu grotesk erscheint. Ich habe nun niemals andere als chinesische, japanische und indische Wagenläufer gesehen und weiß nicht, ob es auch echte Neger gibt, die den anspruchslosen Beruf ausüben. Etwas ist aber sicher: sie würden niemals solche Waden entwickeln, denn der Bau ihres Wadenmuskels erlaubt es nicht. An Stelle des kurzen Muskelbauches und der langen Sehne haben sie nämlich einen schmalen gleichmäßigen Muskelbauch mit kurzer Sehne. Warum das wohl? Die Lösung ergibt sich aus einer Betrachtung des Fußes. Es ist sicher nicht schwer, sich den Fuß als einen Hebel vorzustellen, etwa wie den Wagebalken einer Dezimalwage mit dem Drehpunkt im Fußgelenk, einem kurzem Arm, nämlich der durch das Fersenbein gebildeten Ferse, und einem langen Hebelarm, dem Fuß. Wird das Fersenbein durch die Kraft des Wadenmuskels nach oben gezogen, so wird der Fuß hinabgedrückt. Beim Weißen ist nun das Fersenbein ziemlich kurz, beim Neger aber ziemlich lang. Wer sich klarmachen will, was das bedeutet, nehme einen Bleistift etwa 2 cm vom Ende zwischen die Finger und hebe das kurze Ende, bis sich die Spitze 5 cm geneigt hat. Dann führe man das gleiche aus, den Stift 4 cm vom Ende haltend. Da bemerkt man, daß im ersten Fall — der Fuß des Weißen — eine viel kürzere Bewegung zu machen ist als im zweiten — der Fuß des Negers. Würde der gleiche Versuch nun auch mit einer Eisenstange angestellt, so bemerkte man gleich, daß die erste Ausführung auch mehr Kraft erforderte. Für die gleiche Kraftleistung braucht deshalb der Weiße einen kürzeren, aber kräftigeren Muskel, der Neger einen langen, weniger starken. Nun erst kommen wir zu dem Punkt, der uns veranlaßte, uns für diese

Wadengeschichte zu interessieren: Eine Katze hat einen Wadenbau
wie ein Neger, also langes Fersenbein und langen Muskel mit kurzer
Sehne. Wird nun die Hälfte des Fersenbeines wegoperiert und alles
wieder schön verheilt, so daß jetzt ein kurzes Fersenbein wie beim
Weißen vorhanden ist, so antwortet der Wadenmuskel auch alsbald

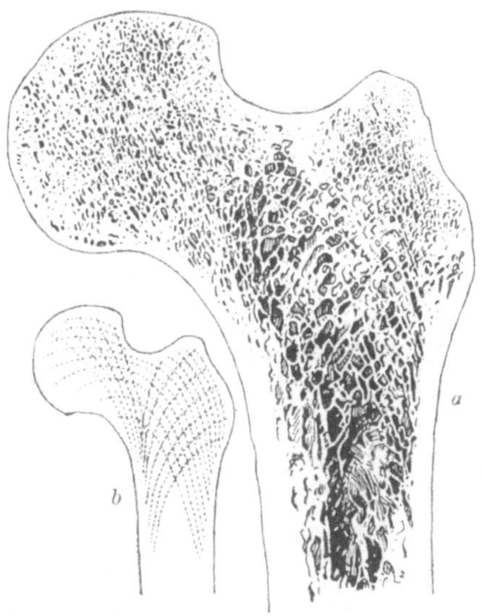

Abb. 17a u. b. Anordnung der Knochenbälkchen im durchschnittenen Kopf
des Schenkelknochens.
a Das Schnittbild, b Darstellung der Richtung der Bälkchen.

auf solche Veränderung, indem er sich in einen kurzen, langsehnigen
Muskel wie beim Weißen umwandelt. Ist das nicht höchst zweck-
mäßig?

Da wir nun schon gerade bei den Knochen sind, so können wir
noch einen der vielen Fälle betrachten, in denen äußere oder innere
Veränderungen, besonders in mechanischen Verhältnissen, eine ziel-
bewußte Antwort beim Lebewesen hervorrufen. Es ist allgemein
bekannt, daß eine neue Eisenbahnbrücke einer Belastungsprobe
unterworfen wird. Was das bedeutet, kann man sich, auch ohne
Ingenieur zu sein, einigermaßen vorstellen, wenn man all die
eisernen Träger, Schienen, Rippen betrachtet, die nach genauester

Berechnung so zusammengefügt sind, daß der gewaltige Druck von oben sich richtig verteilt, so daß das luftige Gitterwerk mehr zu tragen vermag als die schwerfälligste altmodische Konstruktion aus riesigen Quadern. Auch der Oberschenkelknochen eines Menschen, der den schweren Druck des ganzen Oberkörpers zu tragen hat, ist eine Art von belasteter Brücke. Schneidet man ihn nun auf, so findet man im Innern ein ganz ähnliches Gerüstwerk aus Knochenbälkchen, deren Anordnung der Sachkundige sogleich anmerkt, daß sie genau so ist, wie sie der Ingenieur ausführen würde, wenn er die Aufgabe zu lösen hätte, den Knochen möglichst gut für die auszuhaltende Belastung zu konstruieren (Abb. 17). Nun kommt es manchmal vor, daß der Hals des Oberschenkels gebrochen wird und schief verheilt. Jetzt sind natürlich die Druckbedingungen völlig geändert und pünktlich werden die alten Bälkchen im Knochen aufgelöst und neue gebaut, die genau so angeordnet sind, wie es die veränderten Druckverhältnisse verlangen.

Erinnern wir uns nun, was uns diese Tatsachen lehren sollten. Sie sollten uns zeigen, daß dem Lebenden die merkwürdige Fähigkeit innewohnt, in zweckentsprechender Weise seine Form, wenn nötig, zu verändern. Nach dem Vorhergehenden erscheint denn der Gedanke gar nicht so unmöglich, daß wirklich der Druck des Wassers dem Fisch, dem Wal, dem Ichthyosaurus ihre Gestalt aufprägte wie der Stempel dem weichen Wachs. Ist das nun wirklich der Fall? Wir sind der Frage schon von verschiedenen Richtungen her begegnet und werden ihr noch öfters begegnen und immer wieder dieselbe Antwort haben: bis jetzt sind noch keine Tatsachen bekannt, die beweisen, daß eine solche Wirkung der Außenwelt auf die Nachkommen vererbt wird, eine notwendige Voraussetzung, wenn auf solche Art eine dauernde Formumwandlung vor sich gehen soll.

3. Zweckmäßige und gleichgültige Form

Nun hat unser Spulwurm uns dazu geführt, uns über die Zweckmäßigkeit so mancher Tierformen zu unterhalten. Wollten wir aber versuchen, seine eigene Form ebenso zu verstehen, so wäre das durchaus verfehlt. Das wird sofort klar, wenn wir hören, daß seine genau gleichgestalteten Vettern aus dem Spulwurmgeschlecht im Schlamm der Teiche, im Sande des Meeres, im Gewebe von Pflanzen, ja sogar im Essig leben. Das sind denn doch zu verschiedenartige

Verhältnisse, um die gleiche Wirkung ausüben zu können. Muß denn nun wirklich jede Erscheinung ihre bestimmte Bedeutung, einen bestimmten Zweck haben? Wie es Gleichgültiges im Leben gibt, so auch in der Natur, so auch in den Formen der Tiere. Man könnte da die formschaffende Natur mit einem Möbelschreiner vergleichen, der große und kleine, eckige und runde, glatte und mit Zierat überladene, praktische und unpraktische Stücke macht. Ein Schrank, der Vorräte in einem Magazin beherbergen soll, muß auf festen Füßen stehen, um nicht zusammenzubrechen und darf kein unnötiges Schnörkelwerk tragen, das doch bald abgestoßen würde. Ein Schrank aber für die „gute Stube" eines prunkvollen Hauses mag auf lächerlich dünnen Füßchen stehen und mit unnützem und gebrechlichem Schnitzwerk überladen sein (wenn das auch nicht gerade schön ist), er ist trotzdem vor schneller Zerstörung gesichert. Auch die Natur kann alle erdenklichen Formen ausführen und tut es auch. Einige können aber nur bestehen, wenn sie praktisch sind, sonst brechen sie unter ihrer Unfähigkeit zusammen, werden ausgetilgt. Die glücklicheren Besitzer aber anderer Formen sind in der Lage, keine Feinde zu haben, aus irgendwelchen Gründen in der wohlbehüteten guten Stube des Lebens zu hausen; sie können sich die unsinnigsten Formen, die phantastischsten Auswüchse und Zierate leisten. Wie wahr das ist, kann man leicht an der alltäglichen Umgebung erkennen. Ein Dackel mit so verkrüppelten Beinen, daß er sich kaum fortschleppen kann, ein Haubenhuhn, dessen Gehirn sich durch den Schädel nach außen zwängt, ein Pudel mit seinem unsinnigen Haarwuchs, ein Schleierschwanzgoldfisch mit seinem Mopskopf, Stielaugen und nachschleifenden Flossen, all das ist lebensfähig in der behaglich geschützten Lage des Haustieres, fern von dem ausmerzenden Einfluß der natürlichen Feinde und dem Kampf um das tägliche Brot. In der Natur könnte derartiges nicht bestehen, es sei denn in einer guten Stube des Lebens.

4. Haut und Farbe

Nun kehrt unser Blick von seinem Spaziergang über Länder und Meere wieder zu dem anspruchslosen Wurm auf unserem Arbeitstisch zurück und wir können uns vielleicht immer noch nicht eines gewissen Ekels erwehren. Dazu mag nicht wenig die blasse, weißliche Farbe beitragen, die für uns mit unangenehmen Beziehungen verbunden ist: blaß wie der Tod, weiß wie ein Leichentuch, der bleiche Schurke, auf dem Rasen bleichende Gebeine. Ein klein wenig Berechtigung haben schließlich solche Gefühle, denn die Blässe des Schmarotzers hängt wirklich damit zusammen, daß in

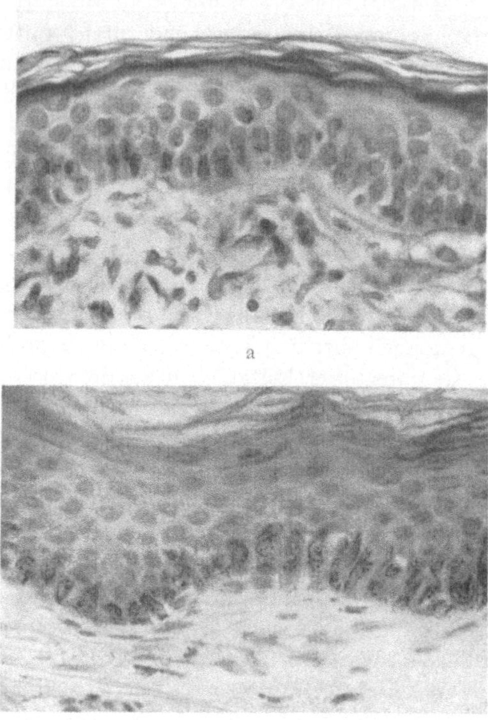

Abb. 18a u. b. Photographie von Querdurchschnitten durch die Haut von einem Weißen (a), einem Neger (b).

sein dunkles Gefängnis kein belebender Sonnenstrahl dringt, denn Farbe ist im Bereich des Lebenden im allgemeinen an Licht gebunden. Zieht man eine Pflanze im dunklen Zimmer heran, dann bleibt sie weiß, bleichsüchtig. Eine arme Menschenblume, die im dunklen Hinterstübchen heranwächst, ist so farblos durchsichtig, wie die bleichsüchtige Pflanze, wie der in ewiger Nacht lebende Eingeweidewurm, wie der Olm aus den dunkeln unterirdischen Grotten des

Karstes, wie der Krebs aus den dunkeln Tiefen des altmodischen Ziehbrunnens. Aber bringe die blasse Pflanze ans Sonnenlicht, so ergrünt sie wieder, nimm das blasse Menschenkind aus den düsteren Höfen der Großstadt in Luft und Licht, so färben sich die blassen Wangen mit der Farbe des Lebens, halte das Höhlentier im Licht des Tages, so beginnt es sich allmählich zu färben. Was geht da wohl vor sich, was sind die Farben der Lebewesen, was bedeuten sie?

Vor uns liegen zwei Stückchen Haut, eines von einem blassen Großstadtkind, das andere von einem sonngebräunten Bergsteiger, und wir setzen uns nun an unser Mikroskop, zu sehen, wie sie sich unterscheiden. Da finden wir zuerst, daß die Haut, wie ja der ganze Körper, aus ungezählten kleinen Bausteinen, den Zellen, zusammengesetzt ist, die, wie Steine im Straßenpflaster, dicht zusammengefügt sind. Die einzelne Zelle erscheint wie ein blasses, durchsichtiges Glasklötzchen; wenigstens in der weißen Haut. In der gebräunten Haut aber ist sie angefüllt mit winzigen Körnchen einer schwarzbraunen Masse, nicht anders, als wenn die Zellen mit feinen Rußteilchen erfüllt wären (Abb. 18). Wir erkennen sogleich, daß dieser Schwarzstoff für die Farbe der Haut verantwortlich ist und ahnen, welche Bedeutung ihm zukommt. Es war kein Zufall, daß wir die Schwarzstoffkörnchen mit Rußteilchen verglichen. Vor einen zu starke Hitze ausstrahlenden Ofen oder Lampe stellen wir wohl einen rußgeschwärzten Schirm, weil die Erfahrung uns lehrt, daß die Rußteilchen die strahlende Hitze aufsaugen und so unschädlich machen. Wer möchte wohl daran zweifeln, daß die kleinen Farbstoffteilchen in den Zellen der Haut dasselbe tun und daß die in der Sonne sich bräunende Haut des Menschen oder des aus dem Dunkel der Höhlen ans Tageslicht gebrachten Tieres nichts anderes vollbringt als in ihrem Innern einen Rußschirm aufzustellen, der die Sonnenstrahlung verhindert, die zarten Teile in und unter der Haut zu verbrennen. Als lebenden Beweis nehme man die bronzefarbenen Gesellen tropischer Länder, die im glühenden Brand scheitelrechter Sonne nackt einhergehen. Wollten wir das mit unserer weißen, schwarzstoffarmen Haut versuchen, so müßten wir es mit einer schweren Verbrennung bezahlen.

Das ist nun recht interessant, aber es ist nur eine der vielen Fragen, die uns auf die Lippen kommen, wenn wir an die Farbe der Lebewesen denken. Da möchten wir z. B. wissen, warum der Laubfrosch grün ist oder wie es das Chamäleon im Zoologischen Garten macht, im Augenblick seine Farbe zu wechseln, oder wieso der Flügel der prunkvollen brasilianischen Schmetterlinge in allen Farben des Regenbogens schillert oder warum die Mäuse im Keller immer grau sind, während es beim Tierhändler solche in allen Farben gibt, und viele, viele andere Warums. Nun Geduld, wenn wir auch nicht alle erdenkbaren Fragen beantworten können, so sollt Ihr doch ein bißchen von allem Wichtigem erfahren, sicher genug, um Eure Lust zu weiteren Studien zu wecken.

Also wir möchten zunächst wissen, warum der Laubfrosch grün ist. Ja, ist er denn wirklich grün? Nehmen wir ihn einmal aus seinem grünen Laub heraus und setzen ihn auf braune Blätter: nun ist er plötzlich braun geworden! Ich glaube doch, daß es das Beste ist, wir legen auch seine Haut zuerst einmal unter das Mikroskop (Abb. 19). Nun wundern wir uns schon gar nicht mehr, daß sie wieder aus den zahllosen kleinen, kästchenartigen Zellen besteht. Aber zwischen ihnen erblicken wir gar merkwürdige Gebilde, die wie Spinnen mit langen Beinen ausschauen. Sie liegen ganz regelmäßig in dem Hautstückchen zerstreut, manche mehr nach oben, andere mehr in der Tiefe. Die letzteren aber sind vollgefüllt mit den uns jetzt wohlbekannten Schwarzstoffkörnchen, die anderen aber mit ähnlichen Körnchen, die mehr gelblich erscheinen. Der erfahrene Mikroskopiker kann versichern, daß die spinnenförmigen Gebilde auch Zellen sind, Farbstoffzellen. Nun sehen wir aber auch einige, die nicht wie Spinnen oder Sterne erscheinen, sondern wie dichte Klümpchen, vollgefüllt mit Farbe. Würden wir aber noch genauer hinschauen, so fänden wir, daß es doch ebensolche Spinnen sind wie die anderen, nur daß die Farbstoffkörnchen sich alle im Leibe der Spinne angesammelt haben und keine sich mehr in den Beinen finden. Forschen wir mit genügender Geduld weiter, so lernen wir schließlich, daß in ein und denselben Zellen sich die Körnchen bald zu Farbstoffklumpen zusammenballen, bald zu dünner Schicht in die Strahlen des Sternes auseinanderfließen können. Man vergleiche sie etwa mit einem Regenschirm, der bald ausgebreitet, bald geschlossen ist. Ist der Schirm der äußeren braunen Körnchen ausgebreitet, so verdeckt er alles Darunterliegende und die Haut erscheint braun. Ist er aber geschlossen und sind die darunterliegenden gelbgrünen Schirme ausgebreitet, so scheinen letztere

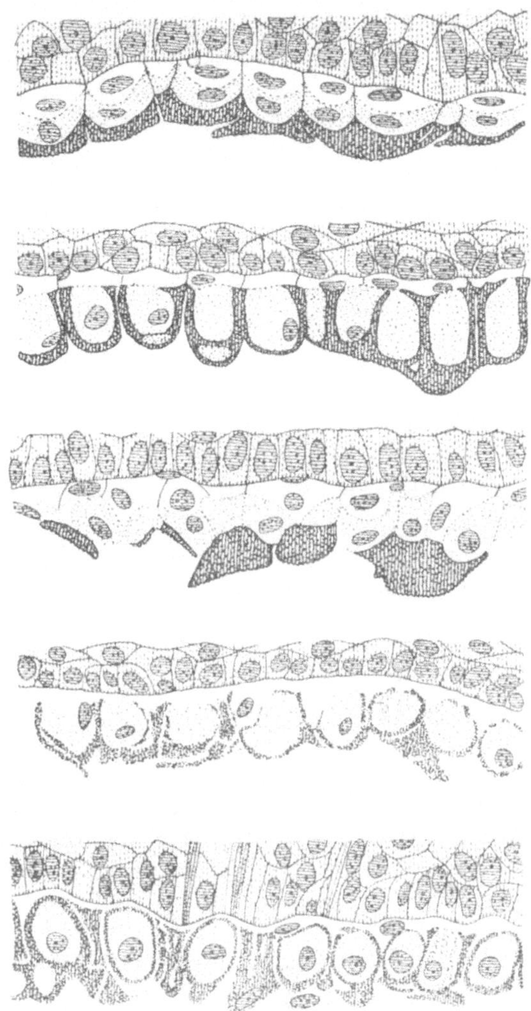

Abb. 19. Fünf Querschnitte durch die Rückenhaut des Laubfrosches, wie sie
bei verschiedenen Farben des Tieres erscheint.
Von oben nach unten: Hellgrüne, dunkelgrüne, zitronengelbe, graugrüne,
graue — schwarzgefleckte Haut. Man beachte die verschiedene Anordnung
der unter der Oberhaut liegenden dunklen Farbmassen, die in verschiedener
Weise die Schicht großer gelber Zellen umgreifen und durch verschiedene
Anordnung von gelb und braun die verschiedenen Farben bedingen.

durch und die Haut ist grün. Und wenn die beiden Farbschirme
hübsch zusammenarbeiten, so daß bald die einen, bald die anderen
mehr oder weniger ausgebreitet sind, so mag ihr Wechselspiel zusammen mit den wunderbaren Eigenschaften des Lichtes noch alle
möglichen anderen Farbtöne bedingen.

5. Anpassung an Farbe und Muster der Umgebung

Nun erinnern wir uns, daß der Frosch im grünen Laub grün und
im braunen braun war, niemals aber umgekehrt. Wo ist da der
Maschinenmeister, der das alles richtig in Bewegung setzt? Um auf
die richtige Fährte zu kommen, gehen wir in das Eidechsenhaus oder
das Aquarium des Zoologischen Gartens, oder besser in beides mit
dem bösen Vorsatz, einmal das Verbot, die Tiere nicht zu reizen,
zu übertreten. Da sitzt in seinem Glaskasten auf einem Zweig, ihn
mit dem Schwanz und den sonderbaren Zehen umklammernd, das
lächerlich aussehende grüne Chamäleon, seine Augen nach allen
Seiten rollend und auf der Suche nach wohlschmeckenden Mücken
(Abb. 20). Nun klopfen wir an das Glas mit der boshaften Absicht,
das Tier zu ärgern und alsbald fängt es an, sich zu verfärben. Blaue
und rote Wellen huschen über seinen Körper und es fängt an, seine
Farbe zu wechseln wie — ja wie ein Chamäleon. Nun steigen wir
hinab ins Seewasseraquarium und sehen hinter einer Scheibe auf
einem Stein den mißgestalteten Kraken mit seinen langen Fangarmen lauern, aus großen Augen boshaft blickend. Wir benehmen
uns aber ebenso gesetzwidrig wie zuvor und reizen ihn. Das gleiche
Schauspiel wiederholt sich: farbige Wellen laufen über seinen
plumpen Körper und er wechselt vor Wut seine Farbe durch die
ganze Leiter des Regenbogens. Nun kehren wir zufrieden in unser
Arbeitszimmer zurück und stellen mit dem Mikroskop an geeigneten
Präparaten fest, daß sich in der Haut dieser Lebewesen ganz ähnliche Farbzellen finden wie beim Laubfrosch. Hier aber sehen wir
es mit eigenen Augen: das die Farbe verändernde Arbeiten der
Zellen war hervorgerufen durch eine Gemütserregung. Jedermann
aber weiß, daß Erregungen mit den Nerven zusammenhängen: die
Nerven üben also einen Einfluß auf die Bewegung der Farbkörnchen
in den Farbzellen aus, deren Erfolg uns als Farbwechsel sichtbar
wird. Die Nerven sind also wohl der gesuchte Maschinenmeister.

Als unser Laubfrosch aber im braunen Laub braun wurde, war

er gar nicht geärgert worden und er nahm auch nicht eine beliebige
Farbe an, sondern gerade die des Untergrundes. Sein Maschinenmeister mußte da also wohl einen ganz bestimmten Auftrag erhalten
haben. Von wem? Der Abwechslung halber wollen wir diese Frage
nicht an den Frosch, sondern an ein kleines Fischchen, die Elritze,

Abb. 20. Chamäleon.

richten, die uns die Antwort für beide und noch viele andere Tiere
geben kann. Sie schwimmt in einem Glasbecken mit Wasser auf
unserem Tisch und ist etwa hellbraun gefärbt. Nun schieben wir
ein gelbes Papier unter die Schüssel und in kurzem erscheint das
Fischchen gelb; wir ersetzen das gelbe Papier durch ein schwarzes
und die Elritze wird alsbald schwarz. Sie hat also sichtlich die
gleichen Fähigkeiten wie der Laubfrosch. Nun nehmen wir sie heraus und verkleben ihr die Augen lichtdicht und wiederholen dann
den gleichen Versuch. Merkwürdig genug, jetzt schlägt er fehl!
Wir wissen somit, daß die Augen es sind, die dem nervösen Maschinenmeister es mitteilen, welche Farbe er erscheinen lassen soll. So

arbeitet also im großen ganzen — gar viele Feinheiten haben wir nicht Zeit, zu erwähnen — die selbständige Farbenanpassung an die Umgebung.

Abb. 21a. Stabheuschrecke auf dürren Ästen sitzend,
von denen sie sich kaum unterscheidet.

Wir sagten soeben selbständige Anpassung; es gibt nämlich noch eine andere Art der Farbenanpassung an die Umgebung, die ein für allemal festgelegt, angeboren ist. Erinnern wir uns noch an die grünen Heuschrecken des Grases und die steinfarbenen von Arizona? Ganze Bücher könnten mit Ähnlichem angefüllt werden; da sind

38

Wüstentiere, deren Farbe nicht vom Wüstensand zu unterscheiden ist; die schneeweißen Bewohner der Region des ewigen Schnees; Käfer und Schmetterlinge, deren Farbe genau der Baumrinde, der Flechte, dem dürren Blatt, auf dem sie sitzen, gleicht. Gar nicht zu

Abb. 21b. Vier Exemplare der Krabbe Huenea auf Algen, die sie imitiert.

reden von solchen, deren Form mit der Farbe zusammen die Umgebung nachahmt: Schmetterlinge und Heuschrecken, die in Form, Farbe, Zeichnung sich kaum von einem Blatt unterscheiden; Heuschrecken, Wanzen, Spannraupen, die das schärfste Auge nur schwer von einem dürren Ast unterscheidet (Abb. 21a, b). Man muß diese Wunder der Anpassung durch Ähnlichkeit in der freien Natur gesehen haben, um ihrer Vollkommenheit gerecht zu werden. Nie vergesse ich den Eindruck, den mir der erste solche Fall außerhalb der täglichen Umgebung machte, als ich als junger Student zum erstenmal die Wunder der Tierwelt des Meeres studieren konnte. Ich hatte vor mir einen jener entzückenden kleinen Korallenstöcke des Mittelmeeres, auf dessen rosenrotem Fleisch die Polypen wie gelbe Sternchen eingestreut sind. Plötzlich fing ein Stück des Stöckchens an sich fortzubewegen und ich erkannte, daß hier auf der Koralle eine kleine Schnecke mit ovalem Gehäuse saß, die ich vorher nicht bemerkt hatte. Haus und Tier hatten genau die Farbe der Koralle und das Haus war mit gelben Flecken gesprenkelt, zum Verwechseln den Sternen der Korallenpolypen ähnlich.

Wie in aller Welt kommt nun solches zustande? Wer wissen will, wie man es früher deuten zu können glaubte, der lese nochmals das Geschichtchen aus meiner Gymnasiastenzeit, das ich früher erzählte: wie die besser angepaßten Individuen vor ihren Feinden besser geschützt waren und erhalten blieben, ihre Eigenschaften weiter vererbten und sich so immer mehr vervollkommneten. Auf wie schwachen Füßen solche Erklärung steht, zeigt eine einzige Frage: Wie konnte die Anpassung das Tier beschützen, bevor sie so vollkommen war, daß die Unterscheidung von der Umgebung unmöglich wurde? Die Beantwortung dieser Frage ist, das ist klar, wichtig für die gesamte Abstammungslehre. Sie kann erst erfolgen, wenn wir etwas mehr von Vererbung und der Entstehung erblicher Verschiedenheiten gelernt haben werden.

6. Weiteres über Farben der Tiere

Nun wollen wir aber das Kind auch nicht mit dem Bade ausschütten und einfach leugnen, daß bei der Entstehung der Erscheinung der Farbanpassungen — und so vieler anderer Anpassungen — die Ausmerzung der weniger günstig Gestellten eine Rolle gespielt habe. (Das ist jetzt die Frage, warum die Mäuse grau sind.) Ein volkstümliches Wort spricht von „auffallend wie ein blauer Hund". Ich weiß nicht, ob in der Natur je ein blauer Hund entstanden ist. Dagegen ist es sicher, daß gelegentlich schwarze, braune, blaue, gelbe, silberfarbige, gescheckte, weiße Mäuse entstehen. Sicher ist es ferner, daß der Liebhaber diese und andere Rassen leicht halten und vermehren kann, wie er es auch mit einem blauen Hund könnte. Ebenso steht aber fest, daß sie sich in der freien Natur nicht halten und vermehren könnten, sondern immer wieder ausgemerzt werden. Sie sind sichtlich so auffallend, daß sie schnell von ihren Feinden ausgetilgt werden, wenn nicht sogar die eigenen Geschwister den Bruder, der sich mit seinem bunten Rock mausig macht, umbringen.

Es braucht wohl kaum an die bunten Uniformen der Soldaten in Friedenszeiten und die der Farbe des Erdbodens gleichende im Kriege erinnert zu werden. In der Natur aber herrscht fast immer Krieg, einer frißt den anderen. Da, wo aber durch besondere Umstände dauernder Friede verbürgt ist, erscheinen auch Uniformen, die an Buntheit selbst die der Operette übertreffen. In geradezu phantastischer Weise ist das in jener Lebensgemeinschaft allen möglichen Getiers zu sehen, die sich dicht unter der Oberfläche warmer Meere zwischen den Blöcken der Korallenriffe angesiedelt hat. Nicht umsonst werden diese Riffe mit all ihren Minaturbergen, Tälern, Felszacken, zwischen die nicht leicht ein räuberischer Haifisch eindringen kann, als die Blumengärten des Meeres bezeichnet. Unter den vielen Schönheiten der Tropenwelt wüßte ich keine, die das Auge des Naturforschers mehr entzückt. Lautlos gleitet der Einbaum, von einem braunen Naturkind gepaddelt, über die spiegelglatte See und durch den Eimer mit Glasboden, der die verzerrende Wirkung der Wasseroberfläche verschwinden läßt, staunen wir andächtig die Wunder der Tiefe an. Oder noch besser, wir machen die unvergeßliche Erfahrung, in einem Taucherhelm auf den Boden des seichten Korallenmeeres hinabzusteigen und schwebenden Schrittes zwischen den Korallenblöcken zu wandeln. Zwischen den bunt durcheinander gewürfelten Korallen, denen keine Form oder Farbe undenkbar erscheint, sitzen, hängen, schwimmen alle möglichen Arten von Lebewesen, miteinander in glühenden Farben wetteifernd. Den Sieg tragen jedoch die zahllosen Fische und Fischchen davon, die bald einzeln, bald in Schwärmen einherhuschen. Da kommt ein ganzer Schwarm, schillernd wie blaue Türkisen, dort schwimmt bedächtig ein größerer Geselle herum, über seinen Körper eine vierfarbige Schärpe geschlungen; ein anderer zeigt uns einen mit roten und silbernen Längsstreifen bedeckten Rücken und bei einer Wendung zeigt er die wie ein Zebra gestreifte Brust. Jeder, der da angeschwommen kommt, hat eine neue Überraschung, ein anderes Muster in der farbenfrohen Mode. Dies ist wahrhaft eine „gute Stube des Lebens".

Wieviel gäbe es noch von den Farben der Tiere zu erzählen! Aber noch so viele andere Fragen erwarten uns, daß wir uns bescheiden müssen. Nur noch ein Wort über die schillernden Farben so mancher Schmetterlinge und der Schmetterlinge unter den Vögeln, der Kolibris, der Paradiesvögel, des Pfaus. Vergeblich würden wir in ihren Flügeln nach Farbstoffkörnchen suchen, die die schillernde Pracht verursachen. Habt Ihr schon einmal ein Stück Marienglas in der Hand gehabt, jenes Gipsgesteins, das aus unzähligen, unendlich dünnen Blättchen zusammengesetzt ist? Oder habt Ihr einmal in einem Museum eines jener aus uralter Vorzeit erhaltenen Gläser gesehen, die unversehrt aus dem Schutt der Jahrtausende ausgegraben werden? Beide zeigen denselben in den Farben des Regenbogens schimmernden irisierenden Glanz wie jene Flügel und Federn, ohne daß sie irgendwelchen Farbstoff enthalten. Es ist nur die besondere Art der Lichtbrechung in den unendlich dünnen, geschichteten Blättchen, die das Farbenspiel erzeugt. Die schillernden Federn und Schmetterlingsschuppen aber sind auch so gebaut, daß sie die gleiche Lichterscheinung hervorrufen.

In einem Anatomiekurs kann man sehr leicht ordentliche und unordentliche Studenten unterscheiden. Tritt man kurze Zeit nach Beginn zu einem letzteren heran, so hat er bereits das ganze Tier in seiner Präparierschale unwiederbringlich in kleinste Teile zerlegt, oder richtiger gesagt, zersäbelt und behauptet, alles gesehen zu haben. Der ordentliche aber ist noch nicht richtig damit fertig, seinen Gegenstand gründlich von außen betrachtet zu haben. Waren wir nicht bis jetzt brave Studenten?

III. Die Haut als Atmungs- und Schutzorgan
vom Spulwurm zum Menschen

Nun wollen wir aber mit dem Aufschneiden des Wurmes Ernst machen und setzen unser Messer an, nachdem wir ihn mit Chloroform getötet. Erst begegnet es starkem Widerstand, aber dann dringt es in weiches Gewebe ein und wir zögern einen Augenblick und sagen uns: „Jetzt haben wir die Haut durchschnitten. Also ein Wurm hat auch eine Haut; schließlich ist das selbstverständlich, denn alle Tiere haben eine Haut, sie müssen doch irgendwie nach außen begrenzt sein, sonst fallen sie ja auseinander, genau wie eine Wurst eine Haut haben muß, um zusammenzuhalten. Doch halt, so ganz stimmt das doch nicht; ein abgehäuteter Hase fällt auch nicht auseinander und es gibt auch Würste ohne Haut." Nun, bleiben wir einmal bei der Wurst und ihrer Haut, die schon ihre Bedeutung hat. Wer in süd-

lichen Ländern gereist ist, weiß, daß dort auch das Speisefett in eine
Wursthaut eingenäht verkauft wird. Die Absicht dabei ist natürlich,
es vor schnellem Verderben zu schützen. Was heißt das aber, Wurst
oder Fett verdirbt? Nichts anderes, als daß Bakterien hineingedrun-
gen sind, jene unendlich kleinen Pilzchen, deren Myriaden überall

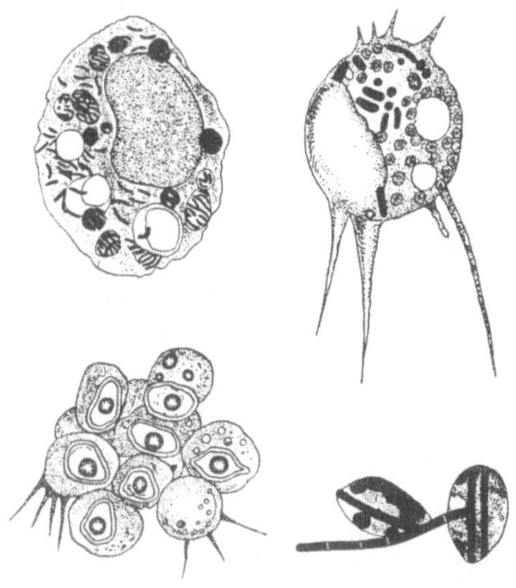

Abb. 22. Freßzellen verschiedener Tiere mit dem Vertilgen
von Bakterien beschäftigt.

auf Nahrung lauern und angreifen, was nicht geschützt ist. Gehören
sie zu der häßlichen, aber im Naturhaushalt gar notwendigen
Gruppe der Fäulnisbakterien, so ist es ihre Lieblingstätigkeit, aus
der lebenden Natur kommende Stoffe, wie etwa Fleisch, in seine
chemischen Bestandteile zu zerlegen. Und da dieses dabei allmählich
seine Form verliert und manche der freiwerdenden Stoffe recht übel
riechen, so sagen wir: das Fleisch fault. Die Haut der Wurst soll aber
verhindern, daß die gefräßigen Bakterien zum Fleisch hindringen
und sie erfüllt zweifellos ihre Aufgabe sehr gut. Genau das gleiche
ist aber eine der vielen Aufgaben, die die Haut der Tiere erfüllt,
wie wir alle wissen, wenn wir nur ein wenig nachdenken.

Das Kind hat sich eine Wunde ins Knie geschlagen, d. h. die Haut wurde beim Fallen abgeschürft und die darunterliegenden Gewebe liegen frei. Schleunigst reinigt die Mutter die Wunde mit einem desinfizierenden, d. h. bakterientötenden Stoff. Solange die Haut unversehrt war, konnte das Kind ungestraft am Boden spielen, denn durch die lebende Haut dringen die überall im Schmutz lauernden Bakterien nicht ein. Ist aber die schützende Haut fort, so machen sie sich alsbald ungehindert breit, falls sie nicht gleich getötet und andere durch einen bakteriendichten Umschlag ferngehalten werden. Sonst vermehren sie sich in kürzester Zeit in unglaublicher Weise und der Körper wird gezwungen, einen ernsten Kampf gegen das Heer der Eindringlinge zu führen. Zu diesem Zweck schickt er ihnen seine eigenen Truppen entgegen. Aus allen Spalten kommen sie plötzlich herausgekrochen, winzig kleine Zellen, die an zarten Fortsätzen, die wie Wurzeln von ihrem Leib auswachsen, sich entlangziehend dahinkriechen. Das sind die Freßzellen und ihre Waffe ist ihre Gefräßigkeit. Sie stürzen sich auf die Bakterien und verschlingen sie, um sie unschädlich zu machen (Abb. 22). Bald sind solche Massen von Freßzellen zusammen, daß sie die wäßrige Flüssigkeit, die sich bei der Wunde ansammelt, gelb färben, und die besorgte Mutter sagt: die Wunde eitert. Schließlich aber siegen doch die Truppen des Körpers und der Bakteriensturm ist abgeschlagen. Zum guten Glück, denn sonst möchten die Feinde in den Körper gelangen, sich mit dem Blutstrom verbreiten, eine Blutvergiftung hervorrufend. Glücklicherweise wird der Eiter aufgesaugt und neue, schützende Haut wächst über die Wunde hinweg.

1. Wiederherstellung von zerstörten Organen

Da stehen wir nun gleich wieder vor einer neuen Fähigkeit der Haut, nach Zerstörung sich wieder zu ersetzen. Merkwürdig, wie wenig man auf das Nächstliegende zu achten pflegt. Als wir gelegentlich erwähnten, daß einem Salamander bei Verlust eines Beines ein neues nachwächst, machte das uns sicher den Eindruck einer sehr interessanten Erscheinung. Das ist aber, allgemein betrachtet, nicht sehr wesentlich verschieden von dem, was geschieht, wenn ein Stückchen Haut nachwächst. Das Erstaunliche liegt doch darin, daß gerade das Richtige, in seiner richtigen Lage und in seinen richtigen Gesamtbeziehungen zur Umgebung gebildet wird. Das hat denn auch den Naturforschern sehr viel zu denken gegeben und bei der Erforschung kamen viele gar merkwürdige Dinge zutage.

Als ich ein kleiner Junge war, erzählte mir mein älterer Bruder, daß sich in jedem Wassertropfen unendlich viele winzig kleine Lebewesen herumtummeln, die etwa wie kleine Menschlein aussehen, aber sehr viele Beinchen besitzen, die sie sich fortgesetzt gegenseitig ausreißen. Sie wachsen aber immer wieder gleich nach. Das machte einen unauslöschlichen Eindruck auf mich und kommt mir jetzt wieder ins Gedächtnis, wo ich etwas vom „Beinausreißen" berichten will, das nicht minder absonderlich klingt als jene kindlichen Phantasien. Jenem Salamander, von dem wir sprachen, mag es in der Natur auch vorgekommen sein, daß ein Feind ihn beim Bein erwischte und es ihm schließlich gelang, sich nur unter Verlust eines Beines aus dem Staub zu machen. Nun gibt es aber eine ganze Reihe von Tieren, aus dem Reich der Insekten vor allem, die sich geradezu darauf eingerichtet haben, ihr Leben mit dem Verlust eines Beines zu erkaufen. Bei ihnen findet sich, da wo das Bein in den Körper übergeht, eine kleine

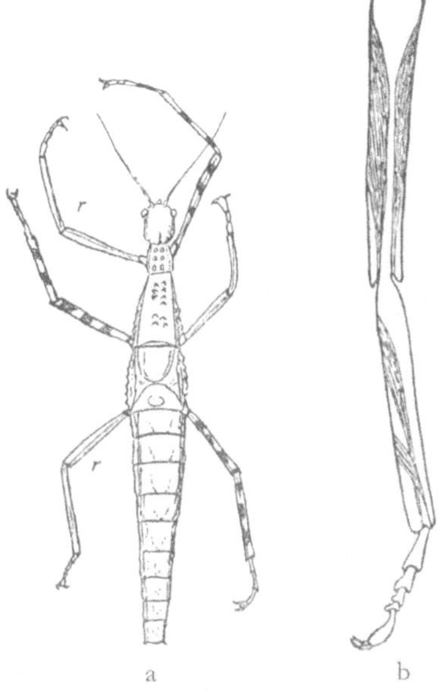

a   b

Abb. 23a u. b. a Weibchen einer Gespenstheuschrecke mit drei neugebildeten Beinen (*r*). b Bein einer Gespenstheuschrecke mit der Stelle (*rr*), an der das Abbrechen erfolgt. Schraffiert die Beinmuskeln.

Zone, die so gebaut ist, daß das Glied leicht abbrechen kann, ohne daß der übrige Körper Schaden leidet (Abb. 23). Bei manchen geht es sogar so weit, daß sie selbst ein Bein wegwerfen können, wenn es nötig erscheint: sie verstümmeln sich selbst, um einer Gefahr zu entgehen, etwa so, wie in früheren Zeiten junge Leute sich verstümmelten, um dem Militärdienst zu entgehen. Diese mußten dann allerdings ihr Leben lang ohne Zeigefinger oder Schneidezähne herumlaufen, während viele unserer Insekten nach einiger Zeit wieder ein neues Bein ihr eigen nennen.

Das ist nun nur ein Fall der Wiedererzeugung von Verlorenem; gar manche andere ließen sich ihm zufügen. Schon früher hörten wir von dem Krebs, dem an Stelle eines abgeschnittenen Augenstiels ein Fühlhorn nachwächst. Wenn es auch merkwürdig genug ist, daß hier etwas ganz anderes nachwächst als was abgeschnitten war, so war doch immerhin etwas Bestimmtes entfernt worden. Oft genügt es aber auch, nur eine Wunde an geeigneter Stelle anzubringen, um ein Lebewesen zu veranlassen, sich so zu verhalten, als ob ihm etwas weggeschnitten sei. Wenn etwa einem jungen Fröschchen ein ganz bestimmter Schnitt im Bekken beigebracht wird, so wächst aus der Wunde ein richtiges Bein heraus, und es gelingt unschwer,

Abb. 24. Junge Kröte mit vier durch Einschnitte im Becken erzeugten überzähligen Extremitäten.

solchergestalt einen Frosch mit drei oder mehr Beinen zu erzeugen (Abb. 24). Die allerunerwartetsten Dinge lassen sich aber in solchen Versuchen mit kleinen Strudelwürmern machen, jenen kleinen länglichen Scheibchen, die man leicht im Bach unter Steinen finden mag. Wird etwa ihr Kopf mit einem scharfen Schnitt der Länge nach gespalten, so wachsen nicht die beiden Hälften wieder zusammen, sondern an jeder Schnittfläche ergänzt sich die Hälfte zu einem ganzen Kopf und man erhält ein Tier mit zwei Köpfen. Oder man schneidet seitlich am Körper ein kleines dreieckiges Stück heraus und alsbald wächst aus der Wunde ein neuer Kopf (Abb. 25). Wie unmöglich erschien uns das griechische Fabelwesen Hydra, dem Herkules die Köpfe abschlug, die alsbald wieder nachwuchsen. Eigentlich vollbringt der wirkliche Strudelwurm viel Fabelhafteres.

Wie in allem, so ist auch hierin die Natur unerschöpflich in ihren Erscheinungen und dicke Bücher sind angefüllt worden mit Tatsachen und Versuchen, die hierher gehören. Auch allerlei Gedanken hat man sich darüber gemacht: etwa darüber, wie die Neubildung von vorhandenen Teilen von ihrer Lage und Zusammensetzung abhängt, wie sie von äußeren Einflüssen wie Licht oder Schwerkraft gelenkt wird, wie sie sich durch bestimmte Bedingungen in bestimmte Bahnen drängen läßt. Auf alle solche und noch viele andere

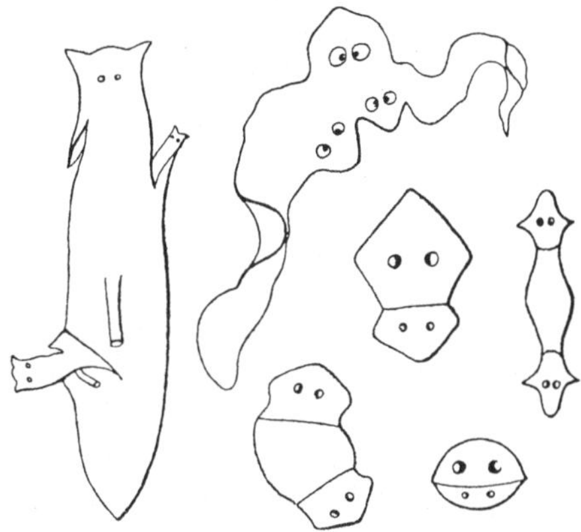

Abb. 25. Strudelwürmer, die nach verschiedenartigen Einschnitten überzählige Köpfe gebildet haben. Zwei Augen kennzeichnen je einen Kopf.

Fragen zu antworten, zwingen die Forscher die Natur. Wir aber müssen uns hier mit dem Gehörten bescheiden. Wir hatten uns ja eigentlich nur gewundert, daß ein abgeschundenes Stückchen Haut wieder nachwächst zum Wohl des Körpers, der so vor seinen kleinen Feinden geschützt wird.

2. Merkwürdige Einzelheiten über Wiederersatz und Zusammenpfropfen von Organen

In Bildergalerien sieht man gelegentlich alte Darstellungen der Sage von Marsyas, dem Apollo zur Strafe die Haut abzieht und Marsyas scheint dabei auch ohne Haut sich gar nicht so schlimm zu fühlen, wie man erwarten sollte. Das paßt nun sichtlich gar nicht zu unseren täglichen Erfahrungen. Wie oft lesen wir von unvernünftigen Menschen, die Petroleum in den Ofen gießen und ihre Dummheit mit schweren Verbrennungen bezahlen müssen. Sind dann sehr große Flächen der Haut zerstört, so ist der Unglückliche

verloren. Warum das der Fall ist, auch wenn die Wunden sorgfältig vor jedem Bakterienüberfall geschützt sind, ist eine gar merkwürdige Sache, soweit sie klar ist. Eine der eigenartigsten Fähigkeiten des Körpers ist es, starke Giftstoffe unter bestimmten Umständen liefern zu können, die man Toxine nennt. Wir werden noch
Interessantes von ihnen erfahren. Gelegentlich werden nun diese
bösartigen Dinge erzeugt, wenn durch irgendeinen Eingriff der
übliche Gang der Ereignisse im Körper gestört ist, etwa nach einer
Operation oder, wie hier, nach einer Hautverbrennung. Da begeht
dann der Körper in einer ganz widersinnigen Weise Selbstmord.
Im Fall des Verbrennens der Haut kann das aber oft verhindert
werden, wenn rechtzeitig für neue Haut gesorgt wird. Sie kann von
anderen Stellen des Körpers genommen werden, aber auch von
einem identischen Zwillingsbruder.

Da stehen wir denn wieder vor einer neuen Fähigkeit der Haut,
auf einer anderen Körperstelle anzuwachsen und sich richtig
einzufügen. Der Gärtner wird dies vielleicht nicht so bemerkenswert finden. Denn eigentlich sieht er das gleiche und mehr
alltäglich, wenn er ein Edelreis aufpfropft oder wenn er eine Knospe
okuliert, wo es sogar ein ganzer Körperteil, sozusagen mit Haut
und Haaren ist, der auf einem anderen Stamm aufwächst. Aber gar
manches erstaunt uns nicht, wenn wir es bei einer Pflanze sehen,
und kommt uns erst so recht in seiner Bedeutung zum Bewußtsein,
wenn das Tier es zeigt. Wie dem auch sei, bleiben wir einmal bei
der Haut und beginnen gleich mit einigen ihrer bemerkenswertesten
Leistungen.

Ein jeder weiß, daß sich im Auge eine Linse findet, die ein Bild
auf dem Hintergrund des Auges in ähnlicher Weise entwirft, wie es
die Linse des photographischen Apparates auf der Mattscheibe tut.
Weniger bekannt ist es aber, wie jene Linse sich im ungeborenen
Wesen bildet. Man denke sich etwa das Hühnchen im Ei zu einer
Zeit, wo man in dem schildförmigen Gebilde, das auf dem gelben
Dotter schwimmt, kaum das zukünftige Küken erkennen möchte.
Um diese Zeit hat das keimende Wesen bereits ein Hirn entwickelt,
das wie eine einfache Blase erscheint. Aus dieser wächst nun jeder-
seits ein Gebilde heraus, das etwa einem Weinglas gleicht, mit dem
Stiel an der Gehirnblase sitzend und mit dem Becher nach der Haut
zu vordringend; denn eine Haut ist auch schon da (Abb. 26).

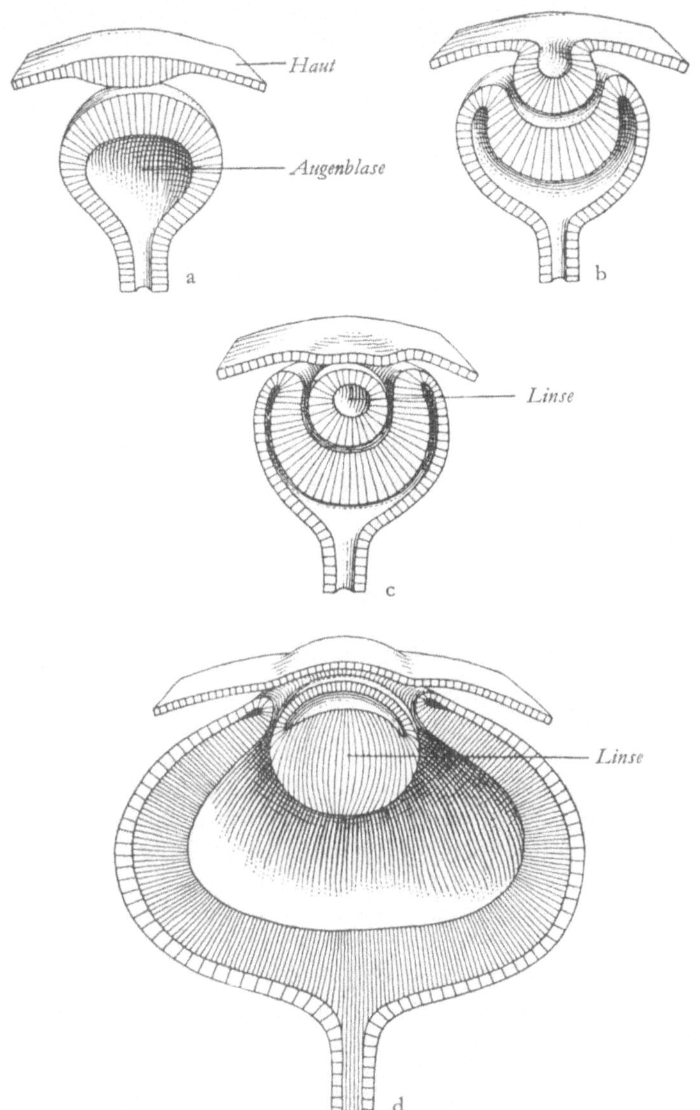

Abb. 26a—d. Entwicklung der Augenlinse aus der Haut in vier Etappen. Das Organ ist so halbiert, daß man von innen auf die eine Hälfte schaut.

4 Goldschmidt, Ascaris

Wenn nun die Öffnung des Glases — das ist die spätere Pupille —
die Haut erreicht hat, beginnt diese an genau der Stelle napfartig
einzusinken und dann sich wieder so zu schließen, wie wenn man
einen Tabaksbeutel mit einer Schnur zuzieht. Nun liegt der ab-
geschnürte Hautbeutel oder Napf unter der Haut, die wieder darüber zugewachsen ist. Dieser Beutel, wie eine flache Blase aussehend,
ist nichts anderes als die junge Linse. Geduldige und geschickte Forscher
haben es nun fertig gebracht, einem nur wenige Millimeter großen, in der
ersten Entwicklung befindlichen Fröschchen das winzige Stückchen Haut
herauszuschneiden, aus dem sich die Linse bilden sollte. Dann operierten
sie aus der Bauchhaut eines anderen Lärvchens ein ebenso großes Stückchen Haut heraus und heilten es dort am Kopf an Stelle des linsenbilden-
den Hautstückchens an.

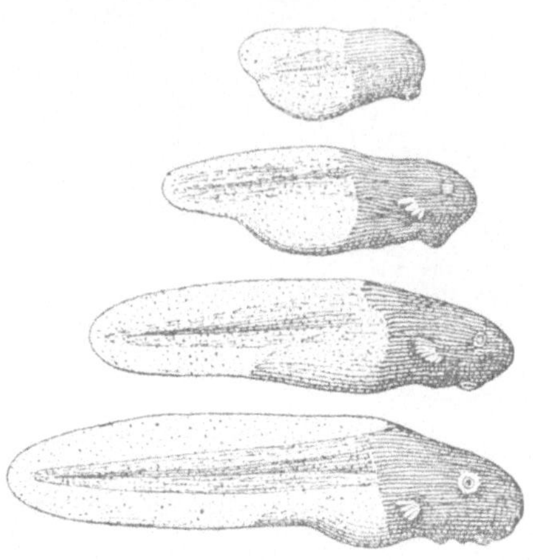

Abb. 27. Verschiedene Wachstumsstadien
einer Kaulquappe, die aus zwei verschiedenen Froscharten, kenntlich an der verschiedenen Farbe, zusammengesetzt wurde.

Und siehe da, die Bauchhaut, die sonst ihr Leben lang nichts als
Bauchhaut geblieben wäre, fügte sich so verständnisvoll der neuen
Umgebung ein, daß sie nun ihrerseits die Linse ganz richtig bildete.
Ein solches überpflanztes Körperstückchen vermag also nicht nur
einzuheilen, sondern auch gänzlich neue und unerwartete Pflichten,
die der Zwang der Umgebung ihm auferlegt, zu erfüllen.

Nun wollen wir dem auf seine Pfropfungen stolzen Gärtner auch
noch verraten, daß man auch Tiere in ganz ähnlicher Weise auf-
einanderpfropfen kann, wie seine Reiser. Das Ergebnis ist nicht
wesentlich anders und doch spricht es unsere Phantasie viel mehr an
als die auf den Wildstamm gepfropfte Edelrose. Niemand wird
eine solche als etwas Besonderes und Wunderbares anschauen. Wie
aber, wenn unsere Augen eine lebende Sphinx erblickten, vorn

Mensch, hinten Löwe, oder die Chimäre der Sage, „vorn ein Löwe, hinten ein Drache, in der Mitte eine Ziege"? Ganz soviel kann nun zwar der Naturforscher nicht vollbringen, aber es genügt wohl, wenn er uns einen Frosch vorführt, der aus zwei ganz verschiedenen Arten zusammengesetzt wurde, etwa die vordere Hälfte ein brauner Grasfrosch und die hintere ein grüner Wasserfrosch (Abb. 27). Danach erscheint die Sphinx wenigstens nicht so durchaus unmöglich. Gewiß, je weiter verwandt zwei Lebewesen sind, um so schwerer ist es, sie zusammenwachsen zu lassen. Aber das muß auch seine Gründe haben, die sich beseitigen ließen, wenn wir sie genau kennten. In einem gar merkwürdigen Fall scheint das sogar geglückt zu sein. Man hat herausgebracht, daß alle möglichen Gewebe, z. B. ein Stück Kaninchenleber, in frische bebrütete Hühnereier überpfropft werden können, in denen sie schön weiterwachsen. Das dauert aber nur bis zu einem bestimmten Augenblick, dem 19. Bebrütungstag. Dann hört plötzlich das Wachstum auf und das überpflanzte Stück geht zugrunde. Als Ursache wurden jene kleinen Freßzellen festgestellt, die wir ja schon in ihrem Kampf mit den Bakterien beobachteten. Sie kommen am 19. Bebrütungstag zur Entwicklung und stürzen sich sofort auf den fremden Eindringling, ihn zu vernichten. Der Forscher ist aber auch diesen Kämpfern gewachsen. Er weiß, daß man sie mit Röntgenstrahlen totschießen kann. Geschieht dies, dann wächst das fremde Pfropfgebilde auch nach dem 19. Tage, sogar auf dem ausgeschlüpften Hühnchen, weiter. Ist es da noch weiter verwunderlich, daß man einem Menschen anstatt eines kranken Gelenkes das lebensfrische eines Tieres einsetzen kann, oder daß man dem Körper entnommene Gewebe im Glas auf dem Arbeitstisch weiter zu züchten vermag? Wer ist da so schwerfällig, daß er nicht im Geiste den Sprung bis zur Sphinx oder Ganescha, dem indischen Gott mit dem Elefantenkopf, zu machen vermöchte?

3. Die Haut als Atmungsorgan

Nun wollen wir aber wieder zu der Haut zurückkehren, die uns noch lange nicht alles gestanden hat, was sie zu leisten vermag. Schon zweimal wurde ihr das Geständnis auf dem mittelalterlichen Weg der Folter abgerungen, als sie abgeschabt und verbrannt wurde. Nun wollen wir sie auf eine neue Art außer Tätigkeit setzen, um zu sehen, wie dann der übrige Körper leiden muß. Vielleicht hat der eine oder andere von jenem Festzug des prunkliebenden Florentinerfürsten gelesen, in dem ein über und über vergoldetes Kind mitgeführt wurde; am Abend war das Kind gestorben. Wir wissen nicht genau, was die Todesursache war, vielleicht die gleiche Vergiftung wie bei der Verbrennung der Haut. Aber wir wissen, daß es viele Lebewesen gibt, die, in ähnlicher Lage wie das unglückliche Kind, auf eine uns wohl unerwartete Weise zugrunde gehen würden: durch Erstickung. Man hat den Versuch gemacht, einem Frosch die ganze Haut luftdicht zu lackieren; das Tier erstickte, obwohl es doch seine Lungen zum Atmen hatte. Da stehen wir nun vor einer der allerursprünglichsten Aufgaben der Haut, einer Aufgabe, die sie allerdings bei höheren Tieren nicht mehr erfüllt, dem Körper die nötige Atemluft zuzuführen. An und für sich betrachtet erscheint das auch gar nicht so fernliegend, ist doch die Haut der Luft am nächsten. Da wollen wir uns aber einmal fragen: Atmen, Atemluft, Ersticken, das sind Worte, die wir tagtäglich anwenden; sind wir uns aber auch klar darüber, was sie bedeuten? Seien wir ehrlich: Nein. So wollen wir uns denn zunächst einmal darüber klar werden.

Dort brennt in der Schmiede ein lustiges Feuer und daneben steht der rußbedeckte Schmied, den Blasebalg ziehend, um die Glut dauernd anzufachen. Was geht da vor sich, wenn die Kohlen verbrennen und wozu die Luftzufuhr durch den Blasebalg? Kohle besteht, wenn sie ganz rein ist, aus Kohlenstoff und verbrennt ohne irgend etwas zurückzulassen. Wir verbrennen sie unter einem Kamin, um die bei der Verbrennung gebildeten Gase aufzufangen und fortzuleiten. Die feste Kohle hat sich also bei der Verbrennung in ein Gas verwandelt. Schließen wir die Kohle von der Luft ab oder erneuern diese nicht genügend — dazu der Blasebalg —, dann kann sie auch nicht verbrennen. Dazu muß also wohl etwas nötig sein, was in der Luft enthalten ist; es ist bekannt, daß dieses Etwas ein Gas ist, Sauerstoff genannt. Man braucht nun nur mit den Hilfsmitteln des Chemikers das Gas zu untersuchen, das nach der Verbrennung durch den Kamin fortgeführt wird, um zu erfahren, was vor sich gegangen ist. Da findet man, daß dies Gas aus Kohlenstoff und Sauerstoff besteht. Die Kohle hat sich somit mit dem Sauerstoff der Luft verbunden und dabei in ein Gas, Kohlensäure genannt, umgewandelt. Verbrennen erweist sich somit hier als nichts anderes als die Herbeiführung einer Verbindung von Kohlenstoff und

Sauerstoff. Schließt man den Sauerstoff ab, so muß die Verbrennung aufhören, die Flamme „erstickt".

Merkt Ihr schon, wo wir hinauswollen? Nur noch ein wenig Geduld. Ein Kohlenfeuer erzeugt zugleich auch Hitze, es wird also Wärme gebildet, wenn jener chemische Vorgang der Vereinigung von Kohlenstoff und Sauerstoff stattfindet. Nun laßt uns unser Feuer unter einem Dampfkessel entfachen; das Wasser erhitzt sich, verwandelt sich in Dampf; der Dampf treibt den Kolben der Maschine an, die die Arbeit leistet, dies Buch zu drucken. Die bei der Verbrennung freigewordene Energie, die sich uns als Wärme offenbarte, kann also in Arbeit umgesetzt werden. Aber auch der Körper eines Lebewesens leistet fortgesetzt Arbeit, zu der die Energie irgendwoher kommen muß. Tatsächlich stammt sie aus gleicher Quelle wie bei der Maschine, von einer Verbrennung. Eine Verbrennung allerdings ohne Feuer; aber wir sahen ja, daß das Wesentliche hier bei der Verbrennung nicht die Flamme, sondern die Verbindung des Kohlenstoffes mit dem Sauerstoff war. Der Kohlenstoff ist nun in Menge in den Bestandteilen des Körpers enthalten; es muß ihm nur der Sauerstoff der Luft dauernd zugeführt werden, damit er verbrannt werden kann, so wie der Schmied die Esse mit dem Blasebalg anbläst und wie durch den Ofen die Luft ziehen muß. Diese Sauerstoffzufuhr zum Körper aber ist es, was wir Atmung nennen.

Wie geht das nun im einzelnen vor sich? Dem Lebewesen ist es nicht so bequem gemacht wie dem Taucher oder dem Feuerwehrmann, dem Sauerstoff direkt aus der Flasche zugepumpt wird. Das Tier lebt vielmehr in der Luft, die nur zu einem Fünftel aus Sauerstoff besteht, oder im Wasser, in dem nur kleine Mengen von Luft eingeschlossen sind. Da muß dafür gesorgt sein, daß der Sauerstoff, das Lebenselement, aus der Umgebung herausgenommen und zum Zweck der Verbrennung in den Körper geschafft wird. Dies Geschäft vermittelt ursprünglich und bei allen einfachen Tieren die Haut: Die Hautatmung geht so vor sich, daß der Sauerstoff durch die Haut hindurch in den Körper eindringt und im Ausgleich dafür das Verbrennungsgas des lebenden Ofens, die Kohlensäure, hinaus tritt. In diesem einfachsten Fall atmet also die ganze Körperoberfläche und der Sauerstoff kann leicht von dort aus überall hingelangen, wo er zur Verbrennung gebraucht wird.

4. Die atmende Oberfläche und die Lungen

Es ist nun eine sehr wichtige Tatsache, daß im Körper der Tiere, ebenso wie bei den Leistungen der Menschen eine Neigung zur Arbeitsverteilung vorliegt. So wie es jetzt besondere Ärzte für einen jeden Körperteil gibt und Arbeiter, die ihr Leben lang nur einen Handgriff in höchster Vollendung ausführen, so haben sich auch die Tätigkeiten des Körpers sichtlich im Lauf der Entwicklung des Tierreiches spezialisiert. So werden wir uns nicht wundern, zu sehen, daß die Haut, die ja so viel anderes zu tun hat, auf die Teilnahme an der Atmung verzichtet und sie besonderen Atmungsorganen überläßt. Dem kommt noch eine weitere Bedeutung zu. Je mehr die Maschine leisten soll, um so mehr Kohle muß verbrannt werden und um so mehr Sauerstoff ist dazu benötigt. Ein Körper mit großen Leistungen bedarf also auch einer größeren Menge Sauerstoff. Wenn nun dieser lebenspendende Stoff so in den Körper gelangt, daß er durch eine Haut gegen die Kohlensäure ausgetauscht wird, so hängt zweifellos das Maß, das aufgenommen werden kann, von der Größe der Oberfläche dieser Haut ab, die mit dem Wasser oder der Luft in Berührung steht. Wie kann nun eine größere Berührungsfläche geschaffen werden, ohne daß der Körper selbst sich vergrößert? Versetzt Euch einmal in die Kinderstube; da spielt das Kind mit einem jener zusammenklappbaren Pappbilderbücher, die, wenn zusammengefaltet, nicht größer sind als ein jedes Buch. Wird es aber auseinandergefaltet, so bedeckt es den halben Fußboden und zeigt, wie groß die bedruckte Fläche wirklich ist. Ganz ähnlich lösen die Atmungsorgane die Aufgabe, bei beschränktem Raume eine gewaltige Oberfläche zu schaffen. Bei den Spinnen sehen sogar solche „Lungen" tatsächlich wie ein zusammengefaltetes Buch aus und die Luft streicht zwischen all den Blättern durch (Abb. 28). Bei anderen Tieren hat ein großer Sack, in den die Luft eingesogen wird, sich durch unendlich winzige Wände in Millionen kleiner Kämmerchen geteilt, die alle miteinander zusammenhängen, so eine ungeheure Wandfläche erzeugend, etwa so, wie alle Zimmer eines Hauses zusammen eine gewaltig größere Wandfläche haben als die Außenfläche des Hauses trägt (Abb. 29). Das nennt man dann eine Lunge. Bei wieder anderen wird der entgegengesetzte Weg eingeschlagen, vorzugsweise bei Wassertieren, die eine möglichst große, sauerstoffaufsaugende Oberfläche dem Wasserstrom entgegensetzen

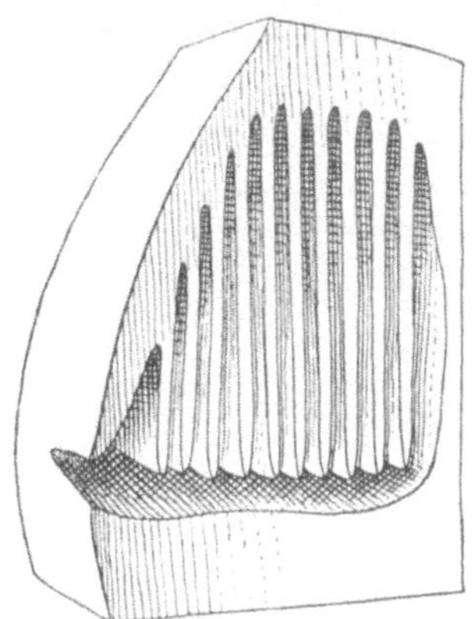

müssen. Hier wachsen auf der Oberfläche des Atmungsorgans, der Kiemen, unendlich viele feine Fädchen heraus, so die atmende Oberfläche um ein Vielfaches erhöhend (Abb. 30).

Abb. 28. Darstellung einer durchschnittenen Spinnenlunge mit den Blättern, zwischen denen die Luft durchstreicht.

a b c

Abb. 29a—c. a Lunge von einer Brückenechse, b einer Agame, c einem Varan, (eidechsenartige Tiere) durchschnitten, um die fortschreitende Vergrößerung der inneren Oberfläche durch immer feinere Kammerung zu zeigen.

5. Die atmende Oberfläche und die Kiemen, Fortleitung der Atemluft

So erhält die atmende Hautoberfläche eine größere Leistungsfähigkeit, indem sie sich stellenweise entweder in besondere Wasseratmungsorgane, die Kiemen, umwandelt oder sich in das Innere des Körpers zu Atemsäcken für Luftatmung einsenkt, die Lungen. Damit taucht aber eine neue Schwierigkeit auf. Solange die ganze

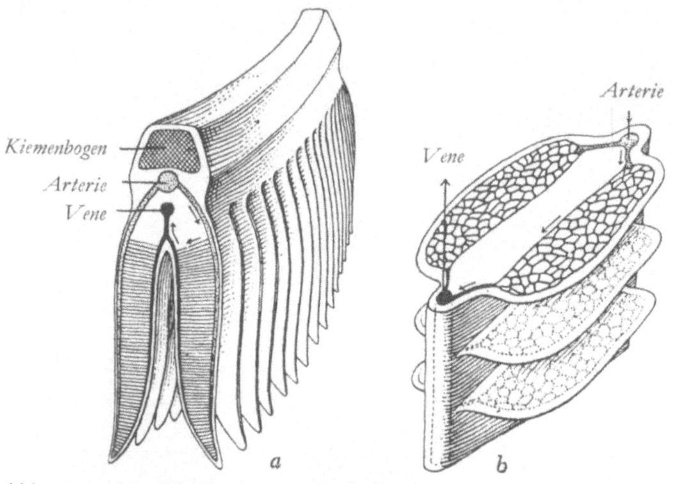

Abb. 30a u. b. a Ein Stück vom Kiemenbogen eines Fisches mit den Fiederblättchen der Kiemen. b Kleines Stück eines einzelnen Blättchens der Kiemen, stark vergrößert, mit genauerer Darstellung seiner Blutversorgung.

Hautoberfläche atmet, kann der energiespendende Sauerstoff leicht überallhin im Körper gelangen, wo er zur Verbrennung benötigt wird. Wenn aber bestimmte begrenzte Atemorgane bestehen, die an einem Punkt nur dem Körper Luft zuführen, so muß irgendwie dafür gesorgt werden, daß der Sauerstoff auch überallhin schnell gelangt, wo er zum Verbrennen benötigt wird. Der erstere Fall kann etwa einem luftigen Sommerhaus verglichen werden, durch das von allen Seiten frei die frische Luft streicht. Der andere Fall wäre ähnlich einem Bergwerk, in das die Luft nur durch einen engen Schacht eintreten kann. Da muß natürlich für künstliche Durchlüftung des ganzen Bergwerks gesorgt werden. Ihre Anlage aber könnten wir uns verschiedenartig vorstellen. Einmal wäre es möglich, das ganze Bergwerk (den Körper) mit Luftröhren zu durch-

ziehen, die mit dem Hauptschacht zusammenhängen und durch die
die Atemluft überall hingeführt wird und die schlechte verbrauchte
Luft wieder abzieht. Ein solches Durchlüftungssystem finden wir bei
einer Gruppe des Tierreiches, den Insekten, tatsächlich vor. Von
Öffnungen in der Körperoberfläche
gehen feine Lufröhren in das Leibes-
innere, verzweigen sich immer mehr
und mehr und umspinnen alle Körperteile mit ihren feinsten Ästchen (Abb.
31). Durch sie wird die Luft überall
hingeführt, wo der Sauerstoff benötigt
wird und durch sie wird auch die Kohlensäure, die gegen den Sauerstoff ausgetauscht ist, wieder fortgeschafft.
Fortgesetzt arbeitet die Lüftungspumpe
des Bergwerkes, diesen Luftstrom zu
erhalten. Habt Ihr einmal eine Wespe
auf einem Stückchen Zucker sitzend beobachtet und gesehen, wie ihr Leib sich
fortgesetzt aufbläht und zusammenzieht? Da arbeitet die Pumpe.

Viel verwickelter ist aber die Durchlüftungsanlage, wenn Lungenatmung
vorhanden ist und es gibt wohl kaum
ein Menschenwerk, das man zum Vergleich heranziehen könnte. Die Lunge
ist ein Luftsack, der sich abwechselnd
mit frischer, d. h. sauerstoffreicher Luft
füllt, das Einatmen, und verbrauchte,
d. h. kohlensäurehaltige Luft ausstößt,
das Ausatmen. Wir brauchen also zu-

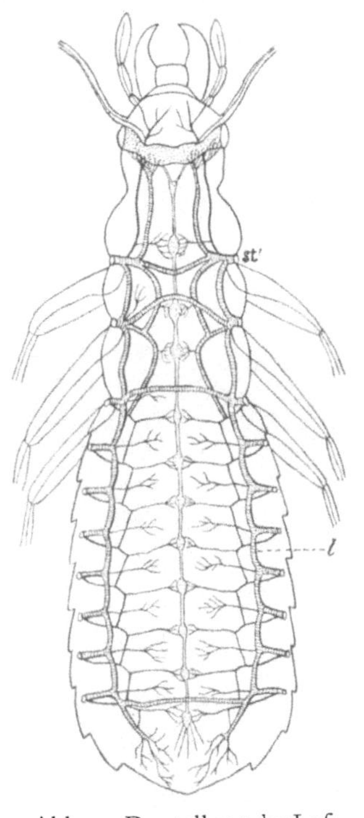

Abb. 31. Darstellung des Luft-
röhrensystems im Körper
eines Insekts. *l* Längsrohr,
st Atemöffnungen.

nächst einmal in unserer Durchlüftungsanlage eine Pumpe, die dies
besorgt, und sie ist bei Mensch und Säugetieren Brustkorb und Zwerch-
fell, die die Atembewegungen ausführen. Aus der Lunge tritt der
Sauerstoff in den Körper über, und zwar in genau der gleichen Weise
wie auch bei der ursprünglichen Hautatmung, d. h. der Sauerstoff
dringt aus der Atemluft durch die dünne Haut der Lungenwand hindurch in das Innere des Körpers, während gleichzeitig auf demselben

Weg die Kohlensäure herauskommt. Wo geht aber der Sauerstoff nun
hin, wie gelangt er zu jeder einzelnen der Millionen Körperzellen, die
ihn zur Verbrennung benötigen? Entsprechend der ungeheuren
Wichtigkeit, die diese Leitung des Sauerstoffes für den Ablauf der
Lebensvorgänge hat, ist auch für eine wirksame Einrichtung gesorgt,
die ihn in die entferntesten Winkel des Körpers schafft, richtig ab-

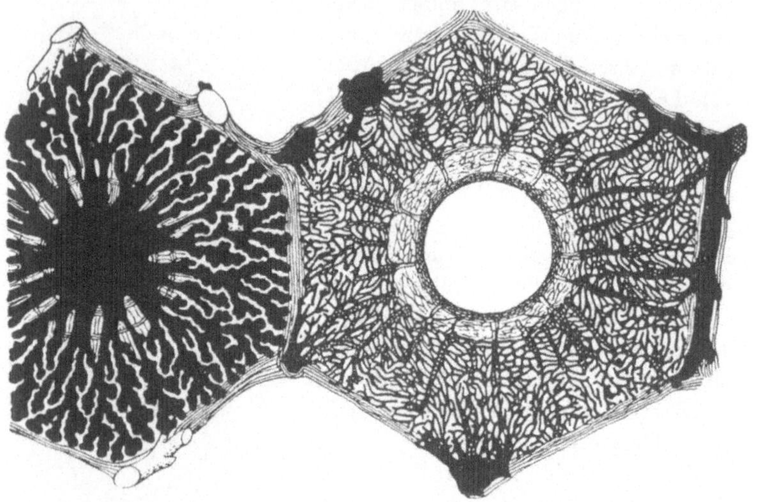

Abb. 32. Querschnitt zweier benachbarter Bläschen einer Vogellunge. Links
ist der fein verästelte Luftraum mit einer schwarzen Masse gefüllt dargestellt.
Rechts ist nur das den Luftraum umspinnende Blutgefäßnetz schwarz dargestellt.

liefert und dafür die Kohlensäure zum Wegschaffen in Empfang
nimmt. Diese Einrichtung aber ist das Blutgefäßnetz. In den dünnen
Wänden der Lunge — und das trifft auch für die Kiemen zu
(Abb. 30) — dehnt sich ein dichtmaschiges Netz feinster Blut-
gefäßchen aus (Abb. 32), deren Blut den durch die Lungenwand
hindurchtretenden Sauerstoff aufnimmt. Mit dem Blutstrom wird
er zur Hauptpumpstation, dem Herzen geführt, und von dort
gehen alle die Blutadern in den Körper hinaus, die überall hindringen und mit anderer Nahrung auch den Sauerstoff abliefern.
Das Blut, das dafür die Kohlensäure in Empfang genommen hat,
fließt aber in anderen Adern wieder zum Herzen zurück, von wo es
in die Lunge gepumpt wird, um die Kohlensäure auszuatmen.

58

6. Was ist Atmung chemisch?

Nun fällt uns aber unser Spulwurm wieder ein, den wir schier vergessen hatten. Atmet er denn auch? Er lebt ja abgeschlossen von jeder Luft, jedem Sauerstoff, im Innern des Darms. Nimmt man ihn heraus und hält ihn in einem mit Kohlensäure durchspülten Glas Wasser, so lebt er darin ruhig weiter, während ein Fisch im gleichen luftfreien Wasser in wenigen Sekunden sterben müßte. Da aber der Wurm sich auch bewegt, lebt, sollte er doch auch eine Verbrennung besitzen, um die dazu nötige Energie zu erzeugen. Woher aber den notwendigen Sauerstoff nehmen? Oder hat er vielleicht eine andere Art gefunden, sich seine Energie zu verschaffen? Die Antwort auf diese Fragen ist nicht ganz so leicht zu verstehen, aber wir wollen es doch wenigstens mit dem dazu nötigen kleinen Ausflug in die Chemie versuchen.

Die Chemie sagt uns, daß ein jeder Stoff, wenn er nicht selbst ein Grundstoff wie Gold, Silber, Eisen, Schwefel, Chlor ist, aus bestimmten Mengen von Grundstoffen oder Elementen aufgebaut ist, und zwar gehen in den Aufbau bestimmte Zahlen der kleinsten Teilchen der Stoffe, Atome genannt, ein. Zu diesen Elementen gehören aber auch Kohlenstoff, Wasserstoff und Sauerstoff. Der Chemiker ist nun imstande, jeden Stoff in seine Grundstoffe oder in neuartige Zusammenstellungen der gleichen Grundstoffe zu zerlegen. Das Wasser etwa besteht immer aus zwei Atomen Wasserstoff und einem Atom Sauerstoff. Leiten wir einen elektrischen Strom hindurch, so wird es in reinen Wasserstoff und reinen Sauerstoff, beides Gase, zerlegt. Der Zucker besteht aus 6 Atomen Kohlenstoff, 12 Atomen Wasserstoff und 6 Atomen Sauerstoff. Diese Atome können so umgelagert werden, daß zwei neue Stoffe entstehen, einer mit 2 Atomen Kohlenstoff, 6 Atomen Wasserstoff und 1 Atom Sauerstoff, Alkohol genannt und einem anderen mit 1 Atom Kohlenstoff und 2 Atomen Sauerstoff, Kohlensäure genannt; beide aber entstehen in zwei Portionen aus einer Portion Zucker. Ist das nicht recht verständlich? Nun, so paßt auf: Wir haben einen Mosaikbaukasten mit 6 roten Klötzen, die wir die Kohlenstoffklötze nennen; 12 blauen Klötzen, die wir die Wasserstoffklötze nennen, und 6 gelben, die wir die Sauerstoffklötze nennen. Aus diesen können wir ein süßes Bild zusammensetzen, das nennen wir Zucker. Mit den gleichen Klötzen können wir aber auch andere Bilder bauen.

Da gibt es ein schönes Bild, das heißt Alkohol und benötigt 2 Kohlenstoffklötze, 6 Wasserstoffklötze und 1 Sauerstoffklotz. Wir bauen es und sehen, daß noch genug Klötze übrig sind, um es nochmals zu bauen. Nun haben wir 4 rote, alle 12 blauen und 2 gelbe Klötze verbaut und es bleiben uns nur noch 2 rote Kohlenstoffklötze und 4 gelbe Sauerstoffklötze. Da gibt es nun ein einfacheres Bild, das Kohlensäure heißt und aus 1 Kohlenstoff- und 2 Sauerstoffklötzen gebaut wird. Das können wir aber mit unserem Rest an Bausteinen auch zweimal machen; so haben wir mit den gleichen Bausteinen aus einem Zuckerbild zwei Alkoholbilder und zwei Kohlensäurebilder hergestellt.

Was kann nun den Zucker zwingen, sich in Alkohol und Kohlenstens mit Hilfe eines Enzyms, hier dem der Hefe.
Gärung, die aus dem süßen, zuckrigen Traubensaft sauren, zuckerfreien, aber Alkohol und Kohlensäure enthaltenden Most erzeugt. Was Gärung ist, wissen wir aber schon genau: eine Zerlegung meistens mit Hilfe eines Enzyms, hier dem der Hefe.

Was soll dies nun alles mit unserer Frage zu tun haben? Das wird sogleich klar werden. Für gewöhnlich also liefert die Verbrennung der Nahrung die nötige Energie zur Durchführung der Lebensprozesse, und tatsächlich ist die Verbrennung ein vorzügliches Mittel, um möglichst viel lebendige Kraft aus einer gegebenen Nahrungsmenge zu erhalten. Ein Spulwurm lebt nun aber unter ganz besondersartigen Verhältnissen. Seine Nahrungsmenge ist eine unbegrenzte — er schwimmt ja in ihr — und so braucht er auch gar nicht besonders sparsam mit ihr umzugehen. Selbst wenn er sie in irgendeiner anderen, verschwenderischen Art als es die Verbrennung ist, verarbeitet, also sich nur einen kleinen Teil der in ihr enthaltenen lebendigen Kraft zunutze macht, kommt er doch noch auf seine Rechnung. Allzuviel Energie braucht er ja nicht, da er ja nicht auf Nahrungserwerb ausgeht, sich nicht gegen Feinde zu verteidigen hat, nicht seine eigene Körperwärme erzeugt. So kommt er tatsächlich ohne Verbrennung aus und bestreitet all seine Leistungen mit dem bißchen Energie, das bei einer Gärung geliefert wird. Alle seine Zellen sind mit einem aus der Nahrung gebildeten Stoff angefüllt, der dem pflanzlichen Stärkemehl, etwa dem einer Kartoffel vergleichbar ist, und daher tierische Stärke genannt wird. Ebenso aber, wie in unserem vorhergehenden Beispiel Zucker durch das

Enzym des Hefepilzes in Alkohol und Kohlensäure vergoren wurde,
so vergärt im Spulwurmkörper die aufgespeicherte tierische Stärke
zu einer übelriechenden Fettsäure, Kohlensäure und Wasserstoff.
Das aber ersetzt dem Wurm die Verbrennung, die er aus Mangel an
Atemsauerstoff nicht ausführen könnte. Ähnlich dürfte es bei allen
Tieren sein, die imstande sind, sauerstofffrei zu leben.

7. Die Haut als Schutzorgan; Schuppen, Haare, Federn

Nun wollen wir zum letztenmal zur Haut zurückkehren, um
noch im richtigen Augenblick dem Vorwurfe zu entgehen, daß wir
vor lauter Bäumen den Wald nicht sehen. Alles mögliche haben wir
von der Haut gehört, nur noch nichts über ihre allernächstliegende
Aufgabe: den Körper vor Verletzung zu schützen; und das ist sicher
bei einer Fülle von Lebewesen ihre Hauptaufgabe.

Wer einmal versucht, die Haut eines Nilpferdes, Elefanten, Nas-
horns, Krokodils zu durchschneiden, bedarf wohl keiner weiteren
Beweise. Trotzdem ist es lehrreich, kennenzulernen, in welch mannigfaltiger Weise die Natur imstande ist, die Schutzaufgabe der Haut
zu lösen.

Von Haus aus ist die Haut ein ebenso weiches Zellgewebe wie die
meisten Innenteile des Körpers, und wenn ihre Zellen noch dazu
einen weichen Schleim ausschwitzen, der die Oberfläche schmiert,
so kommt die weiche, quabbelige Hautoberfläche zustande, die es
so vielen Menschen verekelt, einen Frosch, Schnecke, Wurm anzu-
fassen. Soll eine solche Haut nun gefestigt oder widerstandsfähig
gemacht werden, so ist die nächstliegende Art und Weise die, mit
der etwa Holz zur Verschalung eines Hauses oder zur Benutzung
als Eisenbahnschwellen wetterhart gemacht wird: mittels Durch-
tränkung mit einem widerstandsfähigen Stoff. Die Hautzellen
machen das so, daß sie in ihrem Leib feine Körnchen einer festen
Masse ablagern, die man Hornstoff nennt. Er füllt schließlich die
ganze Zelle an, die dann zu seinen Gunsten ihr Leben läßt und sich
damit in ein Hornschüppchen verwandelt. Tun nun Millionen und
Abermillionen Zellen das gleiche, so ist schließlich der Körper von
einer hornigen Haut bedeckt, unter der aber immer noch die weiche,
lebende Haut erhalten ist, die immer wieder neue Hornschüppchen
zum Ersatz der außen abgeschabten liefert. So sieht es etwa in der

Haut eines Menschen aus, ein jeder ist mehr oder minder ein „hürnener Siegfried" (Abb. 33).

Ein Mensch mag nun mit einem solch dünnen Panzerhemdchen
zufrieden sein; denn wenn es ihm nicht genügt, kann er sich eine

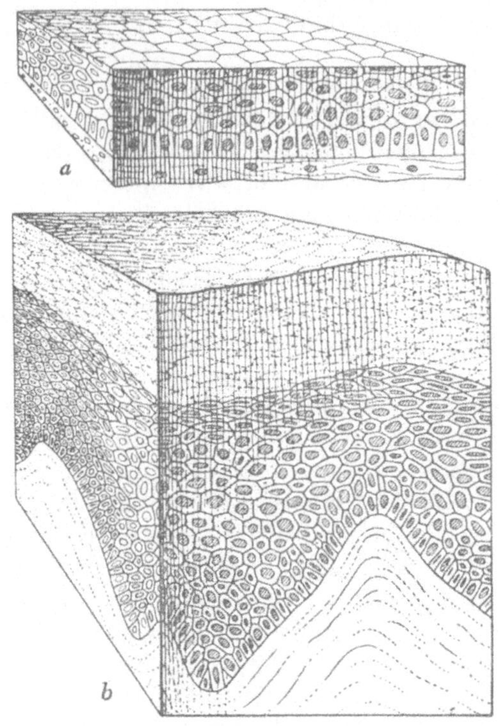

Abb. 33 a u. b. a Ein Stück Oberhaut eines Frosches, um die Zusammensetzung der Haut aus Zellenlagen zu zeigen. b Ebensolche Darstellung eines
Stückchens menschlicher Haut. Über den lebenden Zellen liegt die Schicht
verhornter Zellen oder Hornschüppchen.

schöne feste Rüstung fertigen und darüber ziehen, wenn er „seine
Haut zu Markte trägt". Die tierische Haut aber ist selbst der
Schwertfeger und verwandelt sich nach Bedarf in einen mächtigen
Panzer. Da gibt es hieb- und stichfeste Hornschuppenpanzer bei
den Eidechsen und Schuppentieren oder gewaltige Plattenpanzer bei

Krokodilen und Gürteltieren. Die merkwürdigsten aller Horn-
panzer werden aber gebaut, um den täglichen unbesiegbaren Feind,
die Witterung, zu bekämpfen. Unendliche Mengen der kleinen Horn-
zellen schließen sich zusammen und wachsen von der Oberfläche der

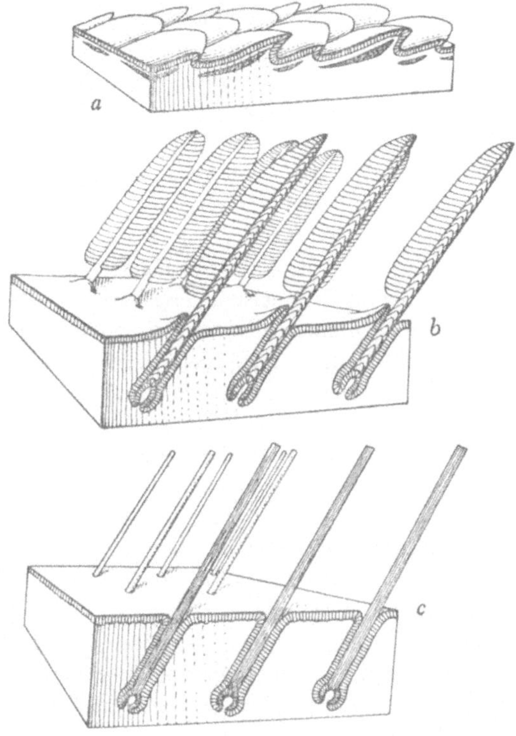

Abb. 34a—c. a Ein Stück Fischhaut mit Schuppen unter der Oberhaut. b Ein
Stück Vogelhaut mit den aus der Oberhaut gebildeten Federn. c Ein Stück
Säugetierhaut mit den aus der Oberhaut gebildeten Haaren.

Haut weg zu einem dünnen, hohen Hügel, einem Haar aus, und
unendliche Mengen solcher Haare bilden einen warmen Pelz. Oder
aber, die Hornhügel verästeln sich nach beiden Seiten und die Äste
wieder und es erhebt sich über die Haut ein ganz absonderliches
Horngebilde, das wir Feder nennen. Wieder steht eine neben der
anderen und hält den ganzen Körper warm (Abb. 34).

Die Wand eines Hauses, das ist seine Haut, kann sicher gegen die Unbilden der Außenwelt geschützt werden, wenn sie sehr dick und fest gebaut wird. Aber auch eine dünne Wand läßt sich gegen den anklatschenden Regen durch eine Holzverschalung schützen. Das ist, bildlich gesprochen, die zweite Art, wie die weiche Haut sich zu schützen vermag. Nur daß diese Verschalung nicht von tüchtigen Handwerkern von außen aufgelegt wird, sondern es sind die Handwerker in der Mauer selbst, die Hautzellen, die die Verschalung ausscheiden. Ein solches ausgeschwitztes und verhärtetes Außenhäutchen war es, das unserem Messer zuerst Widerstand entgegensetzte, als wir die Ascaris aufschneiden wollten. Tatsächlich werden ganze Tiergruppen sogar gerade daran erkannt, daß ihre Haut um ihren Körper einen vollständigen Panzer eines besonderen Stoffes ausschwitzt, das sogenannte Chitin: wir meinen natürlich die Insekten, Krebse, Spinnen. Die meisten Leser werden schon einmal versucht haben, eine Hummerschere zu öffnen, also den Chitinpanzer eines solchen Krebses zu durchbrechen und wissen daher, wie stark der Schutz eines solchen Panzers ist. Trotzdem ist er noch fast armselig im Vergleich mit manchen Schalentieren. Eine Austernschale und ein Schneckenhaus sind nämlich auch nichts anderes als eine Ausschwitzung der Haut eines weichen Tieres. Aber die stark kalkhaltige Masse ist zu einer steinharten Schale erstarrt. Allerdings scheidet nicht die ganze Hautoberfläche hier aus, sondern bloß ein dazu bestimmter Hautteil, der aber so angeordnet ist, daß das ganze übrige Tier sich in die ausgeschiedene Schale zurückziehen kann. Das Weiterwachsen findet aber am Schalenrand statt. Wie kann aber wohl ein in seinen Panzer eingeschlossener Krebs wachsen? Das ist in der Tat merkwürdig. Da zieht sich zunächst seine Haut von dem alten Panzer etwas zurück. Dann legt sie sich in viele Falten und bildet einen neuen weichen Panzer unter dem alten. Dann beginnen die Falten sich zu strecken, der ganze Körper bläht sich auf und sprengt die alte Hülle an irgendeiner Stelle. Vergnügt kriecht das Tier dann aus seinem alten Panzer heraus, streckt sich ein bißchen und sein bereits fertiger neuer und weiterer Rock wird schnell hart. Wenn das nur auch mit den Kleidern unserer Kinder möglich wäre!

In den erwähnten Fällen hatte die Haut selbst für ihre Verteidigung gesorgt. Es soll aber nicht verschwiegen werden, daß ihr dabei auch oft ein Nachbarstaat zu Hilfe kommt, nämlich das unter der weichen Zellhaut liegende Gewebe, das aus fest durcheinandergeflochtenen Fasern besteht, die eine mehr oder minder dicke Schicht bilden, die so zäh ist wie — Sohlenleder. Das ist nicht etwa bildlich gesprochen. Denn tatsächlich ist dies der Teil, den man auch Lederhaut nennt, der, wenn gegerbt, das Leder darstellt. Schließlich kann in dieser auch noch fester Stoff, vorzugsweise Kalk, abgelagert werden, so daß ein unter der weichen Haut liegender fester Panzer zustande kommt, wie es tatsächlich die Fischschuppen oder die Panzerplatten der Kofferfische sind. In allerstärkster Ausbildung kann man solche Unterhautpanzer bei vielen der vorsintflutlichen Ungeheuer sehen, deren Reste uns der schützende Erdboden aufbewahrt hat. Das Riesengürteltier Amerikas etwa muß der reine wandernde Panzerturm gewesen sein. So wie dieser aber von den Riesengeschossen durchschlagen wird, so drangen die stahlharten Zähne des Säbelzahntigers auch durch jenen hindurch. Es scheint, als ob zu jedem Schutz auch die ihm gewachsene Waffe geschmiedet wird; auch in den guten alten Zeiten früherer Erdperioden.

IV. Körperlymphe, Muskeln und Bewegung,
oder vom Spulwurm zum Pianisten

Nun soll endlich aber unsere Ungeduld befriedigt werden, den gesprächigen Wurm wirklich aufzuschneiden. Wir setzen das scharfe Seziermesser an und führen einen geraden Schnitt der ganzen Länge des Tieres entlang. Da wir schon vorher die Haut gespalten hatten, haben wir nur noch eine ganz dünne, weiche Gewebeschicht zu durchschneiden, bis das Messer keinen Widerstand mehr findet und aus der angeschnittenen Höhlung des Wurmleibes eine wässerige rötliche Flüssigkeit herausspritzt. Nun heißt es aber vorsichtig sein, denn mit dieser Flüssigkeit hat es eine gar eigentümliche Bewandtnis; sie ist giftig, ohne daß man eigentlich so ganz genau sagen könnte, welches der Giftstoff ist. Erstaunlicherweise ist sie aber nicht für jedermann giftig. Da gibt es Leute, die ungestört jahrelang mit diesem Wurm arbeiten können, ohne irgend etwas zu spüren, denen sogar der Saft in die Augen spritzen mag, ohne daß es ihnen schadet. Da gibt es aber andere, die gegen das Gift außerordentlich empfindlich sind. Ich erinnere mich an einen jungen Kollegen von ganz

erstaunlicher Empfindlichkeit für gerade dieses Gift. Wenn er ein
Zimmer betrat, in dem solche Würmer seziert wurden und das mit
dem, vielen anderen gar nicht wahrnehmbaren, Geruch der giftigen
Flüssigkeit gefüllt war, so hob sich alsbald die Bindehaut seines
Auges von der Hornhaut ab, was glücklicherweise gefährlicher aussah, als es sich dann erwies. Ich selbst habe am eigenen Leib so
ziemlich alle Stufen der Vergiftung erfahren. Anfangs, als ich begann, bestimmte wissenschaftliche Fragen, für die der Wurm ein
besonders günstiges Objekt darstellt, zu bearbeiten, spürte ich gar
nichts. Nach einiger Zeit aber begannen meine Schleimhäute die
Wirkung zu spüren und ein chronischer Schnupfen stellte sich ein,
der so andauernd war, daß mein Professor, unter dem ich studierte,
mich im Scherz mit dem Namen des Helden jenes köstlichen Buches
„Auch Einer“ belegte, dem bekanntlich alles im Leben mißlang, weil
er im entscheidenden Augenblick immer nießen mußte. Im Laufe
der Jahre steigerten die Erscheinungen sich so, daß alltäglich beim
Erwachen ein Asthmaanfall auftrat. Da erst erkannte ich die wahre
Ursache des Leidens, das auch alsbald verschwand, als ich weiteres
Arbeiten mit der Ascaris einstellte. Heute aber bin ich so empfindlich, daß das Nießen sofort beginnt, wenn ich ein Studierzimmer
betrete, in dem jemand mit dem Wurm arbeitet.

1. Lymphe, Überempfindlichkeit, Immunität, Serumbehandlung, Blutproben

Zweifellos fallen einem jeden Leser nun einige ähnliche Beispiele
aus seinem Bekanntenkreis ein: von Leuten, die keine Krebse oder
Erdbeeren essen können, ohne Nesselausschläge oder andere Ver-
giftungserscheinungen zu zeigen, während andere nie solche Erfahrungen machen. Es liegt da nahe, sich die Frage vorzulegen, ob wir
nicht hier vor Erscheinungen stehen, die mehr oder minder die gleichen sind, wie die Empfindlichkeit oder Nichtempfindlichkeit —
das Fremdwort für letzteres heißt Immunität — gegen die Gifte,
die von unseren schlimmsten Feinden, den Bakterien, ausgeschieden
werden. Denn wir wissen, daß einer mehr zu einer Erkältung neigt,
das ist zu einem Einfall von Bakterien in empfindliche Schleimhäute,
der andere weniger; daß der eine sehr empfindlich ist für die Bakterien der Lungenschwindsucht, der andere aber ihnen standhält.
Ferner weiß jedermann heutzutage, daß Mensch und Tier gegen

66

viele Bakteriengifte und andere Gifte künstlich giftfest gemacht werden, „immunisiert" werden können. Da stehen wir nun wieder vor der Fähigkeit des Körpers, Anforderungen der Außenwelt in zweckentsprechender Weise zu begegnen und sich vor Schädigungen zu schützen.

In dem Kampf gegen dem Körper fremde Gifte ist nun der Hauptkampfplatz das Blut. Horden von Bakterien sind in den Körper gedrungen und ihr Gift droht den Leib zu vernichten. Wir haben bereits erfahren, wie die Freßzellen einem solchen Angriff zu begegnen suchen, indem sie die Eindringlinge verzehren. Aber sie sind machtlos gegen das ausgeschiedene Gift, das im Blut kreist. Da antwortet nun das Blut — welcher Bestandteil des Blutes, kann uns ja zunächst gleichgütig sein — indem es eine Art Gegengift herstellt. Man stelle sich einmal vor, das Gift sei ein chemischer Stoff von verwickelter Zusammensetzung, der so glatt ist, daß er nicht angepackt werden kann. Nur an einer Stelle besitzt er ein kleines Häkchen, an dem er angefaßt werden könnte. Nun stelle man sich die vom Blut gefertigten Abwehrstoffe so vor, daß sie eine Zange besitzen, die genau zu jenem Häkchen paßt und es sofort festpackt und festhält. Das ist natürlich nur ein Bild, das aber nicht ganz so unmöglich ist wie es klingt; man hat nur an die Stelle der Haken und Zangen die absonderlichen chemischen Anziehungskräfte zu setzen, um der Wahrheit nahezukommen. Jedenfalls wird es so klar, daß der Körper dann unempfänglich ist für die ihn angreifenden Gifte, wenn er über die nötigen Abwehrstoffe verfügt. Wir verstehen auch, warum wir gegen gewisse Krankheiten unempfindlich sind, wenn wir sie einmal überstanden haben: die damals erzeugten Abwehrstoffe verbleiben im Blut und wehren weitere Giftangriffe ab, indem sie die Bakterien abtöten, bevor sie sich vermehren können.

Jetzt hat man aber auch gelernt, dem Blut in seinem so entscheidenden Kampfe zu Hilfe zu kommen, indem man ihm künstlich die Abwehrstoffe, die man vorher fabriziert hat, einverleibt, einimpft. Welche, man möchte fast sagen, Wunder auf solche Weise verrichtet werden können, sollte ein jeder Mensch genau wissen. Man nehme etwa den Fall der Giftschlangen, die in warmen Ländern zahllose Menschen durch ihren Biß töten. Wird ihr Gift in der richtigen, nicht tödlichen Menge einem Tier, etwa einem Pferd oder

Rind, eingespritzt, so bildet dessen Blut die richtigen Schutzstoffe. Wird nun ein Mensch von der Schlange gebissen, so spritzt der Arzt ihm das gereinigte und sauber hergerichtete Blut, das sogenannte Serum, des genannten Tieres ein und die darin enthaltenen Schutzstoffe nehmen den Kampf im Körper des Patienten auf. Das nennt man dann eine Heilserumbehandlung, die genau so bei Bakteriengiften wirkt wie bei Schlangengiften, das heißt die giftigen Bakterien abtötet. In diesem Fall waren vorher dem serumspendenden Tier die betreffenden Bakterien in einer bestimmten Dosis eingespritzt worden. Von der Serumbehandlung führt aber nur ein kleiner Schritt zur Schutzimpfung, also der Möglichkeit, die Schutzstoffe dem Körper im voraus einzuverleiben und gar nicht erst abzuwarten, bis die giftigen Bakterien schon in den Körper eingedrungen sind. Bei manchen Krankheiten erzeugt man sogar auch beim Menschen direkt die Schutzstoffe, indem man ihm abgetötete Bakterienmassen einspritzt. Was dies Vorbeugungsmittel für das Wohl der Menschheit bedeutet, läßt sich kaum in Worten ausdrücken und man kann nur Mitleid mit den Menschen empfinden, die aus Unkenntnis und Fanatismus das segensreiche Vorgehen bekämpfen. Aber es ist merkwürdig, wie die Menschheit das Unverständliche, Geheimnisvolle, Übernatürliche, ja oft Unsinnige dem Einfachen und Vernünftigen vorzieht. Als ich einmal durch weltabgeschiedene Gegenden der japanischen Alpen wanderte, fiel mir auf, daß an der Gemarkungsgrenze der Dörfer ein Seil über den Weg gespannt war, an dem ein paar geweihte Papierfetzen im Winde flatterten. Mein Begleiter erklärte mir, daß dadurch das Eindringen ansteckender Krankheiten verhindert werden solle, von denen der Wanderer gereinigt wird, der unter dem Strick wegschreitet. In den Dörfern selbst sah ich dann öfters außen an den Hauswänden Plakate angeklebt, auf denen sich nichts befand als der schwarze Tuscheabdruck von Kinderhänden. Ich erfuhr, daß in solchen Häusern ein krankes Kind liege, und daß man glaube, das Kind gesunde, sobald 1000 Wanderer die Handabdrücke geschaut hätten. Da mußte ich wohl darüber nachdenken, daß ich kurz zuvor in der Landeshauptstadt ein wundervolles, nach deutschem Muster eingerichtetes Institut für Seuchenbekämpfung besucht hatte, in dem alles geschieht, was für wissenschaftliche Seuchenbekämpfung nötig ist. Da war ich denn gerade im Begriff, Betrachtungen darüber anzustellen, wie

weit noch in jenem Land die Kluft zwischen Wissenschaft und Volks-
aberglaube ist, als mir einfiel, daß ich zu Hause in der Sommerfrische
jahrelang der Nachbar einer Doktorbäuerin war, die alle Krankheiten aus der Besichtigung des Urins erkennt, mit Kräutern heilt
und von dem Betrug reich wird. Da gab ich meine Betrachtungen
über Aberglauben in fernen Ländern auf.

Doch nun zurück zu unserem Spulwurmgift, das uns noch eine
weitere merkwürdige Tatsache gezeigt hatte, nämlich die außerordentliche Steigerung der Empfindlichkeit bei den betreffenden
Personen. Auch das ist eine keineswegs vereinzelt dastehende Erscheinung. Sie bildet vielmehr gewissermaßen das Gegenstück zu der
eben besprochenen Immunität. Letztere bestand ja darin, daß nach
Einverleibung eines Giftes ein Schutzstoff entstand, der genau auf
die Unschädlichmachung gerade dieses Giftes eingestellt war. In
bestimmten Fällen zeigt sich nun ein ganz abweichendes Verhalten:
wird dem Versuchstier eine Dosis Gift eingespritzt und nach einer
Ruhepause dann wieder das gleiche Gift eingeführt, so genügt eine
unendlich kleine, sonst unschädliche Menge, um das Tier augenblick-
lich unter ganz besonderen Erscheinungen zu töten; es ist über-
empfindlich geworden. Das erstaunlichste an der Erscheinung ist
aber, daß der eingespritzte Stoff nicht einmal ein Gift zu sein
braucht. Ebenso wie das Blut bei der Immunisierung Abwehrstoffe
erzeugte, so bringt es auch ganz besonders eingestellte Stoffe hervor, wenn ihm irgendwelche fremden Eiweißkörper zugesetzt
werden. Die Tatsache selbst oder wenigstens ihre Anwendung zur
Erkennung von Verbrechen ist wohl in weiteren Kreisen bekannt.
Spritzt man etwa einem Kaninchen Aalblut ein, so erzeugt sein Blut
bestimmte Stoffe, die auf Aalblut und nur auf Aalblut eingestellt
sind. Würde man nun solches, die betreffenden Stoffe enthaltendes
Kaninchenblut mit reinem Aalblut zusammenbringen, so entstände
alsbald in der vorher klaren Flüssigkeit eine flockige Trübung, die
sich als Niederschlag im Versuchsglas zu Boden setzt; mit keinem
anderen als Aalblut würde aber die Trübung eintreten. Wenn also
etwa an einem Messer Blutspuren gefunden werden und man will
wissen, ob es Menschenblut ist, so muß man nur eine Auflösung
dieser Reste mit Blut eines Versuchstieres zusammenbringen, dem
vorher Menschenblut eingespritzt war. Entsteht dann der Niederschlag, so war es Menschenblut.

Um wieder zur Überempfindlichkeit zurückzukommen, mit der wir selbst beim Spulwurmgift so schlechte Erfahrungen gemacht hatten, so kann sie auch ohne Gift ausgelöst werden, bloß durch fremdes Eiweiß, das wie Gift wirkt. Einem Meerschweinchen wird etwa Hühnereiweiß eingespritzt. Nach bestimmter Zeit ist nur eine Spur von letzterem nötig, um, wenn ins Blut gebracht, das Meerschweinchen sofort zu töten.

Doch genug davon! Wir haben uns da eigentlich verleiten lassen, schon von etwas zu sprechen, zu dem wir noch gar nicht gelangt sind. Denn als uns der bösartige Leibeshöhlensaft der Ascaris entgegenspritzte, hatten wir zuerst eine weiche, dünne Gewebsschicht durchschnitten, von der wir noch gar nicht wissen, was sie bedeutet. Wir werden sogleich bemerken, daß es wohl der Mühe wert ist, sie nicht zu übergehen.

2. Muskelzelle und Fleisch

Wollen wir besagte Gewebsschicht besser betrachten, so stecken wir mit ein paar Nadeln die durchschnittene und ausgebreitete Körperwand des Wurmes auseinander und sehen nun vor uns eine feine, samtartige, längsgestreifte Masse (Abb. 35a). Das aber sind nichts anderes als die Muskeln des Wurmes. Der erscheint uns vielleicht merkwürdig; denn wir sind gewohnt, uns Muskeln ganz andersartig vorzustellen. Eine Ochsenlende etwa ist ein typischer Muskel, Fleisch genannt, wenn er gegessen werden soll. Nun ja, ein Spulwurm ist kein Ochse und Muskeln dieses mögen ganz anders auf den ersten Blick ausschauen als jenes. Und doch, wenn wir beide genau untersuchen, dann schrumpfen die Unterschiede immer mehr und mehr auf Nebensächliches zusammen und in der Hauptsache kann uns einer soviel lehren wie der andere. Um das zu erkennen, wollen wir sie einmal ein wenig vergleichen.

Das große Stück Ochsenmuskelfleisch erscheint uns zunächst als eine Einheit. Aber wir erinnern uns, daß es, wenn gekocht, deutlich aus zahlreichen, längsverlaufenden Fasern besteht, die wir immer quer durchschneiden, wenn wir kunstgerecht Fleisch zerlegen. Untersuchen wir nun einen solchen Muskel genau mit den Mitteln des Anatomen, so finden wir leicht, daß er in eine große Zahl gleich ausschauender Faserbündel gegliedert ist. Zergliederten wir diese weiter, so kämen wir zu noch feineren Bündeln von Fasern, die

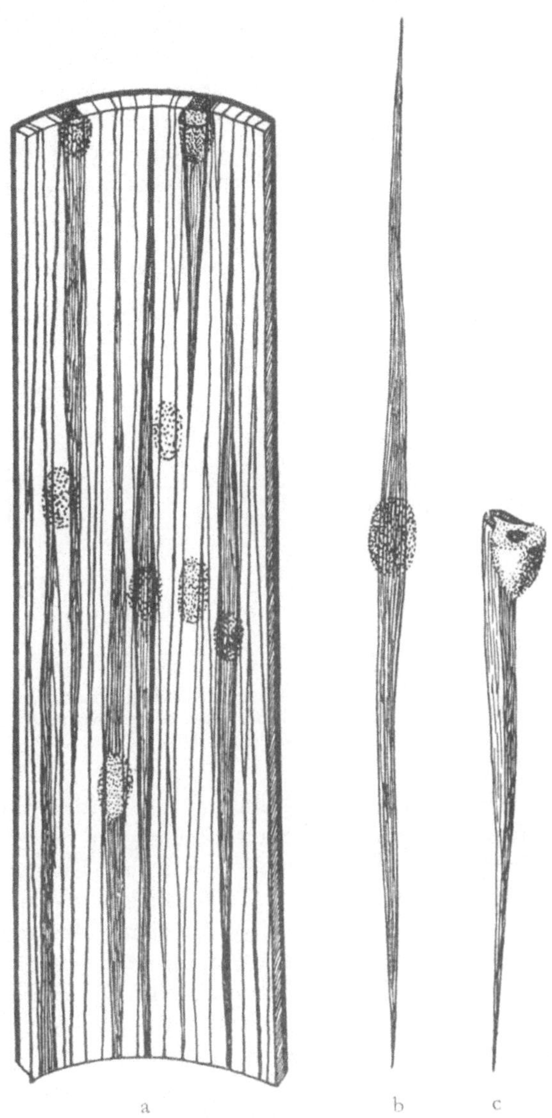

Abb. 35 a—c. a Ein Stückchen von der Körperwand der Ascaris mit der Schicht spindelförmiger nebeneinanderliegender Muskelzellen, b eine einzelne solche Muskelzelle, c die gleiche, in der Höhe des Zellkerns durchgeschnitten.

sich selbst wieder ebenso zerlegen ließen, bis wir schließlich an eine Grenze gelangten, wo eine weitere Aufspaltung der Fasern nicht mehr gelingt. Dann sehen wir vor uns unendlich feine, mehr als haardünne Fädchen oder Fäserchen, von denen eines dem anderen gleicht. Das sind nun die wirklichen Grundbestandteile des Muskels, aus deren Millionen sich die Ochsenlende oder sonst ein Muskel

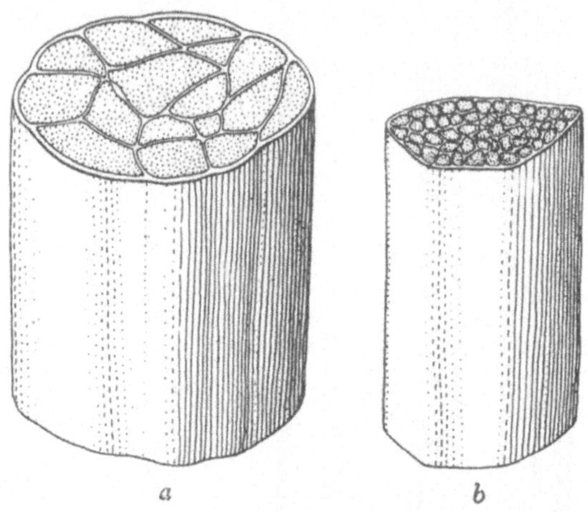

Abb. 36a u. b. a Ein Muskel aus Faserbündeln zusammengesetzt. b Eines dieser Bündel stärker vergrößert, um seine Zusammensetzung aus Muskelzellsäulen zu zeigen.

aufbaut. Wir nennen sie Muskelfasern und werden nicht weiter erstaunt sein zu hören, daß sie auch Zellen oder richtiger Säulen verschmolzener Zellen darstellen (Abb. 36). Ihre Tätigkeit, millionenfach addiert, ist es, die wir als Muskeltätigkeit bewundern. Nun betrachten wir in der gleichen Weise die dünne Muskelschicht des Spulwurmes. Da gelingt es uns allerdings nicht, einen geformten Muskel wie jenes Lendenstück herauszuschälen. Zerfasern wir aber jene Schicht, so kommen wir auch bald auf unendlich feine, gleichgerichtete Fäserchen, über deren Natur als Muskelzellen uns das Mikroskop leicht unterrichtet (Abb. 35b, c). Sind sie auch in ihren feinsten Einzelheiten ein wenig anders gebaut als die des Ochsen, so sind sie doch im wesentlichen ihnen gleich. Der Hauptunterschied ist also nur der: Beim Ochsen waren zahllose Fasern zu einer Einheit,

72

dem Muskel zusammengefaßt, und die Muskulatur des Körpers besteht aus all den Einzelmuskeln, die Rumpf und Glieder bewegen — die Lende war ja nur einer davon —, hier beim Spulwurm aber besteht die ganze Muskulatur nur aus einer gleichmäßigen dünnen Schicht von Muskelfasern, die sich nicht zu Gruppen, Muskeln vereinigen, sondern in einer einfachen Lage unter der Haut liegen; man nennt das einen Hautmuskelschlauch, wie ihn die meisten Würmer haben. Jede andere erdenkliche Zusammengruppierung von Muskelfasern zu Bündeln, Schläuchen, Strängen, Ringen, Netzen ist ebensogut denkbar und kommt bei verschiedenen Tieren auch vor. Jetzt verstehen wir, weshalb die Muskelfasern des Spulwurmes uns genau das gleiche lehren können wie irgend andere Muskeln. Denn wie auch die Wirkung eines Muskels durch größere Anhäufung einzelner Fasern gesteigert werden kann, in letzter Linie kommt doch nur in Betracht, was die einzelne Muskelfaser oder Muskelzelle tut. Diese müssen wir uns daher zunächst etwas genauer ansehen.

3. Allgemeines über Zellen und wie eine Zelle zur Muskelzelle wird

Bisher sind uns nur die Zellen der Haut begegnet und wir hatten uns damit begnügt, festzustellen, daß überhaupt der ganze Körper aus Zellen zusammengesetzt ist, etwa so, wie ein Haus aus einzelnen Steinen besteht. Nun begegnen wir einer neuen Art von Zellen. Da wollen wir denn doch zuerst ein wenig hören, was so eine Zelle eigentlich ist, die in sich all die Eigenheiten birgt, die addiert die

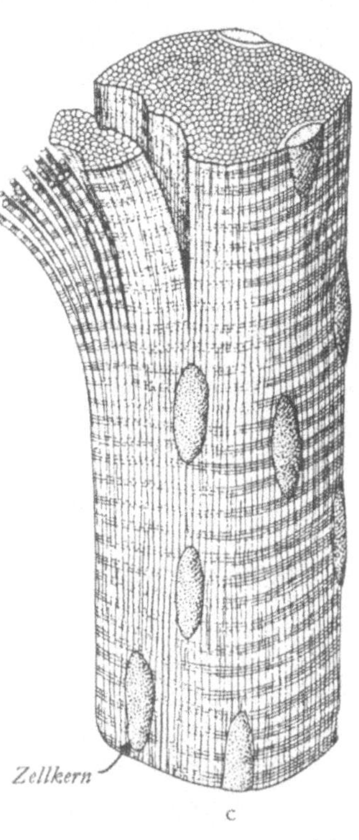

Abb. 36c. Eine einzelne solche Säule wieder stärker vergrößert mit den Zellkernen und ihre Zusammensetzung aus quergestreiften zusammenziehbaren Muskelfädchen.

73

Lebenserscheinungen darstellen. Versuchen wir uns einmal einen
ganz jungen Keim vorzustellen, aus dem sich allmählich ein Tier
entwickelt, also etwa die kleine weiße Scheibe, die auf dem Dotter
des gerade angebrüteten Hühnereies schwimmt, die sich dann allmählich zu dem Hühnchen umformt. Mit dem Mikroskop könnten
wir an diesem Keim feststellen, daß er bereits aus zahlreichen, aber
einander gleichen Zellen zusammengesetzt ist (Abb. 37). Eine jede

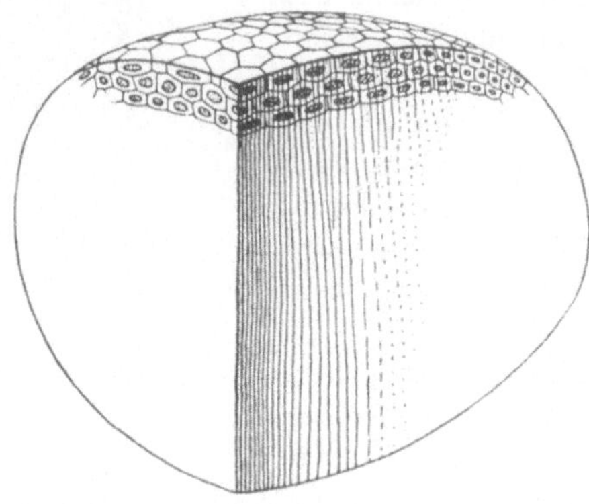

Abb. 37. Vergröberte Darstellung eines herausgeschnittenen Viertels vom sich
entwickelnden Dotter des Hühnereies mit der an der Oberfläche liegenden
Lage von einfachen Zellen, aus denen sich das Hühnchen entwickelt.

ist eine kleine Kugel jenes eigenartigen, zähflüssigen, durchsichtigen
Stoffgemenges, an das allein alle Lebenserscheinungen geknüpft sind,
und das man Urbildungsmasse, auf griechisch Protoplasma nennt.
Im Innern einer jeden solchen Protoplasmakugel findet sich ein
Bläschen eingeschlossen, das aus etwas andersartigen Stoffen besteht,
und das wir Zellkern nennen. Von ihm werden wir später noch die
interessantesten Dinge hören. Die unumgängig nötigen Bestandteile
einer Zelle sind also der aus Protoplasma bestehende Zelleib und der
Zellkern. Wir könnten etwa einen solchen einfachen Keim des
Hühnchens, von dem wir hier reden, mit einer sehr unvollkommenen Steinhütte vergleichen, die aus nichts als gleichartigen Back-
steinen aufgebaut ist. Untersuchen wir nun den erwachsenen Körper,
so besteht er immer noch fast ausschließlich aus Zellen, die alle durch
unendliche Vermehrung aus den Zellen des Keims entstanden. Aber
wir würden eine Enttäuschung erleben, wenn wir erwarteten, immer

74

noch eine der anderen gleich zu finden. Die Entwicklung vom Keim zum fertigen Tier bestand nämlich unter anderem darin, daß die Zellen, während sie sich immer wieder vermehrten, sich so veränderten, daß sie besonderen Aufgaben gewachsen wurden, die ihnen und nur ihnen zukommen. Eine Hautzelle sieht anders aus als eine Drüsenzelle, Nervenzelle oder Muskelzelle. Die Veränderungen betreffen hauptsächlich den Zelleib, der andere Formen annimmt, etwa zu einem langen Faden auswächst, sich gleichzeitig in seinem Innern verändert, indem das Protoplasma sich besondere Dinge aufbaut, die es zu seinen bestimmten Tätigkeiten als Muskelzelle oder Nervenzelle gebraucht. In diesem Zustand wäre der Körper also vielleicht einem großartigen Prunkbau zu vergleichen, zu dessen Herstellung alle möglichen Steinformen verwandt werden; Säulen und Pfeiler, kunstvoll behauene Steine und die Kiesel, die zu Beton zusammengebacken werden, große Steinplatten und einfache Backsteine.

Nunmehr fragen wir uns: was geht vor sich, wenn die ursprüngliche Zelle sich in eine Muskelzelle verwandelt, wie rüstet sie sich für ihre besonderen Aufgaben aus? Da sollten wir allerdings zuerst einmal wissen, worin diese Aufgaben bestehen. Alle Jungen pflegen sich gegenseitig die Armmuskeln zu befühlen, um deren Kraft festzustellen. Der Betastete aber spannt den Muskel nach Kräften an, indem er den Arm biegt. Das ist der einfachste Versuch über die Aufgaben eines Muskels. Der betreffende Muskel — die Anatomie nennt ihn den zweiköpfigen Oberarmmuskel oder Biceps — zieht als ein wurst- oder spindelförmiges Gebilde vom Oberarm zum Unterarm. Ist der Arm ausgestreckt, so tritt er kaum aus den Formen des Oberarms hervor; wird der Arm aber gebogen, so erscheint der dicke Wulst, der Stolz des Athleten. Der Muskel hat also die Aufgabe, eine Bewegung auszuführen, hier, den Unterarm zu heben, und das tut er, indem er sich von einem langen schlanken zu einem kurzen dicken Gebilde zusammenzieht.

Wir wissen nun schon, daß sich die Gesamttätigkeit des Muskels aus all den Einzelleistungen der Millionen von Einzelzellen, die ihn aufbauen, zusammenaddiert. Somit ist auch die Aufgabe der einzelnen Muskelzelle nichts anderes als sich zu verkürzen, zusammenzuziehen, um dadurch etwas in Bewegung zu setzen. Die Umwandlung einer gewöhnlichen Zelle in eine Muskelzelle erfordert also die Ausbildung besagter Fähigkeit. Dazu sind nun vor allem zwei Dinge nötig. Eine starke Verkürzung in einer und nur einer bestimmten Richtung erfordert ein längliches Gebilde: man denke an eine gespannte Gummischnur oder Spiralfeder. Die Zelle wächst also zu einer langen Faser, der Muskelfaser, aus. Das zweite ist die Fähigkeit, sich plötzlich zusammenzuziehen und sich bei Erschlaffen wieder zur alten Länge ausstrecken zu können. Das Protoplasma selbst bekommt dies sichtlich nicht genügend fertig, und so stellt es sich im Innern Dinge her, die solche Fähigkeit haben. Das sind unendlich feine Fädchen, die der Länge nach durch den Muskelleib verlaufen und je nach der Art des Muskels nur einen Teil der Zelle erfüllen oder aber sich so anhäufen, daß das ursprüngliche Protoplasma fast völlig verdrängt wird (Abb. 36c). Wenn also der Muskel sich zusammenzieht, so bedeutet das, daß in jeder Muskelzelle die winzigen Fädchen sich alle gleichzeitig verkürzen. Erschlafft der Muskel wieder, so haben sich die Fädchen zu ihrer alten Form ausgedehnt.

4. Der Muskel arbeitet

Wie stets, so veranlaßt auch hier eine Antwort gleich wieder eine ganze Reihe neuer Fragen. Was veranlaßt die Fädchen, sich zusammenzuziehen? Wo nehmen sie die Kraft für ihre Arbeitsleistung her? In welcher Weise wirken sie auf den zu bewegenden Teil? Was mag wohl in einem solchen Fädchen vorgehen, wenn es sich verkürzt?

Wir werden versuchen, einige dieser Fragen zu beantworten, müssen aber sogleich eine Warnung aussprechen. Wir haben tatsächlich heute die Antwort auf diese Fragen. Aber die Antworten sind vollständig chemischer und physikalischer Natur. Wollte ich z. B. die letzte Frage richtig beantworten, so müßte ich sagen: „daß das Fadenmolekül des Myosins molekuläre Faltung zeigt, wenn . . .“ usw. Das ist natürlich dem Nichtfachmann unverständlich. Es ihm verständlich zu machen, würde eine längere chemische und physikalische Erörterung erfordern. Da dafür keine Zeit ist, so kann eben nur so viel angedeutet werden, als nötig ist, um die allgemeine Richtung zu verstehen, in der die Antworten liegen.

So wenden wir uns zuerst der Frage zu, in welcher Weise der Muskel seine Wirkung ausübt. Ein völlig unabhängiger freier Muskel könnte natürlich gar keine Wirkung ausüben; um etwas zu

leisten, muß er zum mindesten mit dem zu Bewegenden verbunden
sein. Wie das geschieht, hängt aber ganz von der Art der erforderten
Bewegung ab. Die geläufigste Weise ist wohl die in unseren Gliedmaßen verwirklichte. Diese bestehen bekanntlich aus einer Reihe
von Stangen und Hebeln, den Knochen, die in Gelenken gegeneinander beweglich sind. Ein Muskel, der solche Bewegung besorgt,
muß, das ist klar, an dem zu bewegenden Knochen festgewachsen
sein. Das geschieht, indem die dem Knochen
anliegenden Muskelfäserchen sich in eine zähe,
schwer zerreißbare Masse umwandeln, die
man als Sehne bezeichnet. Eine solche Sehne
kann sehr kurz, sie kann aber auch sehr lang
sein und dadurch die Tätigkeit eines Muskels
auf einen weit entfernten Knochen übertragen (Abb. 38). So erhält denn jeder Muskel
die Fähigkeit, eine ganz bestimmte Bewegung
hervorzurufen, und das richtige Zusammenspiel zahlreicher Muskeln ist es, das die wun-
dervolle Harmonie einer scheinbar einfachen
Arm-, Bein-, Flügelbewegung bedingt. Was
für uns selbst und die uns am nächsten stehen-
den Tiere gilt, trifft ebenso auch zu etwa für
die Bewegung des Beines eines Käfers oder
der Flügel einer Fliege, nur sind hier keine
Knochen vorhanden, sondern die Muskeln
greifen von innen an dem harten Hautpanzer
an (Abb 39).

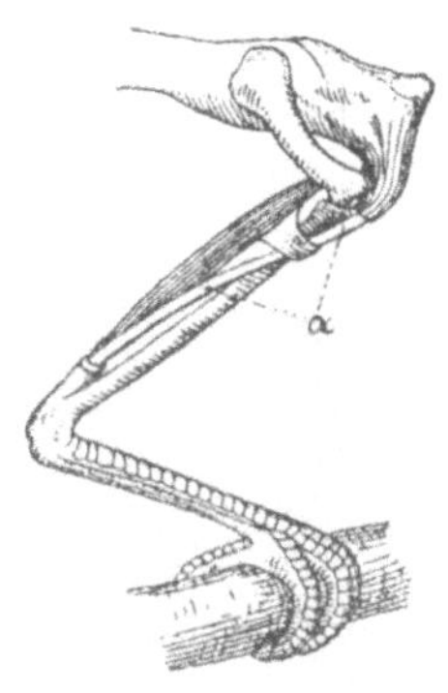

Abb. 38. Bein eines
Vogels mit der langen
Sehne a, die beim
Zusammenklappen des
Beines die Zehen zu-
sammenzieht, ein Bei-
spiel einer langen Seh-
ne, die auf sinnreiche
Weise die Muskel-
zusammenziehung in
eine Bewegung meh-
rerer Teile umsetzt.

Es ist nun aber durchaus nicht nötig, daß
gerade die beiden Enden eines Muskels sich
an dem zu Bewegenden festheften. Würden
wir etwa unseres Spulwurmes Muskulatur untersuchen, so könnten
wir feststellen, daß all die Muskelzellen ihrer ganzen Länge nach
durch unendlich feine Sehnenfädchen an der Haut befestigt sind.
Ziehen die Muskelchen sich nun etwa auf einer Körperseite zusammen, so wird die ganze Haut dort gefaltet und verkürzt; erschlaffen
sie, und die Muskeln der gegenüberliegenden Seite beginnen, so verkürzt sich hier die Haut; das heißt somit, daß auf solche Weise die
schlängelnden Bewegungen des Körpers ausgeführt werden. Es ist

nicht schwer, sich unendliche solche oder andersartige Anordnungen von Muskelzellen vorzustellen, die jede denkbare Art von Bewegungen ausführen können: Muskelringe, die beim Zusammenziehen eine Öffnung schließen wie ein Gummizug an einem Beutel, Muskeln, die strahlig von dem Rand einer Öffnung auslaufend sie durch ihre Zusammenziehung erweitern; Muskelnetze oder Schichten, die einen Hohlraum einschließen und durch ihre Verkürzung den Inhalt des Raumes zusammenpressen oder fortschieben; solche, die diese Tätigkeit in gleichen Zwischenräumen ausüben und somit wie eine Pumpe wirken. Es läßt sich wohl keine Bewegungsform ausdenken, die nicht durch bestimmte Muskelanordnung auszuführen wäre.

Ehre, wem Ehre gebührt! Es gibt wohl keine Bürger des Zellenstaats, mit alleiniger Ausnahme der Gehirnzellen, die wir dauernd mehr bewundern als die kleinen Muskelzellen. Wir bestaunen die Kraft des Löwen und des Stieres, die Schnelligkeit des Rennpferdes und Windhundes, die Ausdauer der Möwe und des Zugvogels; wir bewundern die Kraft des Athleten, die Handgeschicklichkeit des Handwerkers und Künstlers, die Ausdauer des marschierenden Soldaten. All das sind aber Leistungen der Muskelzelle. Es ist uns auch nicht unbekannt, was in erster Linie die Kraft solcher Muskeln bedingt. Die gewaltigen Muskeln des Athleten neben den schmächtigen des Stubenhockers, der Stiernacken, die Schenkel des Arbeitspferdes zeigen, daß es hauptsächlich die Masse der arbeitenden Muskelzellen ist, die die Kraftleistung bedingt; die erzielte Wirkung zeigt dann das Verhältnis dieser Kraft zu dem zu überwindenden Widerstand. So betrachtet erscheint uns nicht nur der Stier als Sinnbild der Kraft, sondern auch der Floh und das Heupferd mit ihren mächtigen Springmuskeln, die Auster, die mit ihrem Schließmuskel

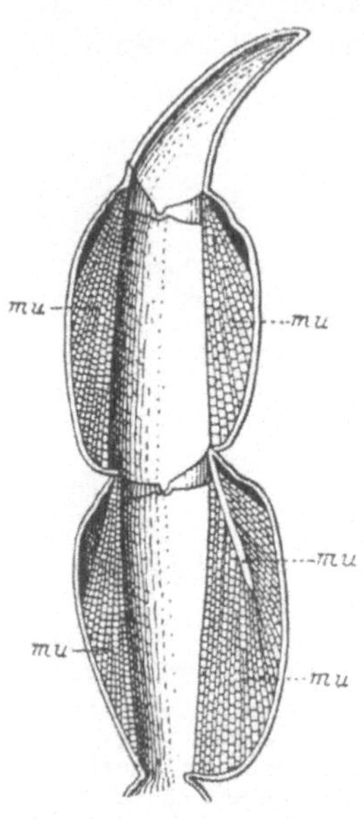

Abb. 39. Aufgeschnittenes Stück eines Krebsfußes, um die Anordnung der Muskelbündel in den Gliedern zu zeigen. *mu* Muskeln.

78

die beiden Schalen so aufeinandergepreßt, daß sie nur mit der Gewalt des Brecheisens geöffnet werden können; gar nicht von ihrem Vetter zu reden, der Riesenmuschel warmer Meere, die harmlos zwischen Korallenblöcken haust und ihre Schalen mit solcher Kraft schließen kann, daß mühelos der Fuß eines hineintretenden Badenden abgeschnitten wird. Wenn man aber recht klar mit eigenen Augen die Kraft eines Muskels sehen will, lasse man sich einmal von einem Physiologen die kleine Einrichtung zur direkten Messung der Muskelkraft zeigen: ein von einem frisch getöteten Frosch stammender Wadenmuskel wird an einem Gestell so befestigt, daß er, wenn er sich auf künstlichen Reiz zusammenzieht, direkt ein Gewicht hochhebt.

Etwas anders sieht es mit der Geschwindigkeit eines Muskels aus, also seiner Fähigkeit, sich sehr schnell zusammenzuziehen. In dieser Beziehung verhalten sich die Muskelzellen recht verschiedenartig. Manche vermögen sich nur mit aller Behaglichkeit zusammenzuziehen, andere wieder zucken wie der Blitz zusammen. Zweifellos beruht das auf besonderen Einrichtungen in der Zelle, von denen sich ein bißchen auch mit dem Mikroskop erkennen läßt. In allen Muskelzellen erscheinen die feinsten Fädchen, die die Zusammenziehung ja besorgen, entweder ganz gleichförmig, oder sie bestehen aus abwechselnden Teilen verschiedener Durchsichtigkeit, so daß das Fädchen feingeringelt oder quergestreift erscheint (Abb. 36c). In unserem Körper sind alle eigentlichen Bewegungsmuskeln so mikroskopisch quergestreift, aber nicht die Muskeln der Eingeweide. Bei dem Spulwurm und vielen anderen Tieren gibt es überhaupt keine quergestreiften Zellen. Bei wieder anderen können die Muskelzellen bald quergestreift sein, bald nicht, und dabei zeigt es sich, daß sie gestreift sind, wenn der Muskel schnelle Bewegungen auszuführen hat, nicht gestreift, wenn er langsam aber ausdauernd arbeitet. So scheint denn die Geschwindigkeit der Zusammenziehung mit solchem Aufbau der Muskelfädchen zusammenzuhängen. Wie groß die Geschwindigkeit aber sein kann, sollte jeder wissen, der sich schon einmal in einer schwülen Sommernacht über eine Schnake ärgerte, die ihm um die Nase summte. Dabei tat das Tierchen gar nichts, als ihm einen Versuch über die Geschwindigkeit der Muskelzusammenziehung vorzuführen. Denn die schnell sich folgenden Flügelschläge, mehrere Hundert in einer Sekunde, die den

summenden Ton ergeben, bedeuten ebenso viele Zusammenziehungen
der Flügelmuskeln, die wohl die hurtigsten aller Muskelzellen sind.

5. Die Quelle der Muskelkraft

Es ist wohl nicht gar so lange her, daß man in jeder Stadt einen
Sonderling auftreiben konnte, einen jener „Erfinder", die es sich in den
Kopf gesetzt hatten, das Perpetuum mobile zu bauen, die Maschine,
die sich bewegt und arbeitet, ohne daß ihr Kraft zugeführt wird. Heute
lachen wir über dergleichen, lernt doch jeder Schuljunge, daß eine
solche Maschine unmöglich ist, so unmöglich, wie eine Pfeife, aus
der man dauernd rauchen kann, ohne sie wieder zu stopfen. Wir
wissen, daß Arbeit — und eine sich bewegende Maschine leistet
Arbeit — nicht von Nichts kommen kann, daß Bewegung nur erzeugt wird durch Umwandlung einer Leistung in eine andere: die
Wärme im Dampfkessel wird in die drehende Bewegung des
Schwungrades, die zugeführte Elektrizität in die Drehung der Welle
des Motors umgewandelt. Jede Maschinenleistung braucht eine
Kraftquelle und die geleistete Arbeit entspricht dem Umfang der
Quelle. Wer einmal auf einem altmodischen, kohlenbrennenden
Ozeandampfer gefahren ist, weiß, daß das tägliche Gespräch der
Reisenden sich darum dreht, daß das Schiff zu langsam fahre, weil
der Kapitän an Kohlen spare. Also mehr Kohlen, mehr Heizung,
mehr Umdrehungen der Maschine, größere Geschwindigkeit. Die
zu verbrennende Kohle ist die Kraftquelle der Dampfmaschine.

Wo liegt aber nun die Kraftquelle der Muskelmaschine? So ganz
im allgemeinen werden wir die Antwort schnell geben können; denn
der aufmerksame Leser ist ja jetzt schon sehr klug. Er weiß, daß der
Sauerstoff der Atemluft dazu dient, die Nahrungsstoffe zu verbrennen: wenn also im Muskel verbrennungsfähige Stoffe vorhanden
sind, dann haben wir ja die nötige Kraftquelle. Nun sehe ich aber im
Geiste allerlei stutzige Gesichter, und sollte gar ein Schwabe unter
den Lesern sein, so höre ich ihn sagen: „Gäbele, jetzt lügscht!"
Gewiß fällt es zunächst schwer, sich eine Verbrennung ohne Hitze
und Flamme vorzustellen und dazu eine Maschine, die daraus
gespeist wird und sich gar nicht recht wie eine der bekannten Maschinen benimmt. Aber besinnen wir uns auf das schon früher Gehörte.
Das Wesen einer Verbrennung ist nicht Hitze und Flamme, das sind
vielmehr nur gelegentliche Begleiterscheinungen. Das Wesen ist

vielmehr die Zerlegung eines Stoffes in andere unter Aufnahme von Sauerstoff. Wenn Kohle verbrannt wird, bedeutet es, daß der Kohlenstoff sich mit Sauerstoff zu Kohlensäure verbindet. Bei einer solchen Umwandlung wird nun die den Stoffen innewohnende Energie frei. Energie aber kann in verschiedener Weise zur Äußerung kommen; die für uns wichtigsten Arten sind Wärme und Bewegung. Wenn nun in der Dampfmaschine durch Verbrennung der Kohle Energie frei wird, so benutzen wir sie in Form von Wärme, um Dampf zu erzeugen. Der Dampf aber setzt den Kolben in Bewegung — die Energie der Kohle wurde also erst in Wärmeenergie und dann in Bewegungsenergie umgesetzt. Das ist aber ein sehr schlechtes Verfahren, das wir leider bis jetzt nicht verbessern können. Man kann ja berechnen, wieviel Energie einer bestimmten Menge Kohle innewohnt und kann das mit der Bewegungsleistung der Maschine, die wir in Pferdekräften ausdrücken, vergleichen. Dabei zeigt sich, daß nur ein unerwartet kleiner Teil der Energie nutzbar gemacht wurde. Der größte Teil ging unrettbar als Wärme verloren.

Nun kehren wir wieder zu unserer Muskelmaschine zurück, und fragen zunächst nach den Kohlen, die sie verbrennt. Es ist gar nicht so schwer, sie zu Gesicht zu bekommen. Wir kochen einen Muskel mit etwas angesäuertem Wasser aus und setzen dann der Brühe Alkohol zu, dann setzt sich ein feines weißes Pulver am Boden ab, die Kohle des Muskels. Wir nennen sie tierische Stärke und dabei fällt uns ein, daß sie uns bereits bekannt ist als einer jener Stoffe, die durch die Wirkung der Enzyme aus der Nahrung gebildet werden, und dann im Kohlenkeller des Körpers, dem Leib der Muskelzelle — es gibt auch noch andere Kohlenbunker, z. B. in der Leber — lagern, bis die Maschine sie benötigt. Wenn nun diese Kohle verbrennt, also unter Mitwirkung des Sauerstoffs zerlegt wird, wird die Energie losgelassen, die wir dann als Muskelbewegung zu sehen bekommen. Bei der Dampfmaschine wurde die Energie der Kohle erst in Wärme verwandelt. Die Energie der Muskelkohle wird nicht erst in Wärme umgesetzt, sondern auf irgendeinem anderen Wege in Bewegungsenergie verwandelt. Dabei arbeitet die Muskelmaschine erfolgreicher als irgendeine Dampfmaschine von Menschenhand, indem sie aus einer gegebenen Menge Brennmaterial ein mehrfaches wie jene in Bewegung umzusetzen vermag. Es ist nicht schwer zu

erraten, daß die Darstellung der Muskelmaschine etwas oberflächlich
ist. Tatsächlich verlaufen in der Zeit zwischen Verbrauch der tierischen Stärke — Muskelbewegung — Muskelerschlaffung — Auf-
füllung des „Kohlenkellers" eine ganze Serie von verwickelt inein-
andergreifenden chemischen Reaktionen, gesteuert von allerlei Enzymen und mit unerwarteten Zwischenprodukten und Energieüber-
tragungen. Ihre Entwirrung ist einer der großen Triumphe der
chemischen Erforschung des Lebens (Biochemie), der uns die
Hoffnung vorhält, einmal alle Lebenserscheinungen verstehen zu
können.

Nun halten wir einmal einen Augenblick an, um uns klar zu
machen, welche weiten Aussichten sich hier auftun. Vor uns liegt in
der Schüssel ein Spulwurm, der schlängelnde Bewegungen ausführt,
die Wirkung der Zusammenziehung seiner Muskelzellen. Die Quelle
der Kraft dieser Muskelzellen ist der Kohlenkeller in ihrem Innern,
die Kohle ist die tierische Stärke. Diese wieder stammt aus der
Nahrung, die der Wurm aufgenommen und in seinem Körper in
das Brennmaterial für die Muskeln umgewandelt hat. Die Nahrung
des Wurmes stammt hinwiederum aus dem Darm des Menschen,
der ihn beherbergte. Dieser hat vielleicht ein Stück Ochsenfleisch
gegessen. Der Ochse aber hatte sein Fleisch aus seiner Nahrung
aufgebaut, aus Gras und Heu. Woraus aber baut das Gras seine
Bestandteile auf? Aus den Salzen des Bodens, dem Wasser und den
Gasen der Luft. Die Energie aber, die das Gras braucht, um aus solchen
Stoffen seinen Körper aufzubauen, erhält es von den Strahlen des
Sonnenlichtes. So sind die Bewegungen unseres Wurmes in letzter
Linie durch das Sonnenlicht ermöglicht, dem er in seinem dunklen
Gefängnis zeitlebens entrückt ist.

6. Die Nerven als Anreger der Muskeltätigkeit; vom Aal und Pianisten

Eine Schwalbe fliegt vor dem Fenster vorüber, ein Hund läuft
über die Straße, eine Fliege krabbelt über das aufgeschlagene Buch.
Ihre Bewegungen sind uns nun kein Geheimnis mehr. Nicht allzuviel Phantasie gehört dazu, sich auszumalen — denn es fehlt uns
jetzt die Zeit, es Schritt für Schritt in genauester Arbeit festzustellen —, wie Millionen von Muskelzellen in geordneter Weise
zusammen arbeiten müssen, um solche Bewegungen zustande zu
bringen. Jede einzelne von ihnen vermag sich nur zusammenzu-

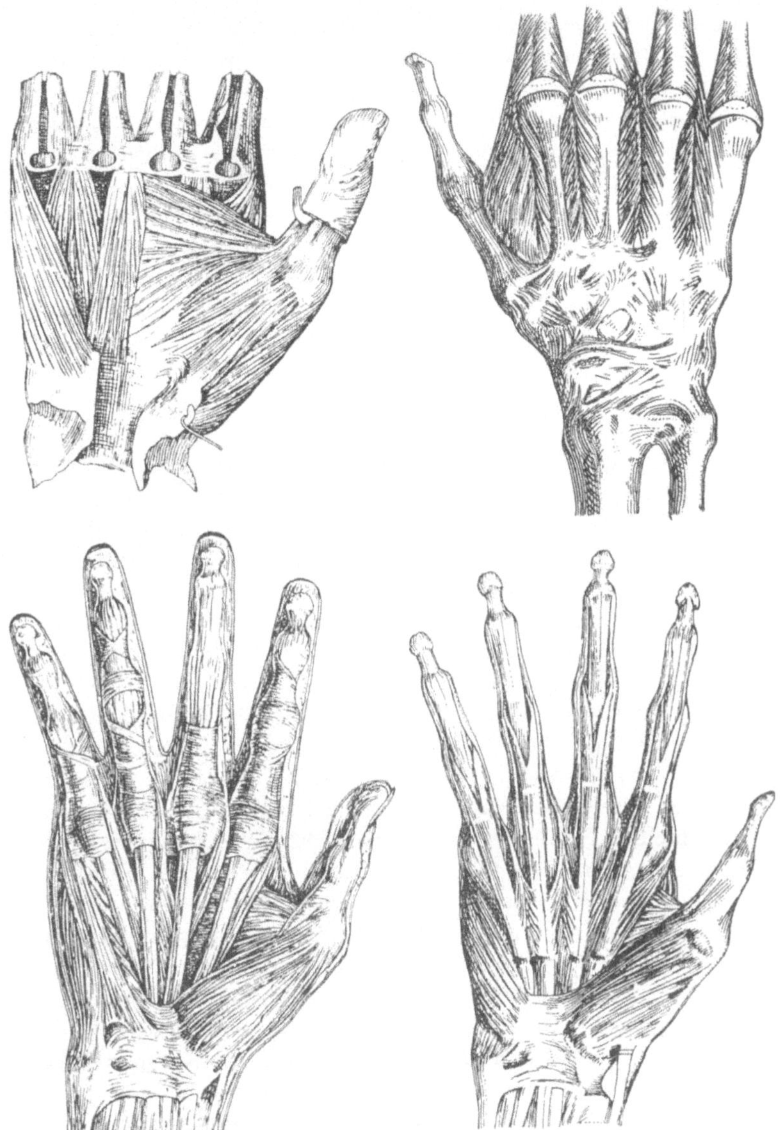

Abb. 40. Die verschiedenen Muskeln und Sehnen der menschlichen Hand,
in vier verschiedenen Schichten freigelegt.

ziehen und zu erschlaffen, jeder aus zahlreichen Zellen bestehende Muskel kann nur ein Glied oder sonstigen Körperabschnitt in einer Richtung verschieben. Aber da zieht ein Muskel nach oben, ein anderer ein wenig nach der Seite, ein dritter läßt gleichzeitig eine Drehbewegung entstehen, während ein vierter vielleicht einen anderen Drehpunkt sperrt. Aus einer Fülle solcher zusammenarbeitenden Wirkungen setzt sich dann eine einfach erscheinende Bewegung zusammen (Abb. 40). Wir kennen ja viele Maschinen, deren regelmäßige Bewegung sich aus der Gesamtwirkung von Einzelbewegungen von Rädern, Stangen, Federn zusammensetzt. Läuft die Maschine, so kann aber die Gesamtheit der Räder usw. immer doch nur die eine Bewegung hervorbringen mit der Regelmäßigkeit einer — Maschine. Vergleichen wir damit aber jene Muskelmaschine, sagen wir eine menschliche Hand. Soeben vereinigen sich die Räder und Stangen, d. h. die Einzelmuskeln, zu einer Bewegung, etwa Greifen, im nächsten Augenblick zu einer ganz anderen Bewegung, etwa Klavierspielen. Jedes Rad kann also für sich in Betrieb gesetzt werden und mit allen möglichen anderen zusammenarbeiten, die Maschine kann in jedem Augenblick aus ihren Bestandteilen zu einer anderen Art von Maschine umgebaut werden.

Wo ist da nun der Ingenieur, der solche Aufgabe zu vollbringen vermag? Da fällt mir ein Geschichtchen ein, das uns die Antwort ohne jeden Aufwand an Gelehrsamkeit gibt. Ein Freund hatte mir in unseren jungen Haushalt einen prächtigen Aal aus seinem Fischwasser geschickt. Als ich in angenehmer Erwartung des Leckerbissens von der Arbeit nach Hause kam, fand ich die weiblichen Glieder des Hauses in voller Auflösung vor. Die Zubereitung des Aales hatte sozusagen einer Schlacht geglichen. Als der tote Fisch zerschnitten wurde, begannen die einzelnen Stücke sich heftig zu bewegen und eines war sogar noch aus dem Kochtopf gesprungen. Da hatte also der geheimnisvolle Ingenieur noch die Muskeln der zerschnittenen Stücke des Tieres in Bewegung gesetzt. Dabei war das Tier, wie bei Fischen üblich, durch Schlagen auf den Kopf oder Durchschneiden des Genicks getötet worden. Sichtlich hatte das aber auf unseren Ingenieur keinen großen Eindruck gemacht.

Wollt ihr nun wissen, wie auch ihm der Garaus gemacht wird, so begleitet mich in eine der volkstümlichen Aalküchen des fernen Tokyo, wo der köstlichste Aal in zierlichen Lackkästchen aufgetischt wird. Dort waltet in der Küche ein Mann seines Amtes, der mit unglaublicher Geschicklichkeit den Fisch für die Pfanne vorbereitet. Mit einem Pflock, der durch den Kopf getrieben wird, wird er getötet und gleichzeitig festgespießt. Ein geschwinder Schnitt mit einem haarscharfen Messer spaltet das Tier in zwei Längshälften, ein zweiter schneller Schnitt entfernt vollständig die ganze Rücken-gräte mit dem Rückenmark, ehe der Aal Zeit gehabt hat, nur eine Zuckung zu machen. Jetzt zuckt er aber auch nicht mehr und springt nicht aus der Pfanne: denn mit dem Rückenmark wurde der vielbesprochene Ingenieur entfernt.

Es braucht nun wohl kaum noch gesagt werden, daß vom Rückenmark oder einem entsprechenden Teil des Nervensystems Nervenfäden ausgehen, die zu jeder Muskelzelle im Körper gelangen und ihr die Befehle des Meisters überbringen (Abb. 41). Wir werden auch nicht mehr erstaunt sein zu lernen, daß bei dieser Übertragung des Befehls von Nerv zu Muskel verwickelte

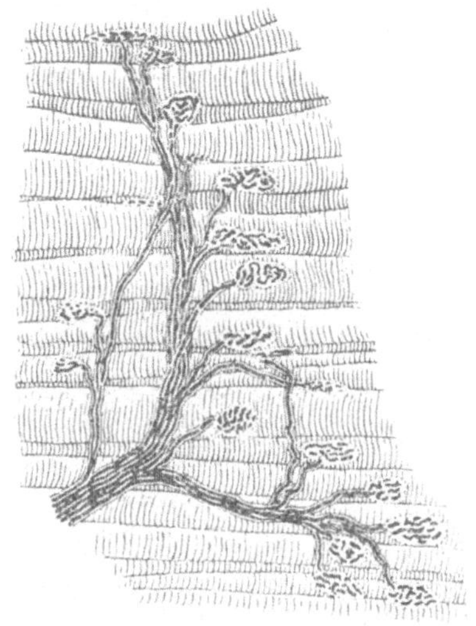

Abb. 41. Stückchen eines Bündels von Muskelfasern einer Eidechse. Von links kommt ein Nerv, der mit eigenartigen Endplatten an einer jeden Muskelfaser endigt.

chemische Substanzen und Reaktionen eine Rolle spielen, zu verwickelt, um dem nicht in Chemie trainierten Leser verständlich zu sein. Es kommt uns auch nicht sehr unerwartet, zu hören, daß man ohne Schwierigkeit dem Bein eines Frosches einen Muskel mitsamt dem daranhängenden Nervenfaden entnehmen und ihn zur Arbeit zwingen kann, indem man den Nerv mit einem elektrischen Strom (der da die Stelle des befehlenden Ingenieurs vertritt) reizt; und daß auch jede Muskelzelle des Spulwurmes, der Fliege, der Schnecke, ihren Nervenfaden besitzt, der ihr den Befehl zum Zusammenziehen zuführt. Die Arbeit der Nervenfasern aber wird kontrolliert und geordnet in den Zentralteilen der Nerventätigkeit, Gehirn und Rückenmark, wie wir bald sehen werden.

An dem Flügel sitzt ein großer Künstler und bannt uns mit einem Werke *Bachs* oder *Beethovens* in das Reich ewiger Schönheit. In seinem Gehirn arbeitet angestrengt der Obermaschinenmeister auf ungezählten Nervendrähten seine Befehle an ein Heer von Untergebenen im Rückenmark sendend. Sie aber schalten bald diesen, bald jenen Draht in ungezählten Zusammenstellungen ein, in dem der Befehl zum Zusammenziehen zu den Muskelzellen und Gruppen von Muskelzellen in Hand und Arm des Künstlers geleitet wird. Hier erhält ein Muskel den Befehl, sich rasch, dort einer den Auftrag, sich langsam und vorsichtig zusammenzuziehen, dieser zu erschlaffen, jener zusammengezogen zu bleiben, dieser nur hie und da zu arbeiten, jener mit unheimlicher Geschwindigkeit seine Arbeit zu wiederholen. Die Finger fliegen über die Tasten und finden doch noch Zeit, durch feine Änderungen ihrer Bewegung die Betonung zu geben, die dem Spiel sein Leben verleiht und die wir als Kunst empfinden. Die Zuckungen all der unendlichen kleinen Muskelzellen sind es, die unsere kunstfreudige Seele vor dem Flügelschlag der Ewigkeit erschauern lassen.

V. Vom Nervensystem und den Sinnesorganen

Wenn wir eine Ausstellung besichtigen, wandern wir von Raum zu Raum, ihre Schätze zu genießen. Ist unsere Zeit abgelaufen, so kehren wir nach Hause zurück, um vielleicht am nächsten Tag da zu beginnen, wo wir aufgehört hatten. Unser Gang durch die Wunderwelt der Lebewesen kann aber nicht so einfach verlaufen. Wir haben zwar auch die Sehenswürdigkeiten auf verschiedene Zimmer verteilt und besichtigten nacheinander die Gruppe Form und Farbe, die Gruppe Haut, die Gruppe Muskel. Aber all dies ist ja nur künstlich, der Ordnung halber auf die verschiedenen Räume verteilt, hängt in Wirklichkeit aber auf das engste zusammen. So müssen wir oft, um den Inhalt einer Gruppe verstehen zu können, einen schnellen Blick in eine andere tun. Da ist es uns in den bisherigen Betrachtungen öfters widerfahren, daß wir uns gezwungen sahen, dem Raum mit der Überschrift „Nerven" einen kurzen Besuch abzustatten. Laßt uns nun in ihn zu einem längeren Aufenthalt eintreten!

1. Auch der Wurm hat ein Nervensystem; weshalb?

Wir wissen bereits, daß auch unser Spulwurm Nerven besitzt, denn seine Muskeln können sich ebensowenig ohne den Antrieb von Nerven bewegen, wie die eines anderen tierischen Lebewesens. Wir werden aber auch nicht erstaunt sein, zu finden, daß sein Nervensystem ein recht einfaches ist, wenn wir uns erst darüber klar geworden sind, was ein Nervensystem im Körper zu leisten hat.

Man hat oft in den vergangenen Jahrzehnten gelesen, daß der Generalstab das Nervenzentrum des Heeres sei, ein gar nicht schlechter Vergleich. Ein Blick auf den Gegenstand des Vergleichs lehrt uns mühelos das Wesen eines Nervensystems erkennen. Da arbeiten draußen am Rande der Armee ihre Kundschafter, um Nachrichten von der Außenwelt, dem Feinde zu erhalten. Die Augen des Heeres, die Flieger, erspähen feindliche Stellungen, die Fühler des Heeres, die Patrouillen, tasten die feindliche Front ab, die Ohren, das sind die Horchposten, belauschen seine Angriffsvorbereitungen. Über die Drähte des Telephons gelangen die Nachrichten zur nächsten Zentrale. Hier sitzt ein Befehlshaber, der auf bestimmte Berichte hin sofort durch Vermittlung eines anderen Drahtes die Muskeln des Heeres, die Truppen, in Bewegung setzt. Er mag aber auch seine Nachrichten der Zentrale der benachbarten Truppenteile mitteilen, die nun auch ihren Muskeln Befehle erteilt. Andere Nachrichten aber werden zu den höheren Befehlshabern weitergegeben und gelangen schließlich an das Zentralnervensystem der Armee, den Generalstab. Dort werden sie verarbeitet, in Befehle umgesetzt, die dann auf den Drähten nach allen Richtungen eilen und zahlreiche Truppenteile, Muskelgruppen, zu gemeinsamem Handeln in Bewegung setzen.

Ganz entsprechend arbeitet aber in seinen Grundzügen ein jedes Nervensystem. Außen an der Oberfläche des Leibes liegen die Sinnesorgane, die die Reize der Außenwelt, wie Licht, Schall, Temperatur, Druck, chemische Beschaffenheit, Schwerkraft empfinden. Den Eindruck, den sie erhalten, senden sie auf den Telegraphendrähten des Nervensystems, den Nervenfäden, nach dem Zentrum, dem Gehirn oder Rückenmark oder gleichwertigen Teilen niederer Tiere. Hier wird der Reiz entweder sofort in einen Befehl umgesetzt, der auf einem anderen Nervenfaden — dies ist jetzt ein tätigkeitsleitender im Gegensatz zu dem vorher genannten empfindungsleitenden — zu einer Muskelzelle oder Gruppe von Muskelzellen übertragen wird; oder aber der Reiz gelangt innerhalb der Zentrale erst zu verschiedenen anderen Stellen, in denen beschlossen wird, was geschieht, ehe der Befehl an die Muskeln hinausgegeben wird.

Wir dürfen also erwarten, ein Nervensystem zum mindesten solcher Art bei dem einfachsten und stumpfsinnigsten Lebewesen zu finden und können uns auf der anderen Seite leicht vorstellen, wie das Organ immer verwickelter aufgebaut sein muß, je höher die Leistungen des Tieres auf allen Gebieten sind. Die verschiedenen Stufen würden, um bei unserem Vergleich zu bleiben, etwa entsprechen den Stufen der kriegerischen Organisation einer Horde Wilder bis hinauf zu der neuzeitlichen Armee. Bei dem Spulwurm werden wir in dieser Beziehung keine sehr großen Erwartungen hegen, denn es gibt nicht viele Erregungen, die ihn treffen und nicht viele Tätigkeiten, mit denen er antworten kann. Die Schlängelungen seines Körpers sind von denkbarster Einfachheit und er ist sonst nur einer einzigen besonderen Bewegung fähig, der Umklammerung der Geschlechter bei der Begattung. Jedenfalls sind auch die Sinnesreize, deren Empfindung für ihn lebensnotwendig ist, sehr einfacher Natur. Er mag wohl eine Art Geschmack haben, um die Beschaffenheit seiner Umgebung festzustellen, und er muß auch über Tastsinn verfügen, um den Fortpflanzungsakt richtig ausüben zu können. Dies wird wohl alles sein, obwohl wir es nicht ganz genau sagen können. Daher sind zwischen Empfindung und Bewegung nur sehr einfache Leitungsvorgänge zu erwarten, denen auch wohl ein sehr einfaches Nervensystem entsprechen wird.

2. Wie Nervenzellen ein Nervensystem aufbauen

Da kommt uns aber eine Zwischenfrage in die Quere. Wir sprachen nur immer von Nervenfäden und Nervenzentren, ohne uns weiter den Kopf darüber zerbrochen zu haben, was das wohl bedeutet. Nach allem, was wir nun schon über den Bau des Körpers wissen, müssen diese Teile aber eine bestimmte Zusammensetzung haben. Wir fanden die Haut aus zahllosen Zellen zusammengesetzt, und auch der Muskel erwies sich als eine Anhäufung von Muskelzellen; so werden wir wohl auch beim Nervensystem eine Zusammensetzung aus Zellen erwarten. In dieser Erwartung werden wir denn auch nicht getäuscht, wenn auch diese Zellen ganz anders aussehen als die bisher betrachteten. Wenn wir aber überlegen, was sie zu leisten haben, so werden ihre Besonderheiten uns geradezu als notwendig erscheinen. Einmal haben sie die Nervenzentren zu

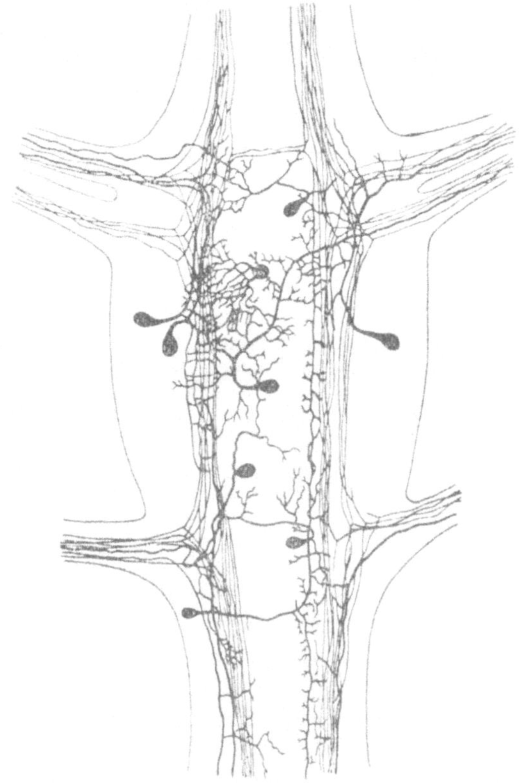

Abb. 42. Stück vom Bauchmark eines Regenwurms. Schwarz die Nervenzellen mit ihren vielfach verästelten Ausläufern und den von ihnen entspringenden langen Nervenfasern. Nur ein kleiner Teil der vorhandenen Nervenzellen ist eingezeichnet.

bilden, also die entscheidenden Teile des Telegraphenamtes, in das alle die nachrichtenbringenden Drähte einlaufen und von dem alle befehlsführenden Drähte ausstrahlen. Die Nervenzellen müssen also alle die Telegraphenapparate zusammensetzen nebst allen Drahtverbindungen in- und außerhalb des Amtes. So kommt es, daß die eigentliche Zelle, das aus Zelleib und Zellkern bestehende winzige Klümpchen lebenden Stoffes, aus seinem Leib längere oder kürzere Fäden auswachsen läßt, die man die Nervenfäden oder Nervenfasern nennt. Sie hatten wir bisher den Telegraphendrähten verglichen, während der eigentliche Zelleib, von dem sie auswachsen, den Telegraphenapparat in dem Bild darstellte. Nun ist es unschwer vorzustellen, wie die Nervenfasern sich teilen und verzweigen, um alle möglichen Verbindungen mit anderen Zellen herzustellen, ferner wie die Zellen, je nach Art ihrer Aufgabe mehr oder weniger einfachere oder reich verzweigte Fortsätze, Nervenfasern, von ihrem Leib ausgehen lassen (Abb. 42).

Nun übertragen wir einmal diese Kenntnis auf das, was wir bereits von den notwendigen Teilen eines Nervensystems wissen. Da müssen denn die reizaufnehmenden Teile, die sogenannten Sinnesorgane, wie Lichtorgane oder Augen, Schallorgane oder Gehör, Tastorgane, Schmeckorgane, Nervenzellen enthalten, die für diese besonderen Reize empfindlich sind. Wir nennen sie Sinneszellen, im einzelnen Sehzellen, Hörzellen, Tastzellen, Schmeckzellen. Jede solche Zelle muß einen Nervenfortsatz oder Nervenfaden besitzen, der nach dem Zentrum, sagen wir nach dem Gehirn verläuft und den empfangenen Reiz dorthin weiterleitet. Diese Nervenfaser ist dann eine empfindungsleitende Faser, die zur Sinneszelle gehört. Im Zentrum angelangt, mag sie sich nun mit einer oder vielen Zellen verbinden, die die Aufgabe haben, den empfangenen Reiz nach verschiedenen Richtungen hin weiterzugeben. Wir können also erwarten, daß diese Umschaltezellen verschiedene Fortsätze nach allen möglichen Richtungen senden, Schaltfasern, die sich vielleicht wieder mit anderen Schaltzellen verbinden oder aber zu den richtigen befehlaussendenden Zellen führen. Von diesen aber gehen Fortsätze, Nervenfasern, aus, die den Befehl zur Tätigkeit den Muskeln (oder auch Drüsen) überbringen, die tätigkeitsleitenden Fasern (Abb. 43). So gliedern sich also die Nervenzellen mit ihren Fortsätzen in Sinneszellen, empfindungsleitende Nervenfasern, Schaltzellen und Verbindungsfasern, Befehlszellen und tätigkeitsleitende Fasern.

Das klingt zweifellos sehr einfach; ja, man möchte sagen, daß es eigentlich gar nicht anders sein könne. Das ist nun hinterher leicht gesagt; und doch welche hingebende und aufopfernde Arbeit von Tausenden stiller Gelehrter war nötig, um die scheinbar so einfachen Dinge festzustellen. Wo immer in der Wissenschaft ein Fortschritt gemacht wird, lauert an der Ecke der Zweifel und tausendmal muß dies Gespenst vernichtet werden, ehe es dauernd verschwindet. Laßt uns einmal einen kleinen Blick in die Forscherwerkstatt tun, um uns zu überzeugen, wie mühsam jeder Fortschritt errungen werden muß. Wir wollen annehmen, daß die Erkenntnis des zelligen Baues des Körpers bereits errungen ist, obwohl uns kaum

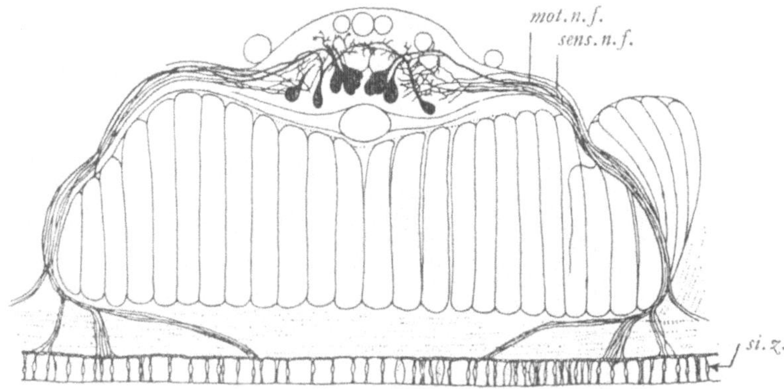

Abb. 43. Querschnitt durch ein Stück des Bauchteiles eines Regenwurmes. Das Bauchmark ist durchschnitten mit den darin liegenden schwarzen Nervenzellen, von denen Nervenfasern zu den Muskeln verlaufen. In das Bauchmark treten die Nervenfasern ein, die von den Sinneszellen in der Haut kommen. *si. z.* Sinneszellen der Haut. *sens. n. f.* Empfindungsleitende Nervenfasern. *mot. n. f.* Befehlsleitende Nervenfasern.

120 Jahre von jener Entdeckung trennen und noch manches Jahrzehnt verging, bis jeder Zweifel daran durch mühselige Einzelarbeit beseitigt wurde. Vor uns liegt unter dem Mikroskop ein Stückchen aus dem Gehirn eines Menschen oder einer Ameise, eines Krebses oder eines Wurmes, in geeigneter Weise hergerichtet — Jahrzehnte hat es erfordert, um zu lernen, wie man es am besten herrichtet —, um es untersuchen zu können. Da erkennen wir hie und da deutlich heraustretend die Leiber von Zellen und ihre Kerne und sehen auch Fortsätze von ihnen ausgehen (Abb. 44). Aber ein Versuch, sie zu verfolgen und in das wahnsinnige Gewirr durcheinandergeflochtener Fasern Ordnung zu bringen, erscheint hoffnungslos. Da war nun erst zu entdecken, wie man derartige Nervenpräparate mit färben-

den Stoffen durchtränken kann, die die Eigenschaft haben, nur hie
und da in einer Zelle mitsamt all ihren Fortsätzen und Nervenfäden
sich anzuhäufen, so daß sie nun in anderer Farbe deutlich aus dem
Bild heraustritt (Abb. 45). Dies erlaubte dann in unendlich mühsamer Arbeit, einen Einblick in die Zusammensetzung eines Nervensystems aus verschiedenen Zellarten zu gewinnen.

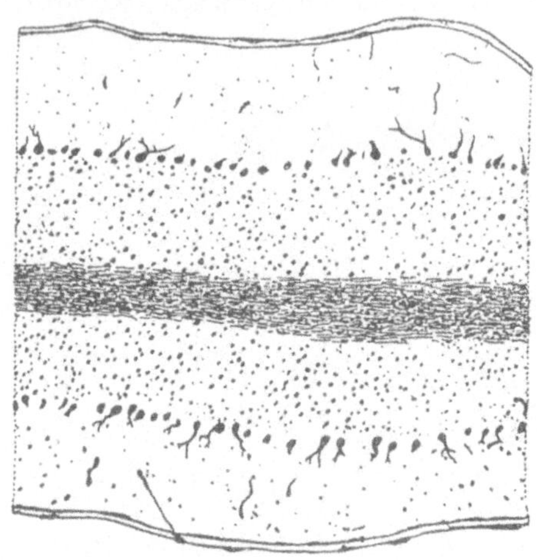

Abb. 44. Durchschnitt durch ein Stück des Kleinhirns, wie es bei
gewöhnlicher Behandlung erscheint.

Nun erhob sich aber ein großer Zweifel, dessen Beseitigung nicht
nur für die richtige Erkenntnis von Wichtigkeit ist, sondern auch
für all die Teile der menschlichen Nervenkunde, die die Grundlage
für die Tätigkeit des Nervenarztes liefern. Denken wir uns etwa
einen Walfisch oder ein ähnliches riesengroßes Tier. In seinem
Körper gibt es unter anderem Nervenfäden, deren Ursprungszellen
im Kopf liegen, die aber weit nach hinten im Leib laufen; es muß also
eine einzelne mikroskopische Zelle einen vielen Meter langen Nervenfortsatz gebildet haben. Das erschien nun recht zweifelhaft, und die
Zweifel wurden dadurch bestärkt, daß solche Nervenfäden der
Wirbeltiere stets von anderen Zellen begleitet sind, die eine schützende Hülle um den zarten Faden bilden. Da lag nun der Gedanke
nahe, daß es diese Hüllzellen selbst sind, die den Nervenfaden
erzeugen. Unendliche Arbeit war nötig, um zwischen diesen beiden

Möglichkeiten zu entscheiden. Da mußte zunächst die Entwicklung solcher Nerven vom Augenblick ihrer Entstehung an verfolgt werden. Aber die sehr schwierigen Beobachtungen blieben widerspruchsvoll. So hieß es denn, durch kunstvoll ausgeführte Versuche die Natur zu einer klaren Antwort zu zwingen. Etwa folgendermaßen:

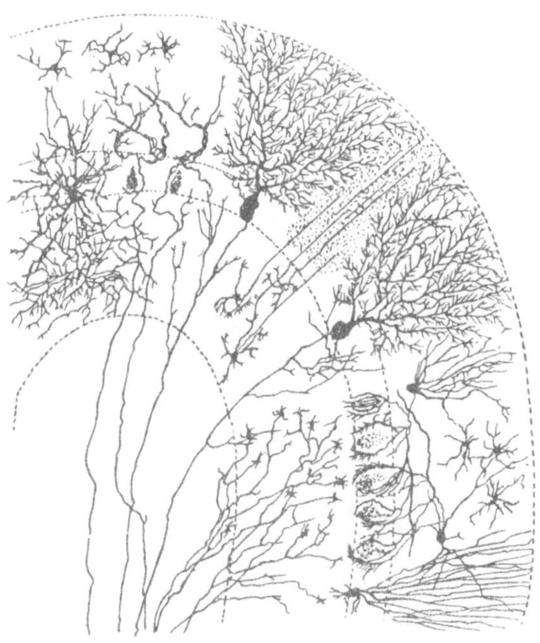

Abb. 45. Ungefähr die gleiche Stelle wie Abb. 44 mit all den verwickelten Arten von Nervenzellen und Nervenfäden, die nach Schwärzung mit Silber zum Vorschein kommen.

Man wußte, daß die Zellen, von denen die tätigkeitsleitenden Nervenfäden eines Wirbeltieres ausgehen, in der der Bauchseite zugekehrten Hälfte des Rückenmarks liegen. Man wußte ferner, daß jene anderen Zellen, die eine Hülle um den auswachsenden Nerv bilden, auf der Rückenseite des Rückenmarks gebildet werden, und von da zu dem entstehenden Nervenfaden hinwandern. Ein geschickter Forscher nahm also ganz junge, nur wenige Millimeter große Froschlarven, die sich in einem Alter befanden, in dem jene

Entwicklungsvorgänge gerade stattfinden und trennte mit einem
Schnitt die Rückenhälfte des Rückenmarks ab (Abb. 46). Da die

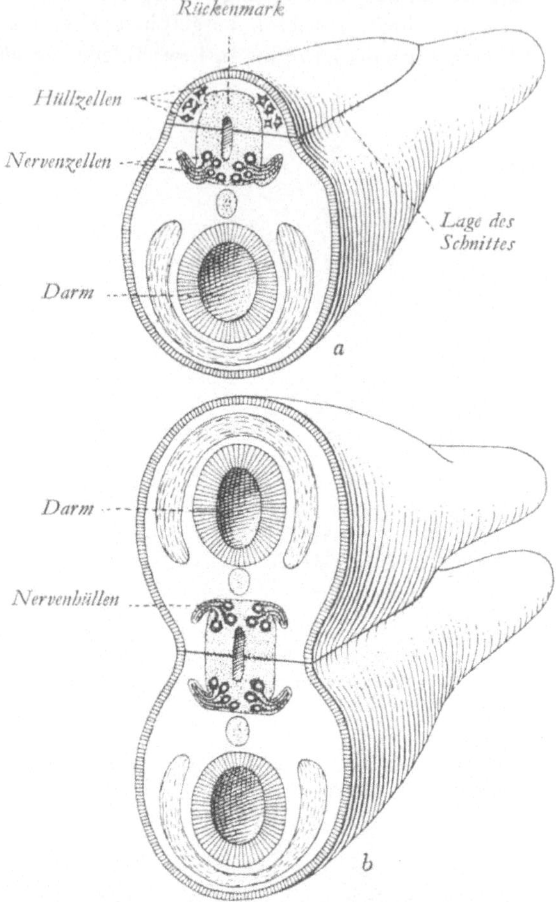

Abb. 46a u. b. Darstellung der Harrisonschen Operation zum Nachweis des
selbständigen Auswachsens der Nervenfasern aus den Nervenzellen. a Ein
Stück der Kaulquappe mit Angabe der Schnittführung. b Das Hinterende
der beiden aneinander geheilten Individuen.

Tierchen sich nicht weiter entwickeln können, wenn die Wunde nicht
zuheilt, andernteils aber auch verhindert werden mußte, daß der

abgeschnittene Teil sich wieder ergänzt, etwa wie das so oft genannte Salamanderbein, so wurde eine zweite Froschlarve ebenso operiert und die beiden dazu gebracht, mit den Wundflächen gegeneinander, also Rücken an Rücken zusammenzuwachsen. So entstand ein Doppelwesen mit nur einem Rückenmark, welch letzteres aber aus zwei bauchseitigen Hälften zusammengewachsen war. Wenn nun die Nervenzellen gebildet wurden, waren keine von den Hüllzellen da, die eine Täuschung veranlassen könnten, und so konnte mit Sicherheit festgestellt werden, daß wirklich der Nervenfaden allein aus der Nervenzelle auswächst.

Auf einem anderen Weg wurde, wieder in unendlich mühsamen Einzelversuchen, das gleiche Ergebnis erzielt. Es hatte sich gezeigt, daß ein tätigkeitsleitender Nerv, wenn durchschnitten, jenseits von dem Schnitt zugrunde geht, wobei das mit der Nervenzelle im Zentralorgan zusammenhängende Ende des Fadens als diesseits bezeichnet wird. Nach einiger Zeit wächst aber der zerstörte Teil wieder nach. Es fragte sich nun, ob die Neubildung durch Auswachsen des zurückgebliebenen Stumpfes erfolgt oder ob sie unabhängig davon stattfindet. So einfach die Frage erscheint, so bedurfte es doch außerordentlicher Mühe und wohlausgedachter Versuche, um nachzuweisen, daß das Auswachsen nur vom Stumpf, also von der Richtung der Nervenzelle aus erfolgt. Die Erfahrungen geben nun auch das Mittel an die Hand, auf das genaueste festzustellen, zu welchen Nervenzellen bestimmte Nervenfäden in dem verwickelten Nervensystem höherer Tiere gehören. Denn da liegen in einem kleinen Gehirn- oder Rückenmarkteilchen Tausende von Zellen und zahllose Nervenfäden gehen zu einem Nervenbündel vereinigt in den Körper hinaus oder kommen von den Sinnesorganen draußen in den Körper hinein. Da nun immer nur der Teil des Nervenfadens zugrunde geht, der von seiner Zelle getrennt ist, so braucht man nur nach Durchschneidung eines Nerven festzustellen, in welcher Richtung seine Fasern absterben. Ist es die Richtung vom Zentrum weg, so war es eine tätigkeitsleitende Faser, ist es nach dem Zentrum hin, so war es eine empfindungsleitende, deren Nervenzellen ja draußen im Sinnesorgan liegen. So ließ sich durch geduldige Anwendung des Verfahrens vieles über die Art der verschiedenen Nervenfasern ermitteln. Aber das genügte immer noch nicht; es mußte gezeigt werden, daß wirklich nachweisbar die Erregung im Nerv in einer bestimmten Richtung läuft. Man mußte also zuerst wissen, woran man einen erregten, arbeitenden Nervenfaden von einem ruhenden unterscheiden kann. Es zeigte sich, daß dies durch Beobachtung feiner elektrischer Veränderungen möglich ist, die bei der Erregung im Nervenfaden auftreten und mit feinen Instrumenten festgestellt werden können. Aus der Art des Auftretens dieser Erscheinungen im erregten Nerv ließ sich dann mit Sicherheit vieles die Reizleitung im Nerv Betreffende feststellen. Heutzutage hat sich eine ganze Wissenschaft daraus entwickelt, daß man mit unendlich feinen Instrumenten die elektrischen Vorgänge verfolgen kann, die sich in arbeitenden Nerven abspielen. Ja sogar die elektrischen Vorgänge, die beim Denken und anderer Gehirntätigkeit verlaufen, können aufgezeichnet und analysiert werden. Mit Nervenchemie und Nervenelektrik werden wir eines Tages wirklich verstehen können, was in der arbeitenden Nervenzelle vor sich geht. All dies sind nun nur Andeutungen eines ganz kleinen Teiles der Arbeit, die nötig war, um die Grundzüge von Bau und Arbeitsweise des Nervensystems festzustellen.

3. Die Sinnesorgane als Eingangspforten der Nervenerregung

Nun wollen wir einmal zusehen, wie diese allgemeinen Feststellungen sich bewähren, wenn wir das Nervensystem unseres Spulwurmes genauer betrachten, wobei wir uns das Recht vorbehalten, auch weiterhin unsere Gedanken überall in der belebten Welt umherschweifen zu lassen. Denn der verehrte Leser hat wohl inzwischen bemerkt, daß der gute Spulwurm zu nicht viel mehr als einem halb scherzhaften Vorwand dient, über allerlei wichtige Dinge zu plaudern. So wird er es auch nicht übelnehmen, wenn wir ihm jetzt verraten, daß er an der aufgeschnittenen, vor uns liegenden Ascaris zunächst gar nichts von einem Nervensystem sehen kann. Dazu bedürfte es vielmehr aller der Hilfsmittel der Mikroskopierkunst. Mit ihrer Hilfe könnten wir dann das folgende erfahren: An der Außenfläche des Körpers sind die Sinnesorgane zu erwarten, die die Reize der Außenwelt empfangen und zu den Zentralorganen leiten. Wir benötigen nur ein schwaches Vergrößerungsglas, um sie aufzufinden, nämlich kleine Erhebungen der Haut, die sich einmal am Vorderende des Körpers auf drei wulstigen Lippen, die den Mund umgeben, finden, während eine weitere Anzahl nahe dem Schwanzende des Tieres finden ist (Abb. 47). Ihre Lage deutet uns schon ihre Aufgabe an: die von Schmeck- und Tastorganen, also Organen, die durch chemische Stoffe oder durch Druck in Erregung versetzt werden. Diese einfache Feststellung besagt nun, wenn genauer betrachtet, gar merkwürdiges: nämlich, daß ein jeder Nervenendapparat in der Haut darauf eingestellt ist, durch genau festgelegte Arten von Reizen in Erregung versetzt zu werden; ein Geschmacksorgan wird also erregt, wenn chemische Reize es treffen, ein Tastorgan, wenn es gedrückt wird. Das heißt nun nicht etwa, daß andere Arten von Reizen ganz einflußlos auf ein solches Organ sind. In Wirklichkeit haben zwar alle Reize eine gewisse Wirkung, aber der besondere, auf den das Sinnesorgan eingestellt ist, eine soviel größere, daß es schon bei leichtester Reizung anspricht. Würden wir nun diese Sinnesapparate in geeigneten mikroskopischen Präparaten untersuchen, so fänden wir einen ziemlich einfachen Bau. Ein Nervenfädchen, das aus einer in oder unter der Haut liegenden Sinneszellen kommt, endigt fein zugespitzt oder auch mit einer Anschwellung in der Körperoberfläche. Wenn wir es aber so ganz im allgemeinen fassen, so gleichen sich darin alle Sinnesorgane, die es im Tierreich gibt. Das klingt wohl auf den ersten Blick sehr erstaunlich, denn es scheint doch zunächst auf die bekanntesten Sinnesorgane, Auge und Ohr, gar nicht zu passen. Scheinbar, aber auch nur scheinbar. Auch sie machen keine Ausnahme, wie uns leicht klar werden wird, wenn wir uns wieder eines kleinen Vergleichs bedienen.

Merkwürdig, daß Vergleiche stets Erinnerungen an glückliche Stunden wachrufen. Diesmal sehe ich mich mit fröhlichen Genossen

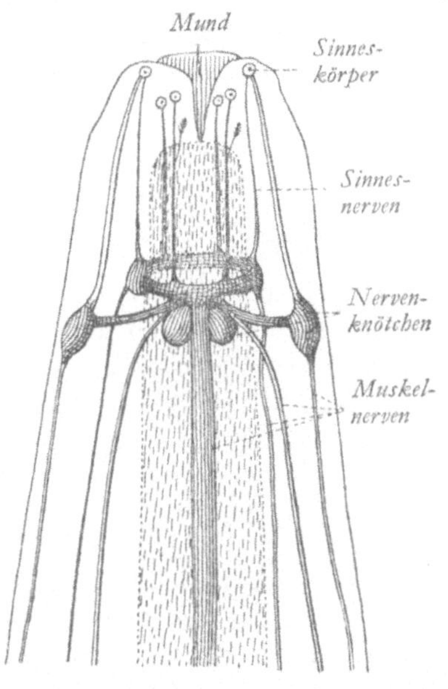

Abb. 47. Vorderende der Ascaris mit den Hauptteilen des Nervensystems.

auf einem der in ein Meer von Schönheit und Sonne getauchten Hügel der Halbinsel von Sorrent nahe einem altberühmten Kloster. Um die Ecke der gewundenen Straße ertönt die eigenartige Musik sanfter Flötentöne, und bald steht vor uns eine Schar malerisch zerlumpter Bengels, die sich aus geklopfter Kastanienrinde (unsere Jungen nehmen die weniger gute Weidenrinde) prachtvolle Hirtenflöten gefertigt haben. Für ein paar Soldi erwerben wir sie und ziehen den Rest des Tages flötend durch Orangen- und Zitronenhaine, überzeugt, es ebensogut zu können wie Apoll oder Pan. Ein anderes Bild. Vor dem riesigen, von wildblickenden holzgeschnitzten Wächtern flankierten Tor des Buddhatempels steht ein Bettelmönch im weißen Lumpengewand mit seltsamem Gepäck beladen. Er bläst auf einer Flöte, die aus einem Dutzend Bambusröhrchen zusammengebunden ist, seltsame Weisen. Ein drittes Bild. Auf dem Hofe drunten dreht ein Leiermann seinen Orgelkasten und die Pfeifen quieken und jammern eine Melodie aus einer italienischen Oper. Nun ein letztes Bild. Im farbigen Dämmerlicht eines gotischen Doms lauschen wir den gewaltigen Klängen der Orgel, deren Pfeifen durch den leisen Fingerdruck des Künstlers gezwungen werden, die überirdische Schönheit einer Bachschen Fuge auszuströmen.

Und nun wollen wir einmal über alle diese Bilder nachdenken und sehen, was all dieser verschiedenartigen Musik gemeinsam war. Da sehen wir, daß es stets ein Pfeifenrohr war, in dem die eingeblasene Luft einen Ton hervorbrachte, nicht anders bei der kunstvoll gebauten Orgel, als in der Hirtenflöte des Knaben. Aber aus der Vereinigung zahlreicher Pfeifen zu einem Instrument und der Verbindung der Pfeifen mit allerlei Hilfseinrichtungen, wie der Walze und dem Blasebalg der Drehorgel, oder der verwickelten elektrischen Maschinerie der neuen Kirchenorgel, wurde auf der einfachen Grundlage einer angeblasenen Röhre das vollendte Wunderwerk der großen Orgel entwickelt.

Ganz entsprechend geht es nun mit Sinnesorganen. Die Sinneszelle mit ihrem empfindlichen Fortsatz ist der Hirtenflöte vergleichbar. Aus ihr wird ein leistungsfähiges Sinnesorgan, indem viele Sinneszellen zusammentreten. Seine weitere Vervollkommnung und schließlich höchste Vollendung wird aber erreicht, indem Hilfseinrichtungen hinzutreten, die die Aufgabe haben, den Reiz in geeigneter Weise auf die Sinneszelle zu übertragen. Also auch im besten Auge und im feinsten Ohr ist der Hauptbestandteil — die Orgelpfeife — die Sinneszelle mit ihrem reizempfindlichen Fortsatz. Alles übrige ist, wie bei der Orgel, Maschinerie. Wie diese aber gebaut ist und mit den reizempfindlichen Sinneszellen zusammenarbeitet, ist zu reizvoll als daß wir uns nicht ein wenig dabei aufhalten möchten.

4. Die niederen Sinne sind gar nicht so niedrig

Wie oft sprechen wir von unseren fünf Sinnen oder ermahnen einen anderen, sie zusammenzunehmen. Tatsächlich sind die meisten Menschen davon überzeugt, daß es nur die bekannten fünf Sinne, Geruch, Geschmack, Gefühl, Gehör, Gesicht sind, die unsere Verbindung mit der Außenwelt herstellen. Wir wollen nicht mit ihnen rechten, denn wir können tatsächlich gar nicht entscheiden, wieviel Sinne es überhaupt gibt. Mag es doch im Tierreich Sinne geben, von deren Arbeit wir uns überhaupt keine Vorstellung bilden können. Angenommen, es gäbe irgendwo ein Sinnesorgan, das die Lage der Erde im Weltraum empfände, wie sollten wir es entdecken? So können wir uns schon bei den bekannten fünf Sinnen bescheiden, besonders, wenn wir sie nicht gar zu wörtlich nehmen. Da ist der Geruch und Geschmack, also die Fähigkeit von Sinneszellen, durch chemische Stoffe besonders gereizt zu werden; das Gefühl oder der Tastsinn, durch den Druckreize wahrgenommen werden; das Gehör, das auf Sinneszellen beruht, die für Schallschwingungen besonders empfindlich sind, und das Gesicht, der Erfolg lichtempfindlicher Sinneszellen. Da gibt es aber auch Sinnesorgane, die uns über die Lage des Körpers im Raum unterrichten, sogenannte Gleichgewichtsorgane; und auch die Annahme eines Schmerzsinnes und eines Muskelsinnes, der über die Muskelbewegungen benachrichtigt, läßt sich rechtfertigen. Wir werden uns auch gar nicht sehr wundern, daß man Gesicht und Gehör als höhere, die anderen als niedere Sinne bezeichnet; haben doch die ersteren oft ganz vollendete Apparate zur Bedienung der Sinneszellen aufgebaut.

Die niederen Sinne arbeiten noch mit recht einfachen Organen, die nicht viel anders gebaut sind als die, die wir am Spulwurm kennenlernten, nämlich Sinneszellen mit einem oder mehreren in der Haut endigenden Fortsätzen. Das erscheint vielleicht dem einen oder anderen befremdlich, der gehört hat, daß als Tastorgane der Insekten deren Fühlhörner dienen, oder daran denkt, daß unser Geruchsorgan die Nase ist. Diese übliche Ausdrucksweise ist aber irreführend; die genannten Teile sind nicht selbst die Sinnesorgane, sondern deren Träger. Die Fühlhörner der Insekten sind Körperanhänge, die selbst erst die winzigen Sinnesorgane tragen (Abb. 48); die Nase der Wirbeltiere ist ursprünglich nur eine Grube der Haut, später ein Luftkanal, an dem dann an bestimmten Stellen die Riechzellen stehen. Diese einfachen niederen Sinnesorgane vermitteln nun aber schon recht ansehnliche Leistungen. Gar vielen Tierarten ermöglichen sie allein die Nahrungssuche wie das Fortpflanzungsgeschäft und geben Nachricht von dem, was in der Außenwelt vor sich geht. Ein jedes Kind hat schon einen einfachen Versuch über das Arbeiten des Tastsinnes ausgeführt. Es berührt die Fühlhörner der Schnecke und alsbald ziehen diese sich zurück, vielleicht verschwindet sogar die ganze Schnecke im Haus. Da hatte das Kind die Tastzellen des Fühlers durch den Druck seines Fingers gereizt, die empfindlichen Zellen hatten sogleich zum Gehirn telegraphiert: Achtung, Gefahr!

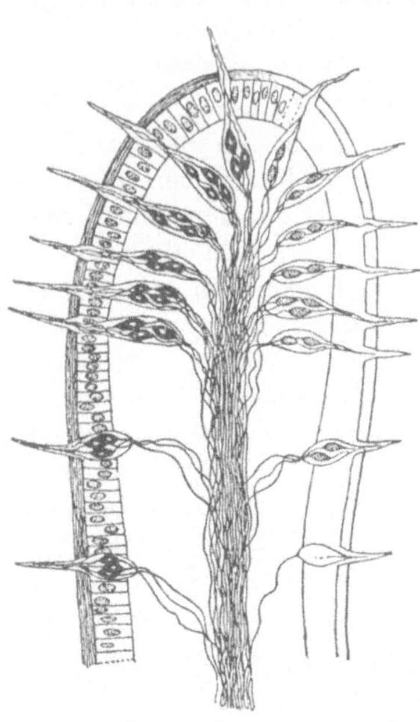

Abb. 48. Ende des Schmecktasters eines Insektes mit den reizempfindlichen Haaren und den zugehörigen Nervenzellen (schwarz) und Nervenfäden.

und dieses hatte den Muskeln den Rückzugsbefehl erteilt. Durch ähnliche Versuche ließen sich leicht bei den verschiedensten Tierarten an allen möglichen Körperstellen Tastsinneszellen feststellen, die je nach Gruppierung und Zahl bald mehr, bald weniger fein arbeiten; etwa so wie die wenigen Tastzellen unseres Rückens uns nicht viel Tastempfindung vermitteln können, während die zahlreichen Sinneszellen in den Fingerspitzen erlauben, mit den Fingern zu lesen. Gar manche Lebewesen beurteilen nahezu ausschließlich die sie umgebende Außenwelt durch solches Abtasten und bei ihnen ist häufig der Tastsinn zu einer uns kaum begreiflichen Feinheit entwickelt, so daß er über Form und Wesen umliegender Gegenstände Nachricht zu geben vermag, ohne daß eine direkte Berührung stattfindet. Bei Wassertieren kann man sich derartiges noch einigermaßen vorstellen; etwa wie die am vielgestaltigen Körper einer Krabbe abprallenden Wasserteilchen, wenn zurückgeworfen auf die druckempfindliche Haut eines Tintenfisches, hier ein Druckbild, ein Tastbild der Form der Krabbe erzeugen. Viel schwerer ist es, sich ein solches Tasten auf Entfernung in der Luft vorzustellen. Früher glaubte man, daß so etwas vorkomme, und zwar auf Grund eines uralten Versuchs. Eine ihrer Augen beraubte Fledermaus wurde in ein Zimmer gebracht, in dem kreuz und quer Wäscheleinen ausgespannt waren, und sie flatterte darin umher, ohne einen der Stricke zu berühren. Jetzt weiß man, daß das gar nichts mit dem Tastsinn zu tun hat und tatsächlich auf einer ganz anderen erstaunlichen Sinnesfunktion beruht. Die fliegende Fledermaus stößt dauernd kleine Schreie aus, die aber so hohen Ton haben — man nennt das supersonisch — daß unser Ohr sie nicht wahrnehmen kann. Diese supersonischen Tonwellen prallen von dem Hindernis ab, werden zurückgeworfen wie ein Echo und von den riesigen Fledermausohren aufgefangen. Das geht so schnell, daß das Tierchen dauernd die Hindernisse „hört", die es im Dunkel nicht sehen kann. Bevor man dies herausfand, konnte man gar nicht verstehen, wozu die Fledermaus in der Stille der Nacht so große Ohren braucht. Es ist sehr gut möglich, daß eine solche Orientierungsmethode auch bei Walfischen und Delphinen vorkommt, wo man sie mit einem modernen Echolot (zur Meerestiefenmessung) vergleichen könnte oder mit einer der Echoeinrichtungen, die von Unterseebooten benutzt werden, sogenannten Sonarapparaten. Doch vorerst noch einmal zurück zu den niederen Sinnen.

Das Kind, wie auch das erwachsene Naturkind, pflegt unbekannte Gegenstände zu erforschen, indem es sie betastet, daran riecht und schmeckt. So ist es auch im Tierreich öfters wahrzunehmen, daß Tastsinn und Geruchssinn gemeinsam oder sich gegenseitig ergänzend zur Prüfung der Gegenstände der Außenwelt verwandt werden und daher auch oft an den gleichen Körperstellen, etwa den Fühlhörnern, ihren Sitz haben. Welche außerordentlichen Fähigkeiten die Riechzellen oft in solchen Fällen entwickeln, ist wohlbekannt. Der Polizeihund verfolgt stundenlang eine Spur nach kurzer Witterung an einem Tuchfetzen oder ähnlichem. Ein Schmetterlingsweibchen, das aus seinen Duftorganen einen gelegentlich auch unseren stumpfen Riechzellen wahrnehmbaren Geruch aussendet, lockt damit die Männchen von Meilen weit im Umkreis heran. Ein verfaulendes Aas ist in kürzester Zeit von Aasinsekten bedeckt, die der Geruch von allen Seiten herbeilockte, und das Verzehren eines Honigbrotes wird in einem Wespenjahr zu einem zweifelhaften Vergnügen. Bei manchen Tiergruppen scheint sogar dieser Sinn so fein entwickelt zu sein, daß sie sich ebenso mit Geruchsbildern durch die Welt schlagen wie wir durch das Auge uns in unserer Umgebung zurechtfinden. In seiner höchsten Vollendung ist dieser Sinn vielleicht bei den Ameisen entwickelt, deren Leistungen ja von alters her Laien und Naturforscher bezaubert haben. Mit ihren Fühlhörnern, auf denen die Geruchsorgane stehen, betasten sie die Gegenstände und erkennen sichtlich ihre Beschaffenheit am Geruch und machen sich ein Geruchsbild von ihnen: wir können etwa bildlich gesprochen sagen, daß dies oder jenes Ding für sie rund oder viereckig, lang oder kurz riecht. Auch ihren oft so verwickelten Weg von und zum Nest finden sie mit Hilfe hinterlassener Geruchsspuren, denen sie genau zu folgen vermögen. Ja, sie riechen sogar vielleicht, ob die Spur vom Nest weg oder zum Nest hinführt, wie durch geschickt angestellte Versuche wahrscheinlich gemacht werden kann. Doch genug davon; denn es besteht die Gefahr, kein Ende zu finden, wenn man anfängt vom Leben und Treiben der Ameisen zu erzählen.

Wir bemerkten schon früher, daß Schmecken und Riechen nicht sehr voneinander verschieden sind. In dem letzteren Fall wirkt der chemische Reiz eines Stoffes auf eine gewisse Entfernung, im ersteren wird er nur von Sinneszellen innerhalb der nahrungsaufnehmenden Organe, also Mund, Schlund, Zunge wahrgenommen. In manchen Sprachen und Dialekten, z. B. im Oberbayrischen, wird denn auch das Wort Schmecken für beides benützt. Begreiflicherweise ist dieser Geschmackssinn im Tierreich überall gut entwickelt; wie wählerisch sind doch die meisten Tiere mit ihrer Nahrung. Ein jeder Schmetterlingszüchter weiß etwa, daß viele Raupenarten lieber verhungern, als eine andere als die gewöhnte Futterpflanze anzunehmen. Doch damit genug von den niederen Sinnen, den kunstlosen Hirtenflöten, auf denen sich aber doch manch tüchtiges Stücklein blasen läßt.

5. Die empfindlichen Teile der Lichtsinnesorgane

An den in beschaulicher Ruhe thronenden Gottheiten des lamaistischen Kultus sehen wir oft als Zeichen ihrer höheren Weisheit ein drittes Auge mitten auf der Stirn und auch das Abendland stellt die Allwissenheit und Allgegenwart des Schöpfers durch das Auge Gottes dar. Das Auge erscheint uns als der Inbegriff eines Sinnesorgans, das die vollkommenste Einsicht in die Umwelt vermittelt. Dies trifft in der Tat für einen großen Teil des Tierreichs zu. Im Auge werden die Strahlen des Sonnenlichts, die von den Gegenständen der Umwelt zurückgestrahlt werden, aufgefangen und geben von deren Beschaffenheit direkte Kunde. Nicht überall ist diese Nachricht aber gleich vollkommen, obwohl wir sagen können, daß im großen ganzen die lichtempfindlichen Sinneszellen selbst gleicher Art sind, nämlich Nervenzellen mit Nervenfäden, die durch einen Lichtreiz in Erregung versetzt werden. Aber hier bei den Sehorganen hat sich oft eine höchst verwickelte Maschinerie den empfindlichen Zellen zugesellt, die die Reizursachen in bestimmter Weise verteilt, verstärkt, abschwächt und so eine höchst mannigfaltige Wirkung ermöglicht. Es gibt allerdings auch Lichtsinnesorgane allereinfachster Art, etwa bei einem Regenwurm, die noch weit von dem entfernt sind, was wir als Augen bezeichnen: Sinneszellen in der Haut, die ebenso durch Licht in Erregung gesetzt werden wie Tastzellen durch Druck. Wir könnten das, um wieder einmal einen Vergleich zu benutzen, etwa photographischen Platten vergleichen, die einfach dem Licht ausgesetzt werden, ohne daß eine Kamera dafür sorgt, daß ein Bild entworfen wird. In der Mehrzahl der Fälle aber schließen sich zahlreiche lichtempfindliche Zellen zu einer lichtempfindlichen Fläche zusammen, die man dann eine Netzhaut nennt. Da die Gesamtheit des Lichteindrucks, der von hier nach den nervösen Zentralorganen geleitet wird, sich aus der Summe der Erregungen all der einzelnen Sinneszellen der Netzhaut zusammensetzt, so kann ein Lichteindruck, der mehr besagt als hell und dunkel, der ein *Bild* der lichtaussendenden Gegenstände bedeutet, nur erhalten werden, wenn die verschiedenen Zellen — das entspricht im Vergleich den verschiedenen Teilen einer photographischen Platte — von entsprechend verschiedenen Lichtreizen getroffen werden. Dies ist es, was die verschiedenen Typen von Augen, die sich im Tierreich ausgebildet haben, ermöglichen. Sie können mit verschiedenartig gebauten photographischen Apparaten verglichen werden, in denen das Bild auf der Platte — die Netzhaut — von einer bildentwerfenden Kamera — das übrige Auge — erzeugt wird. So hängt auch die Art der Leistungen von der Tüchtigkeit beider Teile ab.

Wie steht es zunächst mit der lichtempfindlichen Platte, der Netzhaut? Ein jeder Photograph weiß, daß man mit der gleichen Kamera sehr verschiedene Erfolge erzielt, je nachdem man eine empfindliche oder langsame oder für besondere Farben empfindliche Platte einschiebt. In gleicher Weise dürften sich auch die Netzhäute verschiedener Tierformen in ihrer Leistungsfähigkeit sehr unterscheiden. Einige empfinden auch sehr geringe Lichtmengen noch deutlich, auf andere übt schwaches Licht gar keinen Reiz mehr aus. Vielleicht habt Ihr schon einmal von dem merkwürdigen Zustand der Nachtblindheit gehört, der sich in manchen Familien in bestimmter Weise forterbt. Solche Menschen sind in der Dämmerung völlig blind, da schwaches Licht ihre Netzhaut nicht reizt. Zum Vergleich mag man an eine jener unempfindlichen Plattensorten denken, die man ruhig bei schwachem Licht betrachten kann, während sehr empfindliche Sorten selbst vom roten Licht der Dunkelkammer angegriffen werden. An dieser Stelle sollten wir nun eigentlich erklären, warum der Vergleich der Netzhaut mit einer photographischen Platte mehr als ein bloßes Bild ist. In der Platte zersetzt ja das Licht einen empfindlichen chemischen Stoff nach ganz bestimmten Gesetzen und Entwicklung und Fixierung, d. h. weitere chemische Behandlung, macht das Muster der verschieden zersetzten Teile zu einem dauernden. Auch in den Lichtsinneszellen findet sich ein lichtempfindlicher Stoff, der Sehpurpur, der nach bestimmten Gesetzen sich chemisch ändert und sich dann automatisch durch gar merkwürdige chemische Umwandlungen wieder neu herstellt und so die aufeinanderfolgenden Lichteindrücke ermöglicht. Wieder stehen wir vor einer wunderbaren und erstaunlich arbeitenden Reihe verwickelter chemischer Vorgänge, in die sich ein wichtiger Lebensprozeß hat zerlegen lassen.

6. Farbensehen und wie es erforscht wird

Nicht nur dem Licht im allgemeinen gegenüber verhalten sich die Netzhäute ganz verschieden, sondern auch auf die Farben sprechen sie in ganz verschiedener Weise an. Ein jeder hat wohl in seiner Bekanntschaft einen teilweise Farbenblinden, meist einen Rot-Grün-Blinden. Es gibt aber auch vollständige Farbenblinde, die überhaupt keine Farben sehen, nur verschiedene Helligkeiten, alle Grau in Grau. Es ist verständlich, daß zahlreiche Forscher sich da dafür interessierten, festzustellen, wie sich das Auge der Tiere in bezug auf das Sehen von Farben verhält. Das kann nun nicht so einfach festgestellt werden wie bei einem Menschen, der in den Eisenbahndienst eintreten will. Denn die Tiere geben uns ja leider keine direkten Antworten und so muß man ihnen auf einem Umweg beikommen. Solcher Wege gibt es gar viele, darunter sogar sehr verwickelte. Der einfachste ist der: Es ist möglich, Tiere bei ihrer Fütterung auf bestimmte Farben zu dressieren und dann festzustellen ob sie die betreffende Farbe von einem Grau gleicher Helligkeit — das für den Farbenblinden von jener Farbe ununterscheidbar wäre — unterscheiden können. Wenn man etwa einen Fisch auf die Fütterung mit roten Würmern dressiert hat und dann außen ans Glas rote wurmförmige Fäden klebt, so schießt er auf sie los. Sind nun diese Fäden auf einen grauen Grund aufgeklebt, dem der gleiche Helligkeitswert wie rot zukommt, so könnte ein Farbenblinder sie nicht sehen. Das Verhalten des Fisches ihnen gegenüber gäbe also Auskunft darüber, ob er rot sieht oder rotblind ist. Derartige Versuche zeigten nun, daß Amphibien, also Frösche und Salamander, Reptilien, also Eidechsen, Schildkröten, Schlangen, schließlich Vögel und Säugetiere die Farben im großen ganzen ebenso sehen wie wir. Für Fische aber glaubte man nachweisen zu können, daß sie farbenblind sind; es zeigte sich aber dann, daß sie auch Farben sehen.

Von besonderem Interesse aber erschien das Verhalten der Insekten, bei denen besonders die Bienen untersucht wurden. Wer nur einmal mit offenen Augen durch die Natur gegangen ist, weiß warum. Er sah eine Biene oder Hummel von Blume zu Blume fliegen, aus ihrem Kelch den Honig zu schlecken. Er erinnerte sich dabei wohl dann, daß er in der Schule lernte, daß der Pollen vieler Blüten durch Insekten auf die Narbe übertragen und so die Bestäubung ausgeführt wird und daß der Honig im Kelch dazu bestimmt ist, diese Insekten anzulocken. Dabei mag ihm dann auch der den Naturforschern seit lange bekannte Gedanke gekommen sein, daß die auffallenden bunten Farben der Blumen die Aufgabe haben, diesen Insekten den Weg zu weisen. Die Wahrheit dieser Annahme zu prüfen, mag er nun jahraus, jahrein alle ihm zugänglichen Blüten beobachten und da wird er finden, daß fast alle weißen, bunten oder auffallenden Blüten von Bienen und Hummeln besucht und bestäubt werden, während unscheinbare oder unauffällig gefärbte Blumen auf den Wind und andere Überträger des Blütenstaubs angewiesen sind. Damit wird er sich dann gern zufrieden geben und uns glauben, daß farbige Zeichen in der Blüte, die in die Richtung der Honigquelle deuten, Saftmale sind, die den Insekten den Weg weisen, und es als selbstverständlich hinnehmen, daß die Bienen die Wegweiser auch sehen können. In der Wissenschaft aber gilt nichts als selbstverständlich und früher oder später kommt immer jemand, der auch das scheinbar Selbstverständlichste bezweifelt.

So kamen denn auch hier die Zweifler und sagten: Die Biene hat einen vorzüglichen Geruch, mit dem sie den Honig wittert; das sollte doch genügen, sie zur süßen Quelle zu führen. Prüfen wir das nun einmal, indem wir den Bienen geruchlose Papierblumen darbieten oder gar Spiegelbilder von Blumen. Da flogen die Bienen nicht danach; wohl aber flogen sie auch zu Blumen, die ihrer farbigen Blütenblätter beraubt waren. Das Gesicht schien somit gar keine Rolle zu spielen. Nnun kam aber die Gegenseite zu Wort und sagte: Hier ist etwas sehr Wichtiges unberücksichtigt geblieben, das außerordentliche Ortsgedächtnis, das die Biene immer wieder zur gleichen Blume zurückführt, auch wenn ihre Blütenblätter inzwischen entfernt wurden. Man sollte deshalb die Versuche so anstellen, daß das Ortsgedächtnis keine Rolle spielen kann. Geschah das, dann flogen aber die Bienen auch an die Papierblumen und mieden die entblätterten Kelche; sie sehen also die Blumen und werden durch sie angelockt.

Nun kam aber ein anderer Zweifler und sagte: Wenn die auffallenden Blumenfarben die Insekten anziehen sollen, dann müssen sie ihnen ebenso wie uns erscheinen. Ist es aber nicht auch möglich, daß sie für ihr Auge ganz anders aussehen? Wir müssen also zuerst einmal feststellen, wie die Farben überhaupt auf das Bienenauge wirken, verglichen mit dem Menschenauge. Da ist es nun eine Tatsache, daß von den Farben des Regenbogens gelb dem normalen Menschenauge am hellsten erscheint. Dem Farbenblinden aber, dem alle Farben ja nur Schattierungen von Grau sind, erscheint grün bis hellgrün am hellsten. Man brachte nun Bienen, von denen man weiß, daß sie, wenn eingeschlossen, nach der hellsten Stelle des Raumes fliegen, in einen künstlichen Regenbogen — der Physiker vermag mit einem einfachen Apparat jederzeit den Regenbogen vom Himmel zu stehlen — und siehe da, sie flogen zum gelbgrün hin, sahen also wohl die gleiche Stelle als die hellste an wie der völlig Farbenblinde. Die Bienen sind also wohl auch farbenblind, und wenn andere Versuche gezeigt hatten, daß sie bestimmte Farben unterscheiden können, so ist es nur ihre Helligkeit, die sie wahrnehmen, genau wie dem völlig farbenblinden Menschen die Farben als helleres und dunkleres Grau erscheinen.

Nun kam wieder die Gegenseite und sagte: Gewiß zeigen diese Versuche, daß den Bienen gelbgrün am hellsten erscheint. Aber warum müssen sie sich denn genau so verhalten in bezug auf das Farbensehen wie ein Mensch? Können sie nicht trotzdem einen Farbensinn haben? Also machen wir neue Versuche. Wir wissen bereits, daß man Tiere auf verschiedene Farben dressieren kann, wenn man sie eine Zeitlang auf einem bestimmt gefärbten Untergrund füttert; dann erwarten sie nämlich, auf der gleichen Farbe ihr Futter zu finden. Bienen können also etwa auf Blau dressiert werden, wenn man auf ein blaues Papier ein Schälchen mit Zuckerwasser stellt und sie daran ein oder zwei Tage nippen läßt. Dies wurde getan und dann auf einem Brett eine Reihe gleich großer Papiervierecke befestigt, die in allen Stufen des Grau vom Weiß bis Schwarz, gefärbt waren. Dazwischen aber befand sich auch ein blaues Viereck. Unter den grauen Papieren war nun auch eins, das die Helligkeit des blauen besaß, das also einem völlig Farbenblinden genau wie das blaue erscheinen würde. Nun wurden die Schälchen auf den grauen Papieren mit Zuckerwasser gefüllt, das auf dem blauen Grund blieb jedoch leer. Trotzdem aber flogen die auf blau dressierten Bienen alle auf blau (Abb. 49)! Sie konnten also doch wohl die Farbe als Farbe sehen, sonst hätten einige sie mit dem gleich hellen Grau verwechseln müssen. Solche Versuche wurden dann mit allen Farben durchprobiert, auch mehreren Farben gleichzeitig, um zu sehen, wie

verschiedene Farben unterschieden werden. Dabei zeigte sich, daß
wirklich alle Farben gesehen werden mit Ausnahme eines grel-
len Rot: dieses wurde mit Dunkelgrau und Schwarz verwechselt.
Also verhielten sich die Bienen ähnlich wie ein rot-blinder
Mensch, der ja auch Rot mit Schwarz verwechselt. Und merk-

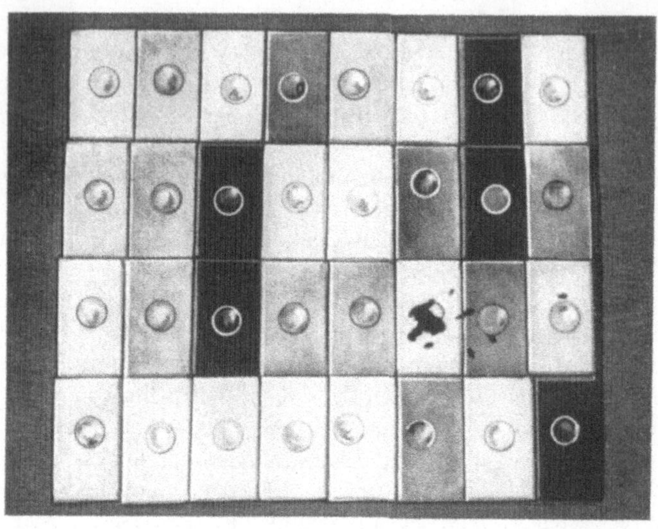

Abb. 49. Bienendressurversuch mit verschieden getönten grauen Papieren.
Auf jedem Papier befindet sich ein Schälchen. Sämtliche Bienen befinden sich
auf dem 6. Papier der 3. Reihe, welches blau ist. In der Photographie treten
die wirklichen Farben und Tonwerte nicht hervor.

würdig genug: dem Pflanzenkenner war es schon lange bekannt,
daß die hauptsächlich in heißen Ländern heimischen grellroten
Blumen nie von Insekten bestäubt werden, sondern von Vögeln,
und daß, wenn in einer bestimmten Pflanzenfamilie einige wenige
Arten als Ausnahme in derartig roten Farben blühen, es stets Vogel-
blumen sind. So dürfen wir denn glauben, daß nach all diesen Umwegen — und ich versichere Euch, daß ich noch manchen Abschneide-
weg geführt habe — der natürliche Menschenverstand recht behalten
hat: die Bienen sehen die Blumenfarben als Farben.

108

7. Das Auge als Kamera

So wissen wir nun doch einiges von den Fähigkeiten der Platte in unserem photographischen Apparat und wenden uns nun voll Neugier der Kamera selbst zu. Könnten wir in einer Ausstellung all die verschiedenen Systeme von Photographieapparaten beisammen sehen, die menschliche Erfindungsgabe zusammenbaute, seit der eitlen Menschheit klar wurde, daß sie ihr geliebtes Konterfei viel besser im Lichtbild erblicken kann als im schönsten Kupferstich, so käme wohl eine erstaunliche Mannigfaltigkeit zusammen. Trotzdem wäre die Ausstellung geradezu einförmig, verglichen mit der Verschiedenheit des Baues der Augen im Tierreich. Denn alle jene Apparate sind doch schließlich nur Mannigfaltigkeiten einer einzelnen Grundform, nämlich einer dunklen Kammer, in deren Hintergrund ein Bild entworfen wird. Sehr, sehr viele Augen im Tierreich, sagen wir ruhig Kameraaugen, sind auf dem gleichen Grundsatz aufgebaut. Aber es gibt auch ganz andersartige Erfindungen, die auf verschiedener Grundlage arbeiten und doch sichtlich ihren Zweck auch erfüllen.

Bleiben wir aber zunächst einmal bei der Kamera. Ihre Aufgabe ist, wie jedermann weiß, im Hintergrund, da wo die lichtempfindliche Platte eingesetzt wird, ein Bild zu erzeugen. Das bedeutet, daß die von den Gegenständen, etwa einem Haus, zurückgeworfenen Lichtstrahlen zusammengefaßt und vereinigt weiter befördert, zusammengebrochen werden, so daß ein verkleinertes Bild des Hauses entsteht, das wir dann auf der Mattscheibe der Kamera sehen können. Das zu ermöglichen, sind drei Dinge notwendig. Einmal muß vorn im Apparat eine Einrichtung sein, die die Lichtstrahlen in der genannten Weise in die Kamera hineinbefördert; sodann muß die Kamera die richtige Tiefe haben, damit das verkleinerte Bild auch genau an der Stelle aufgefangen werden kann, an der es entsteht und schließlich muß es im Innern der Kamera dunkel sein, damit kein fremdes Licht das Bild stört. So zeigen uns denn in der Tat die Kameraaugen auch die Gestalt einer innen dunklen, oft kugeligen Blase, in der sich vorn die Einrichtung findet, die das Bildchen entwirft und hinten in richtiger Entfernung die Platte, die das Bild aufnimmt, also die Netzhaut. Ebenso wie man im Photographieapparat das Bild hinten auf der Mattscheibe sehen kann, so kann man es auch im Augenhintergrund sehen (Abb. 50).

Gerade als ob es gestern gewesen wäre, steht noch vor mir die Natur-
geschichtsstunde in unserem alten Gymnasium, in der unser präch-
tiger Lehrer behutsam ein Ochsenauge auf eine Schüssel legte, es
gegen das Fenster richtete und dann eine kleine Öffnung an der
richtigen Stelle hineinschnitt, durch die wir dann das Bildchen des
Fensters im Augenhintergrund sehen konnten.

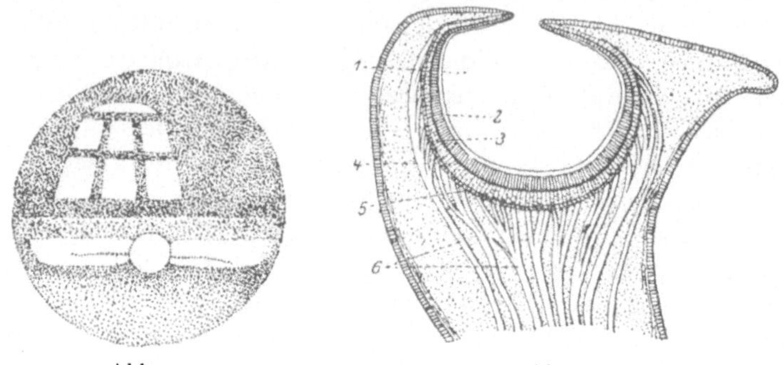

Abb. 50   Abb. 51

Abb. 50. Das Fensterbildchen im Augenhintergrund.
Abb. 51. Ein Schnitt durch das einfache linsenlose Loch-Kamera-Auge des
Tintenfisches Nautilus. *1* Augenkammer. *2, 3, 4* Netzhaut. *5* Pigmentschicht.
6 Sehnerv.

Jetzt müssen wir erfahren, was dieses Bildchen entwirft. Im
photographischen Apparat ist es natürlich die Linse. Doch halt!
Nicht immer! Als Knaben benutzten wir eine selbstgefertigte
Kamera, die auch ohne Linse ganz nette Bildchen ergab. An Stelle
der Linse fand sich da nichts als ein feines Loch, es war eine Lochkamera. Entsprechend gibt es denn auch bei gewissen Tieren Augen,
die nicht anders gebaut sind: ein Augenbecher und vorn ein Loch,
durch das das Licht einfällt (Abb. 51). Das dürfte aber wohl eine
ebenso unvollkommene Einrichtung sein wie die Lochkamera des
Knaben. Wer einen guten Apparat wünscht, verlangt denn nicht nur
einen mit einer Linse, sondern sogar mit einer guten Linse, an die
allerlei Ansprüche gestellt werden: sie muß lichtstark sein, darf das
Bild nicht verzerren, muß sich bestimmten Lichtsorten gegenüber in
bestimmter Weise verhalten. Sie besteht bekanntlich aus durch-
sichtigem geschliffenen Glas, dessen Zusammensetzung und Wölbung genau berechnet ist. Sicherlich ist es eine der eigenartigsten

Leistungen der Natur, daß auch im Auge sich eine derartige Linse befindet, die bei niederen Tieren meist aus einer durchsichtigen

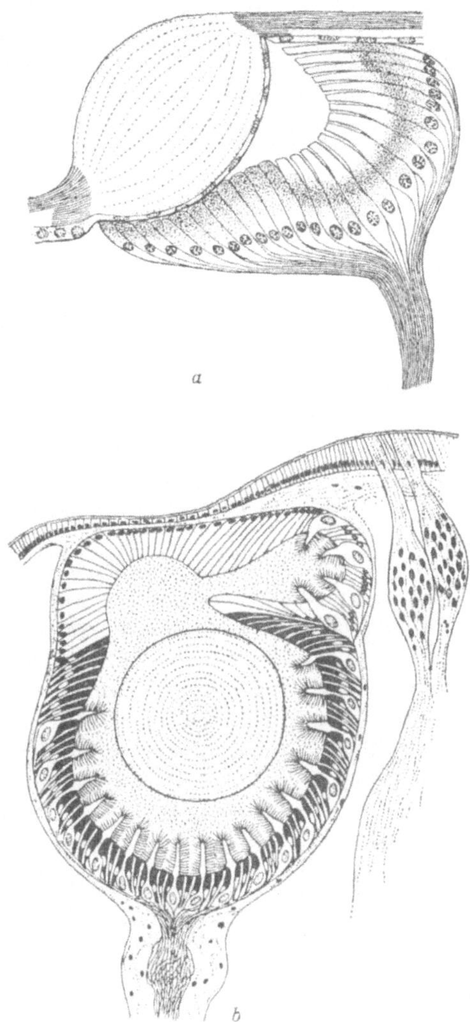

Abb. 52a u. b. Verschiedene Arten von Augenlinsen. a Schnitt durch das Stirnauge eines Insektes mit der Chitinlinse. b Schnitt durch das Auge im Fühler einer Schnecke mit kugeliger Linse in der Augenhöhle.

Abscheidung der Haut, bei höheren aus zahllosen, völlig durchsichtigen Zellen besteht (Abb. 52). Auch diese Linsen sind verschieden leistungsfähig, es gibt gute und schlechte. Eines besonderen Beweises bedarf es wohl dann nicht mehr, daß die Linse im Auge nach den gleichen Gesetzen arbeitet wie die Glaslinse. Wer es aber nicht glaubt, braucht sich nur ein wenig in seinem Bekanntenkreis umzuschauen, um einen lebenden Beweis zu finden, einen am Star

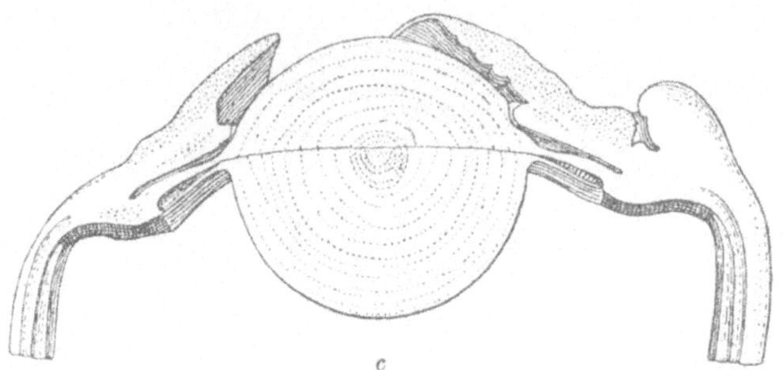

Abb. 52 c. Schnitt durch die Vorderwand eines Tintenfischauges
mit der aus zwei Halbkugeln zusammengesetzten Linse.

Erblindeten. Star aber bedeutet nichts anderes, als daß die kranke Linse sich trübt und schließlich undurchsichtig wird: dann ist das Auge zwar noch fähig, ein Bild aufzunehmen, aber die Linse kann keines mehr entwerfen. Da schneidet der Arzt die schlechte Linse heraus und ersetzt sie durch eine Starbrille, also eine vor das Auge gesetzte Glaslinse und alles ist wieder gut.

Wer jemals eine Photographie aufgenommen hat, weiß, daß man das Bild zuerst scharf auf der Mattscheibe einstellen muß, indem man letztere mit Hilfe des ausziehbaren Balges von der Linse entfernt oder ihr nähert; oder bei anders eingerichteten Apparaten die Linse mit ihrer Fassung hin- und herschiebt. Das hat darin seinen Grund, daß die Entfernung, in der die Linse ein scharfes Bild zeichnet, von dem Abstand des aufzunehmenden Gegenstandes von der Linse abhängig ist. Ein Kameraauge, in dem eine solche Einstellung nicht möglich wäre, könnte also ebensowenig wie ein unausziehbarer Apparat ein scharfes Bild auf verschiedenartige Entfernungen liefern. Solcher unvollkommen entwickelter Augen gibt es gar viele. Aber in allen höher entwickelten

Sehorganen ist für die Möglichkeit gesorgt, auf verschiedene Entfernungen scharf zu arbeiten. Im einzelnen sind die dafür sorgenden Einrichtungen verschiedenartig. Beim Fischauge z. B. ist es ähnlich wie bei Kameras, deren Linse auf einem beweglichen Brett montiert ist: die Linse kann durch besondere Muskelchen verschoben, dem

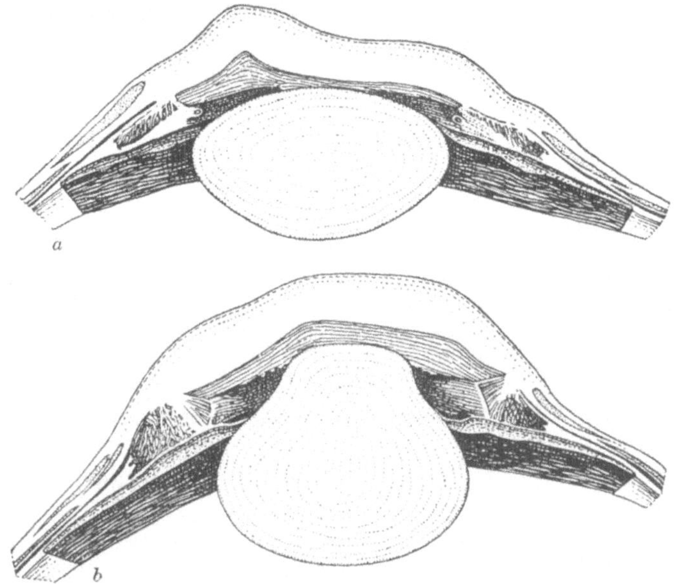

Abb. 53a u. b. Vorderwand des Kormoranauges. a in Ruhe. b Die Linse hat bei der Einstellung des Auges ihre Form verändert.

Augenhintergrund genähert oder von ihm entfernt werden. In anderen Augen aber, so in unserem eigenen, ist ein verwickelterer Weg eingeschlagen, den man mit der Glaslinse nicht nachzuahmen vermöchte. Es ist eine bekannte Tatsache, daß die Linsen, deren Flächen verschiedenartig gewölbt sind, scharfe Bilder von Gegenständen nach dem gleichen Punkt hin werfen, falls die Gegenstände entsprechend verschieden weit entfernt sind. Also das in bestimmtem Abstand, sagen wir, auf der Mattscheibe aufgefangene Bild ist bei Verwendung einer flacher geschliffenen Linse scharf, wenn der Gegenstand weiter entfernt, bei einer gewölbten Linse, wenn er sich nahe befindet. Man könnte also für die scharfe Einstellung

eines photographischen Apparates auch den unpraktischen Weg
einschlagen, für jede Entfernung des Gegenstandes eine anders
gewölbte Linse einzusetzen. Wie gesagt, das wäre recht umständlich.
Aber in unserem Auge geschieht es trotzdem. Das ist dadurch ermöglicht, daß die Augenlinse nicht starr ist wie Glas, sondern weich
und formbar. So braucht sie nicht ausgewechselt zu werden, sondern
kann selbst durch den Druck eines besonderen Linsenmuskels ihre
Wölbung ändern, sich stärker wölben oder abflachen. Das findet
dann jedesmal statt, wenn wir unsere Augen auf einen nahen oder

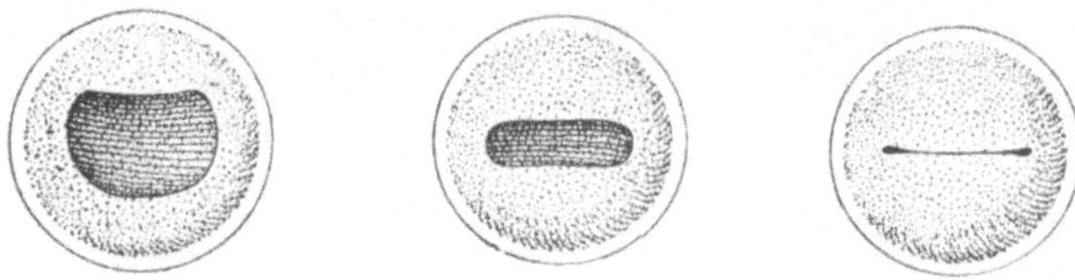

Abb. 54. Die Pupille eines Tintenfisches in drei Stadien ihrer Verengung.

fernen Gegenstand einstellen (Abb. 53). Wissen wir dies einmal, so
fällt es uns auch nicht mehr schwer, uns vorzustellen, daß irgendwelche Fehler im Bau der Augenkamera und der Linseneinstellung
durch ausgleichende Hilfslinsen, die Brillengläser, korrigiert werden
können.

Der geschickte Photograph hat nun auf noch etwas anderes zu
achten. Vor der Linse seiner Kamera findet sich eine Blende. Bevor
er eine Aufnahme macht, überlegt er sich sehr genau, ob er die
Blende weit offenläßt und somit ein großes Lichtstrahlenbündel
zur Linse läßt oder ob er sie schließt und damit das Strahlenbündel
einengt. Er weiß unter anderem, daß er bei sehr hellem Licht die
Blende schließt und sie an einem düsteren Tag offen hält, um mit
der gleichen Belichtungszeit ein gutes Bild zu erhalten. Auch diese
Einrichtung findet sich im tierischen Auge und in recht verschiedener
Konstruktion je nach der Entwicklungsstufe. Im richtigen Kameraauge ist die Einrichtung nahezu wie im photographischen Apparat.
Vor der Linse findet sich eine undurchsichtige Scheibe, die Regenbogenhaut, mit einem Loch in der Mitte, der Pupille. Feine Muskeln
in der Scheibe, die den Platz der Einstellhebel in der Kamera vertreten, können die Öffnung erweitern und verengen: die Pupille
wird groß oder klein (Abb. 54). Schaut euch die Augen einer Katze

einmal bei Tag an und dann bei Nacht, wenn die Pupille weit geöffnet ist, oder stellt euch vor den Spiegel in einem nicht zu hellen Zimmer und nähert dann ein starkes Licht; sofort seht ihr die Blende in eurem Auge arbeiten.

So könnten wir noch so manchen lehrreichen Vergleich mit dem photographischen Apparat durchführen. Wir könnten etwa erwähnen, daß er auf ein Stativ gesetzt wird, um bequem nach allen Seiten gerichtet werden zu können und zufügen, daß bei Tieren, deren Augen auf einem Stiel sitzen, wie bei vielen Krebsen (auch Tiefseefischen, Abb. 55), dies auch eine wesentliche Bedeutung hat. Wir könnten darauf hinweisen, daß der Photograph nach der Aufnahme die Linse zum Schutz mit einer Lederkappe bedeckt; ebenso besitzen viele Tiere verschließbare Augenlieder, die die gleiche Aufgabe erfüllen, ja vor ganz besonders guten Augen, wie es die der Wirbeltiere sind, ist die Linse ständig durch eine vorgestellte, durchsichtige Schutzwand, die Hornhaut, geschützt. Wir könnten darauf hinweisen, daß manche Kamera durch Stahlteile gefestigt wird, und daß manche Augäpfel, etwa bei Fischen und Vögeln, durch Knorpel- oder Knochenringe

Abb. 55. Tiefseefisch mit langgestielten Augen.

gestärkt werden. Aber wir wollen das nicht weitertreiben. Es gibt ja auch noch andere Leute, die gern Bücher schreiben, und da mag vielleicht einer ein ganzes Buch über die Wunder des Auges verfassen; sicher wird er noch vieles mehr zu berichten haben.

Nur noch ein kurzes Wort über eine Augenart, von der fast ein jeder schon gehört hat, über das Facettenauge der Insekten (Abb. 56). Als Kind wurde mir einmal eines jener billigen Jahrmarktsmikroskope geschenkt, die trotz ihrer Unvollkommenheit dem Besitzer manche Freude bereiten können. Bei dem Instrument

befand sich, was wohl nie fehlen dürfte, ein Präparat eines Fliegen-
auges. Unter dem Mikroskop erwies es sich zusammengesetzt aus
zahllosen kleinen Sechsecken, eines dicht beim andern. In Wirklichkeit war dies nun gar nicht das ganze Auge, sondern nur die
harte äußere Haut, die es überzieht, die wir etwa der durchsichtigen
Hornhaut vergleichen könnten, die unseren Augapfel nach vorn
abschließt. Aber jedes einzelne der kleine Sechsecke oder Facetten,

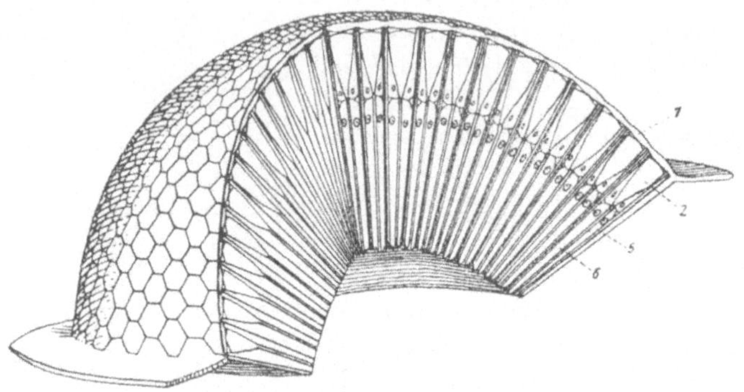

Abb. 56. Angeschnittenes Facettenauge eines Insekts. Einem jeden Sechseck
der Oberfläche entspricht ein säulenförmiges Einzelauge. *1* Hornhautfacette.
2 Linse. *5, 6* die Netzhautzellen.

die da zu Tausenden nebeneinanderliegen, ist eine einzelne Hornhaut. Das bedeutet also, daß hinter jeder ein einzelnes Auge mit
allen seinen Teilen, Linse, Regenbogenhaut, Netzhaut, liegt. Was
wir bei der Fliege oder dem Schmetterling oder dem Hummer ein
Auge nennen, ist in Wirklichkeit eine Ansammlung von Tausenden
von Einzelaugen. Jedes einzelne ist aber ganz anders gebaut als ein
Kameraauge. Es gibt da keine dunkle Kammer, in deren Hintergrund ein Bild entworfen wird, sondern die Sinneszellen der Netzhaut sitzen direkt hinter der Linse. Deren besondere Form und
Beschaffenheit bedingt es aber, daß sie nicht einen ganzen Gegenstand abbilden kann, sondern nur den Teil, der in gerader Richtung
zur Längenausdehnung des Äugleins liegt. Dies trifft aber für jedes
der vielen Einzelaugen zu. Betrachtet nun einmal die schwarzen
Augen am Kopf einer Biene oder Mücke und ihr werdet alsbald
bemerken, daß sie stark gewölbt sind. Demnach schaut jedes der
Einzeläuglein nach einer etwas anderen Richtung. Wenn daher ein

Gegenstand ins Auge gefaßt wird, so bildet jedes Äuglein ein Stückchen von ihm ab, und aus all den Stückchen setzt sich das ganze Bild zusammen. Man könnte es etwa mit einer Panoramaaufnahme vergleichen, die aus vielen Einzelaufnahmen zusammengesetzt wird, die nach verschiedenen Himmelsrichtungen hin aufgenommen wurden. Man kann aber durchaus nicht behaupten, daß diese sonderbare Art von Auge nicht gut arbeite. Eine altbekannte Tatsache ist das außerordentliche Ortsgedächtnis der Biene und es läßt sich unschwer zeigen, daß sie sich durch die Augen das Bild der Gegend einprägt. Man kann Bienen etwa, ähnlich, wie wir es von der Farbe kennenlernten, auch auf bestimmte Formen und Muster wie auf bestimmte Stellungen und Bezeichnungen des Bienenstocks dressieren. Doch ich denke, ihr glaubt mir ohne weiteres, daß man das durch viele geschickt ausgeführte Versuche bewiesen hat. Denn wir haben ohnedies bereits zu lange über die Königin der Sinne, das Gesicht, geplaudert.

VI. Weiteres über die höheren Sinne und das nervöse Zentralorgan

Volkstümliche Redewendungen geben oft den Dingen einen besonders treffenden Ausdruck. So spiegelt sich die Tatsache, daß wir mit der Außenwelt in erster Linie durch Vermittlung der höheren Sinnesorgane in Verbindung stehen, gut in der Redewendung wieder: „daß einem Hören und Sehen vergeht". Wollten wir das gleiche für eine Biene ausdrücken, so müßten wir sagen: „daß ihr Sehen und Riechen vergeht", und für den Spulwurm hieße es gar: „daß ihm Schmecken und Tasten vergeht". Vom Schmecken, Tasten, Riechen und Sehen haben wir nun schon allerlei erfahren und sind jetzt begierig, auch etwas über die Sinnesorgane zu lernen, die das Hören vermitteln.

1. Hören und Gehörorgane im Tierreich

Ein jeder weiß, was unter Hören verstanden wird, oder glaubt es wenigstens zu wissen. Wir lernten, daß der Reiz, der ein Tastsinnesorgan in Erregung setzt, ein Druck ist, bei einem Sehorgan aber ein Lichtstrahl. In entsprechender Weise sind die Hörsinneszellen auf Erregung durch Töne und Geräusche eingestellt. Was ist das nun, ein Ton? Darüber kann man sich schon klar werden, ohne sich mit der Wissenschaft der Physik abgegeben zu haben, die darüber sehr gelehrte Sachen zu sagen weiß. Wird eine Violinsaite angestrichen oder gezupft, so entsteht ein Ton. Betrachtet man dabei die Saite, so sieht man sie deutlich hin- und herschwingen. War es eine tiefe Saite, so erscheint das Schwingen ziemlich langsam, war es eine hohe, so sind die Schwingungen so rasch, daß sie kaum mehr gesehen werden können. Nun beobachten wir das Rad einer schnell sich drehenden Maschine und achten auf den summenden Ton; läuft die Maschine schneller, so wird der Ton höher, verlangsamen sich die Umdrehungen, so wird der Ton tiefer. Nun wollen wir auch noch auf die Fliege achten, die mit einem brummenden Ton um unseren Kopf summt und sehen, daß ihre Flügel schnell hin- und herschlagen. Nun kommt eine andere geflogen, die einen viel höheren Ton summt, und achten wir auf ihre Flügel, so erscheint ihre Bewegung so schnell, daß nur ein Wirbel sichtbar wird. Danach erscheint es bereits klar, daß schnelle Schwingungen mit der Erzeugung eines Tones zu tun haben, und daß der Ton um so höher erscheint, je schneller der tonerzeugende Gegenstand, die Saite, der Insektenflügel, schwingt.

Was gelangt nun von der Saite in unser Ohr und vermittelt den Eindruck eines Tones? Wer schon einmal in der Nähe einer abgefeuerten Kanone oder nur eines Trompetenchors stand, hat deutlich den Druck im Ohr gefühlt. Da nichts gedrückt haben kann als die Luft, so muß sie mit dem das Ohr treffenden Ton zu tun haben. Wenn wir nun bei einem Gewitter auf die Zeit achten, die zwischen Blitz und Donner verstreicht, so könnten wir vielleicht einmal feststellen, daß der Blitz genau einen Kilometer weit entfernt einschlug, der Donner aber erst drei Sekunden nach dem Blitzstrahl gehört wurde. Der gleichzeitig mit dem Blitz erfolgende Donnerknall braucht also eine bestimmte Reisezeit, bis er unser Ohr erreicht. Nach all dem ist es wohl nicht schwer zu verstehen, daß Töne auf Schwingungen von Luftteilchen beruhen, die sich mit einer bestimmten Geschwindigkeit gleich Wellen auf dem See weiter verbreiten, und daß die Zahl der Schwingungen, die ein Luftteilchen in der Sekunde ausführt, für die Höhe des Tones verantwortlich ist. So beruht der tiefste Baßgeigenton auf 16 solcher Schwingungen per Sekunde, der höchste Flötenton auf etwa 4500. Diese Luftschwingungen, die Tonwellen, sind es, die die Sinneszellen des Gehörorganes in Erregung setzen. Wenn dann von ihnen aus die telegraphische Nachricht zum Gehirn gelangt, daß sie von 440 Schwingungen in der Sekunde getroffen wurden, so glauben wir den Ton a, auf den die Geige gestimmt ist, zu vernehmen.

Doch ehe wir versuchen, dies ein wenig zu verstehen, wollen wir erst einmal erfahren, welche Tiere überhaupt solche Sinneszellen besitzen. Das festzustellen, ist gar nicht so einfach; wir können ein Tier ja nicht fragen: hast du gehört? Wir sind vielmehr genötigt, Umwege einzuschlagen, um zum Ziel zu gelangen. Zuerst wird man einmal nach Sinnesorganen suchen, die unserem Ohr ähneln. Ihr Vorhandensein beweist aber noch nicht, daß das Tier wirklich hört. Denn dem Ohr kommen, wie wir noch erfahren werden, auch andere Tätigkeiten zu als nur Hören. So muß man denn versuchen, das Tier mit Schallwellen zu reizen und dann feststellen, ob es durch Bewegungen oder Fluchtversuche eine Wirkung erkennen läßt. Selbst dann aber muß man noch sehr vorsichtig sein, um sicher zu gehen, daß nicht gleichzeitige Erschütterungen den Tastsinn der Haut reizten oder die Erzeugung des Tones gar gesehen werden konnte. Und dann muß auch noch die Probe auf das Exempel stimmen, nämlich, daß die beobachteten Wirkungen des Schallreizes ausfallen, wenn das vermeintliche Hörorgan herausoperiert ist.

Die Antworten, die der vorsichtige Forscher auf solche Weise erhält, stimmen allerdings oft so gar nicht mit dem überein, was wir gewohnt sind, zu glauben. Wer zweifelt daran, daß der Gesang der tanzenden Mücken über dem Sumpf von ihren Brüdern und Schwestern gehört wird, und daß das Abendlied der Heimchen und Zikaden auch seine Bewunderer hat? Ein jeder kennt die Sage von Arion, der Töne Meister, dessen wunderbarem Gesang alle Tiere in Wasser, Luft und Erde lauschten. Leider nur eine Sage. Denn wir können jetzt mit Sicherheit sagen, daß mindestens die Mehrzahl des kleinen Getiers, das da kreucht und fleucht (das die Naturforscher als wirbellose Tiere bezeichnen), taub ist. Ausnahmen sind die Heupferde, deren schrille Geigentöne die Sommernacht erfüllen, die seltsam lauten Zikaden warmer Länder, deren Musizieren schon wahrscheinlich macht, daß sie auch hören können, und manche andere Insekten. Selbst die Fische, also die einfachsten unter den Wirbeltieren, sind in ihrer Mehrzahl zum mindesten schwerhörig. Gerade über sie hat man sich viel den Kopf zerbrochen, weil es so gar nicht zu den täglichen Erfahrungen passen wollte. Man hört immer wieder, daß in dieser oder jener Fischzuchtanstalt die Fische durch einen Glokkenton zusammengerufen werden. Wir sahen selbst einmal in einer japanischen Aalbrüterei, wie der Fischer mit einem großen Messer, das zum Zerhacken der als Futter benutzten Seidenwurmpuppen diente, auf ein Brett klopfte und alsbald ein unglaubliches Gewühl von Aalen an der Futterstelle erschien. Mit allen Vorsichtsmaßregeln ausgeführte Versuche haben aber stets ergeben, daß die Fische entweder den Wärter sehen oder Erschütterungen im Wasser mit ihrem Tastsinn wahrnehmen; daß aber die Glockenzeichen unbeachtet blieben, wenn solches ausgeschlossen wurde. Trotzdem gibt es aber auch Fischarten, die gut hören. Wir haben bereits mehrfach die Dressurmethode zur Erforschung von Sinnesfunktionen erwähnt, bei der die Tiere zu besonderen Signalen gefüttert wurden und dann in Zukunft auf das Signal reagierten. Gewisse Fischarten wurden so zum Tone einer Stimmgabel gefüttert und, wenn sie schließlich darauf dressiert waren, kamen sie nur, wenn die Stimmgabel angeschlagen wurde, natürlich mit demselben Ton. Sie hörten also nicht nur, sondern konnten auch den Ton, selbst Halbtöne und weniger unterscheiden.

Die übrigen Wirbeltiere hören alle, und das ist ja auch zu erwarten, wenn man weiß, daß sie oft selbst Töne hervorbringen können, deren Wahrnehmung, meist durch das andere Geschlecht, lebenswichtig sein mag. Das trifft für die schönen Ständchen zu, die Frösche und Unken an warmen Sommerabenden ihren Geliebten bringen. Der Gelehrte glaubt ihnen das allerdings nicht eher, als bis er sie mit verwickelten Maschinen gründlich geprüft hat, und unzweifelhaft feststellte, daß sie ihren eigenen Gesang auch wirklich hören können. Da fällt mir nun gerade eine Geschichte ein, wie ein solches Tier Sieger in einem Gesangswettstreit blieb. Sie ist nicht sehr gelehrt, aber die Wissenschaft, wie alles im Leben, mundet besser, wenn man hie und da einmal dazwischen lachen kann, wie schon der griechische Philosoph Demokrit wußte. Einer meiner Studienfreunde in der romantischen Musenstadt am Neckar war ein großer Tierliebhaber. In dem seiner mit Schlangen und Eidechsen gefüllten Bude benachbarten Zimmer wohnte damals einer jener unerfreulichen Gesellen, die mit niemand in Frieden leben können. Der hatte sich nun darauf versteift, immer dann Gesangsübungen zu veranstalten, wenn mein Freund arbeitete und war im Guten nicht davon abzubringen. So beschloß der Gequälte, den bösen Nachbarn mit wissenschaftlichen Methoden zu vertreiben und bestellte bei einem Tierhändler einen riesigen amerikanischen Ochsenfrosch. Es war gerade in der Zeit der Burenbegeisterung, und so wurde die Bestie, die bald durch ihre Heldentaten der allgemeine Liebling wurde, Ohm Paul genannt. Nun kamen die warmen Sommernächte und die Liebe erwachte im Froschherzen; da legte sich Ohm Paul im Wasserbehälter seines Käfigs auf den Bauch und brüllte die Nächte hindurch, wie es nur ein alter Ochsenfrosch kann. Da zog der sangesfreudige Nachbar besiegt und in Wut aus.

Nun aber wieder zur Sache. Auch von den Tieren im Reich der Reptilien kann man mit Sicherheit behaupten, daß sie hören können, wenn es auch selten von ihnen selbst hervorgebrachte Töne sind. Immerhin gibt es auch bei ihnen Sänger. Gar mancher Reisende wurde in der ersten Nacht, die er unter dem schwülen Moskitonetz eines Tropengasthofes verbrachte, von eigenartigen, hellquiekenden Tönen über seinem Kopf aufgeschreckt, zwischen die in gewissen Gegenden ein lauter Ruf wie To—keh, To—keh eingestreut ist. Er ist nicht wenig erstaunt, wenn er dann den Schreihals findet, eine

Abb. 57. Gecko.

kleine, Gecko genannte Eidechse, von denen Dutzende bei Tag hinter
Spiegeln und Schränken sitzen, um bei Nacht hervorzukommen und
auf die Fliegenjagd zu gehen (Abb. 57). Da wir nun gerade im
fernen Osten sind, so wollen wir auch eine Zeitlang jenem indischen
Gaukler zuschauen, der vor der Terasse des Gasthofes seine Künste
vorführt. Er stellt ein Körbchen vor sich hin und beginnt auf einer
Flöte, den Körper hin- und herwiegend, zu blasen. Aus dem Korb
kriecht eine Brillenschlange hervor, richtet ihren Vorderkörper steil
auf und wiegt ihn hin und her, tanzt. Kein Zweifel, daß sie die
Töne der Flöte zu hören vermag. Müssen wir nun noch zufügen,
daß die Nachtigall den süßen Gesang des verliebten Männchens ver-
nimmt und die Küken den Ruf der Henne; und daß, wie der
Mensch, auch seine nächsten Vettern, die Säugetiere Gehör haben,
die Ratten die bestrickenden Weisen des Rattenfängers ebenso vernehmen konnten wie die Mägdlein von Hameln?

2. Wie registrieren Sinneszellen einen Ton
und einiges über unhörbare Töne

Nun zu den Hörorganen selbst! Als wir die Aufnahmeorgane des
Gesichtssinnes vorführten, benutzten wir den Vergleich mit einem
photographischen Apparat, um uns die Bedeutung der einzelnen
Teile näher zu bringen. Auch beim Gehörsinn konnten wir eine
Maschine zum Vergleich heranziehen, vielleicht einen jener Sprech-
apparate, die so vielen Menschen Freude und vielleicht noch mehreren
Qual bereiten. Denn, wenn die Platte oder Walze, von der das Lied
„gespielt" wird, angefertigt wird, ist die Maschine ja ein Hör-
apparat, in dem die Schallwellen, die aus dem Mund des Sängers
kommen, aufgefangen und auf die Platte gebannt werden. Da erscheinen uns wieder zwei Hauptteile gesondert: einmal die Platte,
die die Eindrücke der Schallwellen aufnimmt, sodann der Schalltrichter, die Trommel und der Schreibstift, die die Wellen zur
Platte leiten. Die Platte wäre wieder den schallempfindlichen
Sinneszellen zu vergleichen, der Rest den Hilfseinrichtungen zur
Schalleitung, die den auffallenden Teil des „Ohrs" ausmachen.

Da wollen wir zunächst einmal etwas von der Arbeit der Sinneszellen hören. Wir wissen, daß die Schallwellen der richtige Reiz sind,
der sie in Erregung versetzt. Wir wissen ferner, daß diese Zellen
verschiedene Töne zu unterscheiden vermögen, also auf Schallwellen

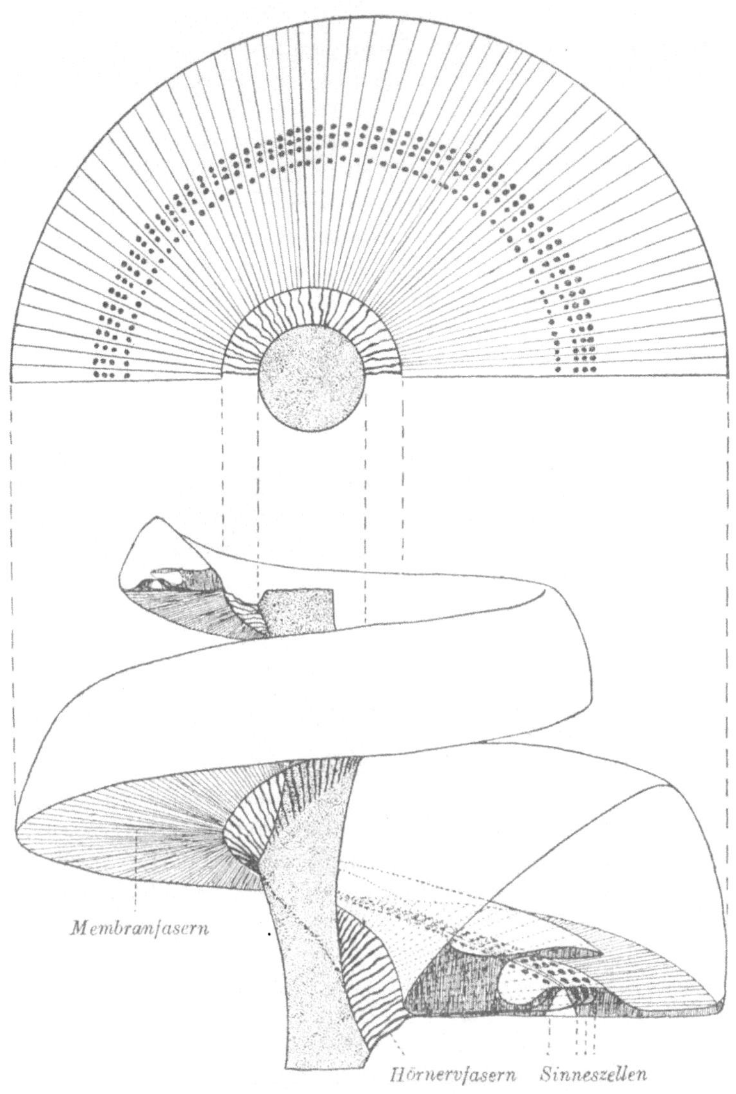

Abb. 58. Eineinhalb Windungen der Schnecke eines Säugetieres. Durch die Achse zieht der punktierte Hörnerv. Auf der Grundmembran mit ihren ausgespannten Fasern sitzen die Hörzellen. Darüber ein Stück der Grundmembran, von der Fläche gesehen, mit den Reihen der als Punkte dargestellten Sinneszellen und den Membranfasern verschiedener Länge.

123

von verschiedener Zahl der Schwingungen (es waren zwischen 16 und 4500 bei den Tönen der Musik) verschiedenartig ansprechen. Nun lauschen wir aber einmal dem Klang eines großen Orchesters, in dem zu gleicher Zeit zwölf und mehr verschiedene Töne erzeugt werden, die wir alle gleichzeitig hören können. Das kann aber unmöglich von der gleichen Sinneszelle besorgt werden; es ist vielmehr zu erwarten, daß es für jede Tonhöhe bestimmte Sinneszellen gibt. Wieso aber die richtige Wirkung zustande kommen kann, ist uns doch nicht so ohne weiteres klar. Dazu müssen wir zunächst noch etwas anderes erfahren. Wir gehen zum Klavier und drücken die Tasten nieder, wodurch die dämpfenden Filzstreifen von den Saiten im Innern entfernt werden. Singen wir nun einen reinen Ton ins Instrument hinein, so ertönt die Saite des gleichen Tones mit. Die Schallwellen besitzen also die Fähigkeit, Gegenstände, die auf die gleiche Schwingungszahl abgestimmt sind, zum Mitschwingen zu veranlassen. Wenn wir nun das innere Ohr eines hörenden Tieres, also den Teil, der die Sinneszellen enthält, betrachten, so zeigt sich etwas gar Merkwürdiges. Wir haben da eine in die schützenden Knochen des Schädels dicht eingeschlossene Blase, die bei den Säugetieren wie ein Schneckenhaus gewunden ist und deshalb Schnecke genannt wird (Abb. 58). Ihre eine Wand wird von einer straff gespannten Haut gebildet, auf der die Sinneszellen sitzen. Diese stehen nun in Reihen wie die Tasten eines Klaviers und neben und unter ihnen finden sich allerlei reihenförmig angeordnete Dinge. So befinden sich in der Haut, die die Sinneszellen trägt, in regelmäßigen Abständen wie Saiten ausgespannte Fäden. Nun brauchen wir keinen allzu großen Sprung mehr zu machen, um zu der Vorstellung zu kommen, daß alle diese gespannten Saiten unterhalb der Sinneszellen auf verschiedene Töne gestimmt sind. Wenn nun Schallwellen hierhin gelangen, so schwingt mit jedem Ton der gleichgestimmte Faden mit, und dies wird alsbald von der darüberliegenden Sinneszelle dem Gehirn berichtet: wir hören den bestimmten Ton.

Das reizt nun sicher eure Wißbegier und ihr möchtet wohl mehr davon erfahren, etwa wie man das nachweisen kann oder ob das eine unzweifelhaft feststehende Erklärung ist. Wie der Vater so oft gezwungen ist, dem fragenden Kind zu antworten, „das verstehst du noch nicht", so geht es uns auch hier. Ein wenig Überlegung zeigt, daß, um dies alles gründlich verstehen zu können, man erst genau mit dem Wesen der Schallwellen vertraut sein muß, also eine gründliche Schulung in Physik benötigt. Es ist nun einmal eine bewundernswerte, aber auch traurige Tatsache, daß die Wissenschaft bereits einen solchen Umfang angenommen hat, daß der beste Kopf nur ein ganz, ganz klein Teilchen gründlich kennenlernen kann und man sich zufrieden geben muß, in andere wissenswerte Dinge nur ein wenig die Nase zu stecken. So wollen wir uns auch hier mit dem Gehörten bescheiden.

Abb. 59. Kopf einer Fledermaus mit großen Ohrmuscheln.

Nunmehr müssen wir aber die Maschine kennenlernen, die dafür sorgt, daß der Schall auch richtig zu den ihn empfindenden Sinneszellen gelangt. Im großen ganzen ist das wohl allgemein bekannt. Da findet sich zunächst außen am Kopf der Schalltrichter des Grammophons, die Ohrmuschel, die den Schall auffängt. Frösche, Eidechsen und Schlangen besitzen sie noch nicht, Vögel, wenn überhaupt, nur schwach entwickelt und erst beim Säugetier bekommt sie eine richtige Bedeutung. Wer mit offenen Augen durch die Welt geht, weiß auch welche Rolle sie für die Tierwelt spielt. Aufmerksamkeit und Ohrenspitzen erscheinen uns bei einem Pferd oder Hund gleichbedeutend. Das besagt nichts anderes, als daß die bewegliche Ohrmuschel in die Richtung, aus der der Schall kommt, gedreht wird, um ihn besser aufzufangen. Für viele Tiere mag diese Kenntnis der Schallrichtung keine große Bedeutung haben, für andere aber ist sie eine Lebensnotwendigkeit, so für Nachttiere, die für alle Wahrnehmungen größtenteils auf Gehör und Gefühl angewiesen

sind. So besitzen sie denn auch besonders große und bewegliche
Ohren. Manche Fledermäuse sind dafür deutliche Beispiele, sie sind
sozusagen „ganz Ohr" (Abb. 59) und wir haben ja schon gelernt,
daß sie damit die selbsterzeugten und von der Umgebung zurückgeworfenen supersonischen Wellenstöße wahrnehmen (s. S. 101).

Abb. 60. Frosch, um das äußere Trommelfell hinter dem Auge zu zeigen

Die von dem Ohr aufgefangenen Schallwellen werden dann durch
den engen Kanal des äußeren Gehörganges weitergeleitet, bis sie auf
ein absonderliches Gebilde treffen, das Trommelfell. Bei einem
Frosch oder einer Eidechse ist es leicht zu sehen, denn es liegt außen
am Kopf frei zutage (Abb. 60), während es bei uns in der Tiefe des
Gehörganges versteckt ist. Ähnlich dem Kalbfell einer Trommel
oder der schwingenden Membran im Telephon ist es da in einem
Knochenring ausgespannt und wird durch die Schallwellen in
Schwingungen versetzt. Letztere werden dann auf einem der eigenartigsten und in seiner Art vollkommenen Wege den Empfindungs-
zellen der Schnecke zugeleitet, nämlich durch die Gehörknöchelchen
(Abb. 61). Jedermann erinnert sich an sie von der Schule her, diese
winzigen Knöchelchen, deren es bei den niederen Wirbeltieren nur
eines gibt, bei den Säugetieren drei, Hammer, Amboß, Steigbügel

genannt. Der Hammer sitzt dem Trommelfell an und verbindet sich durch den Amboß mit dem Steigbügel. Die die Sinneszellen enthaltende Schnecke ist nun mit einer Flüssigkeit angefüllt und allseitig von festem Knochen umschlossen. Nur an einer Stelle ist der Knochen von einem Fensterchen durchbrochen, das durch ein Häut-

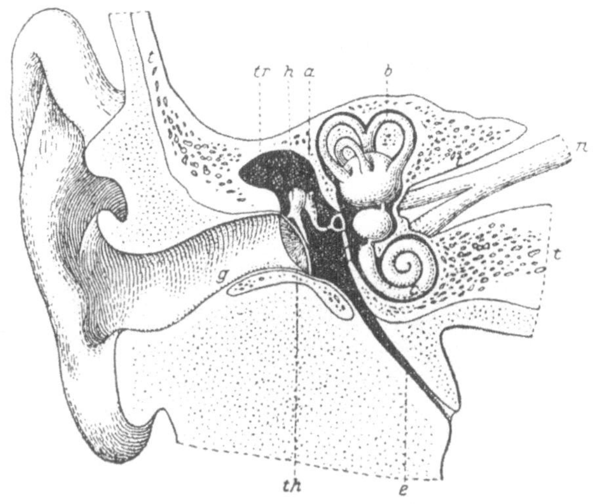

Abb. 61. Geöffnetes Gehörorgan des Menschen. Von der Ohrmuschel links führt der äußere Gehörgang *g* zum Trommelfell *th*. In der Paukenhöhle *tr* liegen die Gehörknöchelchen, der Hammer *h*, der Amboß *a* und der Steigbügel, der dem inneren Ohr ansitzt. *c* die Schnecke, *b* die Bogengänge, *n* Hörnerv, *t* Schläfenbeinknochen, *e* die in die Rachenhöhle führende Eustachische Röhre.

chen verschlossen ist. An ihm setzt sich der Steigbügel an und durch seine Vermittlung endlich werden die Schallwellen auf das Ohrwasser der Schnecke und damit zu den mitschwingenden Fasern übertragen. Wie einfach das alles klingt und wie verwickelt ist es doch in Wirklichkeit, wo jede Form der Oberfläche der Knöchelchen, jedes Gelenk, das sie verbindet, und die winzigen Muskelchen, die sie ein wenig verschieben können, einen berechenbaren Einfluß auf die Leistung haben!

3. Die Gehörknöchelchen der Wirbeltiere und ihre Geschichte

Es ist einfach unmöglich, an diesen Knöchelchen vorüberzugehen, ohne sie einmal von einer ganz anderen und unerwarteten Seite her betrachtet zu haben. Ein solches Organ kann uns nämlich ganz verschiedenartige Dinge lehren, je nach der Fragestellung, mit der wir an es herantreten. Da kommt der Anatom und stellt die feinsten Einzelheiten seines Baues fest, da kommt einer, der sich Physiologe nennt und klärt uns darüber auf, wie es arbeitet, dann kommt der Embryologe und sagt uns, wie es sich Schritt für Schritt im Mutterleib entwickelt. Endlich kommt auch der vergleichende Anatom. Er

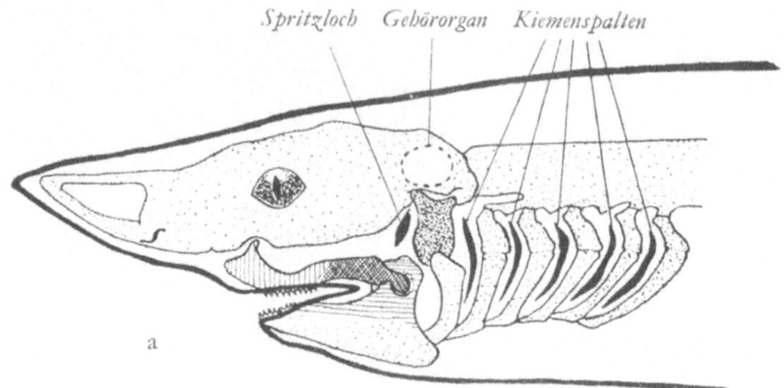

Abb. 62a. Vorderende eines Haifisches mit Kopfskelett und Lage der Kiemenspalten, des Gehörorganes und des Spritzloches.

vergleicht das Organ mit dem der nächsten Vettern und noch entfernteren Verwandten. Dann entfernt er sich immer weiter im Verwandtschaftskreis, betrachtet und vergleicht auch da seine Befunde, und so zieht er allmählich alle lebenden und ausgestorbenen Tierformen heran. Sein Führer bei diesen Vergleichen ist aber die Abstammungslehre, die Überzeugung, daß sich die Formen des Tierreiches allmählich entwickelt haben. Bei seinen Vergleichen hat er kennengelernt, daß sich Organe bestimmter Leistung in solche ganz anderer Leistung umwandeln können. Wenn er etwa den Flügel des Vogels mit dem Vorderbein der Eidechse vergleicht, so findet er, daß die Übereinstimmung eine so große ist, daß man schließen muß, daß im Lauf vorgeschichtlicher Zeiten sich der Flügel aus einem Vorderbein, oder, was das gleiche ist, Arm, entwickelt hat. Solche Schlußfolgerungen werden aber sehr oft auf eine sehr merkwürdige Weise gestützt. Es ist eine der interessantesten Erscheinungen, daß in der Entwicklung eines Tieres Erinnerungen an längst entschwundene

Ahnen auftauchen, daß ein Organ zuerst so aussieht, wie es bei den
Vorfahren aussah, ehe es seine endgültige Gestaltung annimmt; daß
also in der Einzelentwicklung einige Blätter aus der uralten Geschichte
der Entwicklung im Lauf der Zeiten wiedererzählt werden. Diese
Erinnerungen stimmen aber meist auf das Schönste mit den Schlüs-
sen überein, die aus dem bloßen Vergleich gezogen waren. So lehrt
z. B. der Vergleich, daß gewisse Teile unseres Halses in letzter Linie

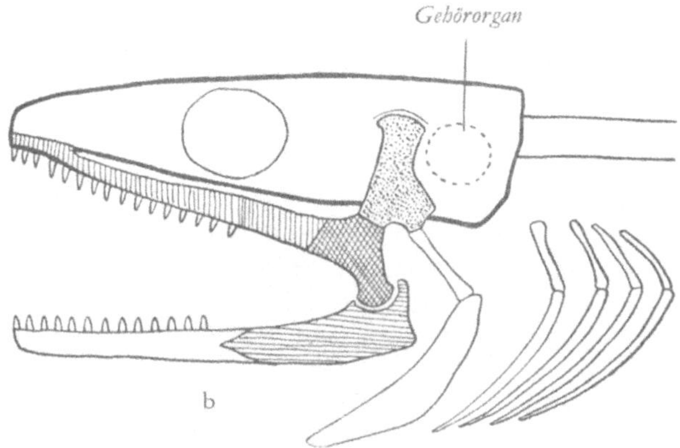

Abb. 62b. Kopfskelett eines Knochenfisches.

von Fischkiemen herzuleiten sind, und tatsächlich durchläuft jeder
von uns ein Stadium, in dem richtige Kiemenspalten erkennbar sind.

Doch nun zu unseren Gehörknöchelchen! Die vergleichende Anatomie in Verbindung mit der Entwicklungsgeschichte hat für sie
eine gar merkwürdige Geschichte schreiben können. Bei den Fischen
gibt es noch keine Gehörknöchelchen und keinen Gehörgang, der
vom äußeren zum inneren Ohr führt, und von hier, wie wir jetzt
noch zufügen können, nach dem Rachen, wo er sich als sogenannte
Ohrtrompete öffnet. An der entsprechenden Stelle aber liegt bei
Haifischen ein von der Außenwelt in den Schlund führender Kanal,
der ursprünglich eine Kiemenröhre war, aber nicht mehr der Atmung
dient und Spritzloch genannt wird (Abb. 62a). Würden wir uns nun
einmal, etwa an einem gekochten Schellfisch, die Kopfknochen anschauen, so fänden wir, daß der Oberkiefer nicht wie bei uns am
Schädel festgewachsen, sondern frei beweglich an ihm aufgehängt
ist, und zwar durch Vermittlung eines besonderen Knochens, den

man den Kieferstiel nennt (Abb. 62a, b). Hinten am Oberkiefer gelenkt aber der Unterkiefer und dies Gelenk liegt in einem Knochen des Oberkiefers, der das Quadratbein genannt wird.

Betrachten wir nun die nächst höheren Wirbeltiere, die Amphibien, Reptilien, Vögel, so bemerken wir, daß sie einen Gehörgang besitzen, der außen durch das Trommelfell abgeschlossen ist und

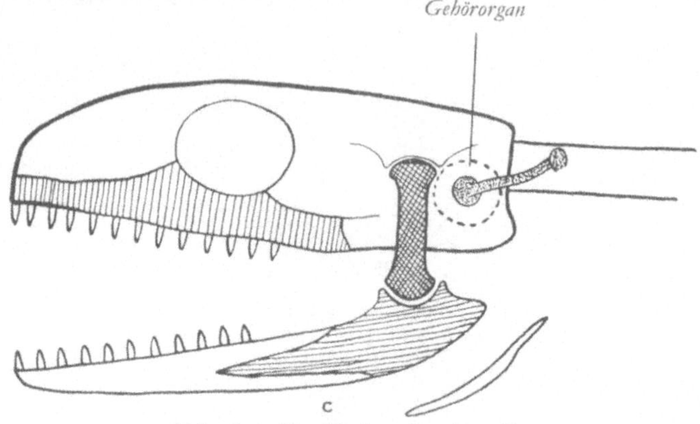

Abb. 62c. Kopfskelett eines Reptils.

innen als Ohrtrompete im Schlund mündet. Der Vergleich sowohl wie die Betrachtung der Entwicklungsgeschichte zeigen, daß der Gehörgang nichts anderes ist wie das Spritzloch der Haifische, das jetzt eine neue Aufgabe übernommen hat. In diesem Gehörgang aber findet sich jetzt ein einziges Gehörknöchelchen. Betrachten wir nun wieder die Befestigung des Kiefers am Schädel, so möchten wir vergeblich nach dem Kieferstiel suchen, er scheint verschwunden zu sein, dagegen ist das Quadratbein noch vorhanden, trägt auch noch das Gelenk für den Unterkiefer, sitzt aber nun direkt am Schädel in der Nähe des Gehörorganes. Der Knochen aber des aus vielen Einzelknochen zusammengesetzten Unterkiefers, der mit dem Quadratbein gelenkt, heißt, wie auch schon bei den Fischen, das Gelenkbein. Wiederum zeigen Vergleich wie Entwicklungsgeschichte, daß das Gehörknöchelchen im Ohr nichts anderes ist als der ehemalige Kieferstiel der Fische, der sich in den Gehörgang begeben und hier die neue Aufgabe eines Gehörknochens angenommen hat (Abb. 62c).

Und nun kommen wir zu den Säugetieren, zu denen natürlich

130

auch der Mensch gehört: hier finden wir, wie gesagt, im Gehörgang
drei Knöchelchen, Hammer, Amboß und Steigbügel. Wir erraten
nun schon, daß der am weitesten innen gelegene Steigbügel sich
immer noch als der ehemalige Kieferstiel der Fische erweist. Und die
beiden anderen? Da sind eben, genau wie seinerzeit beim Kieferstiel,
zwei weitere in der Nähe liegende Knochen in den Dienst des Ge-

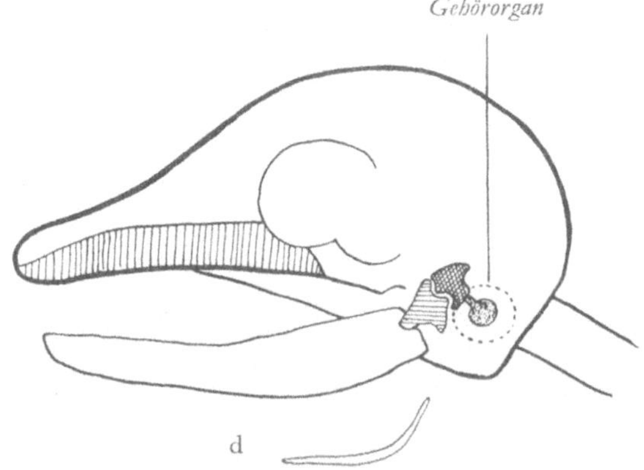

Abb. 62 d. Kopfskelett eines Säugetieres.

Die vier Abbildungen zeigen die Ausbildung der Gehörknöchelchen aus dem
Kiemenskelett. Eng punktiert der Kieferstiel, der in a und b als solcher vorhanden ist, in c bereits ein Gehörknöchelchen ist, in d den Steigbügel darstellt.
Eng schraffiert der Gelenkanteil des Oberkiefers, der in a noch ein Teil des
Oberkiefers, in b als Quadratbein abgegrenzt ist, in c als Quadratbein die
Gelenkung des Unterkiefers besorgt, in d als Amboß ein Gehörknöchelchen
geworden ist. Waagerecht schraffiert der Gelenkteil des Unterkiefers, der in a
noch nicht abgegrenzt ist, in b das abgegrenzte Gelenkbein darstellt, ebenso
in c und in d als Hammer ein Gehörknöchelchen wurde.

hörorganes getreten. Betrachten wir wieder den Kiefer, so finden
wir ihn direkt am Schädel gelegen: das vermittelnde Quadratbein
ist verschwunden, verschwunden aber nur von der Kopfoberfläche,
denn wir finden es bei genauem Studium als Amboß wieder vor.
Untersuchen wir nun die Gelenkung des Unterkiefers, so bemerken
wir, daß hier das Gelenkbein fehlt und wir erraten sogleich, daß es
zum Hammer geworden ist (Abb. 62 d). Mit Verständnis und Be-
friedigung werden wir jetzt ein Präparat eines jungen menschlichen
Embryo betrachten, das uns die drei Knochen noch in der Lage zeigt,
die sie bei einem Fisch als Kieferstiel, Quadratbein, Gelenkbein ein-

nahmen (Abb. 63). Denn auch sie wiederholen uns, ehe sie zu richtigen Gehörknöchelchen werden, immer wieder erst ihre Geschichte. So tragen wir in dem wunderlichen Schalleitungsapparat unseres Ohres — und ebenso auch an verschiedenen anderen Stellen unseres Körpers — ständig eine lebende Familienchronik mit uns, die bis in die graue Vorzeit der Fischahnen hinabreicht.

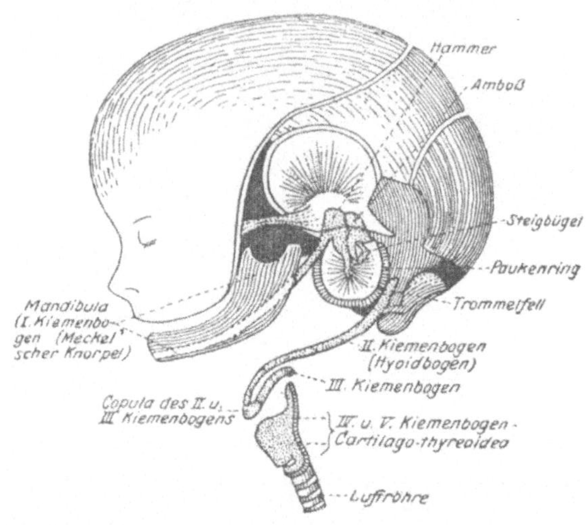

Abb. 63. Kopf eines älteren menschlichen Embryo, der die Herkunft der Gehörknöchelchen und der Teile des Kehlkopfskelettes aus den Kiemenbogen zeigt.

4. Gleichgewichtsorgane und wie sie funktionieren

Wir hatten früher einmal gelegentlich bemerkt, daß dem Ohr auch noch andere Aufgaben zukommen als das Hören. Vielleicht sind wir da mißverstanden worden. Das sollte nämlich durchaus nicht heißen, daß die Hörzellen für die Aufnahme noch anderer Reize als Schallwellen eingerichtet sind. Denn es ist ja eine der Grundtatsachen der Lehre von den Sinnesorganen, daß jede Art von Sinneszellen nur eine Art von Sinneseindruck vermitteln kann: eine Sehzelle kann nur Lichtempfindungen, eine Schallzelle nur Hörempfindungen auslösen. Man könnte solche Zellen ja auch auf unnatürlichem Weg reizen, etwa sie stark drücken oder ihnen einen elektrischen Schlag versetzen. Widerfährt das einer Sehzelle, so empfinden wir trotzdem einen Lichteindruck, bei einer Hörzelle

132

einen Schalleindruck oder Knall. Es ist aber leicht einzusehen, daß das nicht an den Sinneszellen selbst liegt. Denn würden wir die Nervenfäden, die von den Sinneszellen zum Gehirn führen, reizen, so wäre die Empfindung die gleiche wie vorher: das Durchschneiden des Sehnerven empfänden wir als einen Blitz, das Durchschneiden des Hörnerven als einen Knall. Die Sinneszellen werden also einfach in Erregung gesetzt, aber in unserem Hirn verbinden wir mit der Nachricht von dieser Erregung die Vorstellung dessen, worauf die betreffenden Sinneszellen eingestellt sind, also von Licht oder Schall. Wenn wir also von anderen Aufgaben des Ohres sprechen, so meinten wir nicht, daß das Gehörorgan etwas anderes als Schall empfinden kann, sondern nur, daß in dem Teil unseres Körpers, den wir als Ohr bezeichnen, mehrere verschiedene Sinnesorgane räumlich vereinigt sind. Gerade aus dieser Vereinigung entsprang die irrtümliche Anschauung, daß die meisten Tiere hören können, nämlich solange man glaubte, daß ohrenähnliche Organe auch zum Hören dienen müssen. Heute weiß man, daß sie anderen Aufgaben dienen, und zwar verschiedenartigen, von denen eine so interessant ist, daß wir ihr noch eine kurze Betrachtung widmen wollen.

Beobachten wir irgendein Tier in der Luft, auf der Erde, im Wasser, so nimmt sein Körper stets eine bestimmte Stellung im Raum ein. Ein Fisch oder Krebs schwimmt in seiner natürlichen Haltung mit dem Rücken nach oben. Das könnte natürlich eine sehr einfache Ursache haben, nämlich die notwendige Folge der Verteilung der Masse seines Körpers, anders ausgedrückt, der Lage seines Schwerpunktes sein, also der gleiche Grund, weshalb ein Schiff mit dem Mast nach oben schwimmt. Gewiß gibt es genug Tiere, bei denen es sich so verhält. Bei anderen aber trifft das nicht zu; denn wenn sie tot sind, also nur die Verteilung der Masse wirkt, nehmen sie eine ganz andere Lage ein. Die natürliche Gleichgewichtslage ist also durch Muskeltätigkeit bedingt. Das hat nun wieder zur selbstverständlichen Voraussetzung, daß das Tier seine Lage im Raum kennt, oder mit anderen Worten, daß es ein Sinnesorgan besitzt, das ihm die Lage seines Körpers anzeigt. Tatsächlich finden sich auch solche Organe des Gleichgewichtssinnes in vielen Gruppen des Tierreiches und sie sind es, die sich bei Wirbeltieren innerhalb des Ohr genannten Körperteiles finden.

Ihr Bau enthüllt uns eine ob ihrer Einfachheit und Zweckmäßigkeit bewundernswerte Maschine. Bei vielen niederen Tieren, z. B. Krebsen und Schnecken, hat ein solches Gleichgewichtsorgan die Form eines Bläschens, das, wenn es geschlossen ist, mit einer Flüssigkeit angefüllt erscheint. Die Wand des Bläschens enthält die Sinneszellen, die mit feinen Härchen bedeckt sind, die in die Flüssigkeit

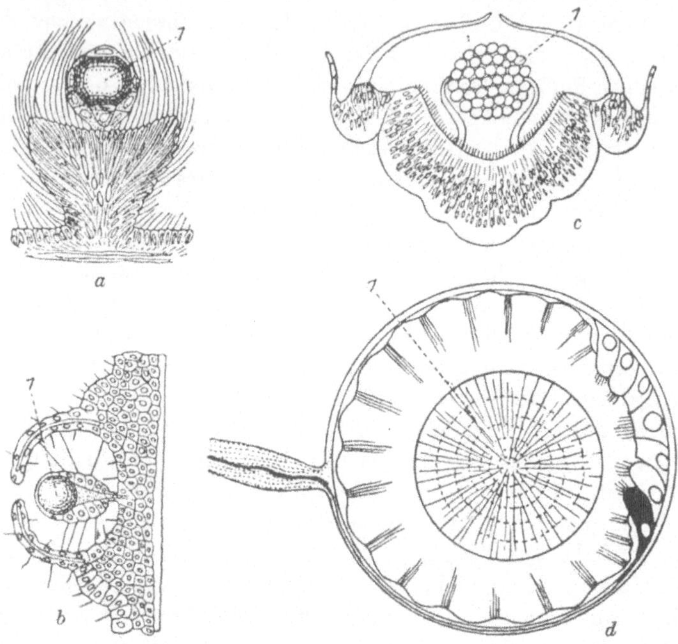

Abb. 64 a—d. Verschiedene Gleichgewichtsorgane. a und b von Quallen, c von einer Rippenqualle, d von einer Schwimmschnecke, *1* der Gleichgewichtsstein.

ragen. In der Flüssigkeit aber schwebt eine schwere Kugel, meist aus Kalksalz bestehend, und sie übt einen gewissen Druck auf die feinen Sinneshärchen aus (Abb. 64 a-d, 65). Wenn der Körper nun seine Lage wechselt, so rollt die Kugel und drückt dadurch auf andere Sinneszellen, die somit von dem Lagewechsel Nachricht geben können. daß dies wirklich so vorgeht, läßt sich beweisen, indem entweder das ganze Bläschen herausgeschnitten oder nur die Kugel entfernt oder auch nur der Sinnesnerv, der vom Bläschen zum Gehirn führt, durchschnitten wird (Abb. 66). Ein so operiertes Tier hat die

Fähigkeit verloren, sich im Raum zurechtzufinden und rollt hilflos im Wasser umher, unfähig, eine richtige Gleichgewichtslage einzunehmen. Geradezu humorvoll ist es aber, wie ein Forscher den gleichen Beweis für die Gleichgewichtsorgane der Krebse erbringen konnte. Bei ihnen liegen die Bläschen vorn am Kopf in den kleinen Fühlhörnern, die dort wie ein Schnurrbart hervorragen. Sie sind

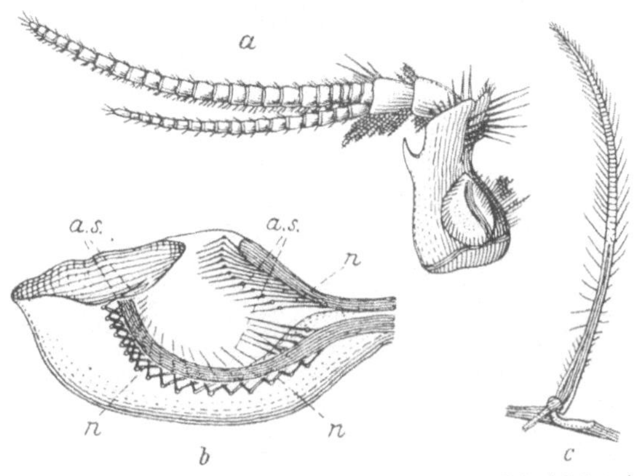

Abb. 65 a—c. Gleichgewichtsorgan des Flußkrebses. a Die kleine Antenne, in deren Schaft das Organ liegt. b Das herauspräparierte Bläschen mit einer Reihe von Sinneshaaren (a. s.) und den Sinnesnerven n. c Ein einzelnes Sinneshaar.

nach außen geöffnet und an Stelle einer Kalkkugel enthalten sie Sandkörnchen, die der Krebs sich selbst hineinstopft (Abb. 65)! Wir wissen nun schon, daß solche Krebse wachsen, indem sie ihre alte Haut abstreifen. Das Bläschen ist nun auch von dieser Haut — richtiger ausgedrückt, dem Chitinpanzer — ausgekleidet, und wenn die Häutung stattfindet, wird mit dem inneren Bezug des Bläschens natürlich auch der Sand entfernt; der frischgehäutete Krebs stopft sich dann aber wieder neuen Sand hinein.

Dieser Augenblick wurde nun benutzt und der Krebs in ganz reines Wasser gebracht, in dem sich keine anderen Fremdkörper als Eisenfeilstaub fanden. Und richtig praktizierte sich der Krebs auch diesen in sein Gleichgewichtsorgan. Nun kam der Gelehrte, der den Krebs so angeführt hatte, mit einem Magneten und zog das Eisen bald hierhin, bald dorthin und stets antwortete der Krebs mit einer bestimmten Bewegung. Zog er etwa das Eisen nach links, so drückte

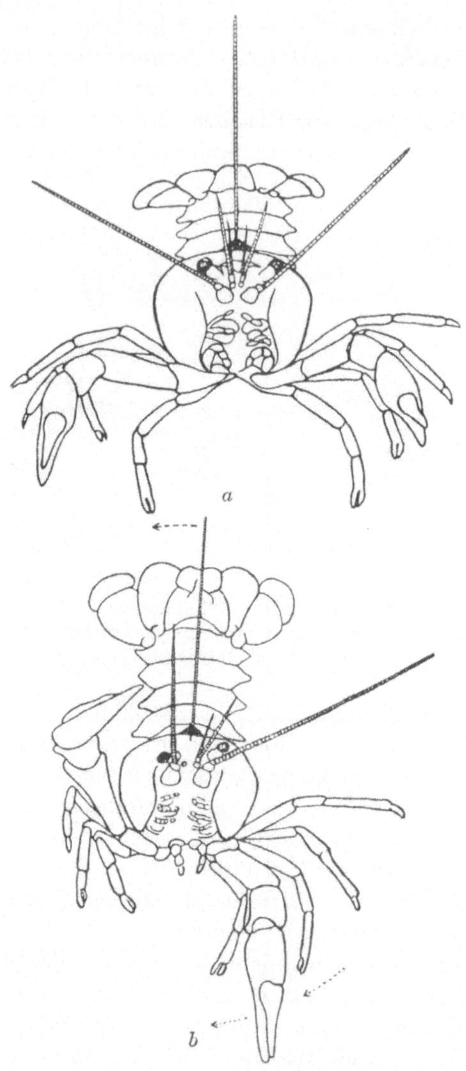

Abb. 66a u. b. a Flußkrebs an einem Faden senkrecht im Wasser aufgehängt in Ruhelage. b Derselbe, nach Entfernung des rechten Gleichgewichtsorganes eine Bewegung ausführend, wie wenn er links tiefer liegen würde und sich aufrichten möchte.

es auf die links gelegenen Sinneszellen, genau wie es der Fall wäre, wenn der Krebs nach links überpurzelte. Im Gehirn des Krebses mußte also dieser Eindruck erzeugt werden, obwohl er sich in Wirklichkeit in ganz richtiger Lage befand, und er suchte dem entgegenzuarbeiten, indem er die Bewegungen machte, die ihn aufrichten würden. Da er aber in Wirklichkeit ja aufgerichtet war, so brachte ihn die betreffende Bewegung in eine schiefe Lage nach rechts!

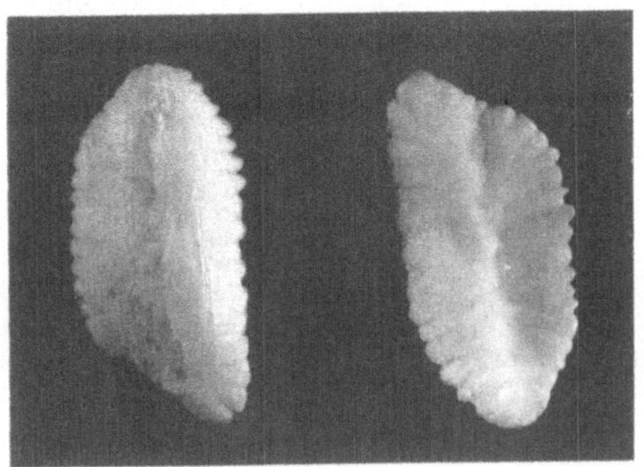

Abb. 67. Gleichgewichtssteine eines Kabeljaus.

Bei den Wirbeltieren, also auch bei uns, findet sich, wie gesagt, ein solches Organ in engster Verbindung mit dem Gehörorgan. Ja sogar ein drittes Organ schließt sich an und all diese Teile haben eine so verwickelte Anordnung, daß man sie insgesamt das Labyrinth nennt. Dies muß sich also aus drei Teilen zusammensetzen. Den ersten, die Schnecke, kennen wir bereits, der zweite schließt direkt an den gewundenen Sack, der die Schnecke darstellt, an, und besteht aus zwei Bläschen, die die Hörsteinsäckchen heißen (siehe Abb. 61, Seite 127). Denn ehe man ihre wirkliche Aufgabe kannte, glaubte man, die Steinchen hätten mit dem Hören zu tun; wir wissen jetzt aber schon vom Krebse her, was ihre Aufgabe ist. Die Steine sind übrigens bei den Fischen so groß, daß jedermann sie sich mühelos aus einem gekochten Schellfischkopf herausnehmen kann; der größte der drei vorhandenen ist hier etwa bohnengroß (Abb. 67). Endlich der dritte Teil, der sich an diese Säckchen anschließt, ist der merkwürdigste von allen. Man spricht von den drei Bogengängen und sie sind drei von einer Flüssigkeit erfüllte halbkreisförmige

Röhrchen, von denen immer eines waagerecht und die beiden anderen senkrecht, aber wieder aufeinander lotrecht stehen (Abb. 61 u. 68). Man nehme etwa ein Kästchen ohne Deckel und entferne zwei aneinanderstoßende Seitenwände, so entspricht die Stellung des Bodens und der beiden gebliebenen Wände der Lage der Bogengänge. Diese stellen nun wieder ein anderes Sinnesorgan dar, dessen Sinneszellen durch die Bewegung der Flüssigkeit in den Kanälchen gereizt werden. Bewegt sich der Kopf schnell in einer Richtung, so klatscht die Flüssigkeit natürlich gegen die Sinneszellen am entgegengesetzten Ende. So vermitteln diese merkwürdigsten aller Organe die Kenntnis der Bewegungen des Kopfes in den drei Richtungen des Raumes. Auf ihnen beruht dann auch begreiflicherweise die Empfindung des Drehschwindels, den Personen mit zerstörten Bogengängen — etwa Taubstumme — niemals zu fühlen bekommen.

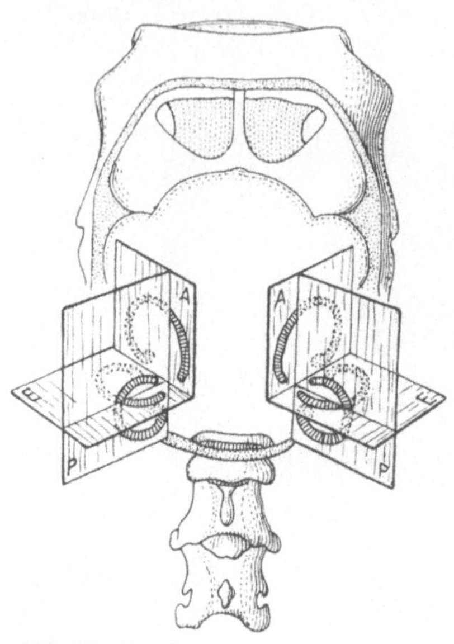

Abb. 68. Kopf einer Taube von hinten gesehen, um die Anordnung der drei Bogengänge in den drei Richtungen des Raumes zu zeigen.

Doch damit sei es nun genug von den Sinnesorganen, ohne die keine höhere Lebenstätigkeit denkbar erscheint, und deren Leistungsfähigkeit auch die erste Grundlage unseres gesamten Geisteslebens ist. Ihr entschuldigt es sicher, wenn wir zum Schlusse einige dem Nichtfachmann weniger wichtige Sinnesorgane nur dem Namen nach nennen: Sinnesorgane für Wärmereiz und für Kältereiz, solche für Schmerz und solche, die im Innern des Körpers liegend uns über die Muskeltätigkeit auf dem Laufenden halten.

5. Der Reflex als einfachste Funktion des Nervensystems

Nun wird es aber Zeit, daß wir wieder zu unserem „ruhenden Pol in der Erscheinungen Flucht", der Ascaris, zurückkehren und zusehen, wie der von den Sinnesorganen empfangene Reiz weitergeleitet wird. Wir wissen bereits, daß die empfindungsleitenden Nerven ihn zu den Zentralorganen führen, wo er in einen Befehl an die tätigkeitsleitenden Nerven umgesetzt wird. Der wichtigste Teil des Nervensystems ist also zweifellos das Zentralorgan, und es leuchtet auch ohne weiteres ein, daß dies ziemlich einfach zusammengesetzt sein kann, wenn dem Tier nur wenige Lebensleistungen zukommen, daß es aber äußerst verwickelt sein muß, wenn das Tier auf höherer Stufe steht. Man mag zum Vergleich etwa an die Verwaltung eines kleinen Geschäftes denken, die von ein paar Menschen in einfachem Bureaubetrieb geleistet werden kann, auf der anderen Seite an die Verwaltung eines Staates, die das verwickelte Zusammenarbeiten zahlloser Behörden erfordert. Bei dem Spulwurm werden wir dann nur ein sehr einfaches Zentralorgan erwarten, aber es wird uns trotzdem die wesentlichen Teile eines solchen enthüllen können. Ihre Addition und Weiterentwicklung würde dann zu dem höheren Zustand führen.

Mit bloßem Auge könnten wir bei unserem Wurm nur einen ganz feinen Ring finden, der einige Millimeter vom Vorderende den Darm umspannt. Das Mikroskop enthüllt uns dann, daß dieser das nervöse Zentralorgan darstellt, in das die Nerven von den Sinnesorganen her einmünden und von dem die in den Körper verlaufenden Nerven austreten. Bei genauer Betrachtung zeigt uns dies Zentrum bereits die Teile, die jedes Nervenzentrum aufbauen, nämlich einmal Gruppen von Nervenzellen und dann Züge von Nervenfäden, die diese Gruppen verbinden (s. Abb. 47). Da aber die Leistungen unseres Wurms nur sehr einfache sind, so finden wir auch nur wenige Nervenzellgruppen, und die verbindenden Nervenfäden sind verhältnismäßig so wenige, daß man noch einigermaßen das Ganze überblicken kann. Da sehen wir denn, daß letzten Endes alle Teile mit allen anderen verbunden sind (Abb. 69). Aber eine Verbindungsbahn hebt sich als besonders charakteristisch heraus; das ist die Leitung, die von der Sinneszelle zur befehlausgebenden Zelle und von ihr als tätigkeitsleitender Nerv zum Ausführungsorgan, dem Muskel, führt. Diese Bahn nennt man den Reflexbogen.

Denn die Bewegung, die von dem Zentralorgan ausgelöst wird, wie ein Reiz von dem Sinnesorgan her anlangt, heißt ein Reflex. Das klingt vielleicht etwas gelehrt, ist aber sehr einfach, wenn wir es uns am Beispiel unseres eigenen Leibes klarmachen. Es fährt uns jemand plötzlich mit der Hand nach dem Auge und sofort zuckt

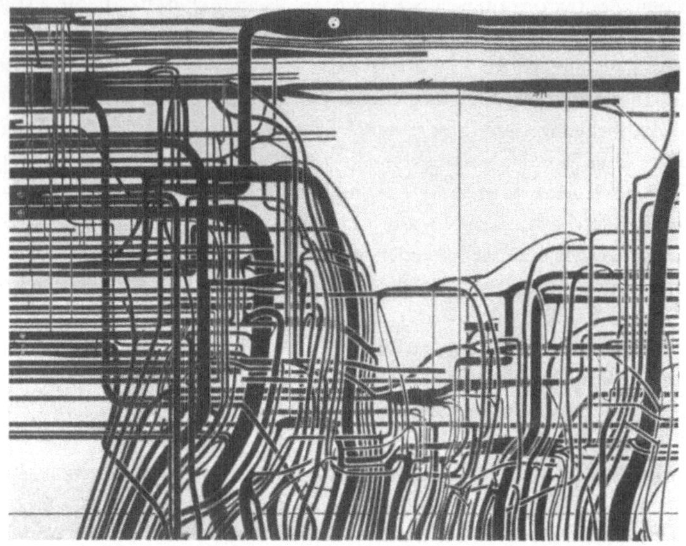

Abb. 69. Die Stelle des Austritts des Bauchnerven aus dem Schlundring einer Ascaris, um die außerordentliche Verwicklung der nervösen Verbindungen zu zeigen. In letzter Linie ist alles mit allem irgenwie verbunden.

die Wimper. Das ist ein Reflex. Der Gesichtseindruck der plötzlichen Bewegung wird nach dem Zentrum geleitet und erzeugt dort den Befehl an den Muskel des Augenlids, sich zusammenzuziehen. Oder es wird unerwartet neben uns eine Pistole abgeschossen und wir zucken zusammen. Da wurde der Schallreiz vom Ohr nach dem Zentrum geleitet und gab dort den Befehl an eine ganze Anzahl Muskeln des Körpers, sich zu verkürzen. Aus diesen Beispielen geht nun klar hervor, was das Wesen eines Reflexes ist, vor allem zwei Dinge: erstens, der Reflex hat nichts mit Willen oder Bewußtsein zu tun; er verläuft auf einen bestimmten Reiz hin ganz zwangsmäßig, ebenso wie ein losgelassener Stein zu Boden fallen muß. Und sodann: Der Reflex ist oft etwas sehr Zweckmäßiges. Das Schließen der Lider schützt die Augen vor vermeintlicher Gefahr, das Zucken ist ein beginnender Fluchtversuch.

Die Vermittlung der Reflextätigkeit ist nun eine der Hauptaufgaben des Zentralnervensystems. Da aber kein Reflex erfolgen kann, wenn nicht der nötige Reflexbogen aus Nervenfäden und Nervenzellen vorhanden ist, so muß auch höheren Reflexleistungen eines Tieres ein verwickelter aufgebautes Nervensystem entsprechen. Bisher haben wir uns nun die Tatsachen viel einfacher vorgestellt als sie in Wirklichkeit sind, indem wir annahmen, daß auf einen Reiz hin ein Muskel den Befehl zur Tätigkeit erhält. Betrachten wir aber einen solchen Reflex, z. B. das Zusammenzucken auf den Knall hin, näher, so zeigt er sich wesentlich verwickelter. Da erhält nicht nur ein Muskel, sondern viele den Auftrag, sich zusammenzuziehen. Da wir aber schon wissen, daß eine scheinbar einfache Bewegung sich auf dem verwickelten Zusammenspiel zahlreicher Muskeln aufbaut, so bedeutet auch diese einfache Reflexbewegung gleichzeitig das Zusammenziehen gewisser, die Sperrung oder Erschlaffung anderer Muskeln, alles in bestimmter Anordnung und Reihenfolge, gar nicht von der Tätigkeit der Blutgefäßmuskeln zu reden, die Erbleichen und Herzklopfen bedingen. All dies besagt, daß die Übergabe des Befehls in den betreffenden Zellen eine recht verwickelte sein muß und daß viele Nervenzellen und bestimmt angeordnete Verbindungen zwischen ihnen nötig sind, um einen einzigen solchen Reflex hervorzurufen.

Aus dem soeben Gehörten können wir dann schon schließen, daß der erste Schritt in der Erforschung der Leistungen eines Nervensystems die genaue Kenntnis der möglichen Reflexe ist und es fällt nicht allzuschwer, sich vorzustellen, in welcher Weise die Wissenschaft da vorgeht. Wenn wir etwa bei einem Krebs seine Reflexleistungen untersuchen wollten, so müßten wir ihn zunächst genau beobachten, um zu sehen, welcher Leistungen er überhaupt fähig ist. Alle Stellungen, die er einnehmen kann, jede Bewegung, zu der er imstande ist, wäre zu verzeichnen. Dann würde man versuchen, all diese Tätigkeiten zwangsweise hervorzurufen. Angenommen, man hat beobachtet, daß der Krebs seine Fühlhörner in bestimmter Weise putzt. Um den dazu nötigen Reflexbogen zu finden, wird man vielleicht zunächst all seine Sinnesorgane künstlich reizen, um festzustellen, ob dadurch der Reflex ausgelöst wird. Um dabei ganz sicher zu gehen, wird man bei der Prüfung eines Sinnesorgans die Arbeit der anderen auf irgendeine Art ausschalten. So könnte man vielleicht feststellen, daß ein bestimmtes Tasthaar irgendwo am Körper gedrückt werden muß, um den Putzreflex auszulösen. Nunmehr wollen wir wissen, wie der zugehörige Reflexbogen verläuft. Da brauchen wir zunächst den empfindungsleitenden Nerv. Wir finden ihn einmal durch einen Durschneidungsversuch; denn ist der richtige Nerv durchschnitten, so kann auf den Reiz der Reflex nicht erfolgen. Oder wir finden ihn durch einen Reizungsversuch, indem wir den Nerv direkt durch einen elektrischen Strom reizen; denn dann erfolgt der Reflex sofort, wenn der richtige Nerv getroffen ist, der Krebs muß sein Fühlhorn putzen, so wie eine Maschine laufen muß, wenn der richtige Hebel angedreht ist. Nunmehr wollen wir aber wissen, wo in dem Zentralorgan die zu dem Reflex gehörigen Befehlszellen liegen. Das wird in ganz entsprechender Weise entdeckt, in dem so lange gesucht wird, bis die Zellgruppen gefunden sind, deren Entfernung den Reflex unmöglich macht und deren künstliche Reizung ihn hervorruft. Die tätigkeitsleitenden Nerven endlich sind meist ohne weiteres sichtbar, wenn man weiß, welche Muskeln in Arbeit versetzt werden. So kann man denn in ähnlicher Weise versuchen, die verwickelten Handlungen der Tiere in eine Reihe von Reflexen aufzulösen.

6. Schutzreflexe gar merkwürdiger Art

Ich ahne schon, welche Zwischenfrage der Leser jetzt stellen möchte. Aber noch ein bißchen Geduld. Erst wollen wir uns noch einige der interessantesten Reflexe betrachten, um nach diesen, etwas allgemeinen Betrachtungen wieder die Natur unmittelbar an der Arbeit zu sehen. Wir sprachen schon vorher von der großen Zweckmäßigkeit der meisten Reflexe — wir werden allerdings auch bald einen unzweckmäßigen kennenlernen —, die sie uns direkt als Schutzreflexe erscheinen läßt. Das Schließen der Augenlider hatten wir bereits als solchen kennengelernt. Ein anderer uns sehr geläufiger ist der Husten. Ein fremder Gegenstand, Staub, Speichel oder sonst etwas ist in die Luftröhre geraten und die dort befindlichen druckempfindenden Nervenenden lösen als Schutzreflexe krampfhafte Zusammenziehungen der Atemmuskeln aus, wodurch mit Gewalt Luft aus

der Lunge ausgestoßen wird, der Husten, der den schädlichen Fremdkörper herausschleudert.

Es ist dies aber gar nicht das erstemal, daß uns Schutzreflexe
begegnen. Wir haben vielmehr schon des öfteren interessante Dinge
von ihnen erzählt, ohne ihre Bedeutung als Reflexe zu erwähnen.
Wir erinnern z. B. an die so nützliche Farbanpassung vieler Tiere
an den Untergrund und die Versuche, die zeigten, daß die Augen
für das Zustandekommen der Farbänderung notwendig sind. Das
zeigt bereits, daß es sich hier um einen Schutzreflex handelt, und es
fehlt auch nicht am vollständigen Beweis, nämlich dem Nachweis
des ganzen Reflexbogens. Nun gibt es noch eine gar lustige Art von
verwandtem Schutzreflex, den sich einige auf dem Meeresboden
umherstolzierende Krabbenarten leisten. Sie besitzen nicht die
Fähigkeit jener Fische, ihre eigene Hautfarbe zu ändern und sich
so durch Anpassung an den jeweiligen Untergrund unsichtbar zu
machen. Sie erreichen aber den gleichen Erfolg, indem sie sich —
maskieren! Auf dem Rücken dieser drolligen Gesellen finden sich
Haare, die mit Haken versehen sind. Sitzt die Krabbe nun, sagen
wir auf grünem Seetang, so schneidet sie einige Blätter davon ab
und hängt sie mit Hilfe ihrer Scherenfüße so an den Häkchen auf,
daß sie schließlich vollständig mit grünen Blättern bekleidet ist,
wie der Held Odysseus, als er sich der schönen Nausikaa näherte.
Lebt die Krabbe auf Rot- oder Brauntang, so zieht sie sich natürlich
ein Maskenkleid solcher Farbe an.

Wie dieser Reflex arbeitet, wurde nun auf folgende Art festgestellt: die unmaskierten Krabben wurden in ein Glasgefäß gesetzt,
das mit farbigem Papier ausgelegt war, etwa rotem. Dann wurden
Papierstücke verschiedener Farben hineingeworfen und alsbald
suchten sich die Krabben daraus die roten aus und bekleideten sich
damit! Ebenso mit anderen Farben, wenn andersfarbiger Untergrund benutzt wurde. Wurde nun eine Glaswanne halb mit gelbem,
halb mit blauem Papier ausgekleidet und Krabben hineingesetzt,
die sich vorher teils gelb, teils blau bekleidet hatten, so wandelten
alsbald die gelben „Maschkerer" auf die gelbe, die blauen auf die
blaue Seite und blieben dort. Nun könnte man hier einwenden, daß
der letzte Versuch doch zeige, daß gar nicht ein einfacher, zwangsweise verlaufender Reflex vorliegt. Denn das Tier müsse doch
irgendwie „gewußt" haben, in welcher Farbe es maskiert war.

Dieser Einwand läßt sich aber widerlegen, indem einige Tiere in gelbe, andere in blaue Wannen gebracht werden und eine Zeitlang dort bleiben, aber ohne Papier zum Maskieren zu erhalten. Werden sie dann in eine zweifarbige Wanne gebracht, so setzt sich ein jedes wieder auf die Farbe seines früheren Aufenthaltsortes. Also nicht die Maskierung bestimmt die Auswahl des Grundes, auf den es sich setzt, sondern die Einwirkung der Farbe der vorherigen Umgebung. Bei der Maskierung arbeiten somit zwei Reflexe zusammen: einer, der die Beine der Krabbe so in Bewegung setzt, daß sie von einer anderen Farbe als der, die eine Zeitlang auf sie eingewirkt hatte, wegläuft und ein zweiter, der die Krabbe sich mit Teilen der Umgebung maskieren läßt.

Nicht minder merkwürdig ist ein anderer Schutzreflex, der uns auch schon früher begegnete. Als wir von der sonderbaren Fähigkeit des Körpers hörten, verlorengegangene Teile wieder nachwachsen zu lassen, erwähnten wir auch die Fähigkeit mancher Krebse und Insekten, sich selbst zu verstümmeln, also ein Bein einfach wegzuwerfen, wenn es von einem Feind gepackt wird. Wir erwähnten auch, daß an solchen Beinen die Stelle, an der es abgeworfen wird, bereits vorgebildet ist. Nun könnte man etwa glauben, daß das eine dünne Stelle ist, an der das Bein einfach abbricht, wenn es angepackt wird. Das ist aber gar nicht der Fall! Vielmehr handelt es sich auch hier um einen Reflex, dessen nervösen Reflexbogen man genau feststellen kann. Zunächst ist zu zeigen, daß das Abbrechen nicht einfach ein Herausreißen von seiten des Feindes ist. Das geht daraus hervor, daß das Bein eines toten Tieres solcher Sorte, an dem fest gezogen wird, stets an einer anderen als der vorgebildeten Selbstverstümmelungsstelle reißt. Auch das lebende Bein vermag, wenn es nicht gedrückt wird, das Gewicht des ganzen Tieres zu tragen. Sobald es aber gedrückt wird, bricht es an der vorgebildeten Stelle ab. Der Druck ist also der Reiz, der den Reflex auslöst. Und nun ließen sich auch in der Tat die drei Teile des Reflexbogens feststellen. Da ist erstens der von den druckempfindlichen Sinneszellen am Bein ausgehende Sinnesnerv; auch seine elektrische Reizung führt zum Abwerfen des Beines. Da sind die Nervenzellen im Zentralorgan als zweiter Teil; werden sie elektrisch gereizt, so folgt ebenfalls die Selbstverstümmelung, werden sie entfernt, so ist der Reflex nicht mehr möglich. Dann haben wir den dritten Teil, den tätigkeits-

leitenden Nerv, der einen Muskel in Bewegung setzt, dessen heftige
Zusammenziehung das Bein wegbricht. Ist dieser Nerv durchschnitten, so kann auch das Abbrechen nicht erfolgen, ebensowenig, wie
wenn der betreffende Muskel zerstört ist. In einem Lichtspieltheater
sah ich einmal ein humoristisches Bild, in dem eine Figur auftrat,
die nacheinander beide Arme und Beine wegwarf; dann kamen sie
plötzlich wieder angeflogen und setzten sich an der richtigen Stelle
ein. Wohl nur wenige der lachenden Zuschauer dürften geahnt haben,
daß der Scherz nahezu bei manchen Lebewesen verwirklicht ist.
Denn auch der Krabbe, die freiwillig ihre Beine wegwirft, fliegen
sie zwar nicht wieder zu, aber sie können bei der nächsten Häutung
nachwachsen.

Nun wollen wir zum Schluß noch unser Versprechen erfüllen
und nach den zweckmäßigen Reflexen, auf deren Vorhandensein in
beträchtlichem Maße die Lebensfähigkeit der Tiere beruht — sind
doch auch die Schluckbewegungen, Atembewegungen, Darmbewe-
gungen Reflexe, wenn auch etwas anderer Art — auch einen gleich-
gültigen und einen höchst unzweckmäßigen nennen. Den gleich-
gültigen kann ein jeder an sich selbst beobachten. Man schlage die
Knie übereinander und klopfe sich direkt unter der Kniescheibe aufs
Knie. Alsbald zuckt der Unterschenkel nach vorn, ein Reflex, der
wohl für den Menschen von keinerlei Vorteil ist, es sei denn für den
Arzt, der daraus allerlei Schlüsse über den Zustand bestimmter
Nervenfäden ziehen kann. Der unzweckmäßige Reflex aber ist mit
einer der absonderlichsten Erscheinungen im Tierreich verbunden.
Da leben im Meer nicht eben schöne, gurkenförmige Wesen, die zu
der nächsten Gevatterschaft der zierlichen Seesterne und stacheligen
Seeigel gehören. Sie werden Seegurken genannt. Einige Arten von
ihnen nun antworten auf gewisse starke Reizungen, z. B. Atemnot
damit, daß sie ihren ganzen Kopfteil durch eine starke Muskelzusammenziehung abwerfen und dann aus dem Loch ihre ganzen Eingeweide ausspucken. Das sieht wie Selbstmord aus, aber weit gefehlt!
Nach ein paar Wochen ist alles Verlorene wieder nachgewachsen. Das
konnte sogar die Marionette im Lichtspiel nicht, übrigens zum Glück
für die Ekelreflexe der Zuschauer.

Nun wird sich wohl der verehrte Leser nicht mehr länger halten
lassen, die bisher unterdrückte Frage zu stellen: Also wir sollen
wirklich glauben, daß all die verwickelten Handlungen der Tiere

um uns herum nur wie die Tätigkeit einer Maschine ablaufen, deren Hebel gedrückt wird? Wir wollen gar nicht von Pferd und Hund sprechen, von Storch und Schwalbe, von der mäusejagenden Schlange oder dem fliegenschnappenden Frosch. Aber die Biene, die den Honig sammelt, ihre Königin füttert und Waben baut, die Ameise, die sorgfältig ihren Nachwuchs aufzieht, Sklaven einfängt und ihr kunstvolles Nest baut, Blattläuse wie Milchkühe melkt und sich Pilze in eigens gedüngten Gärten wie Gemüse zieht; die Spinne, die ihr prächtiges Netz webt, die Raupe, die ihr Puppengehäuse spinnt, die Weinbergschnecke, die eine schöne Höhle gräbt, in die sie ihre Eier legt, der Blutegel, der sich auf den vorbeischwimmenden Fisch stürzt, sein Blut zu saugen, und der Regenwurm, der sich vor unserem Tritt in sein Erdloch zurückzieht: sind das wirklich alles Reflexmaschinen, haben sie alle kein Bewußtsein, keinen Willen, keine Seele? Oder drücken wir uns etwas bescheidener aus: sind sie bloße Reflexmaschinen wie ein Automat oder können sie auch ihre Erfahrungen machen und dementsprechend lernen ihre Tätigkeit zu ändern, selbständig handeln? Da müssen wir uns zunächst über eines klar werden: von Willen, bewußten Handlungen, Gefühlen, Empfindungen können wir natürlich nur bei uns selbst mit Sicherheit reden. Wir können sie wohl den Tieren andichten, können auch aus dieser oder jener Beobachtung den Glauben ableiten, daß sie etwas Derartiges besitzen, aber wir können es als Naturforscher nicht beweisen.

Wir können allerdings Versuche anstellen, ob ein Tier imstande ist, Erfahrungen zu machen, zu lernen. Man kann etwa einen Krebs oder Frosch in einen Irrgarten setzen und sehen, ob er es lernt, sich ohne Umweg herauszufinden; tatsächlich lernt er es. Man kann zeigen, daß eine Biene sich das Bild ihrer Umgebung einprägt und danach ihren Weg findet. Daraus kann man schließen, daß solchen Tieren außer ihrer Reflextätigkeit auch noch höhere, sagen wir Seelentätigkeiten zukommen. Viel weiter wird aber der vorsichtige Naturforscher nicht gehen, ja sogar davor warnen müssen, tierische Tätigkeiten so zu beschreiben, als ob ihnen menschliche Empfindungen unterlägen. Das hindert aber nicht, daß wir es für möglich halten, daß eine vergleichende Seelenlehre bei manchen Tiergruppen eine höhere Nerventätigkeit nachweist, die der unseren mehr oder weniger gleicht. Das ist bei solchen Tieren zu erwarten, die in ihrem

Nervensystem Teile besitzen, von denen wir wissen, daß die entsprechenden Teile bei uns der Sitz der höheren Nerventätigkeiten sind, vor allem ein Großhirn. Das aber veranlaßt uns, anstatt Fragen nachzuhängen, deren Beantwortung einer anderen Wissenschaft, der Psychologie, überlassen werden muß, lieber noch einen Blick auf jene so oft genannten nervösen Zentralorgane zu werfen, die die sichtbare Wohnstätte für die einfachsten Reflexe und die höchsten Seelenleistungen darstellen.

7. Entwicklung des Nervensystems
vom primitivsten zum verwickeltsten, dem menschlichen Gehirn

Haben eigentlich alle Tiere ein Nervensystem? Merkwürdigerweise nicht. Ganz unten an den Wurzeln des tierischen Stammbaumes gibt es eine Gruppe von Lebewesen, die wir gewohnt sind als Einzellige zu bezeichnen, weil ihr aus Zelleib und Kern zusammengesetzter Körper noch keine Andeutung einer Gliederung in mehrere Zellen zeigt. Die bekanntesten von ihnen sind die Amöbe, die, fortgesetzt ihre Gestalt wechselnd, im Wassertropfen umherkriecht und die Aufgußtierchen, deren Zierlichkeit seit Jahrhunderten die Freude des Mikroskopikers ist. In ihrem einfachen Leib finden sich aber noch keine Andeutungen eines Nervensystems. Die Glücklichen! mag vielleicht jetzt ein nervöser Leser denken, keine Nerven zu besitzen. Er braucht aber nicht neidisch zu sein, denn auch ohne Nerven sind die Tierchen nervös. Im Wassertropfen unter unserem Mikroskop sitzt ein solches Tierchen, das seiner Gestalt wegen das Trompetentierchen heißt. Jetzt erschüttern wir den Tropfen durch einen Schlag auf die Tischplatte und blitzähnlich zieht sich die langgestreckte Trompete zu einer Kugel zusammen (Abb. 70). Auf den Reiz wurde also mit einer Bewegung geantwortet. Nun erinnern wir uns, daß das auch Pflanzen, die gar kein Nervensystem besitzen, vermögen. Sicher habt ihr schon einmal eine Sinnpflanze oder Mimose gesehen, deren zarte Fiederblättchen sich auf einen Berührungsreiz hin sofort falten und umlegen. Es gibt also auch eine Reizleitung ohne Nerven innerhalb des lebenden Zellleibs. Wenn wir wollen, können wir sie als die einfachste und vollkommenste Form der Beziehungen eines Lebewesens zur Außenwelt betrachten. Es gibt außer jenen Einzelligen nur noch eine einzige Tiergruppe, die auf so niederer Stufe steht, daß noch kein

Nervensystem vorhanden ist; das sind die Schwämme, jene merkwürdigen, am Meeresgrunde wachsenden, äußerlich so wenig tier-
ähnlichen Gebilde, deren getrocknete Hartteile wir zum Waschen
benutzen.

Allen anderen Tieren aber kommt ein Nervensystem zu mit

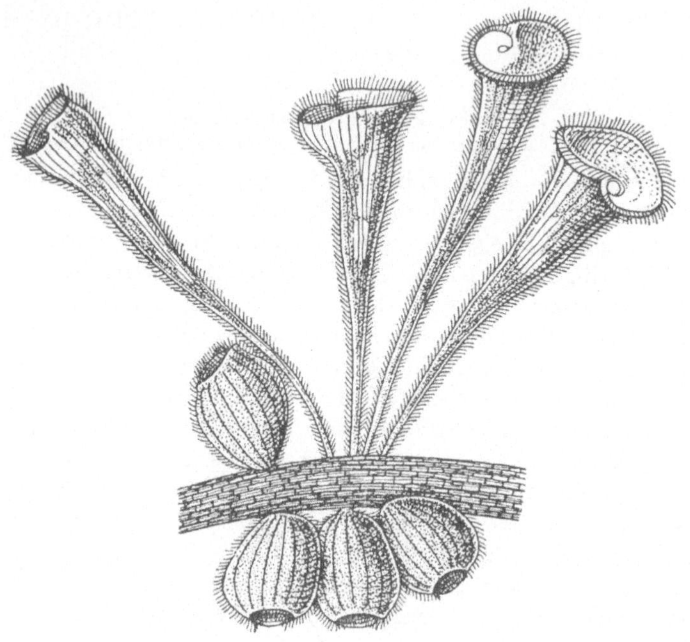

Abb. 70. Trompetentierchen auf einem Stengel sitzend, teils ausgestreckt,
teils zusammengezogen.

Sinnesorganen, Nervenzellen und Nervenfäden. Nicht bei allen
ist es aber schon genau so ausgebildet, wie wir es bisher als all-
gemeingültig annahmen. Wir sprachen stets von einem Nervenzentrum, das wir mit einem Telephonamt verglichen, in das die
reizempfangenden Drähte einmünden und von dem die befehlleiten-
den Drähte ausstrahlen. Bei einer ganzen Gruppe von einfacheren
Tieren, zu denen die in dem Weltmeer segelnden Quallen, die in
keinem Aquarium fehlenden Seeanemonen und die bunten Korallen-
tiere gehören, gibt es aber noch kein Zentralorgan. Das Nerven-

system besteht da aus einem Netzwerk von Nervenfäden mit eingestreuten Nervenzellen, in dem sich nichts von den so oft genannten Teilen scharf unterscheiden läßt (Abb. 71). Man könnte das einem Telephonnetz ohne Zentrale vergleichen, in dem es überall klingelt, wenn einer anläutet und jedes Gespräch überall gehört wird. Dabei haben aber manche dieser Tiere recht verwickelte Sinnesorgane;

Abb. 71. Das Nervennetz dicht unter der Oberfläche des Schirmes einer Qualle.

gibt es doch Quallen, deren Augen nicht viel anders gebaut sind, als unsere. Mit einem solchen Nervensystem können begreiflicherweise nicht viele verschiedene Leistungen erzielt werden, und die Zahl der möglichen Reflexe muß eine sehr bescheidene sein.

Alle anderen Tiere aber besitzen richtige nervöse Zentralorgane, Anhäufungen von Nervenzellen mit dem sie verbindenden Fasergewirr, umgeben von Schutzzellen, die das Ganze zusammenhalten und festigen. Diese Organe zeigen, wie zu erwarten, eine aufsteigende Reihe der Vervollkommnung, entsprechend der Mannigfaltigkeit der Reflex- und Sinnesleistungen. Sie gliedern sich dann, wenn sie umfangreicher werden, in einzelne Nervenknötchen, die in der Nähe der zugehörigen Sinnesorgane und Muskeln liegen. Da sich aber die wichtigsten Sinnesorgane meist am Kopf finden, so liegt auch der wichtigste Nervenknoten im Kopf, dessen Anwesenheit somit für alle verwickelten Reflexe nötig ist. Diesen Knoten nennen wir sodann das Gehirn. Etwas Derartiges fanden wir bereits beim Spulwurm. Ein Regenwurm hat schon ein recht verwickeltes Gehirn, das mit einer Kette weiterer Nervenknötchen verbunden ist, die sich der Bauchseite des Tieres entlang ziehen (Abb. 72). Fast genau so sieht äußerlich das Zentralnervensystem bei allen Krebsen und

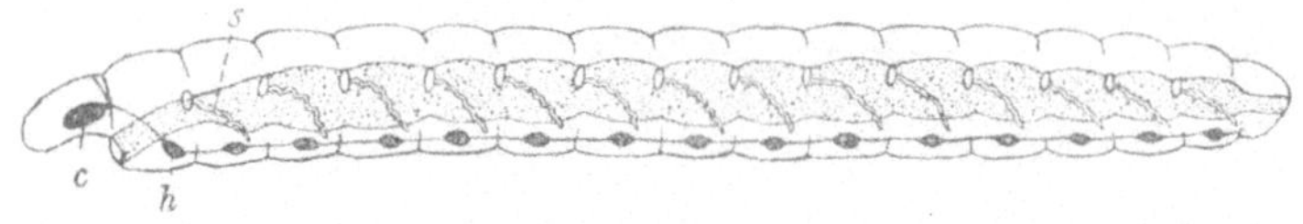

Abb. 72. Darstellung des Nervensystems eines Gliederwurmes mit dem Gehirn *c* und der Kette der Bauchnervenknoten *h; s* Harnorgane.

Insekten aus (Abb. 73); aber der innere Bau wird von Stufe zu Stufe verwickelter. Wie das mit der Mannigfaltigkeit der Reflexleistungen zusammenhängt, kann man besonders schön an Ameisen und Bienen erkennen. Jedermann weiß, daß es in deren Staat drei Arten von Tieren gibt: die Königin, deren einziges Geschäft das Eierlegen ist; die Männchen, bei den Bienen Drohnen genannt, die nur leben, um die Königin auf dem Hochzeitsflug zu befruchten, und die Arbeiter genannten, zeugungsunfähigen Weibchen, deren verwickelte Tätigkeiten den ganzen Stock erhalten. Untersucht man das Gehirn dieser drei Formen, so zeigt sich, wie erwartet, daß das Gehirn der Arbeiter viel größer und verwickelter aufgebaut ist

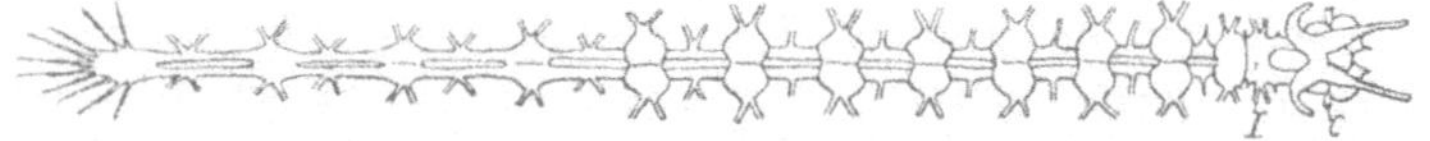

Abb. 73 a. Das herauspräparierte Zentralnervensystem eines Flohkrebses. *c* Gehirn, *I* der erste Nervenknoten der Bauchkette.

als das der anderen Stände (Abb. 74). Wir werden schließlich nicht erstaunt sein, bei den Weichtieren neben anderen Nervenknötchen ein Gehirn zu finden und bei den höchsten und leistungsfähigsten unter ihnen, den Tintenfischen oder Kraken, ein Gehirn anzutreffen, das in seinem verwickelten Bau von ferne unserem gleicht.

Wie es mit all dem bei unseren näheren Vettern, den Wirbeltieren, steht, ist wohl allgemein bekannt. Sorgfältig in der schützenden

Schädelkapsel eingeschlossen liegt der Hauptteil, das Gehirn, und durch die Wirbelsäule geschützt, im Rückenkanal, das Rückenmark (Abb. 75). Eine Unmenge von Reflexen können allein durch das Rückenmark verlaufen, ohne das Gehirn zu berühren. Dagegen ist ein Teil des Gehirns wohl der ausschließliche Sitz all der höheren Nerventätigkeit, die wir als Seelenleben bezeichnen. Dieser wichtigste Hirnteil ist das Großhirn, das allerdings in seinem entscheidenden Teil den Fischen noch ganz fehlt, bei Amphibien und Reptilien nur mäßig entwickelt ist und eigentlich erst bei den Vögeln seinen Namen richtig verdient. Bei den Säugetieren aber und ihrer höchsten Entwicklungsstufe, dem Menschen, nimmt es einen so gewaltigen Umfang an, daß dagegen alle anderen Teile verschwinden (Abb. 76). Von hier aus wird dann das verwickelte Spiel von Reflexen und Handlungen regiert. Zum Zustandekommen der gewöhnlichen Reflexe ist das

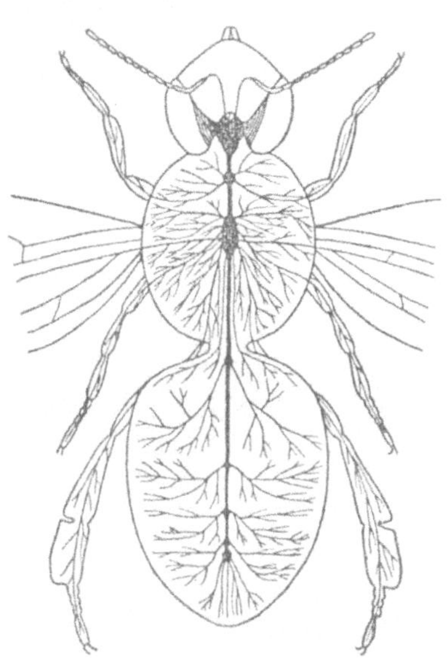

Abb. 73 b. Darstellung des Nervensystems eines Insektes mit dem Gehirn und den im Körper liegenden Nervenknötchen, nebst den davon ausstrahlenden Nerven.

Großhirn übrigens nicht nötig. Ein jeder kennt die schöne Anekdote von dem Mann in Amerika, der sein Gehirn dem Arzt zum Ausputzen übergeben hatte. Als er es nach mehreren Monaten noch nicht abgeholt hatte, forderte der Arzt ihn auf, doch zu kommen und es sich wieder einsetzen zu lassen, worauf er die Antwort erhielt: „Danke, ich brauche es nicht mehr, ich bin zum Senator gewählt worden."

Der Scherz hat neben seiner Bosheit eine ganz richtige Grundlage. Für ein Leben ohne höhere Seelentätigkeit, also ein maschinenmäßiges Reflexleben, ist das Großhirn überflüssig. Das kann allein durch die übrigen Gehirnteile und das Rückenmark besorgt werden.

Tatsächlich hat man Hunde, Tauben, Frösche ohne Großhirn lange Zeit am Leben gehalten. Ob man allerdings einen großhirnlosen Menschen noch als solchen anerkennen könnte?

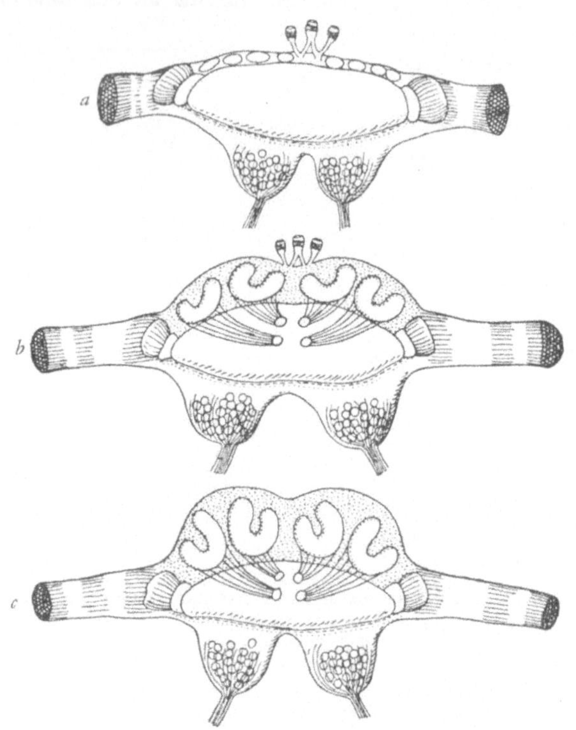

Abb. 74 a—c. Gehirne von Ameisen. a Männchen,
b Weibchen, c Arbeiter.

Auch vor diesem rätselhaftesten aller Organe macht die rastlose Forschung nicht halt und gar vieles hat es schon von seinen Geheimnissen gestehen müssen, wo die Zellen liegen, die für die Fähigkeit der Sprache oder des Bildersehens oder des Gedächtnisses verantwortlich sind und wie Hunderte von wichtigen Drahtleitungen laufen. Fleißige Hände und Köpfe suchen auf alle

Abb. 75. Gehirn und Rückenmark einer Schildkröte. *v* Großhirn, *m* Mittelhirn, *k* Kleinhirn.

möglichen verwickelten Weisen weitere Antworten zu erzwingen. Und doch, wenn man auszudenken versucht, wie irgendwo in diesen Zellen der Faust, die neunte Symphonie oder die Sixtinische Kapelle entstand, möchte man da nicht an seiner Wissenschaft verzweifeln?

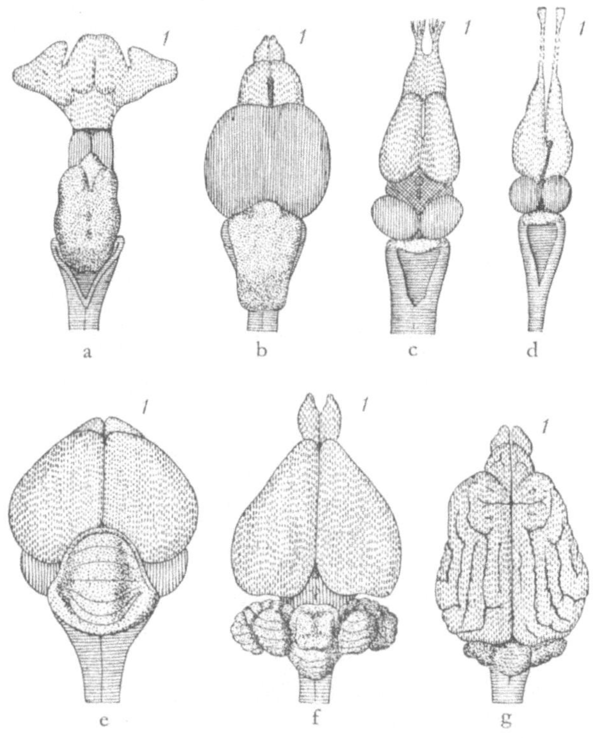

Abb. 76a—g. Gehirne verschiedener Wirbeltiere mit gleicher Schraffierung entsprechender Teile. a Haifisch, b Lachs, c Frosch, d Reptil, e Taube, f Kaninchen, g Hund. — Gestrichelt das Großhirn mit den Riechlappen (1), punktiert das Kleinhirn, senkrecht schraffiert das Mittelhirn, waagrecht schraffiert das Nachhirn.

VII. Von der Nahrung und ihrem Erwerb

Richten wir nun wieder den Blick auf unseren alten Freund Ascaris, der fein säuberlich aufgeschnitten in der Sezierschale vor uns liegt. Da sehen wir ein flaches Band durch die ganze Länge des

Tieres hindurchziehen. Nur am Vorder- und Hinterende erscheint
es auf eine kurze Strecke etwas verändert (Abb. 77). Genauere
Untersuchung zeigt uns bald, daß das scheinbare
Band ein flach zusammengedrückter Schlauch ist
und wir werden uns nicht zu sehr wundern, zu
erfahren, daß wir den Darm des Spulwurms vor
uns haben. Eine genaue Untersuchung, bei der

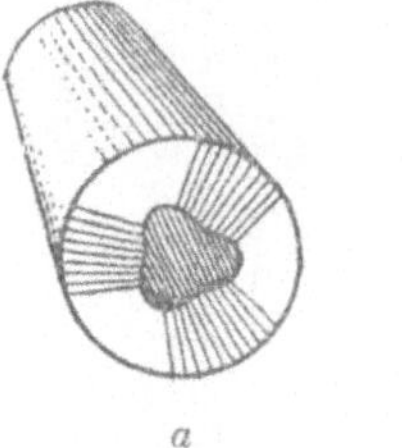
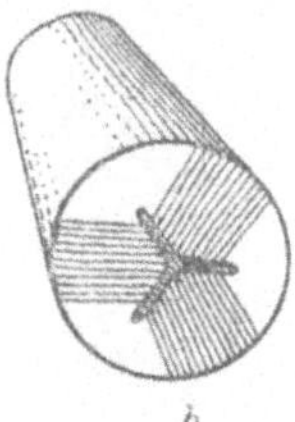

Abb. 78a u. b. Ein Stück der Speiseröhre von Ascaris.
a bei geöffnetem, b bei geschlossenem Hohlraum.

wir uns auch des Mikroskops bedienen, lehrt
bald, daß er aus drei Abschnitten besteht. Vorn
am Körperende, zwischen den früher erwähnten
Lippen liegt die Mundöffnung. Sie führt in ein
kurzes, etwa ein Zentimeter langes, kreisrundes
Rohr, das wir den Schlund nennen. Daran
schließt sich der bandförmige Hauptteil des
Darms an, der schließlich wieder in ein kurzes
Endstück, den Mastdarm, übergeht, der mit der
Afteröffnung nach außen mündet. So verschiedenartig nun der Darm der Tierarten aussehen
mag, in der überwiegenden Mehrzahl der Fälle
besteht er aus diesen drei Teilen. Das ist auch
leicht verständlich. Da sind zunächst der Mund
und der Schlund, die die Nahrung aufnehmen
und in den Körper leiten. Von hier gelangt sie
in den Hauptteil des Darmkanals, den Verdau-
ungsdarm, in dem die Nahrung verarbeitet und
in die Körpersäfte aufgenommen wird; die unbrauchbaren Reste
werden aber durch Mastdarm und After wieder entfernt.

Abb. 77. Ascaris auf-
geschnitten, um den
Darm zu zeigen.

Wie unser Spulwurm zeigt, können diese wichtigen Teile sehr einfach gebaut sein. Da ist zunächst der der Nahrungsaufnahme dienende Abschnitt. Der im Nahrungsbrei schwimmende Schmarotzer braucht nicht mühsam seine Nahrung einzufangen und mundgerecht zu machen wie so viele andere Tiere. So entbehrt sein Mund auch leicht solchem Zweck dienender Hilfseinrichtungen. Es ist einfach ein Loch vorhanden, durch das die Nahrung einströmt. Nun fließt sie allerdings nicht von selbst hinein, so wie die gebratenen Tauben des Schlaraffenlandes in den Mund fliegen. Dafür trägt vielmehr der Schlund Sorge, der wie eine Saugpumpe arbeitet, die die Nahrung einzieht. Bei einer mikroskopischen Untersuchung finden wir, daß der Hohlraum des Schlundrohres in seiner Ruhestellung ganz durch die dicke wulstige Wand verschlossen ist. In der Wand aber finden sich Muskeln, deren Zusammenziehung die Wülste abplattet, wodurch der Hohlraum im Rohr erweitert und eine Saugwirkung erzeugt wird, gerade wie bei einer Saugpumpe (Abb. 78). Zum Vergleich presse man etwa beide Handflächen dicht zusammen, daß der Hohlraum schwindet. Dann tauche man die Hände an einer Stelle in Wasser, erweitere den Hohlraum wieder durch Wölbung der Hand und lasse nur an der eingetauchten Stelle eine Öffnung entstehen; durch sie wird dann das Wasser eingesaugt. Durch diesen Schlund gelangt, wie gesagt, die Nahrung nun in den verdauenden Darm, dem die Hauptaufgabe zukommt. Bei einem Schmarotzer, der sich von vorher verdauter Nahrung ernährt, ist das allerdings nicht viel. So benötigt sein Darm aller der verschiedenartigen Einrichtungen nicht, die bei anderen Tieren zum Verdauungsgeschäft zusammenhelfen; er kann sich vielmehr völlig der zweiten Aufgabe des Darms widmen, die verdauten Stoffe aufzusaugen und dem übrigen Körper zuzuführen. Dabei wird nicht sehr viel Unbrauchbares übrigbleiben, das durch den Mastdarm entfernt werden müßte. Immerhin ist es etwas, denn der Mastdarm besitzt seine Muskeln, deren Tätigkeit den Inhalt zum After hinauspreßt.

Das sind nun ziemlich einfache Dinge und doch bedeuten sie, wenn richtig betrachtet, fast die Hälfte des tierischen Lebens. Denn wie Schiller von der Welt sagte, „erhält sich ihr Getriebe durch Hunger und Liebe". So würde eine vollständige Betrachtung des Erwerbs, der Aufnahme und Verarbeitung der Nahrung fast gleichbedeutend sein mit einer genauen Beschreibung der ganzen Tierwelt. Das haben wir uns aber hier nicht vorgenommen. Aber wenn wir auch so bescheiden sind, nur einen Blick in das Wesen der Ernährung und der ihr dienenden Organe zu werfen, werden wir Gelegenheit haben, unsere Wißbegier in vielen Punkten zu befriedigen. Ehe wir das tun, drängt sich uns aber eine Vorfrage auf: Gibt es auch Tiere ohne Darm? Die Pflanzen besitzen auch keinen Darm und ernähren sich doch; wieso vermögen sie das?

1. Ernährung ohne Darm

Es gibt in der Tat ganze Gruppen von Tieren, die keinen Darm haben und sich doch ernähren. Eine davon haben wir erst kürzlich kennengelernt, die einfachen einzelligen Lebewesen, deren gesamtes Leben sich innerhalb einer Zelle abspielt, bei denen man also keinen Darm erwarten kann. Wie alle anderen Aufgaben, so werden auch die der Verdauung von dem Zelleib besorgt. Nehmen wir etwa eine Amöbe, deren weicher Zelleib im Schlamme der Gewässer umherrollt. An ihrer klebrigen Oberfläche bleibt ein anderes mikroskopisches Lebewesen hängen. Alsbald beginnt der weiche Zelleib zu Fortsätzen auszufließen, die die Beute umschließen. Nun ist sie so vollständig umschlossen, daß sie im Innern des Amöbenleibs liegt, dessen weiche Masse über der Beute zusammengeschlagen ist wie Schlamm über einem versinkenden Stein (Abb. 79). Im Innern des Leibes wird dann die Nahrung mit einem Tropfen Verdauungssaft umhüllt und verdaut. Unverdauliche Reste werden aber irgendwo an der Körperoberfläche wieder hinausbefördert.

Bei diesen und ähnlichen Lebewesen fehlt also der Darm, weil sie noch auf zu niedriger Stufe stehen. Es gibt aber auch ziemlich hoch entwickelte Tiere ohne Darm. Das hat aber seine besondere Bewandtnis; es sind nämlich, bis auf eine Ausnahme, Schmarotzer, die ja fertig verdaute Nahrung von ihrem Wirt empfangen. Ein solches Wesen, dessen Nennung meist keine besondere Freude hervorruft, ist der Bandwurm. Da die Nahrung, von der sein Körper umspült ist, bereits verdaut ist, so braucht er sie ja nur aufzusaugen und das besorgt er mit seiner ganzen Körperoberfläche, durch die die Nahrung direkt ins Gewebe dringt, wo sie verwendet wird. Ein hübscheres Beispiel, schöner, weil es uns den Zusammenhang mit der schmarotzenden Lebensweise zeigt, ist ein gar merkwürdiges Tier, das niemand, der es zum ersten Male sieht, ohne weiteres für ein

Tier ansprechen würde. Wenn man am Meeresstrande Krabben
sammelt, so finden sich gewiß auch einige darunter, an deren Bauch
ein rundlicher Klumpen hängt, der zunächst wie ein Geschwür aussieht (Abb. 80a). Seine genauere Untersuchung lehrt aber, daß es
sich um einen tierischen Schmarotzer handelt.
Von dem Sack, der hauptsächlich mit Geschlechtsorganen angefüllt ist, gehen in die
unglückliche Krabbe Wurzelfäden hinein, fast
wie Pflanzenwurzeln, die alle Organe der

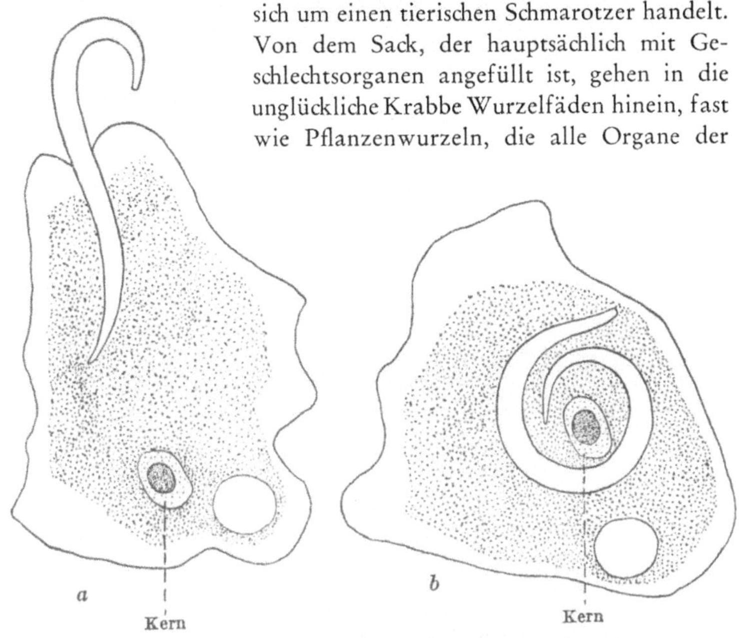

Abb. 79a u. b. Amöbe, einen Fadenwurm verzehrend.

Krabbe umspinnen und ihre Säfte als Nahrung für den darmlosen
Schmarotzer aufsaugen. Hier wird nun der Zusammenhang der
Darmlosigkeit des Tieres — wie auch all seiner anderen Besonderheiten — mit dem Schmarotzerdasein besonders deutlich, denn
jedes dieser absonderlichen Wesen war in seiner Jugend ein im Meer
umherschwimmendes Krebschen (Abb. 80b), das sich dann später
an einer Krabbe festheftet und unter Verlust seiner Krebsgestalt
und seiner Krebsorgane, dabei auch des Darms, auf allerlei verwickelten Umwegen sich in jenen schmarotzenden Wurzelsack verwandelt.

Nun sei auch noch die Ausnahme von der Regel genannt, daß
darmlose Tiere Schmarotzer sind. Es bäumt sich allerdings mein

männlicher Stolz dagegen, sie zu nennen, aber der Wahrheit die
Ehre! Bei einigen Tierformen, gewissen Würmern und Krebsen,
ja sogar manchen Tiefseefischen, gibt es die absonderliche Einrichtung der Zwergmännchen. Während die Weibchen normal
gebaut und im Besitz aller Organe sind, sind die Männchen kleine
Kümmerwesen, die zu nichts gut sind als zur Fortpflanzung und

Abb. 80a. Krabbe mit einer schmarotzenden Sacculina am Hinterleib,
durchsetzt von deren Saugfäden.

bald darauf sterben (Abb. 81). Da sie aber doch nicht lange genug
leben, um einen Darm zu brauchen, so entwickelt sich ein solcher
gar nicht. Gewissermaßen zum Trost für die männlichen Leser sei aber
hinzugefügt, daß es auch Tiere gibt, die in beiden Geschlechtern
darmlos sind und sich nicht zu ernähren vermögen. Da sind die so
viel besungenen Eintagsfliegen, die nach ihrem ein Jahr währenden
Larvenleben an einem warmen Sommerabend ausschlüpfen, über
dem Wasser ihren Liebestanz aufführen und, nachdem sie sich fort-
gepflanzt haben, nüchtern sterben.

Überfluß an verdauter Nahrung und besondere Lebensverhält-
nisse machten in den genannten Fällen das Vorhandensein eines
Darms überflüssig. Noch eine andere Ursache kann erst verstanden

158

werden, wenn wir wissen, warum die Pflanzen keinen Darm haben.
Wer recht aufmerksam gelesen hat, was wir über die Quelle der
Muskelkraft erzählten, der weiß wohl schon die Antwort. Denn
da wurde bereits der so grundsätzliche Unterschied zwischen tierischer
und pflanzlicher Ernährungsweise besprochen. Wozu braucht das
Tier seinen Darm? 1. Um geformte Nahrung in Gestalt anderer
Tiere und Pflanzen auf-
zunehmen; 2. um dies
Futter zu verdauen. Ver-
dauen aber bedeutet, wie
wir schon früher lernten,
die Nahrungsstoffe mit
Hilfe von Enzymen so zu
zerlegen, daß einfachere
lösliche Stoffe entstehen,
die in die Körpersäfte
aufgesaugt werden kön-
nen. Die Pflanze aber
nimmt weder geformte
Nahrung auf, die gefres-
sen werden müßte, noch
braucht sie verwickelte
Stoffe erst in einfachere,

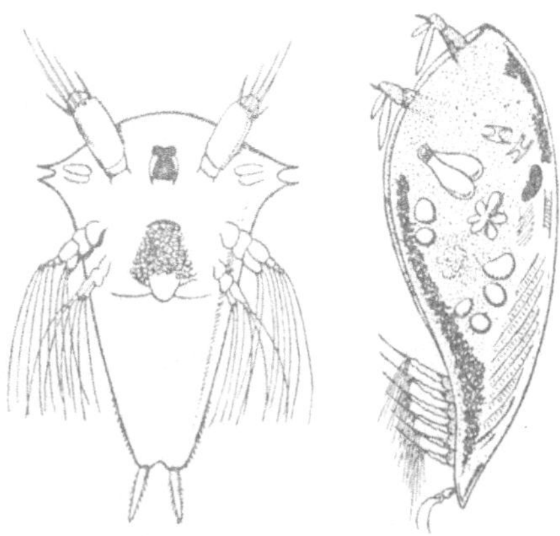

Abb. 80b. Zwei verschieden alte Larven der
Sacculina, die vor ihrer Festsetzung wie
andere Krebslarven aussehen.

lösliche zu zerlegen, um sie zur Aufnahme in ihre Körperzellen
vorzubereiten. Denn sie besitzt ja die uns bereits bekannte Fähigkeit, die allereinfachsten Stoffe der Natur, die Salze des Bodens,
das Wasser des Himmels, die Gase der Luft aufzunehmen und
daraus selbst all die verwickelten Stoffe aufzubauen, von denen
das Tier sich allein ernähren kann, nämlich Eiweiß, Stärke, Fett.
Wir ahnen schon, welche Zwischenfrage jetzt kommt: Im Treib-
haus zeigt man uns doch die fleischfressenden Pflanzen aus tro-
pischen Ländern und als gute Naturbeobachter wissen wir auch,
daß es bei uns solche, wenn auch nicht so auffallende gibt, die
Fliegenfalle und den Sonnentau (Abb. 82). Eine ganz richtige Frage.
Das sind in der Tat merkwürdige Ausnahmen — andere finden sich,
wie zu erwarten, bei Schmarotzerpflanzen — Pflanzen, die wirklich
einer Verdauung mit Hilfe von Enzymen fähig sind. Bei manchen
von ihnen wäre man fast sogar versucht, von einem Darm zu

sprechen. Das sind die berühmten Kannenpflanzen, an denen die seltsamen, pfeifenkopfartigen Kannen hängen, gefüllt mit einer Flüssigkeit, die nichts anderes ist als Verdauungssaft, in dem das hineinstürzende Insekt wie in einem Darm verdaut wird. Diese Ausnahmen nun führen zu den tierischen Ausnahmen, die deshalb keinen Darm benötigen, weil sie sich wie Pflanzen ernähren, oder,

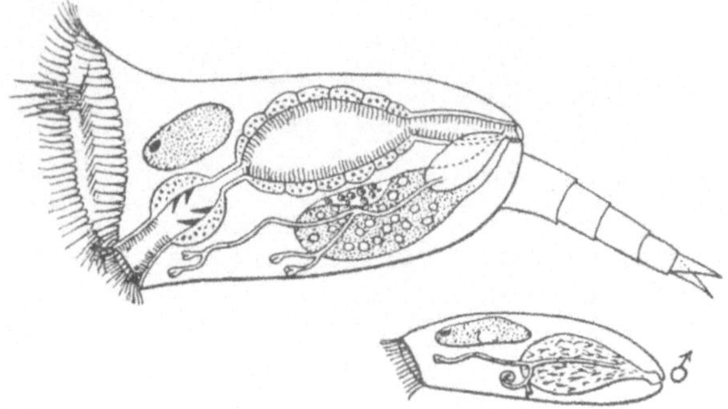

Abb. 81. Oben weibliches Rädertier, unten Zwergmännchen.

richtiger gesagt, sich scheinbar wie Pflanzen ernähren. Es zeigt sich nämlich, daß solche Tiere eine Art von Bündnis mit mikroskopisch kleinen grünen Pflänzchen geschlossen haben. Diese erfüllen die Zellen ihres tierischen Bundesgenossen und geben an ihn von der Nahrung ab, die sie selbst auf pflanzliche Weise aufbauen. Angenehme Mieter, nicht wahr?

2. Allerlei merkwürdige Arten des Nahrungserwerbs

Kehren wir nun nach dieser Abschweifung wieder zur ersten Stufe des Ernährungsvorganges, zu Erwerb und Aufnahme der Nahrung, zurück. Es ist so naheliegend, auch hier menschliche Verhältnisse als Vergleich heranzuziehen. Da sehen wir, daß selbst die niedrigsten Volksstämme sich Werkzeuge oder Waffen anfertigen, ihre Nahrung zu erlegen. Denn ich weiß nicht, ob jener Indianerstamm wirklich lebt, von dem es heißt, daß er das Wild im Lauf erjagt und mit den Händen erwürgt. Im Tierreich aber ist die Anfertigung von Jagd- und Fanggeräten etwas sehr seltenes. Wohl webt die Spinne ihr Netz, in dem die Fliegen sich verstricken, wohl baut der Ameisenlöwe (eine Insektenlarve) seinen glatten Sandtrichter, in den die Ameisen hinabpurzeln, direkt in den Rachen des Jägers (Abb. 83, 84), aber das sind doch nur Ausnahmen. In

Abb. 82. Verschiedene insektenfressende Pflanzen.
Oben Kannenpflanze, links Fliegenfalle, rechts Sonnentau.

der Regel sind vielmehr die Fangwerkzeuge Teile des tierischen Körpers, die die Beute zu fassen, zu töten und irgendwie dem Munde zuzuführen vermögen. Die Mannigfaltigkeit dieser Einrichtungen ist eine außerordentliche und ihre Ausbildung zur Bewältigung einer bestimmten Art von Beute höchst vollkommen.

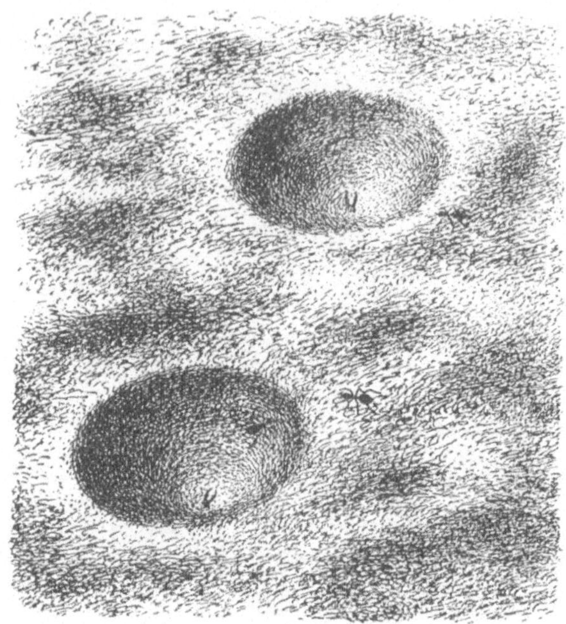

Abb. 83. Sandtrichter des Ameisenlöwen, von oben aufgenommen.

Abb. 84. Durchschnitt durch den Sandtrichter des Ameisenlöwen.

Da interessieren zunächst Apparate, die ähnlich arbeiten, wie die menschlichen Waffen, Pfeile, Speere, Angeln. Wer scharf zusieht, mag gelegentlich an Wasserpflanzen im Teich festgeheftete kleine,

162

etwa zentimeterlange Lebewesen finden, die man als Süßwasserpolypen bezeichnet (s. Abb. 134, S. 240). Nehmen wir sie nach Hause und beobachten sie unter dem Mikroskop! Da sehen wir einen schlauchförmigen Körper, der an einem Ende an der Wasserpflanze festgeheftet ist und am freien Ende den Mund zeigt. Rings um den Mund wachsen aber aus dem Körper eine Anzahl langer Fäden, die wie die malerischen Zweige der Trauerweide herabhängen. Nun kommt ein winzig kleines Wasserkrebschen angeschwommen und berührt einen der Fäden. Da zuckt es plötzlich zusammen und hängt bewegungslos am Fangfaden. Was hat sich da ereignet? Das Mikroskop zeigt uns, daß die Haut des Fadens ganz erfüllt ist von winzigen hellen Bläschen, in deren Inneren ein Fädchen aufgerollt liegt (Abb. 85). Wird nun der Fangfaden

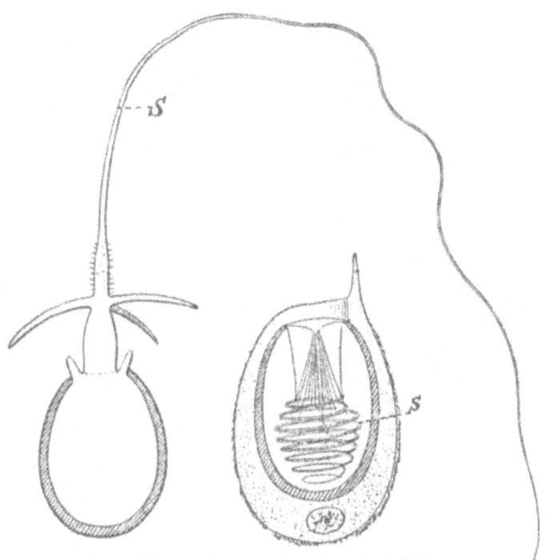

Abb. 85. Nesselkapseln eines Süßwasserpolypen, rechts in Ruhe, links ausgeschleudert. s Spiralfaden.

durch das Krebschen gereizt, so explodieren plötzlich diese Bläschen und schleudern mit großer Kraft den Faden heraus, der wie ein Pfeil die Haut des Krebschens durchbohrt. Das Fädchen aber ist in Wirklichkeit ein unendlich feines Röhrchen und die Blase ist mit einem Gift gefüllt, das durch das Röhrchen in den Krebskörper einfließt und ihn lähmt. Ist dies geschehen, dann ziehen sich die Fangfäden vermittels Muskelchen in ihrem Inneren zusammen und stopfen die Beute in den Mund.

Ähnliche Fangarme, die die Beute greifen und zum Mund befördern, erfreuen sich im Tierreich einer großen Beliebtheit und können sich unter Umständen zu furchtbaren Waffen entwickeln. Wer hat nicht schon die Schauermärchen von den riesigen Polypen des Meeres gehört, die mit ihren Fangarmen ganze Boote in die dunkle Tiefe hinabziehen? Dies gehört nun zwar in das gleiche Gebiet wie die

Seeschlange. Aber man versteht den Ursprung solcher Märchen, wenn man einmal einen einigermaßen großen Vertreter dieser Gruppe beobachtet hat. Wir meinen nicht jene Riesen unter den Kraken, die noch kein Mensch lebend gesehen hat, die nur selten einmal aus der Tiefe des Weltmeeres heraufgespült werden und deren

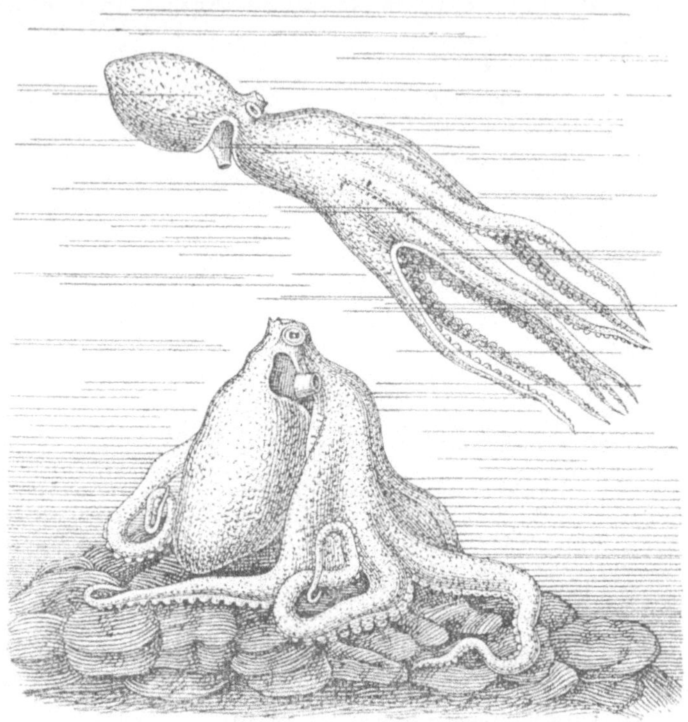

Abb. 86. Krake, sitzend und schwimmend.

viele Meter lange, baumstarke Arme auch noch im Museum uns gehörigen Respekt einflößen. Sondern wir denken an ihre bescheidenen Vettern, die man in Seewasseraquarien sehen kann (Abb. 86). Da kauern sie in all ihrer Häßlichkeit in einer Ecke, boshaft aus ihren großen Augen blickend und wir können in Ruhe ihre ausgebreiteten Fangarme besichtigen. Über und über sind sie mit napfförmigen Warzen bedeckt, Saugnäpfen, die sich durch die Tätigkeit

ihrer Muskeln mit furchtbarer Kraft an Gegenstände ansaugen können. Was sie gepackt haben, kommt nicht so leicht wieder los und
wird dem gefräßigen Maul zugeführt. So dienen die Fangarme,
die natürlich anatomisch gar nichts mit unseren Armen und Händen
gemein haben, als Waffen zum Erlegen der Beute und zugleich als
Eßbesteck. Diese Tatsache möchte vielleicht manches Kind erfreuen,
das nicht einsehen kann, warum es nicht mit den Fingern essen soll.
Eigentlich ist das auch schwer einzusehen; es ist doch nur wenige
Jahrhunderte her, daß Fürst wie Bettler zum Essen die Naturgabel
benutzten. Noch heute gibt es ganze Völker, durchaus keine „Wil-
den", die kein anderes Eßbesteck kennen. Ich erinnere mich mit
Vergnügen an ein sundanesisches Festessen, dem ich als Ehrengast
beiwohnen durfte. Die Festtafel war auf dem Fußboden gedeckt,
und zwar mit riesigen Blättern aus dem nahen Urwald. Darauf
standen die Speisen, jede auf einer besonderen Blattsorte aufgetischt
und für jeden Gast gesondert und als Hauptstück Reis, der zucker-
hutförmig gepreßt und von einem Körbchen überdeckt war. Dann
hockten die männlichen Teilnehmer in zwei langen Reihen vor den
Herrlichkeiten nieder, dahinter die Frauen, die das Mahl bereitet
hatten, aber nur zuschauen durften. Dann begann ein alter Mann,
am gelben Turban als heiliger Mekkapilger kenntlich, ein unendlich
langes Gebet herunterzusingen, bis bei einem bestimmten Wort ein
jeder Gast das Körbchen von seinem Reisberg hob, mit schnellem
Griff eine Handvoll Reis packte und in den Mund schob. Dann
ging das Verzehren der gewaltigen Massen mit beiden Händen lautlos vor sich und in wenigen Minuten war das ganze Fest vorüber.

Eigentlich wollte ich nun aber nicht von Menschen erzählen, die mit
den Fingern essen, sondern von Tieren, die sozusagen mit einem Be-
steck essen, wenn dies auch einen Teil ihres Körpers bildet. Die Art des
Bestecks ist aber die gleiche wie die älteste und appetitlichste Form
menschlicher Eßinstrumente, die Eßstäbchen der Chinesen. Deren
Wesen ist es, daß zwei Holzstäbchen so durch die Muskeln der
Hand gegeneinander bewegt werden, daß sie wie eine Zange oder
Pinzette wirken, und ich kann versichern, daß es keine angenehmere
und reinlichere Art zu essen gibt. Solcher Zangen mit zwei (oder
mehr) beweglichen Gliedern bedienen sich zur Nahrungsaufnahme
die Seesterne und Seeigel, die einem jeden bekannt sind, der einmal
am Meeresstrand weilte. Der Körper dieser Tiere ist, außer mit den

Stacheln, die den Namen Seeigel verschulden, mit merkwürdigen
Bildungen von zwei Arten bedeckt. Die eine sind dünne Schläuche,
die man als Saugfüßchen bezeichnet. Sie sind nämlich ähnlich wie
die Saugnäpfe der Kraken imstande, sich durch besondere Muskel-
wirkung an Gegenständen festzusaugen. Die andere sind die ebenfalls zu vielen Hunderten vorhandenen Freßzangen, die wir den

a

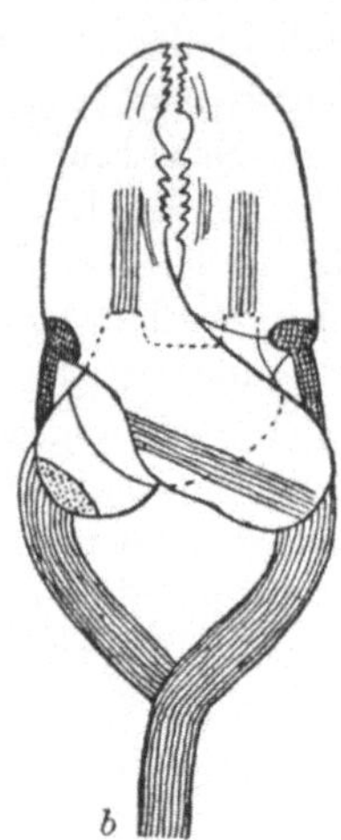

b

Abb. 87a u. b. a Ein Stückchen der Oberfläche eines Seesterns mit auf erhöhten Ro-
setten sitzenden Gruppen geöffneter Greif-
zangen. b Eine einzelne Greifzange mit
ihren Muskeln.

Eßstäbchen vergleichen (Abb. 87). Kommt nun ein Beutetier, etwa
ein Meereswurm, ein Krebs, ja, sogar ein Fisch nahe, so zwicken
alsbald die winzigen Zangen zu und schnell heften sich auch die
Saugfüßchen an und halten das Tier unentrinnbar fest. Nun wird es
von den Zangen weitergeschoben, indem immer neue anpacken und
die anderen loslassen, bis die Beute zum Mund befördert ist nach Art
der Beförderung von Feuereimern in einer Menschenkette. Manche
von diesen Freßzangen sind übrigens mechanische Wunderwerke.
Mit ihren drei Backen sehen sie „genau" aus und arbeiten auch
genau wie eine Art von Trick-Zuckerzange, die sich auf einen
Druck von oben öffnet und durch Federn wieder schließt und das
Stück Zucker festhält. Mancher Forscher hat sich schon den Kopf
darüber zerbrochen, wie die Natur eine solche Konstruktion zustande bringt! Bei dieser Gelegenheit mag denn auch erwähnt sein,
daß die Seesterne nicht nur in der Benutzung der Eßzange ihre vor-

nehme Erziehung verraten. Sie haben auch sonst noch nette Passionen, nämlich das Verzehren von Austern. Dabei dienen ihnen als Austernöffner wieder jene Füßchen, die sich an beiden Schalen anheften und ziehen, bis die Auster klafft. Wie kann aber wohl ein solcher Seestern eine Auster verschlucken, oder gar einen Fisch, die größer sind als er selbst? Sehr einfach, er frißt, ohne zu verschlucken. Da die große Beute nicht durch die kleine Mundöffnung geht, so stülpt der Seestern seinen Magen zum Mund heraus, spuckt ihn gewissermaßen über das Beutetier, das ganz in Magen eingewickelt wird. Dann geht die Verdauung außerhalb des Körpers vor sich und wenn sie vollendet ist, wird der Magen wieder hinuntergeschluckt!

3. Aufsaugen von Flüssigkeiten und einige Folgen

Diese Zeilen schreibe ich in Amerika nieder, wo Austern sozusagen ein Volksnahrungsmittel sind. Da ist es naheliegend, an eine andere amerikanische Nationalleidenschaft zu denken, das Saugen von Eisgetränken aus Strohröhrchen. Das erinnert wieder an die zahlreichen Tierformen, die in Verbindung mit ihrem Mund solche Saugröhren entwickelt haben, um flüssige Nahrung aufzunehmen. Am verbreitetsten finden sich solche Instrumente im Reich der Insekten, wie ein jeder schon am eigenen Leib erfahren hat, sei es in der Form von Schnaken oder gar von Wanzen und Läusen. Aber nicht nur diese blutgierigen Gesellen bedienen sich solcher Röhren, sondern auch die Blattläuse, die süßen Pflanzensaft einschlürfen und die Schmetterlinge, die sich am Nektar der Blüten gütlich tun. Wollten wir uns die Mühe nehmen, die Saugröhrchen näher zu betrachten, so könnten wir wieder die eigenartigsten Dinge über die so oft besprochenen Anpassungen lernen. Wir könnten von Schmetterlingen hören, deren außerordentlich langer Saugrüssel genau in die tiefen Blütenröhren bestimmter Blumen hineinpaßt. Wir könnten sehen, wie die Blutsauger außer dem Röhrchen auch noch Sägen und Bohrer besitzen, um die Haut des Opfers zu durchschneiden. Wir könnten diese nahrungsaufnehmenden Teile dann auch von dem Gesichtspunkt aus betrachten, der uns früher die Gehörknöchelchen so interessant erscheinen ließ. Dann möchten wir sehen, daß alle Insekten an ihrem Kopf eine ganz bestimmte Zahl von Anhängen besitzen, die bei der Nahrungsaufnahme helfen und Mundgliedmaßen genannt werden. Unschwer könnten wir dann fest-

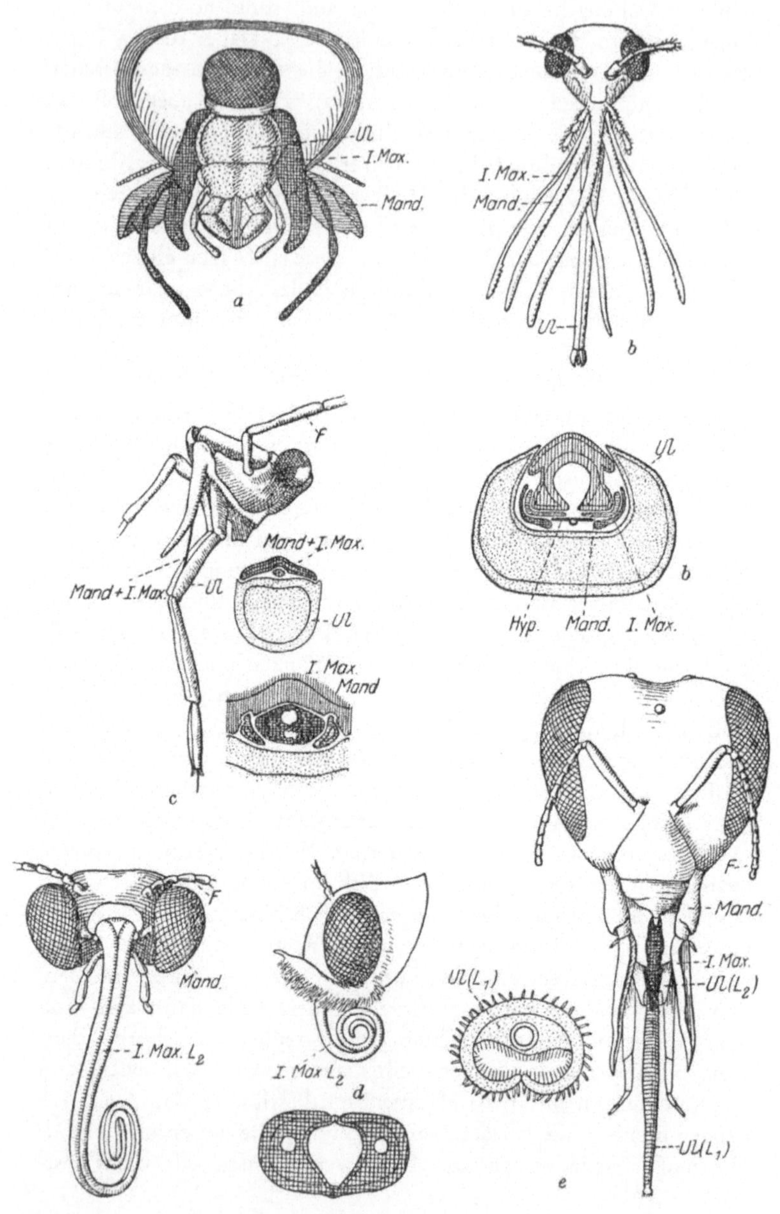

Abb. 88a—e. (Erklärung siehe S. 169 unten.)

stellen, daß sie ganz verschiedenartig aussehen, je nachdem sie zum
Beißen, Stechen, Saugen, Lecken verwandt werden (Abb. 88). Der
Vergleich aber würde uns lehren, daß es der gleiche Teil ist, der
einmal die Form eines Bohrers oder einer Säge, ein andermal die
einer beißenden Zange oder einer leckenden Zunge, oder eines
saugenden Rohres hat. Genau wie bei den Gehörknöchelchen kämen
wir dann zu der Einsicht, daß derselbe ursprüngliche Teil im Lauf
der Entwicklung der Tierwelt sich umformen kann, zu ganz andersartigen Aufgaben befähigt wird; der Vergleich aber läßt uns die
Gleichwertigkeit scheinbar so verschiedenartiger Bildungen erkennen.
Wie gesagt, über all dies ließe sich vieles erzählen, besonders, da
wir doch gerade von den Werkzeugen der Nahrungsaufnahme reden.
Wir haben es uns nun aber einmal zur Gewohnheit gemacht, ruhig
am Weg haltzumachen, wenn sich eine schöne Aussicht bietet, ja,
einen kleinen Umweg nicht zu scheuen. So können wir auch jetzt, da
wir schon einmal von jenen kleinen Plagegeistern des Menschen
reden, der Verlockung nicht widerstehen, ein wenig abzuschweifen
und zu hören, welches Unheil sie, nur so nebenbei, bei ihren Blutmahlzeiten anzurichten vermögen.

Es ist noch gar nicht so lange her, daß man die Stiche von Schnaken, Wanzen, Läusen, Zecken als eine harmlose Unannehmlichkeit
betrachtete. Heute weiß man, daß, hauptsächlich in warmen Ländern, einige der schlimmsten Krankheiten von Mensch und Tier,
wie Malaria, Rückfallfieber, Schlafkrankheit, Rinderpest mit
dem Stich der Blutsauger übertragen werden. Diese Krankheiten sind nämlich Blutkrankheiten, hervorgerufen durch unendlich kleine Lebewesen aus einer Gruppe der uns schon bekannten einzelligen Tiere, die in den Zellen des Blutes schmarotzen und durch die Zerstörungen, die sie da anrichten, Krankheit und Tod herbeiführen. Wenn das blutsaugende Insekt seine

---

Abb. 88a—e. Mundwerkzeuge verschiedener Insekten. a einer Grille mit
beißenden Mundteilen. b einer Mücke mit stechenden Mundteilen, die einzeln
auseinandergelegt sind; darunter ein Querschnitt durch den ganzen Rüssel
mit den darin liegenden einzelnen Teilen. *Mand.* Oberkiefer. *I. Max.* Unterkiefer. *Ul.* Unterlippe. *F* Fühler c einer Wanze, von der Seite gesehen, ebenfalls darunter Querschnitt. d Saugende Mundteile eines Schmetterlings, links
der Rüssel auseinandergerollt, darunter im Querschnitt. *Mand.* Oberkiefer.
I. Max. Unterkiefer. *Ul.* Unterlippe.
Leckende Mundteile. e einer Biene. Daneben der Querschnitt der Unterlippe. *Mand.* Oberkiefer. *I. Max.* Unterkiefer. *Ul.* Unterlippe.

Mahlzeit hält und an Mensch oder Tier saugt, die in ihrem Blut solche Schmarotzer enthalten, dann gelangen sie natürlich mit dem getrunkenen Blut in den Insektendarm. Hier werden sie aber nicht etwa verdaut, sondern durchlaufen allerlei besondere Lebensprozesse, die sie schließlich in die Wand des Darmes führen. Hier, aber auch an anderen Körperstellen finden dann allerlei weitere Entwicklungsprozesse statt, deren Erfolg es ist, daß aus einem Schmarotzer Tausende von Schmarotzerkeimen entstehen. Diese aber finden allmählich ihren Weg in die Saugröhre des Insektes. Sticht ein solches dann wieder einen gesunden Menschen, so spritzt es mit dem Gift, das es in die Stichwunde einträufelt, auch die Schmarotzerkeime ins Blut und der Gestochene erkrankt. So sind denn diese natürlichen Saugröhrchen weit weniger harmlos als der Vergleich mit den Eisröhrchen glauben machen könnte. Nur gut, daß die Naturforscher früher oder später hinter all diese Schliche kommen und damit der geplagten Menschheit den Weg zeigen können, sich zu schützen.

4. Noch mehr Methoden der Nahrungsaufnahme

Irgendwo in fernen Landen — es war tatsächlich auf der jetzt sovielgenannten Insel Formosa — beobachtete ich ein paar arme Fischer in einem Flußbett, die mit großen Sieben Sand schöpften und durch das Sieb laufen ließen, um hier und da eine kleine eßbare Schnecke oder einen Wurm zu finden. Eine ganz ähnliche Art des mühsamen Nahrungserwerbes ist es, auf die ganze Tiergruppen einzig und allein angewiesen sind. Allerdings haben sie die Einrichtungen zum Durchsieben der Umgebung, nämlich des Wassers, oft zu ganz außerordentlicher Vollkommenheit ausgebildet. Unter den einfachen Bewohnern des Meeres, die die meisten Leser wohl kaum zu Gesicht bekommen und andernfalls auch kaum als Tiere erkennen möchten, gibt es viele, die auf dem Meeresgrund festgewachsen, tagaus, tagein das umgebende Wasser durch ein Sieb pumpen, in dem dann kleine Lebewesen hängenbleiben. Nun, solch fremdartigen Geschöpfen traut man wohl alles zu! Aber überraschender klingt es wohl manchem, daß auch zahlreiche Fischarten ihre gesamte Nahrung auf solche Weise erwerben; ja dazu gehören auch die größten aller lebenden Säugetiere, gewisse Walfischarten.

Ein durch das Wasser ziehender Karpfen öffnet und schließt

unaufhörlich sein Maul und schluckt dabei Wasser ein. Warum,
wissen wir bereits. Das Wasser tritt durch den Mund zu den Kiemen, wo ihm der Atemsauerstoff entnommen wird und strömt dann
unter dem Kiemendeckel wieder aus. Aber das scheinbar so klare
Wasser von Teich und Seen wimmelt von Myriaden winzig kleiner
und glashell durchsichtiger Lebewesen, die auf- und niedersteigen
und von den Fluten umhergetrieben werden, der Hauptmasse nach

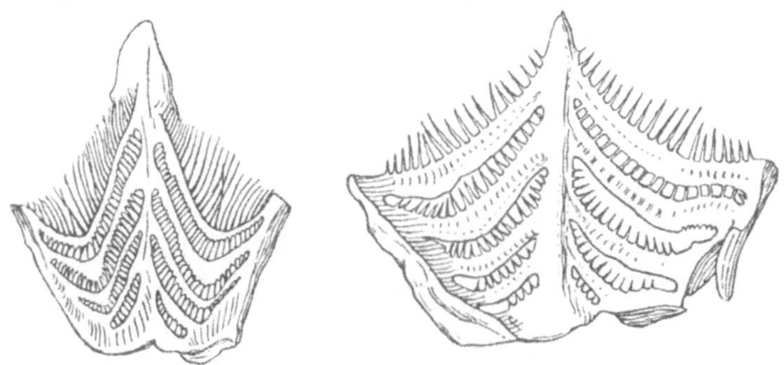

Abb. 89. Kiemenfilter eines Felchen.

Krebschen und winzige Pflänzchen. Von ihnen aber werden einige
mit jedem Schluck Wasser eingeschluckt. Wenn das Wasser nun
durch die Kiemen abfließt, tritt es durch Spalten in der Wand des
Schlundes nach den weichen, blutreichen Kiemenfäden unter dem
Kiemendeckel, denselben Fäden, nach deren Rötung die tüchtige
Hausfrau schaut, um festzustellen, ob der Fisch frisch ist. Jene
Spalten im Schlund sind aber bei Fischen, deren Hauptnahrung jene
winzigen Wesen, das sogenannte Plankton, darstellen, mit Dornen
und Spitzen bedeckt, die insgesamt die Spalten in ein Sieb umwandeln (Abb. 89), durch das zwar das Wasser abfließt, in dem
aber die Krebschen hängenbleiben, um dann verschluckt zu werden.
Ein Fischkenner ist geradezu imstande, aus der größeren oder gerin-
geren Feinheit des Siebes auf die Nahrung der betreffenden Fischart
zu schließen. Das gewaltigste Sieb aber, das in der Natur benutzt
wird, ist doch das Maul der Walfische aus der Gruppe der Bartenwale. In jeder zoologischen Sammlung kann man wohl ein Wal-
fischskelett bewundern, an dem neben der Massigkeit nichts mehr
auffällt als die ungeheuren Kiefer. Wer das Glück hatte, einen

solchen Riesen lebend zu sehen, weiß, daß diesen Kiefern auch ein Maul entspricht, das fast so groß ist als der Rest des Tieres. Von den zahnlosen Oberkiefern nun hängen — bei den Skeletten in den Museen fehlen sie meistens — in dichten Büscheln die Barten herab, Fäden, die, wenn in den Handel gebracht, Fischbein genannt werden und die ganz ähnlich ausschauen wie die Reisigbündel, über die in manchen Salinen das Salzwasser läuft. Das ungeschlachte Tier folgt nun auf seinen Wanderungen den Zügen kleiner Fische und schwimmender Meeresschnecken, von denen es Massen mit einem Schluck aufnimmt; im Maul werden sie dann sauber an den Barten abgeseiht, durch die das Wasser abläuft. Sicher eine ideale Einrichtung, um zu ermöglichen, daß solche Riesen von winzig kleinen Schnecken leben können.

Merkwürdig, wie in der Natur auch alles vorkommt, was man sich ausdenken kann: hier Tiere, die mit prachtvollen Hilfsmitteln die Nahrung aus der Umgebung aussieben, dort aber solche, die das entgegengesetzte tun, nämlich wahllos ihre Umgebung auffressen, und es dann dem Darm überlassen, das Brauchbare daraus zu verdauen. Wenn wir zum Vergleich an den berühmten Reisbreiberg des Schlaraffenlandes denken, so müssen wir ihn, um solchen Tieren gerecht zu werden, uns so vorstellen, daß er aus Erde besteht, der hier und da ein Reiskorn eingemengt ist. Sich da hindurchzufressen, erschiene uns wohl nicht als ein Schlaraffenleben. Es gibt jedoch eine ganze Anzahl von Tierformen, sowohl im Sandboden des Meeres als auch in der Erde, die zum mindesten einen Teil ihrer Nahrung so erwerben. Sie fressen sich durch die Erde und den Sand hindurch, und ihr Darm verdaut dann, was er Genießbares zwischen den Sandkörnchen findet und befördert die Erde wieder hinaus. Zu dieser Gruppe gehört auch ein allgemein bekanntes Tier, der Regenwurm. Der frißt nun allerdings auch verfaulte Blätter und ähnliche Leckerbissen. Außerdem schluckt er beim Graben seiner Röhren dauernd Erde hinunter, die durch seinen Darm hindurchwandert, wobei alles Genießbare herausverdaut wird, eine Tätigkeit, die übrigens selbst von unserem egoistischen Menschenstandpunkt aus höchst nützlich ist. Denn die im lockeren Ackerboden in Massen lebenden Würmer lassen allmählich die ganze fruchtbare Erde durch ihren Darm wandern. Dabei nimmt sie die Exkremente der Würmer auf, die den Boden düngen, so daß tatsächlich die verachteten Würmer

172

mit Pflügen und Düngen einen großen Teil der Arbeit des Land-
mannes leisten: man konnte direkt aufzeigen, daß ein Boden mit
Regenwürmern fruchtbarer ist als ohne sie.

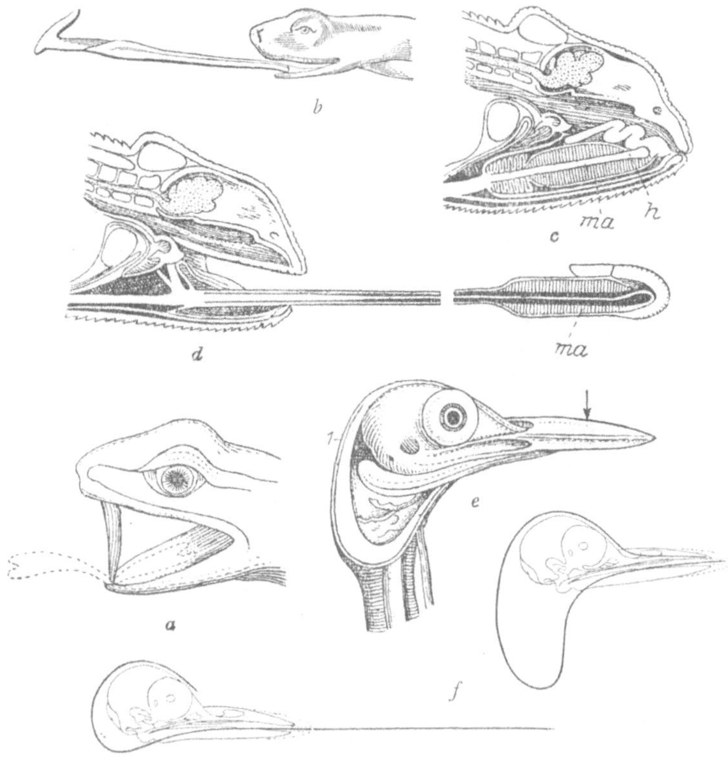

Abb. 90a—f. Vorschnellbare Zungen: a eines Frosches; b eines Höhlen-
salamanders. c Schnitt durch den Kopf eines Chamäleons, mit Zunge in
Ruhelage. *h* Knorpel, *ma* Muskel. d desgleichen mit der vorgeschnellten
Zunge, die nicht in ihrer ganzen Länge dargestellt ist. e Kopf des Spechtes
mit dem um den Kopf geschlungenen Zungenbein *1*. f Darstellung des
ruhenden und vorgeschnellten Zungenbeins vom Specht.

Wie schon gesagt, die Einrichtungen zu Fang und Aufnahme der
Nahrung im Tierreich sind unerschöpflich und ein jeder, der nicht
gerade ein unverbesserlicher Stubenhocker ist, kennt noch manche
andere, als bisher besprochen wurden. Er hat den Frosch seine Zunge

gleich einer Fliegenklatsche herausklappen sehen, um eine Mücke
zu fassen, hat den Specht mit seiner lanzenförmigen Zunge einen
Käfer spießen sehen, vielleicht auch beobachtet, wie ein Chamäleon
im Terrarium mit langer, stempelförmiger Zunge, die es weit herausschleudert, eine Fliege spießt (Abb. 90). Wer es aber noch nicht
gesehen hat, benutze eine sich bietende Gelegenheit. Mir aber möge

Abb. 91. Riesenschlange, die ein Wildschwein verschluckt hat.

er erlauben, nur noch von einem zu berichten, das sich auf die
Nahrungsaufnahme bezieht, nämlich von der Vorbereitung zur
Verdauung.

Wir wissen ja bereits, daß es sich bei der Verdauung darum
handelt, die Nahrungsstoffe in eine lösliche Form überzuführen
durch die Einwirkung der Verdauungssäfte. Es ist klar, daß das
leichter geht, wenn die Nahrung so verkleinert wird, daß die Säfte
sofort angreifen können; ebenso reibt der Chemiker, der ein Gestein
untersuchen will, es erst in einem Mörser zu Pulver. Sodann aber
ist der verdauliche Teil der Nahrung oft von Unverdaulichem eingeschlossen, von Schalen, Haut, Haaren und pflanzlichen Hüllen.
Werden diese erst zertrümmert, so liegt der verdauliche Teil leicht
dem Angriff der Enzyme offen. Allerlei Einrichtungen dienen daher
diesem Zweck, wo sie benötigt sind. Tiere etwa, die Blut saugen oder

174

sich von winzigen Lebewesen ernähren, bedürfen ihrer nicht. Aber auch gar manche, die recht große Bissen verschlucken, haben einen so leistungsfähigen Magen, daß sie ihre Nahrung mit Haut und Haaren verschlingen und doch verdauen. Vielleicht habt Ihr einmal in einem zoologischen Garten das widerliche Schauspiel einer fressenden Schlange beobachten können. Die Riesenschlange packt

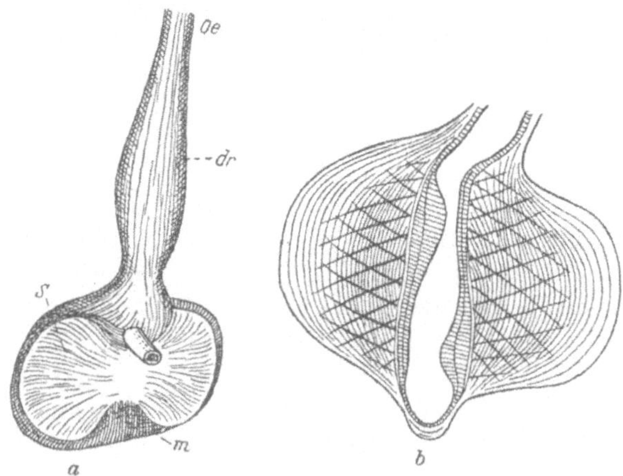

Abb. 92 a u. b. a Magen eines Vogels. *Oe* Speiseröhre, *m* Muskelmagen, *s* Sehnenplatte, *dr* Drüsenmagen. b Schnitt durch den Muskelmagen, um die Dicke der muskulösen Wand zu zeigen.

ein Kaninchen oder gar Zicklein, das viel größer ist als der Schlangenkopf und würgt es unter häßlicher Verzerrung ihrer gummiartig auseinander dehnbaren Kiefer hinunter, und deutlich sieht man langsam den dicken Knoten den Hals hinunterwandern. Noch nach Wochen kann man den Knoten sehen und nur allmählich verschwindet er mit der langsam aber gründlich ablaufenden Verdauung (Abb. 91). Nicht viel anders schlingt die Eule Vögel und Mäuse hinunter, der Ochsenfrosch kleine Frösche, der Haifisch seine Beute. Gewisse Seesterne, die Muscheln fressen, ohne sie, wie früher geschildert, außen zu verdauen, sind manchmal so vollgefressen, daß man beim Aufschneiden zunächst gar keine Eingeweide sieht, sondern nur eine reichhaltige Muschelsammlung. Gerade wie ich dieses niederschreibe, erhalte ich eine wissenschaftliche Zeitschrift mit einem Bericht über die Sektion eines gefangenen Zahnwals, des gefräßigen

Vetters der harmlosen Bartenwale, dessen Magen die Spuren einer geradezu phantastischen Freßgier zeigte. Er enthielt noch nahezu unangetastet 13 Delphine und 15 Seehunde, einen ganzen zoologischen Garten. Da hätte man sich wirklich nicht zu wundern brauchen, wenn man, wie es der Volksglaube will, auch ein Ruderboot mit Mannschaft gefunden hätte.

Diesen gierigen Fressern stehen auf der anderen Seite Tiere gegenüber, die sich zwar von viel kleineren Bissen ernähren, sie aber trotzdem gründlich zerkleinern. Da gibt es richtige Mühlen zum Zermahlen der Körnerfrüchte; die gegeneinanderreibenden Mühlsteine sind die Zähne körnerfressender Säugetiere, deren von flachen Leisten bedeckten Mahlflächen ein vollkommenes Zerreiben ermöglichen. Aber auch wirkliche Mühlsteine gibt es. Jede Hausfrau weiß, daß der Magen körnerfressender Vögel mit Steinen gefüllt ist; dieser Magen ist aber tatsächlich nicht ein verdauender Magen, sondern eine Körnermühle, die an Stelle der fehlenden Zähne arbeitet. Die Wände des Magens sind mit mächtigen Muskeln versehen und ihre Tätigkeit reibt die vom Vogel verschluckten Mühlsteine gegeneinander (Abb. 92). Wie stark diese Mühle ist, geht daraus hervor, daß Glaskugeln im Vogelmagen leicht zu Pulver zerrieben und Eisenröhrchen abgeplattet werden. Andere Tiergruppen besitzen noch feinere Reibinstrumente als diese Körnermühlen. So führen die Schnecken in ihrem Mund eine fein gezähnte Feile oder Raspel, mit der sie die abgebissenen Blätter zerreiben. Doch damit sei es genug von der unerschöpflichen Fülle dieser Einrichtungen, die alle ja nur die Verdauung der Nahrung vorbereiten.

5. Die Ernährung bei staatenbildenden Insekten

Noch können wir uns nicht entschließen, den verschluckten Bissen endlich verdauen zu lassen. Denn es wäre schade, wenn wir das Kapitel des Nahrungserwerbes verließen, ohne wenigstens ein Wort von den Ernährungseinrichtungen der staatenbildenden Insekten gesprochen zu haben Denn wo wir auch immer nach Verhältnissen suchen, die sich mit menschlichen Einrichtungen einigermaßen vergleichen lassen, immer treffen wir wieder auf diese Wesen, auf die Ameisen, Bienen, Termiten. Wieviel hat ein jeder schon von ihnen erzählen, wenn nicht fabulieren hören! Da hört man von den verschiedenen Ständen, von den Arbeitern, Soldaten, Königin und

König und ihrer Anteilnahme an den Geschäften des Volkes. Da
sind vor allem die Arbeiter oder richtiger gesagt, Arbeiterinnen, die
die Bauten aufführen, die Jungen pflegen, die Nahrung suchen.
Fressen sie, so fressen sie nicht nur für sich, sondern auch für alle
anderen. Denn wer etwas Ordentliches gegessen hat, teilt es mit
seinen Geschwistern, den Jungen im Stock, der Königin. Das klingt

Abb. 93. Termitenkönigin in ihrer Kammer, von Arbeitern gepflegt und von
Soldaten bewacht.

nun ja recht merkwürdig, daß jemand erst ißt und dann teilt. Aber
es ist wirklich so. Diese Insekten haben nämlich zwei Magen, die
ganz gegeneinander abgeschlossen sind, einen Familienmagen und
einen Privatmagen. Sammeln sie Honig oder andere Nahrung, so
füllen sie sich den Familienmagen zum Platzen voll an, ohne daß
etwas vom Futter in den Privatmagen hinübertritt. Die Hauptmasse aber geben sie dann zum allgemeinen Besten wieder her, indem sie sie herausbrechen. Die Biene füllt sie als Honigvorrat in
die Waben; die Ameise stellt sich im Nest auf und spuckt jeder
hungrigen Genossin, die es wünscht, eine Portion in ihren Mund.
Das gleiche tun die Termiten, die aber außerdem eine besonders
große Portion für ihre Königin benötigen (Abb. 93). Das ist nämlich ein gar merkwürdiges Ding mit dieser Königin: ihr Hinterleib
ist von der Überfülle der Eier so geschwollen, daß er als ein fast
fingergroßer Sack erscheint, an dem vorn der Rest des Körpers wie

ein Anhang baumelt. So liegt das hilflose Wesen in einer gemauerten
Zelle des Termitenbaues, zu der nur winzige Öffnungen führen, in
lebenslanger Gefangenschaft. Arbeiter gehen ein und aus, reinigen
die Königin, spucken ihr Futter in den Mund und tragen die Eier
davon, die die Mutter des Stammes unaufhörlich legt.

Abb. 94. Gewölbe im Nest der Honigtopfameise mit Honigtöpfen.

Das Aufspeichern der Nahrung im Familienmagen hat nun bei
gewissen Ameisenarten zu einer geradezu humorvollen Einrichtung
geführt. Manche Individuen bilden sich nämlich zu lebenden Vorratskammer aus (Abb. 94). Ihr außerordentlich dehnbarer Familienmagen wird prall mit Vorräten vollgestopft, die die sammelnden
Ameisen einbringen. Jene unglücklichen Geschöpfe aber hängen sich
in der Wohnkammer mit prall aufgefülltem Leib auf und sind
nunmehr lebende Honigtöpfe, von denen sich die Vorübergehenden
abzapfen und die immer wieder zum allgemeinen Gebrauch auf-
gefüllt werden. Nicht minder interessant ist es aber auch, zu erfahren, wo ein großer Teil der gespeicherten Ameisennahrung her-
kommt. Wieviel ist schon über den Ackerbau und Viehzucht der
kleinen Emsen geschrieben worden. Man darf das natürlich nicht
gar zu wörtlich nehmen und nun glauben, daß die Ameisen denken

178

und handeln wie wir. Das sind ja nur Vergleiche aus dem täglichen
Leben, mit deren Hilfe wir die Dinge beschreiben, da wir nichts
Richtiges vom Seelenleben der Ameisen wissen können. Also eine
Lieblingsnahrung ist die Ausscheidung, die die Blattläuse aus ihrem

Abb. 95. Ameise, eine Blattlaus melkend.

After spritzen. Sie ist wohl manchem der Leser bekannt, der es einmal erfahren hat, was es heißt, in einem Blattlausjahr unter einem
Obstbaum zu liegen und den feinen Sprühregen über sich ergehen
zu lassen. Diese Flüssigkeit ist nun sehr reich an Zucker, da die
Blattläuse das ihnen zuströmende Übermaß an Nahrung nicht sehr
gründlich verdauen. Aus dem Grunde scheint es den Ameisen ein

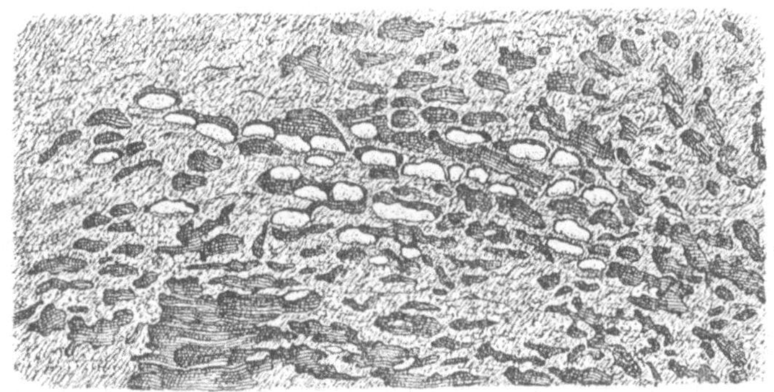

Abb. 96. Aufgeschlagener Termitenbau mit Pilzkuchen in den Kammern.

Leckerbissen. Diese besuchen nun regelmäßig die Läuse und bearbeiten sie mit ihren Fühlern, worauf die Laus einen Tropfen aus
dem After langsam austreten läßt (nicht wie sonst ausspritzt), den
dann die melkende Ameise aufsaugt (Abb. 95). Manche Ameisen

gehen dann schließlich so weit, daß sie sich Blattläuse, die an Wurzeln saugen, in ihren unterirdischen Nestern halten, sorgfältig pflegen und fast ausschließlich von dem Ertrag dieser ihrer „Kühe" leben. Das ist die berühmte Viehzucht. Nicht minder interessant ist aber der sogenannte Ackerbau, den gewisse südamerikanische Ameisen und die holzfressenden, zerstörungswütigen Termiten heißer Länder treiben. In ihrem Bau errichten sie sogenannte Mistbeete (Abb. 96). Bei den Ameisen sind es Haufen kunstgerecht bearbeiteter Blattstückchen, die sie mit ihren Kiefern auf Bäumen schneiden, bei den Termiten Kuchen aus zerkautem Holz. Auf diesen Beeten, die sie sorgfältig mit ihren eigenen Exkrementen düngen, wachsen Pilzfäden, aus denen eigentlich ein Hutpilz sich erheben sollte. Dessen Entstehung verhindern aber die Pfleger durch regelmäßiges Beschneiden und so bildet der Pilz kleine Knöllchen, die halb scherzhaft Kohlrabi genannt werden, die nun den kleinen Züchtern als Nahrung dienen. Man mag das mit menschlichen Handlungen vergleichen oder nicht, jedenfalls ist es bewundernswert.

6. Verdauung und Drüsensäfte

Nun wollen wir aber den Bissen, an dem wir schon beträchtlich lange gekaut haben, wirklich hinunterschlucken, um seine Verdauung zu verfolgen. Nun scheint mir gar, daß er zu trocken ist und uns im Hals steckenbleibt. Wir schlucken und schlucken und übergießen ihn mit Speichel, bis er endlich hinabrutscht. Es scheint fast, als ob wir nun immer noch nicht zur Verdauung kommen sollten. Denn mit dem Wort Speichel stoßen wir wieder auf etwas Neues, auf die Ausscheidung eines Körpersaftes, wohl die erste, die uns begegnet. Wir wissen wohl, daß „der Speichel uns im Munde zusammenläuft". Aber wo kommt er her? Untersuchen wir das, so zeigt sich, daß an verschiedenen Stellen in unsere Mundhöhle feine Röhrchen münden, und gehen wir ihnen nach, so entdecken wir, daß sie von recht ansehnlichen weichen Massen unter der Zunge, unter den Kiefern und nahe dem Ohr herkommen; das sind die Speicheldrüsen. Eine Drüse nennen wir aber einen Körperteil, dessen Aufgabe es ist, etwas auszusondern, was der Körper braucht; ist es Speichel, so reden wir von einer Speicheldrüse, ist es Schleim, so haben wir eine Schleimdrüse, Verdauungssaft kommt aus einer Verdauungsdrüse, Schweiß aus einer Schweißdrüse, Stinkstoffe wie

etwa beim Stinktier aus einer Stinkdrüse, Milch aus einer Milchdrüse, Wachs aus einer Wachsdrüse, fettige Stoffe aus einer Schmierdrüse. Das sind also schon gar wichtige Organe, die überall im
Körper gebraucht werden und tausend wichtige Aufgaben haben.

Gar viele Tiere benutzen als wichtigsten Schutz eine Drüsenausscheidung. Im Seewasseraquarium sitzt ein Tintenfisch und wir nähern
ein Netz, ihn einzufangen. Alsbald spritzt er eine schwarze Masse,
die Sepia, aus, die das ganze Wasser färbt und ihn unsichtbar macht.
Die Tintendrüse hatte diesen Stoff geliefert. Oder nimm einmal
eine der häßlichen grünen Baumwanzen in die Hand oder einen
goldschillernden Laufkäfer; alsbald bespritzen sie dich mit dem
Produkt ihrer Stinkdrüsen, das dir alle Lust benimmt, den Versuch
zu wiederholen. Oder wir betrachten die Ente, die ans Land steigt;
sie braucht sich nicht erst in der Sonne zu trocknen, denn alles
Wasser läuft sofort von ihrem Gefieder ab, wie etwa vom Ölzeug
des Fischers. Der Grund ist in beiden Fällen der gleiche: auch das
Gefieder ist geölt, und das Öl stammt aus einer Drüse, der wohlbekannten — auch wenn die Kenntnis nur aus der Küche stammt —
Bürzeldrüse. Dort wieder kriechen im Zuchtkorb die häßlichen
Seidenraupen. Sie haben ihre Raupenzeit beendet, krumpeln sich
zusammen und spinnen mit ihren Spinndrüsen einen Seidenfaden,
aus dem ein kunstvoller Kokon gewoben wird. Dann kommt der
habsüchtige Mensch, tötet den tüchtigen Spinner, spult den zarten
Seidenfaden wieder heraus, und anstatt der Schmetterlingspuppe
hüllen sich schöne Frauen in das Gespinst.

Doch genug davon. Wir sind ja schon hundertfach der Drüsentätigkeit begegnet; wir hörten so manches bereits von Drüsen, die
Spinngewebe fertigen, von solchen, die die Schneckenschale ausscheiden, von denen, deren Produkt im Blutegeldarm die Blutgerinnung verhindert, und vielen anderen. Jetzt wollen wir deshalb
nur wissen, wie eine solche Drüse zusammengesetzt ist. Die Antwort
kommt wohl nicht mehr unerwartet: aus Zellen, Drüsenzellen, deren
besondere Fähigkeit es ist, in ihrem Inneren einen einzigen, ganz
bestimmten Stoff, also Seide, Speichel, Öl zu erzeugen und in die
Ausführröhrchen, die zwischen den Zellen verlaufen, hinauszubefördern (Abb. 97). Wir werden weiterhin uns nicht mehr wundern,
zu erfahren, daß diese Tätigkeit, ebenso wie die der Muskeln, von
Nerven beherrscht wird. Wir erinnern uns noch an die tätigkeits-

leitenden Nerven. Sie treiben nicht nur die Muskeln zur Tätigkeit an, sondern bestimmte von ihnen auch die Drüsen. Wenn wir dafür einen Beweis erbringen sollten, so stellten wir es wohl so an, daß wir einen bestimmten Nerv elektrisch reizen und sehen, daß alsbald die zugehörige Drüse abzusondern beginnt. Einen leichter auszu-

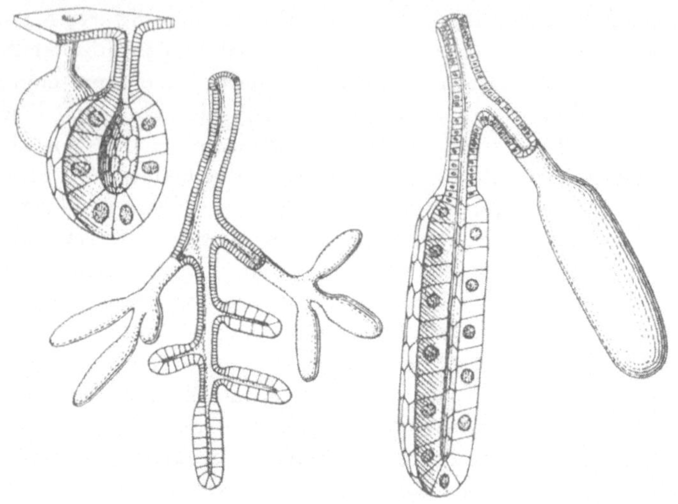

Abb. 97. Verschiedene Formen von Hautdrüsen, zum Teil aufgeschnitten dargestellt.

führenden Versuch hat ein jeder schon an sich selbst angestellt. Beim Anblick, ja schon beim Gedanken an ein gutes Gericht läuft das Wasser im Munde zusammen. Das bedeutet, daß der Anblick der appetitlichen Speise im Gehirn den Befehl zum Absondern an die tätigkeitsleitenden Nerven für die Speicheldrüsen hervorrief.

Solche Speicheldrüsen nun, die ihre Ausscheidung in die Mundhöhle ergießen, sind bei fast allen Tiergruppen zu finden, aber ihre Aufgabe ist eine ziemlich verschiedene. Bei uns hüllt der Speichel vor allem die Bissen ein, damit sie besser hinabrutschen können, macht sie weich und geschmeidig; nur nebenher hat er auch eine kleine, verdauende Wirkung. Bei vielen Insekten, die Bauten aus Holz und Erde aufführen, dient er als Mörtel zum Zusammenkleben der Steinchen. Daß die Schwalben ihren Speichel reichlich zum

Kleben beim Nestbau benutzen, ist wohl bekannt, und eines besonderen Ruhmes erfreuen sich ja die völlig aus Speichel gebauten Nester der ostasiatischen Schwalbe, die ein begehrter Leckerbissen der Chinesen sind und auch wirklich ganz gut schmecken. Schließlich ist ja auch dem Menschen der Speichel das nächstliegende Klebemittel. Und nun schlucken wir aber den mit Speichel durchtränkten Bissen ernstlich hinunter.

VIII. Der Stoffwechsel, von der Nahrung bis zur Ausscheidung des nicht Verwendbaren

Wenn wir uns in der Tierwelt ein wenig umschauen und überlegen, wovon sich die verschiedenen Tierarten ernähren, so glauben wir eine sehr große Mannigfaltigkeit anzutreffen. Das Heu, das die Kuh verzehrt, das Blut, das die Schnake saugt, der Nektar, den die Biene schlürft, der Pflanzensaft, den die Blattlaus aufsaugt, das Fleisch, das der Geier aus dem Aas hackt, all dies sind doch verschiedene Nahrungsarten. Verschieden, ja und nein. Wenn der Chemiker an all diese Dinge herangeht und ihre wirkliche Zusammensetzung erforscht, so findet er, daß fast alle Nahrungsmittel der Tiere, wenigstens der Teil, der wirklich verdaut wird, außer Wasser und Salzen fast nur aus drei Arten von Stoffen bestehen. Die erste Art sind Stoffe, die aus Kohlenstoff, Wasserstoff, Sauerstoff aufgebaut sind — wir erinnern uns ja noch, wie wir uns den chemischen Aufbau des Zuckers an einem Mosaikbaukasten klarmachten — und als Stärke und Zucker bekannt sind. Es gibt deren natürlich mancherlei Arten, Reisstärke, Maisstärke und tierische Stärke, Rohrzucker, Milchzucker, Traubenzucker und andere. Aber allen ist jene chemische Zusammensetzung aus den drei Elementen gemein. Insgesamt nennt man sie mit einem griechisch-deutschen Mischwort, die Kohlehydrate. Die zweite Art von Stoffen sind die Fette, die ebenfalls sehr verschiedenartig sein können, aber doch alle den Charakter eines Fettes haben; auch diese Stoffe sind aus bestimmten Zusammenlagerungen jener drei Elemente gebildet. Die dritte Stoffart endlich ist das Eiweiß, das vom Hühnereiweiß seinen Namen hat, das wieder in zahllosen verschiedenen Arten von „Eiweißkörpern" vorkommt, die aber vom Standpunkt des Chemikers einander ähnlich sind. Bei ihrem Aufbau beteiligt sich neben den schon genannten Grundelementen hauptsächlich noch der Stickstoff und der Schwefel.

So besteht denn fast immer die Aufgabe der Verdauung darin, diese drei Stoffarten so zu verwandeln, daß sie aus dem Darm in den Körper übertreten können, was in ihrer natürlichen Form nicht möglich ist. Zum Aufbau des Körpers sind ja die in ihnen enthaltenen Grundstoffe oder Elemente, nämlich Sauerstoff, Wasserstoff, Kohlenstoff, Stickstoff, Schwefel, vor allem nötig. Neben ihnen bedürfen wir allerdings noch einiger anderer Dinge wie Kalk und Kochsalz; aber sie werden uns ohnedies meist in gelöster Form zugeführt oder sind ohne weiteres löslich, so daß ihre Aufnahme in den Körper keiner besonderen Vorbereitungen bedarf. Die Nahrung aller Tiere muß also eine gemischte sein in bezug auf die genannten Stoffe, und vor allem darf das stickstoffhaltige Eiweiß nicht fehlen. Woher es kommt, ist im einzelnen sehr verschieden. Pflanzenfresser beziehen es aus dem Leib der Pflanzenzellen, Fleischfresser aus den tierischen Zellen. Wir selbst bekommen es hauptsächlich aus dem Fleisch, aber auch aus Gemüsen, vor allem den eiweißreichen Hülsenfrüchten. Man hört allerdings oft, daß ganze Völkerschaften ohne Eiweißnahrung leben. Die Ostasiaten sollen sich vielfach nur von Reis nähren, der ja hauptsächlich aus Stärke besteht. Das ist aber nicht richtig. Denn zum Reis, der unser Brot vertritt, gehört stets eine eiweißreiche Zuspeise, meist Fisch. Jeder Orientreisende weiß, wie die Luft der Städte vom Geruch getrockneter Fische verpestet ist. Für Leute mit unempfindlichen Nasen gibt es allerdings nichts Interessanteres als auf den Märkten die Stapel durchaus ungenießbar aussehender getrockneter Seetiere aller Art zu sehen, die oft wie Holzstöße aussehen. Kommt man dann in Regionen fern vom Meer, wo frische Fische unerreichbar sind, so bekommt man Gelegenheit, seinen Eiweißbedarf aus solchen Quellen zu decken. Zu meinen schrecklichsten Erinnerungen gehört eine Nacht in einem einsamen Gebirgsrasthaus Zentral-Japans, in dem die einzigen Speisen verdorbener Reis und die schlimmste Sorte getrockneten Fischs waren. Glücklicherweise blieb ich davon verschont, in einer nahe dabei gelegenen Gegend zu nächtigen, in der die armen Bauern sich keine andere Zukost zum Reis leisten können als die Puppen von Seidenspinnern, deren widerlicher Geschmack mir leider durch Karpfen bekannt wurde, die mit ihnen gefüttert sind und den Geschmack annehmen. Da war es immer noch besser in jenem idyllischen Hochgebirgsdorf, in dem die arme Bevölkerung sogar den Reis noch mit billiger Gerste mischen muß. Aber als eiweißhaltige Zuspeise gab es die Zwiebeln der Berglilie, was ebenso poetisch wie schmackhaft war.

1. Die Verdauung bei allerlei Tieren; Tiere, die sich nicht allein ernähren können

Wir hatten nun schon verschiedentlich Gelegenheit, davon zu sprechen, worin in der Hauptsache die Verdauung besteht. Wir wissen, daß die Überführung der verwickelt zusammengesetzten stärke- oder eiweißartigen Nahrungsstoffe in einfachere lösliche Stoffe durch jene eigenartigen, im Körper erzeugten Umwandler bedingt wird, deren Bezeichnung Enzyme uns wohl schon geläufig ist. Wir haben auch bereits früher uns am Beispiel der Zuckergärung eine anschauliche, wenn auch vom Standpunkt des Chemikers betrachtet, etwas rohe Vorstellung von der Art der Enzymwirkung, der „Spaltung“ von Stoffen mit Hilfe von Enzymen, gebildet. So erscheint es uns jetzt ohne weiteres klar, daß dem Darm der Tiere zwei Hauptaufgaben zukommen: einmal, die Verdauungsenzyme für die Spaltung der Nahrung zu liefern, und dann, die so erhaltenen löslichen Stoffe aufzusaugen, so daß sie in den Körper eintreten können.

Wo kommen nun die Verdauungsenzyme her und wie wirken sie? Da erinnern wir uns sogleich dessen, was wir kürzlich erst von den einzelligen Tieren, Amöben, Aufgußtierchen und ähnlichen, hörten, die noch keinen Darm besitzen, sondern die Nahrung in den weichen Zelleib hineinbefördern und hier verdauen. Die Enzyme werden also hier innerhalb der Zelle erzeugt und wirken gleich an Ort und Stelle. Die aus der Nahrung herausgespaltenen einfacheren Stoffe müssen aber nicht erst aufgesaugt werden, sondern sind ja bereits in das Innere des Zelleibs aufgenommen. Sicher ist das die ursprüngliche Art der Verdauung und, merkwürdig genug, es gibt eine Anzahl einfacher Tiere, gewisse Würmer und dergleichen, die einen Darm besitzen und trotzdem noch in dieser ursprünglichen Weise verdauen. Bei ihnen arbeiten die einzelnen Zellen des Darmrohres genau wie fressende Amöben. Jede von ihnen hat die Fähigkeit, weiche Fortsätze nach Amöbenart in den Darmhohlraum auszusenden. Diese Fortsätze umfließen die Nahrung, die aus winzigen Teilchen bestehen muß und ziehen sie ins Innere der Zelle, wo dann die Verdauung vor sich gehen muß. Dieser einfache Vorgang genügt aber der Mehrzahl der Tiere nicht mehr. Sie verdauen außerhalb der Zellen im Darmrohr, wo die Nahrung mit der von den Zellen ausgeschiedenen enzymhaltigen Verdauungsflüssigkeit übergossen wird.

Wir haben nun schon des öfteren Vorgänge innerhalb des Körpers mit der Organisation der menschlichen Gesellschaft verglichen und wollen diesen Vergleich nun wieder einmal heranziehen. In der ursprünglichen Gemeinde verrichtete ein jeder alles; jeder war sein eigener Schmied, Maurer, Jäger, Krieger. Mit fortschreitender Entwicklung stellte sich aber die Arbeitsteilung ein, die einem jeden immer wenigere, ja, nur eine einzige Aufgabe zuteilt, als deren drastisches Beispiel wir den Mann im Chikagoer Schlachthaus vorführten, der jahraus, jahrein nur eine Bewegung ausführt. Ähnlich geht es nun mit der Organisation der Darmverdauung. Da gibt es so einfache, ursprüngliche Därme, wie wir sie bei unserem Spulwurm kennenlernten, die ein gleichartiges Rohr, von Zellen ausgekleidet, darstellen, die sowohl die Ausscheidung der Enzyme wie die Aufsaugung der verdauten Nahrung besorgen. Von da führen alle erdenkbaren Stufen zu Därmen, die in viele Unterabteilungen eingeteilt sind, deren jede eine bestimmte Stufe des Verdauungsvorganges besorgt und in die besondere Drüsen einmünden, die die Masse der notwendigen Enzyme erzeugen. Trotz aller Verschiedenheiten, über die sich sehr vieles erzählen ließe, treten doch einige Punkte immer in ähnlicher Weise hervor.

So wird bei zahlreichen Tiergruppen die aufgenommene Nahrung durch eine Speiseröhre in einen Sammelbehälter, den Magen, geleitet, dessen äußere Haupteigenschaft es ist, ein mehr oder minder weiter Sack zu sein, der eine Menge von Nahrung aufnehmen kann. So hat ein Krebs ebensowohl einen Magen wie eine Fliege oder ein Käfer, eine Schnecke wie ein Seestern, Haifisch, Frosch, Eidechse, Vogel, Säugetier. Was aber in diesem Magensack mit der Nahrung geschieht, ist im einzelnen doch recht verschieden. Vor allem treffen wir häufig Magen an, die nicht nur verdauen, sondern schon bei der Vorbereitung der Nahrung zur Verdauung mithelfen. Den Mühlsteinmagen der Vögel haben wir schon kennengelernt, und auch bei Krebsen und Insekten könnten wir merkwürdige Reibemaschinen und Siebeinrichtungen mit ähnlichen Aufgaben im Magen finden (Abb. 98). Wo sie besonders wirksam eingerichtet sind, ist auch bereits eine Arbeitsteilung in zwei Magenabschnitte eingetreten, von denen einer zerkleinert, der andere verdaut; der Kaumagen besorgt dann sozusagen als Stellvertreter die Aufgaben, die sonst dem Mund mit seinen Kau-, Mahl-, Reibeeinrichtungen zukommen. Bei einer Tiergruppe hat sich aber eine Arbeitsteilung im Magen vollzogen, die wirklich ganz außerordentlich ist. Das sind die als Wiederkäuer wohlbekannten Kamele, Schafe, Hirsche, Rindvieh, von denen auch dem Laien bekannt ist, daß sie „mehrere Magen" besitzen. Das trifft aber auch für

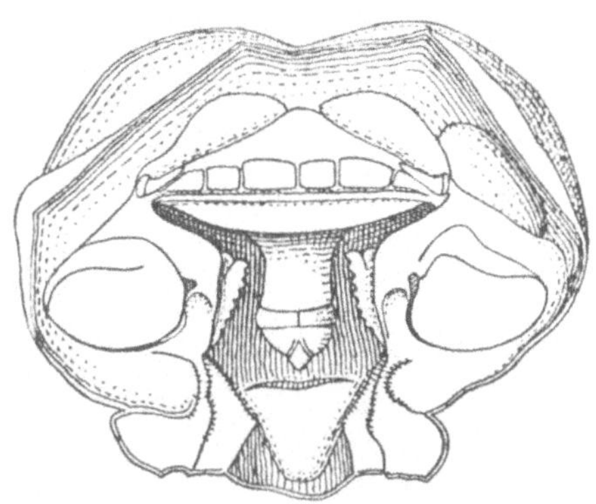

Abb. 98. Der aufgeschnittene Kaumagen eines Flußkrebses mit seinen Zahnbildungen.

Schweine, Nilpferde, manche Walfische noch zu. Mit ihnen hat es nun die folgende Bewandtnis.

Die ausschließliche Nahrung eines Wiederkäuers sind Kräuter. Diese sind natürlich, wie alle Lebewesen, aus Zellen aufgebaut. Die pflanzliche Zelle aber unterscheidet sich in einem Punkt von der jetzt so wohlbekannten tierischen Zelle; ihr weicher Leib ist stets eingeschlosen von einem festen Häutchen aus Zellstoff, das ihn umgibt wie ein Kästchen oder die Wandungen einer Klosterzelle (woher auch der Name „Zelle" stammt). Dieser Holzstoff oder Zellstoff ist nun für die meisten Tiere (einige Schnecken und Krebse machen eine Ausnahme) unverdaulich, da keine Enzyme im Darm vorhanden sind, die ihn zu spalten vermögen. Um nun den nahrhaften Inhalt der Pflanzenzellen der Verdauung zugänglich zu machen, ist es nötig, daß die Holzstoffwände gesprengt werden, und die meisten Pflanzenfresser erreichen das durch feinste Zerkleinerung. Wir erinnern uns noch der Raspel im Mund der Schnecken, die mit mikroskopischen Zähnchen bedeckt ist, die die Zellwände zerreißen. Beim Wiederkäuer wird nun die Nahrung, ohne besonders gründlich mit den Zähnen zermahlen zu sein, hinuntergeschluckt und gelangt in den Vormagen, der selbst aus zwei Abteilen besteht, die Pansen und Netzmagen heißen; hier verweilt dann der Pflanzenbrei, in Speichel angefeuchtet, ziemlich lange (Abb. 99). Die Aufgabe dieses Magens aber ist es, den Holzstoff zu erweichen und zu

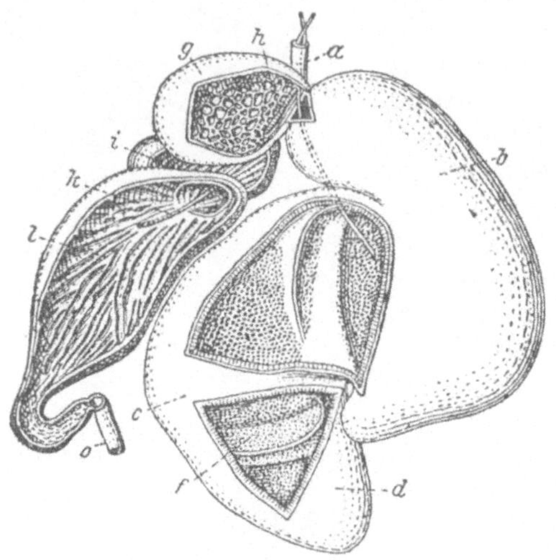

Abb. 99a. Magen vom Schaf. *a* Speiseröhre, *b, c, d, f* der teilweise aufgeschnittene Pansen, *g* Netzmagen aufgeschnitten, *h* die Rinne, die in den Blättermagen *i* führt, *k* Übergang in den Labmagen *l*, *o* der Darm.

zerstören, so daß der Zellinhalt zutage tritt. Wie kann das aber geschehen, wenn kein Enzym ausgeschieden wird, das den Holzstoff spaltet? Wir haben früher einmal genau beschrieben, wie der Zucker im Traubensaft oder der Biermaische zu Alkohol und Kohlensäure vergoren wird. Dabei erfuhren wir, daß die Gärung eine Spaltung durch die Wirkung von Enzymen war, die sich im Körper winzig kleiner Pilzchen, der Hefepilze, finden. Nun ist die ganze Welt erfüllt mit ähnlichen kleinen Pilzchen, die man Bakterien nennt. Gewöhnlich verbinden wir mit diesem Wort den Begriff bösartiger Krankheitserreger; aber es gibt ja sehr viele Arten von Bakterien und darunter vielleicht mehr Wohltäter als Übeltäter, denn vielen von ihnen kommt, wie wir noch sehen werden, die wichtige Fähigkeit zu, bestimmte Stoffe spalten und auch aufbauen zu können, die anderen Lebewesen unzugänglich sind; dadurch aber spielen sie vielfach eine höchst bedeutungsvolle Rolle in der Natur. So gibt es denn auch Bakterien, die des Holzstoffes Herr werden, die ihn vergären können. So wie die Hefepilze aus Zucker Alkohol und Kohlensäure machen, zerlegen jene den Holzstoff in allerlei Säuren und Gase, vor allem Grubengas und Kohlensäuregas. Solche Bakterien aber sind es, die für den Wiederkäuer

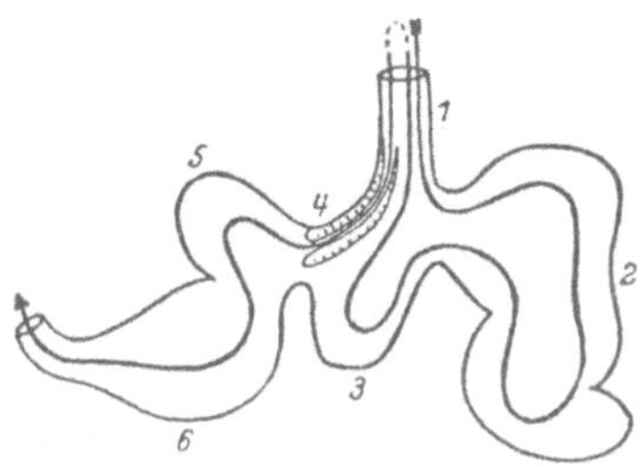

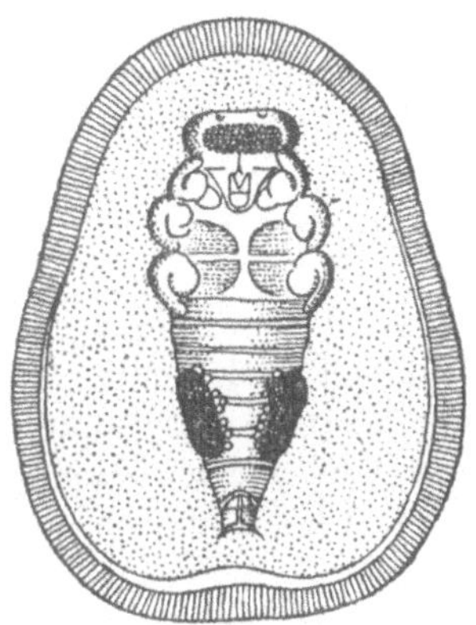

Abb. 99b   Abb. 100

Abb. 99b. Darstellung des Laufes der Speise durch die sämtlichen Magen in der Richtung des Pfeils. *1* Speiseröhre, *2* Pansen, *3* Netzmagen, *4* Schlundrinne, *5* Blättermagen, *6* Labmagen.
Abb. 100. Embryo einer Schildlaus mit den beiden (im Bild schwarzen) Pilzorganen.

die Arbeit leisten, die er selbst nicht zu vollbringen vermag. In ungeheuren Massen leben sie in dem Vormagen, in den sie mit der Nahrung gelangen, und bei dem Verweilen des Futters in diesem Gärungsbottich vergären sie ein gut Teil der Holzstoffhäute, wodurch der Inhalt der Pflanzenzelle freigelegt wird. Klingt das nicht fast wie ein Märchen, daß der riesige Stier sich seine Nahrung von den unsichtbaren kleinen Bakterien verarbeiten lassen muß, den Heinzelmännchen, die seine Arbeit verrichten, während er nach der Weide ruht? Heute kennen wir noch nicht viele Fälle, die sich dem an die Seite stellen ließen, aber vielleicht stehen uns da noch Überraschungen bevor. Gibt es doch eine Menge von Insektenarten, deren Körper in ganz bestimmten Organen Bakterien und Pilze

enthält, die so wichtig zu sein scheinen, daß sie sogar jedem Ei, das
gelegt wird, sozusagen als Mitgift mitgegeben werden (Abb. 100).
Einige dieser Pilzbehälter sind sehr kompliziert und ohne weiteres
als lebensnotwendig erkennbar. Tatsächlich hat das Experiment
gezeigt, daß die betreffenden Insekten nicht ohne diese Pilze leben
können. Meistens sind es Insekten mit sehr spezialisierter Nahrung,
wie Blutsauger, Wachsfresser etc. Offenbar liefert diese Nahrung
nicht die sogenannten Vitamine, die als Bestandteile lebenswichtiger
Enzyme unentbehrlich sind, aber nicht vom Körper selbst fabriziert
werden können. Die kleinen Pilzchen können dies und helfen so
dem sie beherbergenden Insekt aus. Ich möchte fast dazu sagen:
Man wundert sich schon über gar nichts mehr. Doch kehren wir wieder zu dem Heu zurück, das die Kuh frißt. Wenn im Vormagen
das Geschilderte vorgegangen, wird der jetzt vorhandene weiche
Futterbrei wieder in den Mund zurückgebrochen und dann nochmals
zerkleinert, wiedergekäut. Was dann zum zweitenmal geschluckt
wird, läuft in einer besonderen Rinne am Vormagen vorbei in den
sogenannten Blättermagen, in den Falten vorspringen wie die
Blätter eines Buches. Dort wird der Brei ausgepreßt, so daß er jetzt
ziemlich trocken erscheint, und nun endlich gelangt er in den verdauenden Magen, den Labmagen, der nicht anders arbeitet als die
Magen anderer Tiere.

2. Was im Magen und Darm vorgeht

Für unsere gewohnten Vorstellungen ist der Magen der Teil,
der die Hauptverdauungsarbeit zu leisten hat: ein guter Magen
und ein schlechter Magen erscheinen uns gleichbedeutend mit guter
und schlechter Verdauung; das ist aber unrichtig, denn man weiß,
daß bei gewissen Erkrankungen der Magen völlig herausgeschnitten
werden kann, ohne daß dadurch eine geregelte Verdauung unmöglich gemacht wird. Trotzdem leistet aber der Magen doch ein
gut Teil Verdauungsarbeit, und zwar beschäftigt er sich hauptsächlich mit der Verwandlung der Eiweißstoffe in eine lösliche Form.
Zu diesem Behufe scheiden die Drüsenzellen der Magenwandung
ein Enzym aus, das man Pepsin nennt. Merkwürdigerweise vollzieht
sich aber die Wirkung solcher Enzyme am besten, wenn die Umgebung eine ganz bestimmte Beschaffenheit hat; das Pepsin liebt
eine saure Umgebung. Dem tragen wieder gewisse Drüsenzellen Rech-

nung, indem sie Salzsäure (oder bei manchen Tieren auch eine andere Säure) ausscheiden, den gleichen Stoff, der in der Küche zum Putzen verwandt wird und mit solcher Vorsicht behandelt werden muß, da er in konzentrierter Form ein bösartiges Gift ist.

So packt nun das Pepsin die Eiweißstoffe an und zerlegt sie vor allem in Stoffe, die man Peptone nennt. Auch sie sind uns, wenigstens rein äußerlich, nicht ganz unbekannt. Denn man gibt ja künstlich hergestellte Peptone Kranken als besonders leicht verdauliche Kost; leicht verdaulich, denn sie sind ja bereits halb verdautes Eiweiß. Damit sind nun aber die Leistungen des Magens, besonders bei Pflanzenfressern, noch nicht zu Ende. Deren Nahrung enthält ja große Mengen des zweiten Hauptnährstoffes, Stärke, die wieder selbst unlöslich ist. Das trifft natürlich ebenso für unser Brot und unsere Mehlspeisen zu. Um vom Körper aufgenommen werden zu können, muß die Stärke aber erst in löslichen Zucker gespalten werden, und das besorgt wieder ein Enzym, das Stärkeenzym. Das wird nun von den Speicheldrüsen erzeugt und läuft mit dem Speichel in den Magen hinab, wo es in Tätigkeit tritt. Sodann wollen wir auch nicht vergessen, daß im Magen Knochen verdaut werden können, wie Hunde, Raubvögel, Schlangen zeigen. Dabei zerstört erst die Salzsäure den Kalk, und der Rest wird vom Pepsin in Angriff genommen. Ich erinnere mich eines recht drastischen Falles dieser Fähigkeit. Ein Freund hielt in seinem Terrarium eine jener fußlosen Eidechsen, die wie Schlangen aussehen, zusammen mit zwei viel kleineren Schlangen. Eines Tages war eine der Schlangen, wie auch der meterlange Scheltopusik, so hieß die schlangenförmige Eidechse, verschwunden und konnten nicht mehr aufgefunden werden. Es zeigte sich dann, daß die eine der beiden Schlangen beide Genossen der ganzen Länge nach verschluckt und auch verdaut hatte, als nach einiger Zeit in ihrem Kot als gesamter Rest ein paar Wirbelchen des Scheltopusiks erschienen.

Das, was im Magen vorgegangen ist, stellt im wesentlichen nur eine Art von Vorverdauung dar, und der wichtigste Teil der Verdauung beginnt erst, wenn die Stoffe vom Magen in den Darm übertreten. Das läßt sich schon daraus entnehmen, daß in den Darm sowohl bei vielen niederen Tieren oder Wirbellosen als auch bei den Wirbeltieren Drüsen von ganz außerordentlichem Umfang einmünden, die ihre Säfte in den Darm ergießen (Abb. 101). Diese

Drüsen sind allgemein als erstens die Leber bekannt, die man so gut bei einem Krebs oder einer Schnecke als bei einem Menschen findet, und sodann zweitens als Bauchspeicheldrüse bei den Wirbeltieren. Sie sind es, die die Enzyme anfertigen, die den wichtigsten Anteil an der Verdauung nehmen neben anderen Aufgaben, von denen wir noch hören werden. Da ist es nicht etwa die Leber, wie man

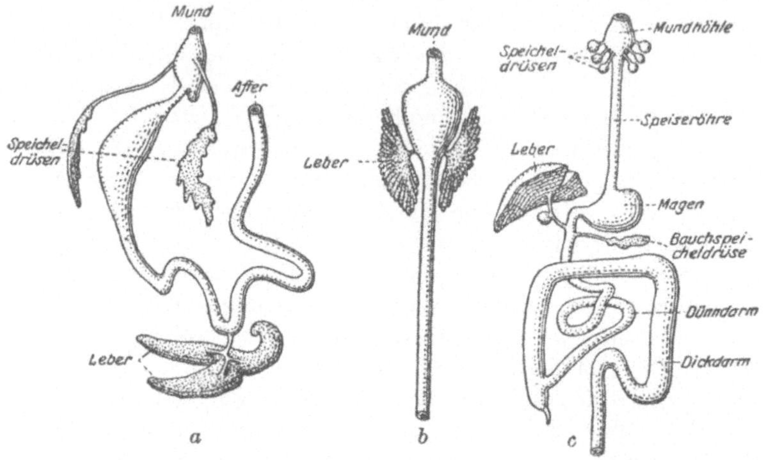

Abb. 101 a—c. Der Darmkanal. a einer Schnecke, b eines Krebses, c eines Menschen, um die Anhangsdrüsen zu zeigen.

wohl erwarten möchte, sondern die Bauchspeicheldrüse, der die wichtigste Arbeit zukommt. Denn ihre Ausscheidung enthält die drei besonders wirksamen Enzyme, die für die Verdauung von Eiweiß, Stärke, Fett nötig sind. Die Eiweißstoffe sind ja nun zwar schon im Magen in lösliche Form übergeführt worden, aber das genügt dem Körper sichtlich noch nicht. So baut sie das Enzym der Bauchspeicheldrüse noch weiter zu ziemlich einfachen Stoffen ab, die dann erst aufgesaugt werden können. Die Zellen des Körpers aber besitzen die Fähigkeit, aus diesen wieder ihr Eiweiß aufzubauen. Tatsächlich kann man mit bestem Erfolg Tiere mit einem Gemisch solcher chemisch hergestellten Stoffe — sie sehen für den Laien etwa wie Salze aus — ernähren.

Das sind nur sehr bescheidene Andeutungen und der wißbegierige Leser möchte sicher die Vorgänge noch besser verstehen lernen.

Leider kann ich dazu nicht viel beitragen. Es gibt viele Tatsachen naturwissenschaftlicher Art, die jedermann verständlich gemacht werden können. Aber bei den tieferen Weisheiten der Chemie versagt doch schließlich die Umschreibung und sie können nur klargemacht werden, wenn ein gewisses Maß chemischen Fachwissens vorausgesetzt werden kann. So bleibt euch also nichts übrig, als dies erst zu erlangen, ehe ihr daran denken könnt, den Vorgang der Verdauung wirklich zu verstehen, nicht nur zu ahnen. Aus dem gleichen Grund können wir über den Vorgang der Fettverdauung nur feststellen, daß das fettspaltende Enzym die Fette in sogenannte Fettsäuren und Glyzerin zerlegt. Hier kommt nun auch die Ausscheidung der Leber zu ihrem Recht, die allbekannte Galle. Denn sie vermag nicht nur das Fettenzym zu seiner Tätigkeit anzuregen, sondern auch die gebildeten Fettsäuren zu lösen, so daß sie nunmehr samt dem Glyzerin in den Körper aufgenommen werden können, um da wieder zu Fett zusammengesetzt zu werden.

Zur Entschädigung für die Enttäuschung sei aber doch wenigstens mitgeteilt, wie man über all diese Dinge Klarheit erlangen kann. Da ist der harmloseste Weg der, die Bauchspeicheldrüse eines frischgetöteten Tieres zu zerkleinern, das wirksame Enzym herauszuziehen und es nun im Reagenzglas auf die verschiedenen Stoffe einwirken zu lassen und mit den Hilfsmitteln der Chemie deren Veränderung zu studieren. Um aber die Verhältnisse des Lebens genau zu erforschen, muß man den Weg des Versuches am lebenden Tier einschlagen. Wer vor diesem Gedanken zurückscheut — und nichts ist natürlicher und ehrenwerter als das Mitgefühl mit hilflosen Geschöpfen —, möge sich darüber klar werden, daß dies der einzige Weg ist, um über die Dinge Klarheit zu erhalten, von deren Kenntnis Gesundheit und Leben von Millionen von Menschen abhängt. Viele der notwendigen Operationen müssen gegebenenfalls auch beim Menschen ausgeführt werden, und der gewissenhafte Forscher führt sie beim Versuchstier mit der gleichen Menschlichkeit aus, wie bei einem Patienten. Da ist es also nötig, daß man den Verdauungssaft ganz direkt dem lebenden Darm entnimmt. Das zu erleichtern, werden die Versuchstiere so operiert, daß das Ausführröhrchen der Drüse nach der Bauchwand geführt und dort eingeheilt wird, so daß der gewünschte Saft direkt abgezapft werden kann. Dann konnte man aber noch weiter gehen, indem man an Stelle des Rea-

genzglases den natürlichen Darm selbst setzte, was durch folgende
Operation ermöglicht wird. Das Darmstück, in das die Verdauungssäfte fließen, wird oben und unten abgeschnitten und die beiden
offenen Enden in die Bauchhaut eingeheilt, während der übrige
Darm wieder zusammengefügt wird. Nun hat man ein Versuchstier
mit zwei verschließbaren Öffnungen am Bauch, die in ein Darmstück
führen. Dahinein können die zu untersuchenden Stoffe direkt eingeführt werden, und dann ihre Verwandlungsprodukte herausgenommen und chemisch untersucht werden.

Nun liegt uns aber noch eine Frage nahe. Wir erfuhren früher,
daß die Speichelabsonderung ein von Nerven abhängiger Reflexvor-
gang ist. Wie steht es in dieser Beziehung mit der Absonderung des
Magensaftes und der Bauchspeicheldrüse? Der Versuch zeigt, daß
auch sie tatsächlich als Aufträge von tätigkeitsleitenden Nerven erfolgen. Der berühmte Versuch, der das für den Magen beweist, ist
der: Einem (natürlich chloroformierten) Hund wurde die Speiseröhre durchschnitten, und das freie Ende in die Haut eingeheilt,
wo die Öffnung durch einen geeigneten Verschluß verschlossen
werden kann. Frißt das Tier jetzt, so kommt die Nahrung nicht
in den Magen, sondern läuft zu jener künstlichen Öffnung — man
nennt sie eine Fistel — wieder hinaus. Um das Tier ernähren zu
können, war ihm aber auch eine Magenfistel angebracht worden,
durch die das Futter direkt in den Magen gesteckt und auch Magen-
saft entnommen werden kann. (Die gleiche Operation muß öfters
an Menschen ausgeführt werden, deren Speiseröhre erkrankt ist;
gar mancher sonst dem Tode Geweihte wird so am Leben erhalten,
nachdem man am Hund einmal gelernt hatte, daß die Operation
möglich ist.) Wird nun dem Hund ein Stück Fleisch vorgehalten,
oder schlingt er es hinunter, ohne daß es je in den Magen gelangt,
so fängt alsbald die Absonderung des Magensaftes an. Es liegt also
die gleiche Art von Reflex vor, wie wenn das Wasser im Mund
zusammenläuft.

3. Die Verteilung der verdauten Nahrungsstoffe im Körper

So haben also nun die Verdauungssäfte alles Genießbare in lös-
liche Form gebracht, und der wäßrige Saft mit den in ihm gelösten
Nahrungsstoffen kann von den Darmzellen aufgesaugt werden.
Es hat also die Küche des Körpers, der Darm, seine Pflicht getan,

die Nahrung für die Bewohner des Hauses, die Millionen von Körperzellen, zuzubereiten. Wie kommt aber nun die Nahrung aus der Küche zu denen, die davon zehren wollen? Bei einer Wanderung im istrischen Küstenland kamen wir einmal müde und hungrig zu einem ärmlichen slowenischen Dorfwirtshaus. Die Hütte enthielt nur einen Raum, in dessen Mitte ein Herd mit offenem Feuer eingemauert war, der zugleich als Bank diente. In einem von der Decke herabhängenden Kessel wurde gelbe Polenta gekocht, die die Gäste, schweigend um das Feuer hokkend, verzehrten. Das ist gewiß recht ursprünglich und es mag uns als Vergleich dienen, wie im einfachsten Fall im Tierreich die Verteilung der Nahrung von der Körperküche an die Gäste erfolgt. Da ist nämlich, wenn wir an etwa einen Süßwasserpolypen oder ein Korallentier denken, der

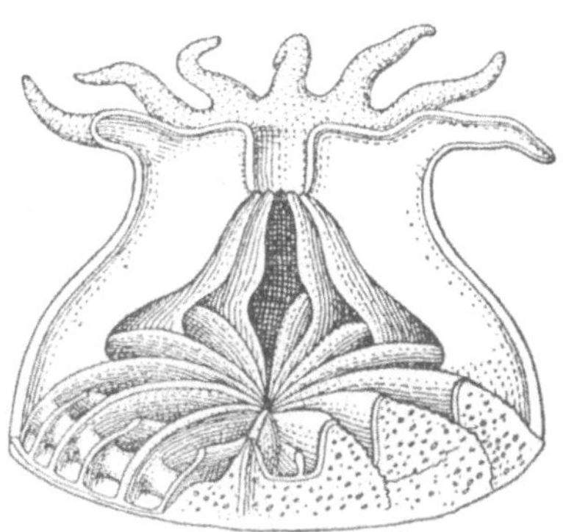

Abb. 102. Aufgeschnittener Korallenpolyp mit dem gekammerten Magendarmraum.

ganze Körper nicht viel mehr als ein Darmschlauch, von ein paar Zellagen umgeben (Abb. 102). Somit sitzen alle Gäste direkt um den großen Kessel, alle Zellen um den Darmsack herum und können von ihm direkt die aufgesaugte Nahrung erhalten. Wird der Tierkörper aber verwickelter, dann ist das nicht mehr recht möglich und es sind besondere Einrichtungen zur Verteilung der Nahrungsstoffe im Körper nötig. Für die Art, wie diese Aufgabe bei den zierlichen Quallen und den einfachsten Würmern gelöst ist, wüßte ich keinen brauchbaren Vergleich mit menschlichen Einrichtungen. Denn ich glaube nicht, daß es ein Gasthaus gibt, in dem vom Suppenkessel in der Küche Röhren nach allen Seiten führen, die den Gästen die Nahrung direkt in den Mund leiten. So etwa ist es nämlich bei diesen Lebewesen (Abb. 103, 104). Der Darm verzweigt sich in Röhren, die sich durch den ganzen Körper verästeln und die Nahrungsstoffe überall verteilen, so daß gewissermaßen der Darm überall anwesend ist.

Bei den meisten Tiergruppen aber übernimmt ein ganz besonderes
Organsystem diese Verteilung, ebenso etwa, wie in einem großen
Gasthaus Speiseaufzüge nach allen Zimmern hin führen. Im ein-
fachsten Fall kann dies Organ aus weiter nichts bestehen als aus
Spalten und Lücken zwischen den Geweben des Körpers, die von
einer Flüssigkeit erfüllt sind, die man Lymphe nennt. Die gelöste

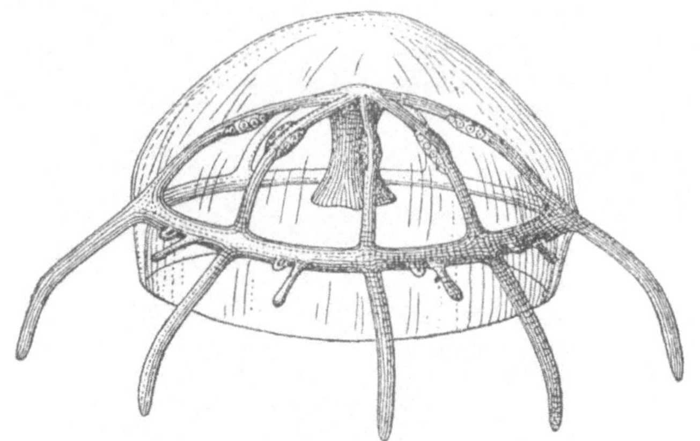

Abb. 103. Meduse mit dem Darmkanalsystem.

Nahrung tritt in die Lymphe über und umspült in ihr alle die Zellen
des Körpers, die daraus ihren Stoffbedarf decken. So ist es etwa
bei dem Spulwurm, dessen Lymphflüssigkeit uns bereits von ihrer unangenehmen Seite her bekannt ist. Höheren Ansprüchen genügt diese
Einrichtung aber nicht. Da tritt zu den Lymphspalten vielmehr noch
ein besonderes leitendes Röhrennetz, das uns schon wohlbekannte
Blutgefäßnetz, dem außer der Aufgabe, den Zellen den nötigen
Sauerstoff zuzuführen, auch noch die zufällt, ihnen die übrigen
Nährstoffe zu übermitteln. Würden wir die Darmwand eines Wirbeltieres mikroskopisch untersuchen, so fänden wir sie erfüllt von
allerfeinsten Blutröhrchen. Betrachten wir diese dann wieder vor
und nach einer Mahlzeit, so könnten wir sehen, daß die von den
Darmzellen aufgesaugten Nährstoffe, also Zucker, die abgespal-
tenen Eiweißbausteine und Fett — letzteres hat sich nämlich bereits
in den Darmzellen wieder zusammengesetzt aus seinen Spaltteilen

196

— im Blut und teilweise auch in der Darmlymphe erscheinen, um
von dort in den Körper geführt zu werden. Das alle Körperteile
durchspülende Blut schafft sie überall hin (Abb. 105, 106).

4. Was machen die Körperzellen mit den verdauten Nahrungsstoffen?

Was wird nun weiter aus der im Körper verteilten Nahrung?
Da wollen wir uns zunächst einmal einige der früher erworbenen

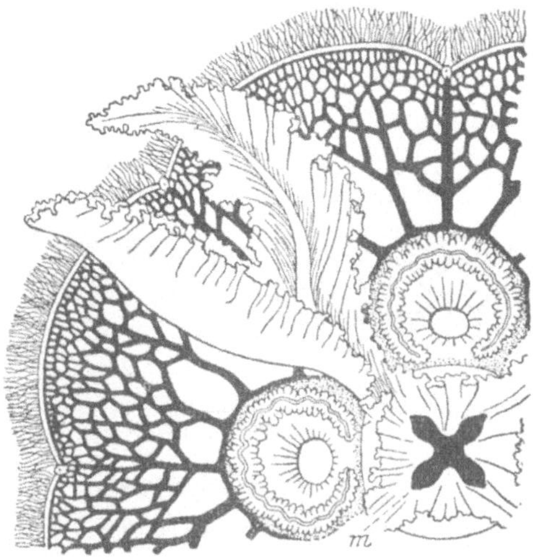

Abb. 104. Ein Viertel einer großen Qualle von unten gesehen.
Schwarz die Verästelungen des Darmkanalsystems von dem kreuzförmigen
Mund *m* ausgehend.

Kenntnisse vergegenwärtigen. Da hörten wir allerlei über die Aufnahme des Sauerstoffes durch die Atemorgane und wie er dazu
dient, in den Geweben die Verbrennungen zu ermöglichen, die dem
Körper die Kraft für seine Leistungen liefern. Wir hörten ferner,
daß in den Muskeln ein krafterzeugender Stoff, die tierische Stärke,
abgelagert ist, die dann mit Sauerstoff verbrannt wird. Wir erfuhren auch, daß in der Atemluft das Produkt dieser Verbrennung,
nämlich Kohlensäuregas und Wasserdampf, ausgeschieden wird.
Schließlich wissen wir, auch ohne daß es bisher erwähnt wurde, daß
auch andere Dinge dauernd aus dem Körper ausgeschieden werden,
nämlich im Kot und Harn. Jetzt sehen wir aber, wie die Nahrungs-

stoffe in den Körper hineingelangen, und so ergibt sich uns nun ein Bild von allem, was in den Körper gelangt und was herauskommt; es zu vervollständigen, müssen wir nur noch etwas mehr davon erfahren, was im Körper mit den aufgenommenen Stoffen geschieht. Erst dann haben wir ein Gesamtbild von dem, was man Stoffwechsel nennt; er ist es ja, der im wesentlichen den Lebensprozeß ausmacht.

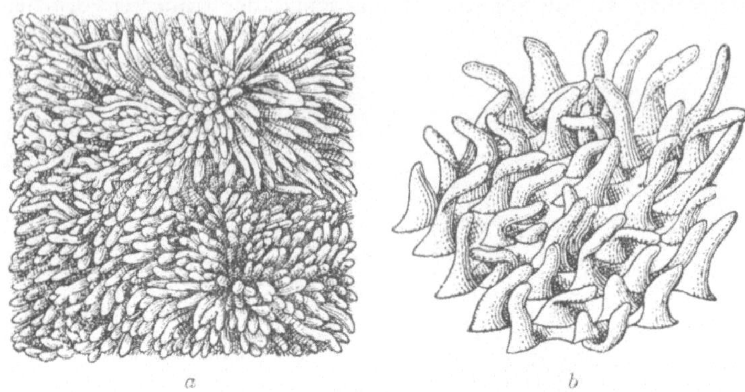

Abb. 105 a u. b. Die Darmzotten zur Vergrößerung der Darmoberfläche, welche die Nahrung aufzusaugen hat, a vom Kaninchen, b vom Meerschweinchen.

Wenn wir uns nun die Leistungen betrachten, die der Körper vollbringt, so sind sie zweifellos von zweierlei Art. Einmal ist da der tägliche Gang der Maschine, die Arbeit der Muskeln, Drüsen, Nerven, deren Leistung von der Feuerung der Maschine bestritten werden muß. Wir können uns ganz gut vorstellen, daß das im Körper wie in der Maschine auf Kosten der Feuerung geschieht, ohne daß von der Maschine selbst, also der lebenden Körpersubstanz, etwas verbraucht wird. Dann aber vollbringt das lebende Wesen, wenigstens während eines Teiles seines Lebens, noch etwas, was die Maschine nicht tut: es wächst. Das bedeutet aber, daß ein Teil der aufgenommenen Stoffe, der nicht für die Maschinenleistungen benötigt ist, so umgewandelt wird, daß daraus die Bestandteile der Zellen des betreffenden Tieres aufgebaut werden können. Dieser Teil des Stoffwechsels ist zweifellos der geheimnisvollste. Denn er besagt, daß innerhalb der Körperzellen sich chemische Laboratorien finden, die aus den vom Darm gelieferten Stoffen, Fett, Zucker und den Eiweißspaltstoffen, all die vielerlei Dinge herstellen können, die

198

den Körper chemisch zusammensetzen. Nicht nur das. Wir erinnern uns, von dem merkwürdigen Verhalten des Eiweißes verschiedenartiger Tiere gehört zu haben; eines war für das andere giftig, ein jedes ist also chemisch etwas unterschieden. Es muß also aus den verschiedenartigen Stoffen im Zell-Laboratorium gerade das richtige, besondersartige Eiweiß aufgebaut werden. Die Chemiker, die dies

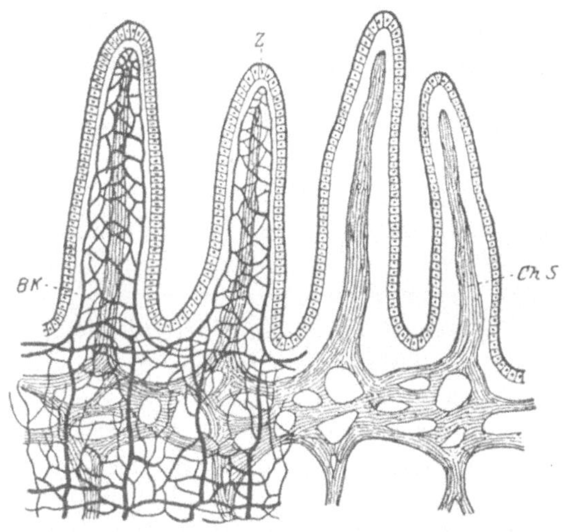

Abb. 106. Vier Darmzotten mit den darin enthaltenen Lymphgefäßen *ChS* und dem feinen Blutgefäßnetz *BK*.

zustande bringen, sind jedenfalls wieder die geheimnisvollen Enzyme; wie sie dabei im einzelnen vorgehen, davon wissen wir allerdings noch gar wenig. Nur eines ist sicher, sie sind sehr gute Chemiker. Wenn wir versuchten, uns ein Eiweißteilchen ebenso bildlich vorzustellen, wie wir es früher für Zucker, Alkohol und Kohlensäure taten, also als Bilder, aus verschiedenartigen Mosaikbausteinen zusammengesetzt, so ergäbe sich ein gar verwickeltes Bild aus Tausenden von Wasserstoff-, Sauerstoff-, Schwefel-, Stickstoffklötzen. Alle die Steinchen sind wieder in verschiedenartigen kleineren und größeren Gruppen angeordnet, in denen die Einzelklötzchen ganz bestimmte Stellungen haben und die Lage der einzelnen Gruppen zueinander ist wieder eine ganz bestimmte. Nun erfuhren wir, daß das Eiweiß im Darm in seine Bausteine gespalten wird; in unserem

Vergleich wären das allerdings nicht die einzelnen Klötzchen, sondern jene Gruppen bestimmter Gestaltung, die der Chemiker Aminosäuren nennt. Man ist nun imstande, Ratten jahrelang nur mit bestimmt zubereiteten Gemischen von Aminosäuren zu füttern und sie wachsen und vermehren sich. Der Chemiker in ihren Zellen war also imstande, aus den einfachen Stoffen (vorausgesetzt, daß bestimmte Arten nicht fehlten) all die verwickelten Eiweißstoffe aufzubauen, die die lebende Substanz der Rattenzellen ausmachen.

Was nun den täglichen Gang der Stoffwechselmaschine betrifft, den Stoffwechsel unabhängig vom Wachstum, so haben die Forscher eine ungeheure Mühe darauf verwandt, jede Stufe genau zu erforschen, schon allein deshalb, weil auf dieser Kenntnis die menschliche Gesundheitslehre beruhen muß. Man wird nun nicht erwarten können, daß diese Dinge bei einer Schnecke, einem Wurm oder Insekt genau so verlaufen wie bei einem Frosch, Vogel, Menschen. Eine wirkliche Kenntnis erfordert also ein Studium des Stoffwechsels jeder einzelnen Gruppe des Tierreichs. Wenn man aber von solchen Formen absieht, die unter besondersartigen Bedingungen leben, wie etwa die Schmarotzer, so sind die großen Hauptzüge überall etwa ähnlich wie bei uns. Ein Teil der Nahrungsstoffe wird, wenn er mit dem Blut oder Gewebssaft an seinen Bestimmungsort kommt, sofort verbrannt. Das trifft vor allem für die Eiweißstoffe zu, deren Spaltprodukte größtenteils gar nicht erst wieder zu Eiweiß aufgebaut, sondern sofort verbrannt werden, um Energie zu liefern. Das zu beweisen, hat man schöne Apparate gebaut, in denen ein Mensch oder Tier für bestimmte Zeit lebt und mit genau gemessenen Dingen genährt wird. Der Apparat kontrolliert was der Insasse ein- und ausatmet, und alle Körperausscheidungen werden gesammelt und untersucht. Dem Versuchsobjekt wird dann Stickstoff nur in Form von Eiweiß gegeben. Wird dann der vom Körper ausgeschiedene Stickstoff gemessen, so zeigt es sich, daß es genau so viel ist, als die Nahrung enthielt. Das ganze Eiweiß war also zu einfacheren stickstoffhaltigen Stoffen verbrannt worden.

Anders aber ist es mit den Stärkestoffen und dem Fett. Von letzterem weiß ja ein jeder, wie gern der Körper es aufspeichert: er legt sich einen Kohlenkeller für Notzeiten an. Aber auch für die Stärkestoffe hörten wir bereits ähnliches, die Aufspeicherung der tierischen Stärke in den Muskeln. Bei den Wirbeltieren hat sich nun für sie ein ganz besonders guter Kohlenkeller ausgebildet, die Leber. Alles Blut, das mit Nahrungsstoffen beladen vom Darm kommt, muß durch die Leber strömen. Da gibt es dann seinen Zucker — die Stärke, die ja im Darm in Zucker zerlegt wurde — ab, aus dem dann der geheimnisvolle Chemiker in den Leberzellen die schlecht lösliche tierische Stärke aufbaut. Sie bleibt in dem Vorratskeller der Leber liegen, bis sie irgendwo benötigt wird. Dann macht der Zellchemiker schnell wieder daraus löslichen Zucker, den der Blutstrom an den Ort der Verbrennung führt. Dort wird er, ebenso wie auch das Fett, zu Kohlensäure und Wasser verbrannt, die das Blut fortführt und mit der Atemluft entweichen läßt.

Wir wiesen schon einmal auf die treffende Ausdrucksweise volkstümlicher Redensarten hin. So drückt sich die Bedeutung jener Notvorräte des Körpers gut in der Redensart aus: „Von seinem eigenen Fett zehren." Wir nehmen es als ganz selbstverständlich an, daß der Speck in der natürlichen Vorratskammer vom Körper verzehrt wird, wenn nichts anderes da ist. Daß dem so ist, läßt sich leicht am Tier nachweisen. Ein hungerndes Tier muß seinen Stoffwechsel, der nie stillsteht, irgendwie bestreiten. So werden denn die im Körper selbst aufgespeicherten Vorräte verbrannt. Geht dabei der Stoffwechsel in seinem ganzen Umfang weiter, so sind allerdings die Vorräte bald erschöpft und der Hungertod muß eintreten. Aber es ist auch ein sehr langes Haushalten mit den aufgespeicherten Vorräten möglich, wenn mit dem Hunger der Stoffwechsel beschränkt wird. Besonders niedere Tiere können außerordentlich lange Zeiten ohne Nahrungsaufnahme in einem Zustand herabgesetzten Stoffwechsels aushalten. Bei gar vielen gehört derartiges sogar in den regelmäßigen Gang des Lebens und befähigt sie, über magere Zeiten hinwegzukommen. In heißen Klimaten ist es die dürre Trockenzeit, in kalten der nahrungsarme Winter, die zahllose Tiere zwingen, sich in einen Schlupfwinkel zurückzuziehen oder den Winterschlaf zu halten. Das tun Insekten und Frösche ebenso wie Schnecken und Eidechsen und gar manche Säugetiere, deren berühmtestes Beispiel das Murmeltier ist.

Bei den niederen Lebensformen können wir uns solches einigermaßen ohne Schwierigkeiten vorstellen; denn wenn sie bewegungslos und winterstarr sind, beschränkt sich ihre Stoffverbrennung auf eine Kleinigkeit. Daß ihnen solche Entbehrung nicht gar so schwer fällt,

zeigt sich schon daran, daß sie gelegentlich in der Gefangenschaft
außerordentlich lange ohne Nahrung aushalten können. Tierliebhaber haben oft beobachtet, daß ausländische Schlangen in ihren
Terrarien keine Nahrung mehr nehmen wollen und so oft hungernd
über ein Jahr leben. Schwieriger erscheint es uns aber, uns bei einem
Säugetier dergleichen vorzustellen. Denn Vögel und Säugetiere
sind ja die sogenannten warmblütigen Tiere. Das bedeutet, daß ihre
Lebensvorgänge sich bei einer Temperatur vollziehen, die viel höher
ist als die der Umgebung; um diese aber erhalten zu können, ist eine
dauernde Verbrennung nötig, die Wärme erzeugt. Das Merkwürdigste ist nun, daß solche winterschlafenden Säugetiere sich während
des Schlafes wie Kaltblüter verhalten. Ihre Körperwärme sinkt
herab, die Atmung wird eine ganz langsame, das Herz schlägt
seltener, der ganze Stoffwechsel wird auf ein Mindestmaß herab-
geschraubt. Im Herbst hatten sie aber tüchtig Fett und tierische
Stärke angesetzt und die reichen aus, sie über den Winter hinweg-
zubringen. Wenn sie dann im Frühjahr von der Sonnenwärme
geweckt werden, kehrt in ganz unglaublich kurzer Zeit die richtige
Körperwärme wieder zurück, ein gewaltiges Einheizen allerdings,
bei dem viel Brennmaterial verbraucht wird; und dann beginnt
der Schläfer, sich wieder anzufressen. Uns Menschen kommt leider
diese, wie so manche andere nützliche Fähigkeit der Tiere, nicht zu.
Immerhin heißt es, daß in Hungerszeiten russische Bauern die kalten
Monate im Bett verbringen, so den Verlust an Körperwärme und
Notwendigkeit des Ersatzes durch Verbrennung herabmindernd.
Da dabei auch die stoffverzehrenden Muskelbewegungen wegfallen,
können sie mit ganz wenig Nahrung über die schwere Zeit weg-
kommen. Bekanntlich gibt es übrigens auch Menschen, die unge-
wöhnliche Hungerleistungen vollbringen können. Ein bekannter
Hungerkünstler hungerte einmal in einem wissenschaftlich kontrol-
lierten Versuch einen ganzen Monat. Noch am 23. Tag konnte er
mehrere Kilometer gehen und ein Fechtturnier durchhalten. Doch
das ist nicht jedermanns Sache.

5. Das Kanalisations- und Abfuhrsystem des Körpers

Vielleicht ist es dem Leser aufgefallen, daß wir bisher immer kurz
über ein Ding hinweggegangen sind. Wir sprachen mehrfach von
den Körperausscheidungen, erwähnten auch, daß ihr Gehalt an

Stickstoff ein Maß dafür ist, wieviel Eiweiß im Körper verbrannt wurde. Aber wir bezeichneten bisher nur *eine* Ausscheidung näher, nämlich das Ausatmen von Kohlensäure und Wasser. Mit der ausgeatmeten Luft wird aber kein Stickstoff entfernt. Seine Ausscheidung besorgt vielmehr ein Organ, das wir bisher noch gar nicht erwähnten, die Niere. Und doch ist sie eines der wichtigsten Organe des Körpers, sein Kanalisationssystem, das nicht nur die überflüssigen Endprodukte des Stoffwechsels wegschafft, sondern auch alle die Stoffe, deren Anhäufung im Körper dem Zellstaat gefährlich werden könnte. Mit der Nahrung werden ja auch allerlei lösliche Stoffe aufgenommen, die der Körper nicht nur nicht gebrauchen kann, sondern die ihm sogar schädlich sind. Für ihre Entfernung sorgt die Niere. So werden wir denn erwarten, Nieren schon auf sehr tiefen Stufen tierischen Lebens anzutreffen. Allerdings besitzen die schlauchförmigen Polypentiere und ihresgleichen noch keine. Da aber bei ihnen der Darmsack, wie uns bekannt, den ganzen Körper erfüllt, so kann leicht alles Unbrauchbare direkt in ihn abgegeben werden. Aber schon die einfachsten Würmer besitzen eine Niere, die allerdings wesentlich anders ausschaut, als wir es uns von den gebratenen Kalbsnieren her vorzustellen gewohnt sind. Es ist aber eine sehr praktische Niereneinrichtung, die etwa so eingerichtet ist wie das Kanalisationsnetz einer Stadt. der ganze Körper wird von feinen Kanälchen durchzogen, in die hinein die unbrauchbaren Stoffe abgeschieden werden (Abb. 107). Manche von den Zellen, die die Wand der Kanäle bilden, sind aber mit feinen Härchen bedeckt, die hin- und herschwingen und dadurch einen Strom erzeugen, der den Inhalt der Seitenkanäle in die Hauptröhren und von da aus dem Körper hinaustreibt (Abb. 108). Auch unser Spulwurm besitzt eine einigermaßen ähn-

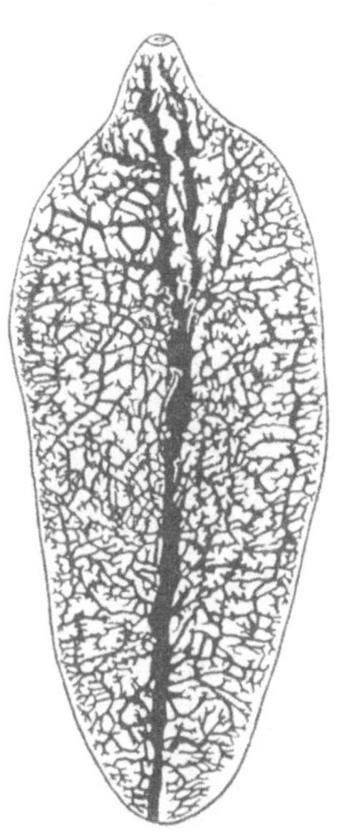

Abb. 107. Leberegel mit dem Netzwerk seiner Nierenkanäle.

liche Niere, deren Kanäle man aber nur mit dem Mikroskop auffinden könnte.

Wie es nun im Städtebau allerlei Kanalisationssysteme gibt, so auch im Tierreich. Ein besonders beliebtes, das sich vom Regenwurm

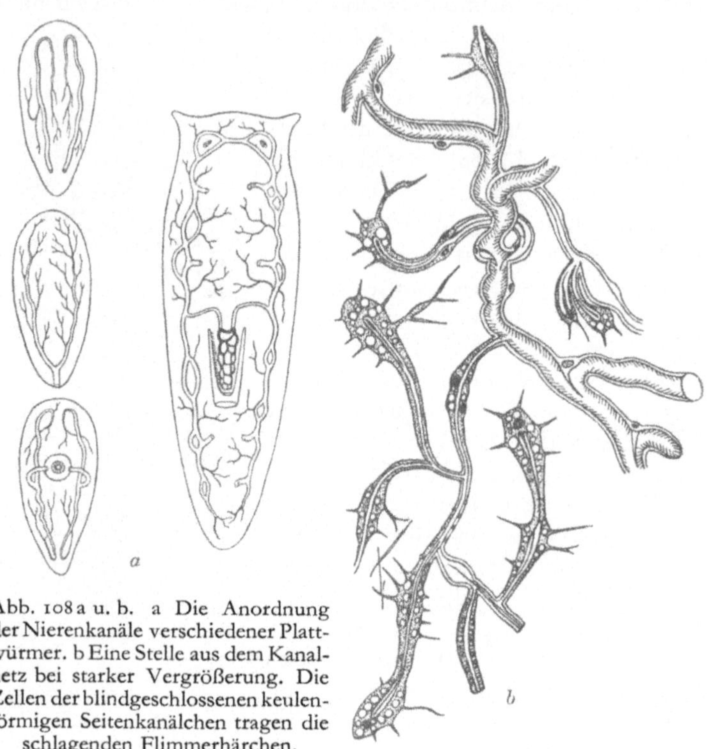

Abb. 108a u. b. a Die Anordnung der Nierenkanäle verschiedener Plattwürmer. b Eine Stelle aus dem Kanalnetz bei starker Vergrößerung. Die Zellen der blindgeschlossenen keulenförmigen Seitenkanälchen tragen die schlagenden Flimmerhärchen.

bis zum Haifisch hinauf findet, ist das folgende: Zwischen Körperwand und Eingeweiden liegt ein von einer Flüssigkeit erfüllter Hohlraum, die Leibeshöhle. In sie gelangen die schlechten Stoffe, die die Zellen abgeben. In die Flüssigkeit hinein hängen aber nach außen führende Röhren, die innen mit einem offenen Trichter beginnen (Abb. 109). In diesen gelangen dann die auszuscheidenden Stoffe und damit ins Ausscheidungsrohr. Manchmal ist dabei der Weg, wie sie in den Trichter gelangen, recht eigenartig. Wir erin-

204

nern uns wohl noch der Freßzellen, deren Fähigkeit, Bakterien zu
verschlucken und so unschädlich zu machen, wir früher bewunderten.
Solche Freßzellen finden sich nun auch in der Leibeshöhlenflüssigkeit
und sie beladen sich mit den auszuscheidenden Stoffen und wandern

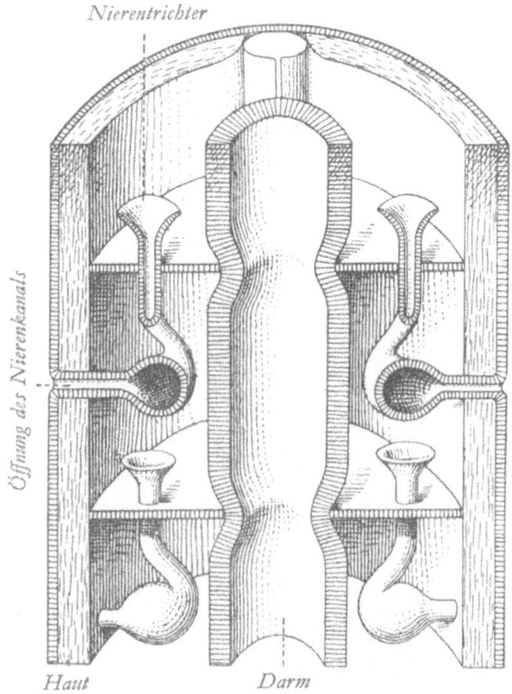

Abb. 109. Drei aufgeschnittene Körperabschnitte eines Gliederwurmes
mit den Nierenkanälen.

durch die Trichter zum Körper hinaus, wobei sie natürlich zusammen mit den unschädlich gemachten Stoffen zugrunde gehen. Das
erinnert mich an das höchst einfache Kanalisationssystem, das uns
in einer südeuropäischen Hafenstadt viel Freude bereitete. Dort
konnte man allabendlich nach Eintritt der Dunkelheit ganze Züge
von Frauen schweigend nach den Felsen am Strande ziehen sehen,
jede einen großen Kübel auf dem Kopf tragend, dessen duftender
Inhalt ins Meer entleert wurde. Um dem Vergleich mit den Freß-

zellen jener Würmer gerecht zu werden, hätten sich dann allerdings die Trägerinnen auch in die Fluten stürzen müssen.

Bei den höheren Wirbeltieren arbeitet aber die Niere wieder nach einem anderen System. Die Fortführung der Endstoffe ist allerdings

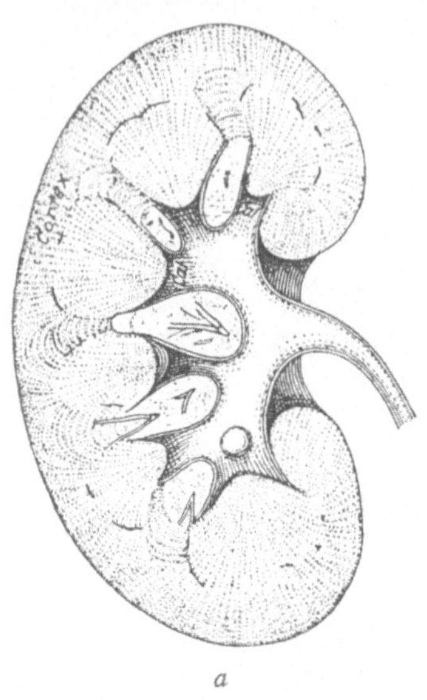
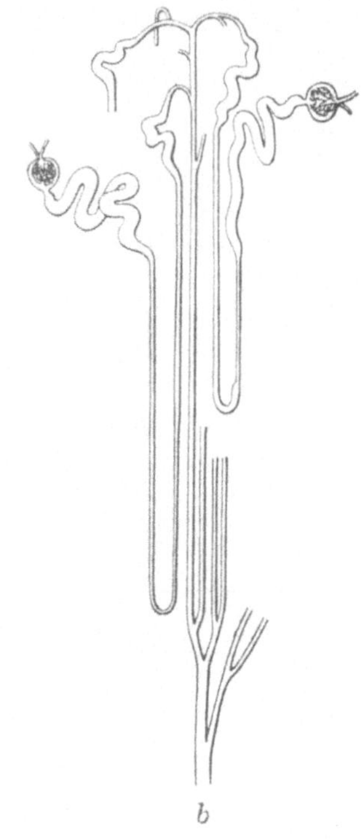

a

b

Abb. 110a u. b. a Durchschnittene menschliche Niere. Rechts der Harnleiter. b Ein einzelnes Nierenkanälchen daraus, stark vergrößert. Rechts und links ist ein Knäuel feinster Blutgefäße sichtbar.

die gleiche, nämlich mittels Kanälchen, die sie aufnehmen und nach außen leiten. Würden wir eine Niere, die wir beim Metzger sehen, genau untersuchen, so fänden wir sie aus zahllosen gewundenen Röhrchen zusammengesetzt, die sich alle in einen Hauptkanal ergießen, der dann als Harnleiter nach außen führt (Abb. 110). Schon der Name sagt uns, daß bei den Säugetieren mit den zu entfernenden Stoffen auch große Wassermengen als Harn aus dem Körper ausgeschieden werden. Wie können es aber die kleinen, nur an einer Stelle des Körpers gelegenen Nieren fertig bringen, alle die Endstoffe von überall her aus dem Leib zu sammeln, um sie auszuscheiden? Das geschieht durch das vollkommenste Kanalisationssystem, das sich ausdenken läßt. Wir kennen ja bereits ein Röhrensystem, das den ganzen Körper durchsetzt und mit seinen feinsten Verzweigungen überall hindringt, die Blutgefäße. Wir wissen auch, daß das Blut sowohl die Nährstoffe wie den Sauerstoff zu den Milliarden Zellen des Körpers hinführt und wissen ferner, daß es dafür die bei der Verbrennung entstandene Kohlensäure ableitet. So wie ihm nun die Kohlensäure zum Fortschaffen anvertraut wird, so werden ihm auch die anderen überflüssigen oder schädlichen Stoffe übergeben und es führt sie zur Niere. Dort aber lösen sich die Blutgefäße in ein unendlich feines Netz winzigster Kanäle auf, die die Nierenröhrchen umspinnen, und aus ihnen treten dann die auszuscheidenden Stoffe in die Nierenkanälchen über. Wie außerordentlich pünktlich diese Kanalisation arbeitet, hat ein jeder schon an sich selbst beobachtet. Im Spargel findet sich ein für den Körper unbrauchbarer Stoff, der wieder ausgeschieden werden muß, und der an seinem starken Geruch leicht kenntlich ist. Fast unmittelbar nach einer Spargelmahlzeit nimmt der Harn diesen Geruch an.

6. Stickstoff, Guano und Düngung

Unsere Wißbegierde ist aber immer noch nicht befriedigt. Wir wollen doch wenigstens eine Ahnung davon bekommen, was da von der Niere hinausbefördert wird. Wir erinnern uns nun, was wir von der Zusammensetzung des Eiweißes und seiner Verbrennung hörten. Da war der wichtigste Bestandteil der Stickstoff. Also muß der Stickstoff, soweit er nicht zum Aufbau neuer, lebendiger Substanz benutzt wird, irgendwie wieder in den Ausscheidungen erscheinen. Tatsächlich ist es eine der Hauptaufgaben der Niere, ihn aus dem Körper zu entfernen, und zwar erscheint er im Harn als eine im Vergleich zum Eiweiß ziemlich einfache Verbindung von Kohlenstoff, Sauerstoff, Wasserstoff und Stickstoff, die wir Harnstoff nennen. Er ist ein Stoff, der, so verächtlich sein Name klingen mag, in der Geschichte unserer Wissenschaft eine große Rolle gespielt hat. Man hatte früher geglaubt, daß es unmöglich sei, solche in der Werkstatt des Körpers gebildeten Stoffe künstlich in der Retorte des Chemikers herzustellen, da zu ihrem Aufbau eine geheimnisvolle Lebenskraft benötigt sei. Es war sozusagen der Geburtstag der neueren Chemie, als es dem großen Chemiker *Woehler* vor mehr als einem Jahrhundert gelang, künstlich den Harnstoff aufzubauen. Übrigens stellt er nicht bei allen Tieren das Endglied des Stickstoff-Stoffwechsels dar; bei vielen vertritt seine Stelle vielmehr ein anderer Stoff, den man Harnsäure nennt. Das trifft besonders für Reptilien und Vögel zu, deren fast trockener Harn nahezu ausschließlich aus Harnsäurekristallen besteht.

Diese Ausscheidung des Stickstoffes ist zweifellos eine der Hauptaufgaben der Niere; aber außerdem befreit sie auch noch den Körper von vielen anderen Dingen. Eine Menge von Stoffen mehr oder minder schädlicher Natur, die teils mit dem Darm in den Körper aufgenommen, teils durch den Stoffwechsel erzeugt werden, werden durch die Niere entfernt, oft, nachdem sie erst in andere chemische Form verwandelt wurden. Das läßt sich besonders klar zeigen, wenn Tier oder Mensch Stoffe einverleibt werden, die in der Niere in einen anderen Stoff umgewandelt werden, der den Harn färbt. All dies — und wir konnten ja nur ganz weniges andeuten, ohne an den Klippen der Chemie zu stranden — macht es verständlich, weshalb der Arzt bei allen möglichen Krankheiten den Harn chemisch untersucht. Denn wenn er findet, daß darin andere Stoffe enthalten sind als die, die natürlicherweise ausgeschieden werden sollen, so kann er daraus schließen, an welcher Stelle etwas mit dem Stoffwechsel nicht in Ordnung ist. Natürlich kann eine solche Untersuchung nur bedeuten, daß die Art und Menge der betreffenden Stoffe mit den verwickelten Hilfsmitteln der Chemie genau festgestellt wird, und daß der Untersuchende weiß, welche chemischen Vorgänge zur Bildung der Stoffe führten. Auf diese Weise kann tatsächlich manche Krankheit aus der Beschaffenheit des Urins erkannt werden; wenn aber Kurpfuscher vorgeben, das aus einer bloßen Betrachtung des Harns tun zu können, so ist es, wie jeder Leser jetzt verstehen sollte, reiner Schwindel.

Als wir soeben von der Harnsäureausscheidung der Vögel sprachen, erinnerte sich wohl mancher Leser an den berühmten südamerikanischen Vogeldünger, den Guano, auch wenn er ihm vielleicht nur von einem bekannten Studentenlied her geläufig ist. Er hat gehört, daß an Küsten und Inseln des Stillen Ozeans ungeheure Scharen jener plumpen Tauchvögel hausen, deren Harnsäureausscheidung sich seit Jahrhunderten aufhäuft und nun wie in einem Bergwerk abgebaut wird, um als Dünger zu dienen. Wenn wir

uns mit dieser nicht weiter merkwürdigen Tatsache aber ein wenig
näher abgeben, kommen wir zu einem ganz überraschenden Einblick in das, was man den Stickstoffhaushalt der ganzen Natur nennt.

Die Harnsäure, die von jenen Vögeln ausgeschieden wird, stammt
aus der Verbrennung des Eiweißes, das mit ihre Nahrung bildete.
Ihre Nahrung bestand aus Fischen. Woher bekamen die Fische ihr
Eiweiß? Von den kleinen Krebschen des Planktons, das sie verschluckten und durch ihre Kiemenfilter siebten. Woher aber bekamen die Krebschen ihr Eiweiß? Wiederum aus ihrer Nahrung,
mikroskopischen Lebewesen, die, wenn sie nicht schon selbst winzige
Pflänzchen waren, sich von solchen genährt hatten. Wie aber bauten
diese Pflänzchen ihr Eiweiß auf? Wir wissen bereits, daß die Pflanzen imstande sind, aus Wasser, Luft und Boden einfache chemische
Stoffe aufzunehmen und daraus ihren Leib aufzubauen. Um Eiweiß
aufzubauen, ist aber Stickstoff nötig, und den erhalten sie aus stickstoffhaltigen Salzen, die im Meerwasser gelöst sind. Wo kommen
nun diese wieder her? Ein Teil vom Regen und den Gesteinen. Ein
großer Teil wird aber von den Lebewesen selbst geliefert, aber in
einer Form, die von den Pflanzen nicht direkt „verzehrt“ werden
kann. Diese Stoffe in die richtige chemische Form zu bringen, in
der die Pflänzchen sie aufnehmen können, ist nun wieder eine der
vielen verdienstlichen Taten der Bakterien. Unendliche Massen von
Lebewesen aller Größen und Sorten sterben fortgesetzt ab. Aber
weder auf dem Land noch im Wasser werden ihre Leichen an-
getroffen. Daran sind die Fäulnisbakterien schuld. Sie zersetzen mit
Hilfe ihrer Enzyme all die Stoffe der belebten Welt, alles das, was
den Körper der Tiere und Pflanzen zusammensetzt, in einfache
chemische Stoffe, in Kohlensäuregas, Wasserstoffgas, Schwefelgas,
Grubengas, in Wasser und in stickstoffhaltigen Salmiakgeist. Dieser
letztere ist es nun, der uns hier am meisten interessiert. Wollten wir ihn
mit der gleichen Umschreibung beschreiben, die wir früher benutzten, so müßten wir ein Bild bauen aus einem Stickstoffklotz und drei
Wasserstoffklötzen. Aus diesem Salmiakgeist nun, oder Ammoniak,
wie die Wissenschaft sagt, vermag die Pflanze noch kein Eiweiß aufzubauen. Da kommen nun wieder andere Bakterien zu Hilfe und
verbinden mit Hilfe ihrer Enzyme das Ammoniak so mit Sauerstoff, daß ein Bild entsteht, das aus einem Stickstoffklotz, einem
Wasserstoffklotz und drei Sauerstoffklötzen aufgebaut ist. Dies

Bild heißt Salpetersäure. Diese wieder verbindet sich mit allerlei Gesteinsstoffen zu Dingen, die man salpetersaure Salze nennt. Erst sie werden dann endlich von den winzigen Pflänzchen des Meeres aufgenommen und als Grundlage der Eiweißfabrikation benutzt.

Nun können wir wieder zu unserem Guano zurückkehren, von dem wir ausgingen. Vor unendlichen Zeiten gab es auch schon Massen von Vögeln, die ihren Guano an den Küstenbergen Chiles aufhäuften, der mit der Zeit zu außerordentlichen Ansammlungen wuchs. Da kamen nun die betreffenden Bakterien und zersetzten den Guano und bauten daraus salpetersaure Salze auf, die von dem Wasser in ein sehr trockenes Wüstengebiet hinuntergeschwemmt wurden, wo sie sich in ungeheuren Lagern ansammelten. Das sind die Lager von Chilesalpeter, mit dem die ganze Welt ihre Felder düngt. Was aber düngen heißt, wissen wir jetzt, nämlich: dem Boden Stickstoff in einer Form zuzuführen, in der ihn die Pflanze aufnehmen kann, um Eiweiß daraus aufzubauen. Ist nun aber alle Eiweißherstellung auf diesen Stickstoff angewiesen, der so einen Kreislauf in der Natur beendet? Sicher erinnert Ihr Euch, daß die uns umgebende Luft zu vier Fünfteln aus Stickstoff besteht; das ist also ein unendlicher Stickstoffvorrat. Leider können ihn weder Tier noch Pflanze ausnutzen. Nur zwei Arten von Lebewesen vermögen es. Das eine sind wieder gewisse Arten von Bakterien. Sie können den Luftstickstoff aufnehmen und so weiter verarbeiten, daß die Stoffe gebildet werden, aus denen die Pflanze Eiweiß aufbauen kann. Unglaublicherweise gibt es eine ganze Pflanzengruppe, zu der Erbsen und Wicken gehören, an deren Wurzeln sich Knöllchen finden, in denen diese Bakterien leben und den Luftstickstoff zugunsten der Pflanze in aufnehmbare Form umsetzen. Das ist übrigens dem naiven Landmann in der ganzen Welt, ohne daß er etwas von Bakterien weiß, schon lange bekannt. Unsere Bauern bepflanzen einen Acker mit Wicken, um den Boden anzureichern. Genau so sät der japanische Reisbauer im Frühjahr gelbblühende Wicken in sein Reisfeld und sobald die Zeit zum Aussetzen des Reises kommt, wird die ganze goldene Pracht, die in einer schlammigen, noch nicht bepflanzten Reissumpflandschaft dem Auge so wohl tat, in den Boden hineingepflügt. Das andere Lebewesen aber, das den Luftstickstoff verwerten kann, ist der Mensch. Was die Natur seinem Körper versagt hat, erzwingt sein Geist, und seine Maschinen verwandeln in unseren Fabriken den wertlosen Stickstoff der Luft in kostbare Bodensalze.

7. Körperentleerung

Es ist kein großer Gedankensprung vonnöten, um vom Düngen der Felder auf das Ende des Verdauungsprozesses zu kommen, besonders nicht, wenn man vorher von den ostasiatischen Reisfeldern sprach. Wer einmal im Frühjahr durch chinesische oder japanische Reisfelder gewandert ist, weiß was wir meinen; und wer dies Glück noch nicht hatte, wird sich sicher nicht danach sehnen, wenn er hört, daß sie ausschließlich mit Menschenkot gedüngt werden. Ein typisches Bild in den Außenbezirken von Städten da draußen ist eine Prozession langer, mit Holzkübeln beladener Karren, die den kostbaren Abfall menschlicher Verdauung hinausfahren, wo er sich im Schlamm des Reisfeldes wieder in das tägliche Brot verwandeln soll. Schon das zeigt, daß sich im Kot neben allerlei unverdaulichen Dingen, vor allem Pflanzenhäuten, noch viele ausnutzbare Stickstoffverbindungen finden und auch noch unverdaute Nahrungsreste, die von den im Dickdarm lebenden Bakterien abgebaut wurden, verfaulen. Das macht es verständlich, wieso gar manche Tierarten Mistfresser sind, und viele, besonders hungernde Tiere, ihren eigenen Kot verzehren.

Doch lassen wir damit diese wenig appetitlichen Dinge auf sich beruhen. Nur eines sei noch festgestellt, daß nicht alle Tierformen einen After zur Entleerung von Kot besitzen. Wir werden uns nicht wundern, das bei Schmarotzern, die verdaute Nahrung fressen, anzutreffen, eher möchte es erstaunlich scheinen, daß der Spulwurm tatsächlich Mastdarm und After besitzt. Aber auch bei ganzen Gruppen frei lebender niederer Lebewesen, wie Polypen, niederen Würmern, manchen Seesternen, fehlt der After, und unverdauliche Reste werden wieder zum Mund hinausbefördert. Ein gar wohlbekanntes Tier bedient sich aber beider Methoden, die Eule. Die eigentlichen Verdauungsreste werden auch von ihr durch den After entleert, aber all die unverdaulichen Federn, Haare und Knochen, die sie hinunterschlang, werden als ein Knäuel ausgespuckt, der unter dem Namen Gewöll bekannt ist. In der Nähe meiner Heimatstadt fand sich in meiner Jugend ein dicht von Eulen bevölkertes Wäldchen und der ganze Boden war mit den Gewöllen bedeckt, deren mannigfaltiger Inhalt uns Knaben besonders interessierte.

Damit sei es nun genug von Verdauung und Stoffwechsel, ein dem Leser vielleicht etwas schmerzhaft erscheinendes Kapitel. Da gibt es nicht viele unterhaltende Histörchen zu erzählen und man muß sein Gehirn etwas anstrengen, um all die Dinge zu verstehen. Wenn ihr erst wüßtet, wie ihr euch zu plagen hättet, wenn ich euch mit den Feinheiten dieser Dinge kommen wollte und den Versuch machte, euch gehen zu lehren, anstatt nur die ersten tastenden Schritte! Denn mehr als dies ist es ja nicht, wenn man von Verdauung, Ausscheidung, Stoffwechsel spricht und dabei ganz auf die Erwähnung der wunderbaren Feinheiten der chemischen Vorgänge verzichten muß. Darf ich euch diese vielleicht deprimierende Erkenntnis recht ans Herz legen? So viele unkluge Menschen vertrauen ihr Leben und Gesundheit Quacksalbern an, die noch nicht einmal gelernt haben, die ersten bescheidenen Schritte zu gehen, geschweige denn imstande sind, die verwickelte Arbeit, die das chemische Laboratorium des Körpers verrichtet, auch nur zu ahnen. Sollen wirklich die, die nichts vom geregelten Gang der Dinge wissen, imstande sein, zu sagen, wie ein Schaden in der Fabrik ausgebessert werden kann?

IX. Von den Geschlechtern und der Fortpflanzung

Erinnert ihr euch noch an das Geschichtchen vom fleißigen Studenten, der das ihm zur Untersuchung übergebene Tier erst gründlich von außen betrachtet, während der faule es sofort aufschneidet und verdirbt? Als wir seinerzeit unseren Spulwurm von außen betrachteten, waren wir sehr stolz auf unsere Gewissenhaftigkeit. Aber es war gar nicht so weit damit her! Denn tatsächlich übersahen wir damals etwas recht Wesentliches und das muß nun gut gemacht werden. Hätten wir gründlicher zugeschaut, so wäre es uns wohl aufgefallen, daß unsere Würmer nicht alle gleich sind: manche sind größer, andere sind beträchtlich kleiner und diese letzteren tragen stets ihr Hinterende hakenartig eingerollt (s. Abb. 1). Es ist nicht sehr schwer zu erraten, was diese Unterschiede bedeuten: wir haben hier die beiden Geschlechter vor uns. Die größeren Tiere sind weiblich, die kleineren sind männlich.

Das klingt nun so einfach und selbstverständlich, und doch,

welche Fülle von Fragen knüpft sich daran. So stellen wir einmal einige und fangen schön von vorn damit an, sie zu beantworten. Da wollen wir zunächst wissen, welches die wesentlichen Unterschiede zwischen den beiden Geschlechtern sind. Soeben sahen wir, daß das Spulwurmmännchen klein, das Weibchen groß ist. Das kann natürlich nicht sehr wesentlich sein; der Hahn z. B. ist groß und die Henne klein. Aber der Hahn zeigt uns scheinbar wichtigere Unterschiede: er besitzt den hohen Kamm und den solzen Schrei, die kriegerischen Sporen und die schönen Schwanzfedern, alles Dinge, die der Henne fehlen. Trotzdem kann auch das nicht das Wesentliche sein, denn bei vielen Tieren gleichen sich die beiden Geschlechter völlig. Wollen wir bei ihnen das Geschlecht feststellen, so müssen wir sie schon innerlich untersuchen, nachschauen, ob sie einen Eierstock oder Hoden enthalten. Denn nur das ist es, was die Geschlechter wirklich und wesentlich unterscheidet, nicht die äußerlich sichtbaren Geschlechtszeichen. Es ist ja auch wohlbekannt, was die Aufgaben jener Teile, die wir Geschlechtsdrüsen nennen, sind. Man weiß, daß die Henne Eier legt, aus den Eiern sich aber kein Hühnchen entwickelt, wenn sie nicht vom Hahn befruchtet werden. Oder wissen wir das doch etwa nicht alle? Sicher ist, daß es jener berühmte Mathematikprofessor nicht wußte, in dessen Haus ich als junger Student kam. Er hatte sich in seinem Garten eine Hühnerzucht eingerichtet und freute sich auf das Verzehren selbstgezogener junger Hähnchen; nun wollte er von mir wissen, ob er zu dieser Zucht auch einen Hahn gebrauche. Diese schicksalsschwere Frage stellte er aber in lateinisch, damit die anwesenden Familienglieder vom schönen Geschlecht sie nicht hören sollten. Falls also ein Leser die gleichen Zweifel haben sollte wie jener gelehrte Mann, so wollen wir ihm, diesmal in gutem Deutsch, verraten, daß bei den meisten Lebewesen das Ei erst befruchtet werden muß, ehe es sich entwickeln kann. Die Ausnahmen von dieser Regel werden uns später noch begegnen, aber das Huhn gehört nicht dazu.

1. Die Geschlechtsdrüsen und Eier und Samenzellen

Jetzt sind wir zunächst begierig zu wissen, was da vorgeht, wenn ein Ei befruchtet wird. Eine gar einfache Frage; und doch müssen wir, um die Antwort darauf verstehen zu können, erst eine ganze Menge anderer Dinge wissen, zu denen uns nun unser Spulwurm wieder führen soll. Wir konnten ja bereits äußerlich die beiden Geschlechter unterscheiden und können nun einmal nach den inneren Geschlechtsteilen sehen. Das ist in diesem Fall nicht schwer, denn sie nehmen einen größeren Raum im Leibesinnern ein als irgendwelche anderen Teile und wir sahen sie bisher nur deshalb nicht, weil wir sie nicht sehen wollten. Denn sofort beim Aufschneiden des Wurmes quollen fädige Röhren heraus, die den ganzen Leib dicht gepackt gefüllt hatten, die Geschlechtsdrüsen (Abb. 111). Ihre außerordentliche Ausdehnung darf uns nicht weiter wundernehmen. Denn ein solcher Wurm ist letzten Endes nicht viel anderes als ein großer Fortpflanzungsapparat, der unaufhörlich Eier legt und ungeheure Massen, Millionen davon hervorbringt. Diese Erscheinung ist uns nicht unbekannt, wenn wir ein wenig nachdenken. Denn auch ein Fisch ist zur Laichzeit strotzend mit Eiern gefüllt, nicht anders ein Schmetterling, gar nicht von der früher besprochenen Termitenkönigin zu reden.

Versuchen wir nun die Geschlechtsorgane der Ascaris zu entwirren! Da finden wir beim Weibchen zwei aufgeknäulte Fäden von der vielfachen Länge des Tieres, die sich an einem Ende miteinander vereinigen (Abb. 111). Von dieser Stelle führt ein feines Endstück zu einer etwa in der Mitte des Wurmes gelegenen Öffnung.

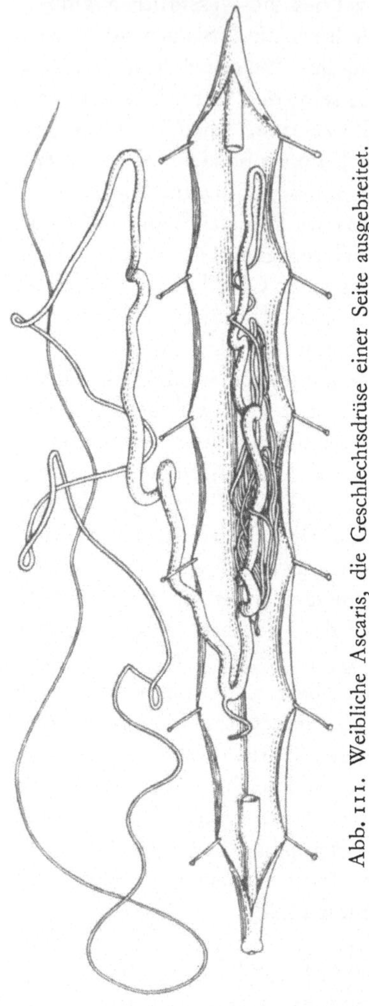

Abb. 111. Weibliche Ascaris, die Geschlechtsdrüse einer Seite ausgebreitet.

Beim Männchen finden wir aber nur einen langen Faden, der hinten mit dem After ausmündet. An dieser Stelle finden sich noch ein paar ganz feiner Borsten, die zur Körperöffnung herausgestoßen und eingezogen werden können. Untersuchen wir nun jene Fäden oder richtiger Geschlechtsorgane näher, so können wir mit Hilfe des Mikroskops feststellen, daß sie aus zwei Hauptabschnitten bestehen. Der innere Abschnitt, der den Hauptteil des Fadens ausmacht, bildet die Zeugungsstoffe, also Eier beim Weibchen, Samen beim Männchen; der äußere aber leitet jene nach außen, wo sie dann durch die Geschlechtsöffnungen entleert werden.

Schnitten wir nun irgendein anderes Tier auf, ein Insekt, einen Fisch, einen Vogel, ein Säugetier, so erschienen uns seine inneren Geschlechtsorgane auf den ersten Blick sehr verschieden von denen des Spulwurmes und so fänden wir sie wohl bei jeder kleinen Tiergruppe andersartig. Untersuchen wir sie dann genauer, so finden wir jedoch, neben manchen Nebenteilen, immer wieder die gleichen Hauptteile vor: die Geschlechtsdrüse, die Eier oder Samen hervorbringt, und die Ausfuhrgänge, die die Zeugungsstoffe zu den Geschlechtsöffnungen führen. Dabei ist klar, daß der wichtigste Teil immer und immer wieder die Geschlechtsdrüsen selbst, Eierstock und Hoden, sind.

Wir benutzten bisher mehrfach die Bezeichnung Zeugungsstoffe, womit volkstümlich oft Eier und Samen bezeichnet werden. Das könnte nun leicht eine falsche Vorstellung erwecken, denn unter Stoffen stellt man sich leicht etwas Ungeformtes, nicht fest Umschriebenes, vor. Deshalb wollen wir uns jetzt auch schleunigst dies unbestimmte Wort abgewöhnen und an seine Stelle die einzig richtige Bezeichnung setzen: Geschlechtszellen. Denn das, was die Geschlechtsdrüsen entleeren, sind Zellen, richtige Zellen wie alle anderen Zellen des Körpers, die wir schon kennenlernten, Zellen, die wir im weiblichen Geschlecht Eizellen oder Eier, im männlichen Samenzellen nennen.

Das erscheint nun zunächst vielleicht erstaunlich und verwirrend. Unter Zellen hatte sich der Leser sehr kleine Körperchen, aus Zellleib und Zellkern bestehend, vorgestellt. Nun soll ein Ei eine Zelle sein; bei einem Ei denkt man aber doch zunächst an ein Hühner- oder gar Straußenei. Trotzdem ist es richtig. Bei gar vielen Tieren ist die Eizelle auch eine winzig kleine Zelle wie die meisten anderen Körper-

zellen; zu diesen Tieren gehört unter anderen der Mensch (Abb. 112).
Bei anderen aber, wie bei den Vögeln, belädt sich die ursprünglich

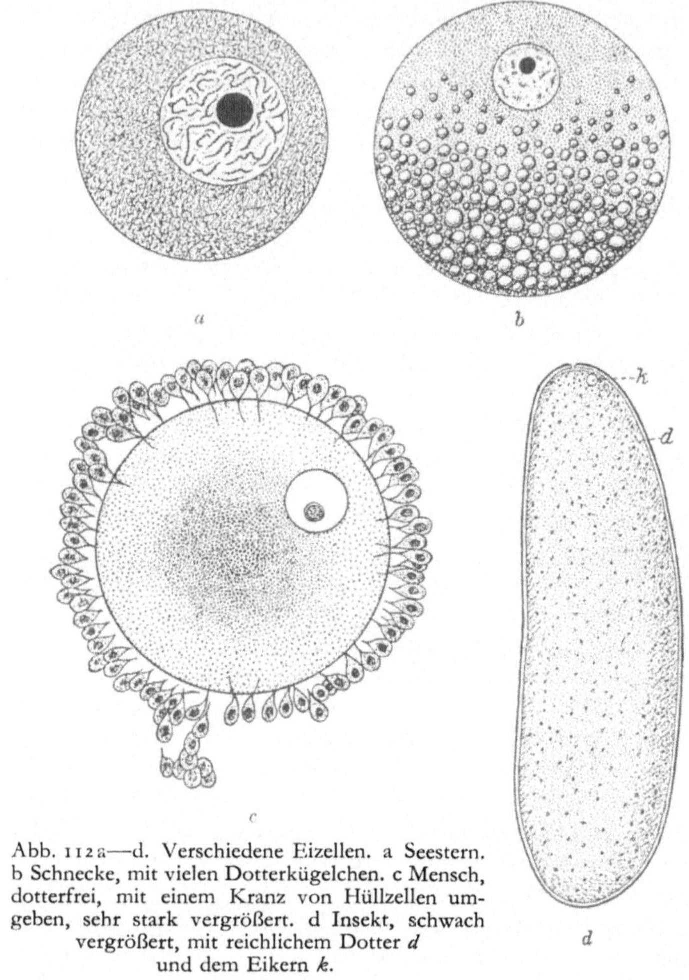

Abb. 112a—d. Verschiedene Eizellen. a Seestern.
b Schnecke, mit vielen Dotterkügelchen. c Mensch,
dotterfrei, mit einem Kranz von Hüllzellen umgeben, sehr stark vergrößert. d Insekt, schwach
vergrößert, mit reichlichem Dotter *d*
und dem Eikern *k*.

auch winzige Eizelle mit ungeheuren Vorräten an Nährstoffen, von
denen das zukünftige Lebewesen während seiner Entwicklung
zehren soll. Solche Stoffe nennen wir Dotter und seine Ansamm-

lung läßt das Vogelei oder Haifischei oder Eidechsenei oder Insektenei so groß erscheinen. Das, was im Hühnerei als Eigelb erscheint, ist eine Zelle, die sich im Übermaß mit Nährstoffen beladen hat, wie sie das Ei eines Menschen oder Elefanten nicht benötigt, da alle Nahrung dem sich entwickelnden Wesen vom Mutterleib geliefert wird (Abb. 113). Wie aber mit der Eischale und dem Eiweiß des Hühnereies? Nun, die bitte ich, lieber Leser, dir aus dem Kopf zu schlagen. Das sind Dinge, die zum Schutz um die zarte Eizelle herumgelagert werden und vielen tierischen Eiern zukommen. Aber sie haben nichts mit der eigentlichen Eizelle zu tun, so wenig wie ein Pelzmantel mit seinem Träger.

Genau so, wie der Eierstock Eizellen erzeugt, so bringt der Hoden Samenzellen hervor. Das, was man volkstümlich den Samen nennt, etwa die sogenannte „Milch" des männlichen Fisches, ist eine Flüssigkeit, in der Millionen von winzigen Samenzellen schwimmen. Von Haus aus sehen solche Samenzellen aber nicht anders aus wie etwa Hautzellen oder junge Eizellen. Wir erinnern uns nun von den Muskeln und Nervenzellen her, daß Zellen die Fähigkeit besitzen, alle möglichen Gestaltungen dauernd anzunehmen, je nachdem was ihre Aufgaben erfordern: die Hautzelle war wie ein Baustein geformt, die Muskelzelle wie eine lange Faser. So nimmt denn auch die Samenzelle eine zu ihrer Aufgabe passende Form an. Diese Aufgabe aber besteht darin, zu der Eizelle zu gelangen und in sie einzudringen; denn das ist die Befruchtung. Da dies Eindringen meist in einer feuchten Umgebung erfolgt, so besitzen die meisten Samenzellen eine Form, die es ihnen erlaubt, sich in solcher Umgebung zu bewegen und sich in die Eizelle einzubohren. Die Zelle nimmt etwa die Form eines winzigen Fädchens an, das sich wie ein

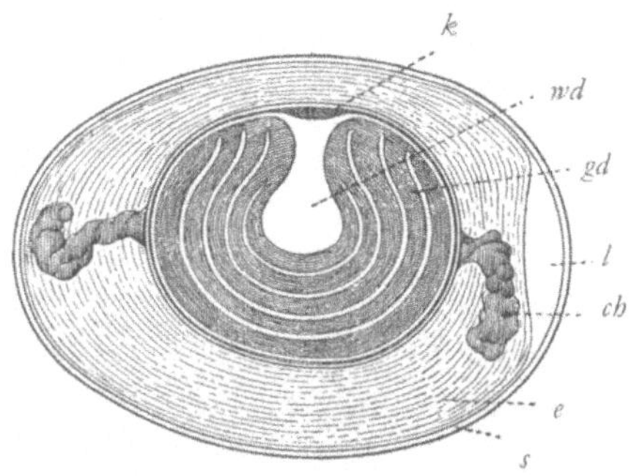

Abb. 113. Hühnerei. *k* die den Kern enthaltende Keimscheibe, *wd* weißer Dotter des Gelbeies, *gd* der gelbe Dotter, *e* das die Eizelle umgebende Eiweiß, *s* die Eischale, *ch* Hagelschnüre, *l* Luftraum.

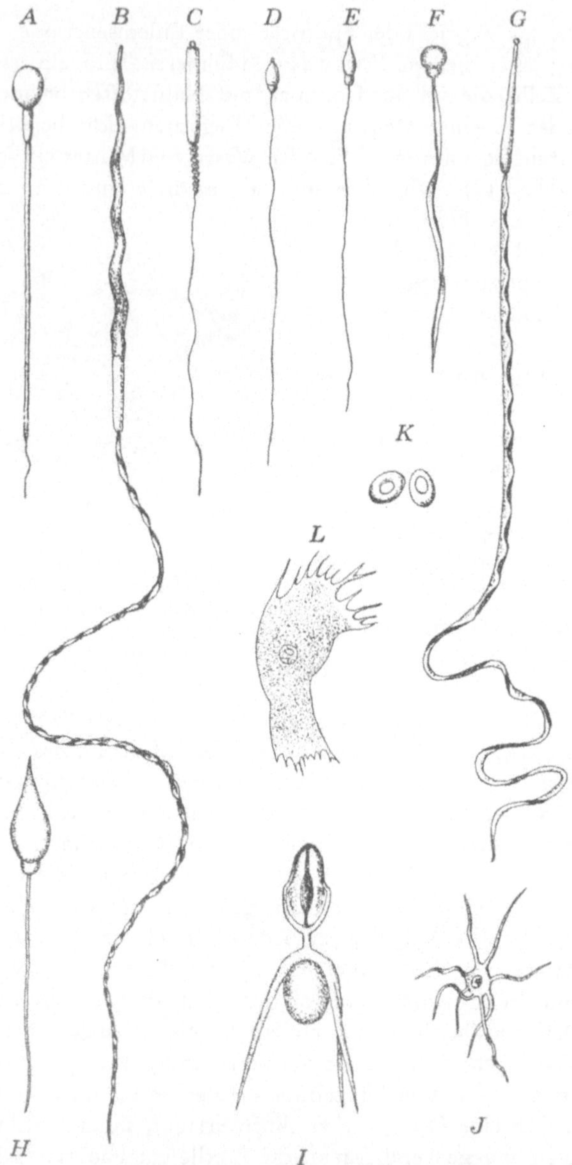

Abb. 114. Verschiedene Samenzellen. *A* Mensch, *B* Rochen, *C* Möwe, *D* Schnecke, *E* Qualle, *F* Hecht, *G* Käfer, *H* Lungenfisch, *I* Krebs, *J* Fadenwurm, *K, L* Krebschen.

Wurm hin- und herschlängelt, so zur Eizelle gelangen und mit dem spitzen Vorderende in sie einbohren kann (Abb. 114). Diese Samenzellen oder Samenfäden, die bei einem Elefanten ebenso mikroskopisch klein sind wie bei der winzigsten Schnecke, werden in außerordentlichen Massen im Hoden erzeugt und dann, von der Samenflüssigkeit umgeben, nach der männlichen Geschlechtsöffnung ausgeleitet.

2. Die Befruchtung des Eies

Eine Voraussetzung dafür, daß die Samenzelle in die Eizelle zur Befruchtung eindringen kann, ist, daß eine natürliche Möglichkeit gegeben ist, daß beiderlei Geschlechtszellen auch zusammentreffen können. Dies Ziel wird bei vielen Tieren allerdings in sehr einfacher Weise erreicht. Sie erzeugen eine geradezu ungeheuerliche Menge von Eiern und Samenzellen, die in das umgebende Wasser entleert werden. Der Strömung und den Wellen bleibt es dann überlassen, die Geschlechtszellen zusammenzuführen. So machen es etwa, sehr zur Freude des Forschers, die Seeigel, von denen wir schon öfters sprachen. Sie geben uns damit ein bequemes Mittel an die Hand, die feineren Vorgänge bei der Befruchtung zu untersuchen. Wir nehmen einen männlichen und weiblichen Seeigel, schneiden sie auf, schütteln die Eier und die milchige, mit Samenfäden gefüllte Samenflüssigkeit heraus, mischen sie in einem Schälchen mit Seewasser und beobachten unter dem Mikroskop alles Weitere (Abb. 115). So wurden vor weniger als 80 Jahren die feineren Vorgänge der Befruchtung entdeckt und seitdem ist das stachelige Seetier eines der beliebtesten Haustiere des Naturforschers, das ihm immer wieder seine nie endenden Fragen beantwortet. Aber auch Tiere, die uns meist besser bekannt sind als die Seeigel, machen es sich ebenso leicht mit der Befruchtung, nämlich die meisten Fische. Allerdings sichern sie den Erfolg meistens dadurch, daß sich zur Fortpflanzungszeit einzelne Pärchen oder auch ganze Schwärme an bestimmten Plätzen zusammenfinden und dann ihre Geschlechtszellen gleichzeitig entleeren. Auch hier macht sich der Mensch die Einrichtung der Natur zunutze; allerdings weniger aus Wißbegier als aus Eßbegier. In Fischzuchtanstalten werden mit Daumen und Zeigefinger die Eier oder Rogen aus dem Weibchen herausgepreßt, „abgestreift" und darüber in einer Schüssel der ebenso dem Männchen abgestreifte

Samen gegossen; die aus solcher künstlichen Besamung sich entwikkelnden Fischchen können dann leicht in größten Massen aufgezogen werden. Der gierige Mensch zieht aber auch seinen Nutzen
aus der Schwarmbildung mancher Fische, die der Eiablage vorausgeht. So vereinigen sich die Heringe in ungezählten Tausenden zu
Zügen, die die alten Laichplätze irgendwo im Weltmeer aufsuchen;

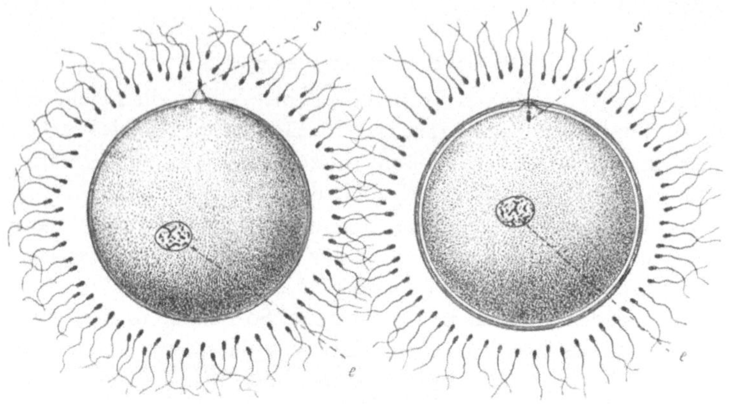

Abb. 115. Besamung des Seeigeleies. Links eine Samenzelle *(s)* im Begriff, in
das Ei einzudringen, rechts ist sie eingedrungen. *e* Eikern.

unterwegs aber lauert der Fischer, sie schiffsladungsweise einzuheimsen. Oder aber der Lachs verläßt, wenn die Fortpflanzungszeit
naht, das heimische Meer und steigt die Flüsse hinauf, um weitab
von seiner Wohnstätte, in der Flüsse Oberlauf, seine Eier abzusetzen. Auch ihm lauert der Angler auf, dem das wohlschmeckende
Fleisch wahrscheinlich wichtiger erscheint als alle Weisheit über
Geschlechtszellen und Befruchtung.

Das war nun eine Befruchtung außerhalb des mütterlichen Körpers, bei der mehr oder minder viel vom Erfolg dem Zufall überlassen bleibt. Wir kennen aber auch mancherlei Tiere mit äußerer Befruchtung, die das Schicksal ihrer Nachkommenschaft nicht dem
Zufall anheimstellen, sondern selbst in geeigneter Weise für den
Erfolg der Befruchtung sorgen. Wenn die Frühlingswärme die
Frösche aus ihrem Winterschlaf erweckt hat und abends die Männchen im Teich ihr Lied singen, findet der Sammler sie meist zu
Pärchen vereinigt. Das Männchen hockt tagelang auf dem Rücken

des Weibchens, es fest umklammernd. Wenn dann das Weibchen beginnt, seine Eiklumpen abzulegen, so spritzt das Männchen gleichzeitig seinen Samen darüber, der die Eier befruchtet, so daß sich aus ihnen die zappelnden Kaulquappen entwickeln können.

Da fällt uns etwas auf. Seeigel, Fisch, Frosch, das sind alles im Wasser lebende Tiere, und so möchte es scheinen, als ob die Befruchtung außerhalb des Körpers etwas mit dem Leben im Wasser zu tun habe. Das trifft wirklich auch zu, und zwar aus diesem Grunde: Das Leben der Zelle ist an den Besitz der nötigen Feuchtigkeit gebunden, trocknet die Zelle aus, so bedeutet es Tod, eine Regel, von der nur sehr wenige Ausnahmen vorhanden sind: so können manche Arten pflanzlicher Samen Jahrhunderte liegen, ohne zu sterben, und manche Arten winziger Wassertierchen können völlig austrocknen und bei Anfeuchtung wieder aufleben. Ei und Samenzelle sind aber besonders weiche und zarte Gebilde, die schon ein schwaches Austrocknen tötet. Wenn sie sich also nicht im Wasser treffen können, so kann es nur in einer feuchten Umgebung sein. Eine solche bilden aber die weichen Schleimhäute der Ausführwege des weiblichen Geschlechtsapparates. So müssen Landtiere, mit Ausnahme einiger Tropentiere, die in den triefend nassen Urwäldern genügend Feuchtigkeit für äußere Befruchtung finden, eine innere Befruchtung besitzen, die in den Ausführwegen der weiblichen Geschlechtsdrüse stattfindet. Selbstverständlich gilt nicht das Umgekehrte; viele Wassertiere haben auch eine innere Befruchtung, nämlich solche, bei denen auch die Entwicklung der Nachkommen im Mutterleib vor sich geht oder solche, bei denen die abgelegten Eier von einer festen, für die Samenfäden undurchdringlichen Hülle geschützt sind. Da diese Schalen im Mutterleib gebildet werden, so muß die Befruchtung vorausgegangen sein. Daraus folgt denn auch weiterhin, daß Eier von Landtieren, wie von Würmern, Schnecken, Eidechsen, Schlangen, Vögeln, von einer vor dem Austrocknen schützenden Schale umgeben sind. Die Samenzelle aber ist stets vor der Ablage schon ins Ei gedrungen.

3. Mancherlei Arten der Übertragung der Geschlechtszellen

Wie kommt nun die Samenzelle zu der im Innern des weiblichen Tieres gelegenen Eizelle? Wir haben jetzt wohl zur Genüge erfahren, wie vielseitig die Natur in ihren Mitteln ist, wie ein und dasselbe

Ziel auf den allerverschiedensten Wegen erreicht werden kann, Wegen, die uns gar oft nicht als die einfachsten und zweckmäßigsten erscheinen. So auch hier. Da ist wohl der merkwürdigste der, daß die Samenzellen sozusagen in ein Paket gepackt und an ihren Bestimmungsort geschickt werden. Die Beförderung geschieht jedoch auf allerlei merkwürdige Weisen. Da sind einmal die unter Steinen hausenden Tausendfüße und die Molche des Teiches, die sich trotz ihrer großen Verschiedenheit in diesem Punkte ähnlich benehmen. In der

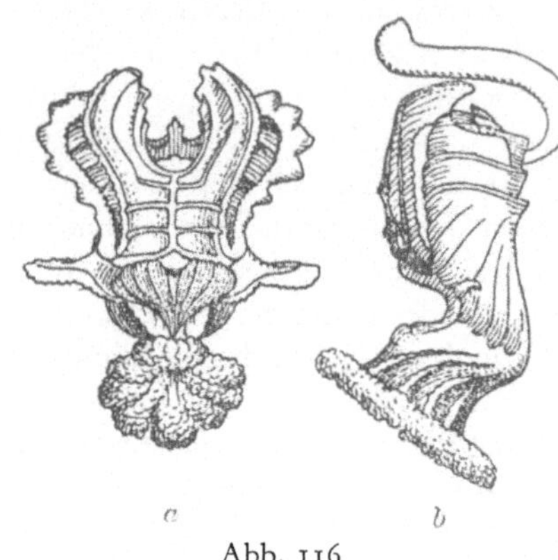

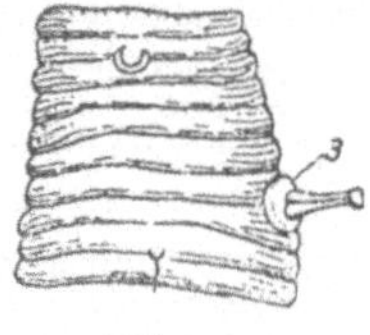

Abb. 116

Abb. 117

Abb. 116a u. b. Samenkapseln eines Molches, a von der Fläche b von der Seite her gesehen.

Abb. 117. Stück der Bauchseite eines Wasserblutegels, an die rechts die Samenkapsel *(3)* angeheftet ist.

Fortpflanzungszeit formt sich im Endteil des männlichen Geschlechtskanals eine Kapsel, die mit Samenzellen angefüllt und verschlossen wird (Abb. 116). Sie ist natürlich das Werk besonderer Drüsen. Diese Kapsel wird nun vom Männchen unter besonderen Zeremonien — man spricht von einem Hochzeitsspiel — in den Sand abgesetzt. Dann kriecht das Weibchen über die Samenkapsel hinweg und nimmt sie dabei in das Ende ihres Geschlechtskanals auf. Dort löst eine Drüsenabscheidung die Kapsel auf, und die Samenzellen können sich auf der weichen feuchten Haut des Kanals zu den Eizellen hinbewegen.

Bei anderen Tieren, deren Männchen ebenfalls solche Samenpakete hervorbringen, ist in ganz anderer Weise für ihre Ablieferung gesorgt. Bei gewissen Blutegeln erfolgt sie in einer recht unsanften Weise. Die Samenkapsel hat bei ihnen die Form eines

spitzen Hemdknöpfchens, und das männliche Tier rennt sie mit
dem spitzen Ende dem Weibchen in die Flanke (Abb. 117). Die im
Körperinnern des Weibchens dann austretenden Samenzellen müssen sich ihren Weg quer durch die Gewebe des Körpers suchen, bis
sie zu den Eizellen gelangen. Die Eigenart dieses Vorganges wird

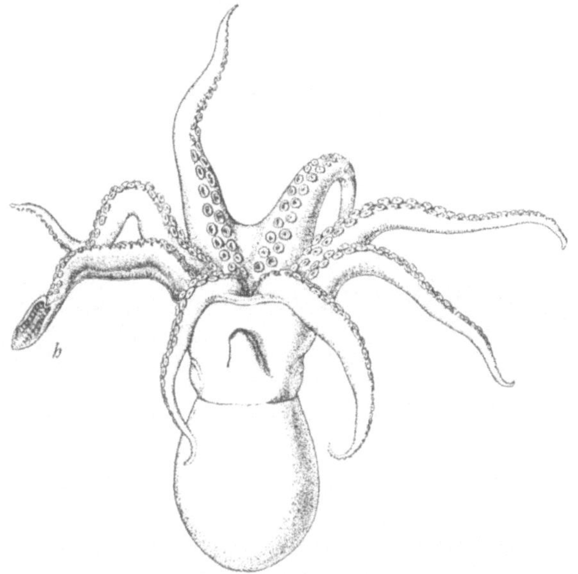

Abb. 118. Tintenfisch mit dem zum Samenträger umgewandelten Arm *h*.

aber noch von der Befruchtungsart mancher Tintenfische übertroffen,
einer Tiergruppe, von der wir auch sonst allerlei Interessantes
hörten. Wir erinnern uns noch ihrer mit Saugnäpfen besetzten
Fangarme, die den Mund umgeben und mit festem Griff die Beute
festhalten. Zur Fortpflanzungszeit wandelt sich nun bei den Männchen der betreffenden Arten ein einzelner Arm in einen hohlen
Samenbehälter um, der dann mit Samenkapseln angefüllt wird
(Abb. 118). Die so umgewandelten Arme werden dann dem Weibchen angeheftet, brechen ab und leben dann noch eine Zeitlang in
der Mantelhöhle des Weibchens, um die Samenpakete abzuliefern.
Als man sie zuerst fand, hielt man sie für ganz selbständige Lebewesen und gab ihnen sogar einen schönen Tiernamen!

Das sind zweifellos interessante Einrichtungen zur Ermöglichung
einer inneren Befruchtung. Aber ihresgleichen ist doch recht selten
im Vergleich mit dem üblichen Weg der direkten Begattung. Sie
besteht darin, daß die Samenzellen unmittelbar aus den Ausführwegen der männlichen Geschlechtsdrüsen in die weiblichen Ausführ-
gänge eingeführt werden. Um das mit Sicherheit zu ermöglichen,

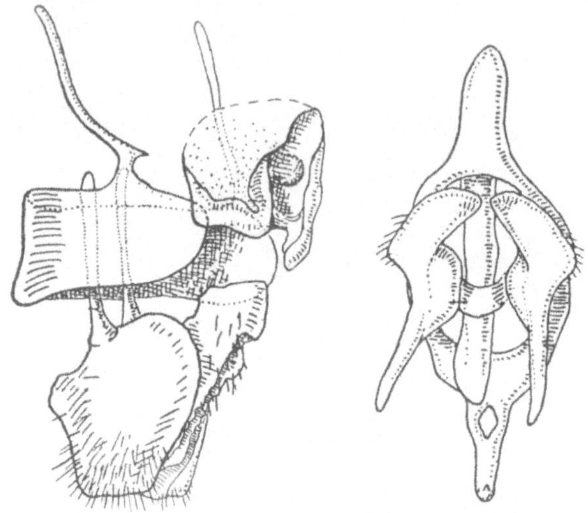

Abb. 119. Begattungsapparat eines Schmetterlings.
Links Weibchen, rechts Männchen.

finden sich bei der Mehrzahl der Tiere oft recht verwickelte Begat-
tungsapparate ausgebildet. Im männlichen Geschlecht erfüllt die
Einrichtung ihre Aufgabe meist derart, daß der Endteil des Samen-
kanals vorgestülpt und in die weibliche Öffnung eingeführt werden
kann. Dazu kommen oft allerlei Hilfsapparate, wie Zangen und
Haken zum Festhalten des Weibchens. Bei manchen Insekten haben
gerade sie sogar manchmal eine so feine Ausbildung, daß man nach
ihrer Form und Anordnung die Art bestimmen kann (Abb. 119).
Das hat denn auch zur Folge, daß die Vereinigung nur bei gleichen
oder ähnlichen Arten erfolgen kann.

Die Vereinigung zum Zweck der Begattung erfordert als selbstverständliche Voraussetzung, daß die Pärchen sich auch richtig zusammenfinden. Das erscheint uns nicht weiter bemerkenswert, wenn

wir etwa an einen Hirsch denken, der mit seinen Augen vor allem
die Kuh auffindet, oder an die Art, wie ein Hahn die Henne findet.
Ist es aber auch bei einem Schmetterling so selbstverständlich? Vielleicht erinnern wir uns, früher schon einmal gehört zu haben, daß es
hier der Geruchssinn ist — der aber auch bei den höchsten Tieren eine
nicht unbeträchtliche Rolle bei der Vereinigung der Geschlechter
spielt — der das Männchen zum Weibchen heranzieht; daß sich auf

Abb. 120. Indischer Schmetterling mit einem vorstreckbaren Duftpinsel.

Flügeln und Leib der Weibchen besondere Duftorgane befinden,
deren Geruch die Männchen meilenweit bemerken und der gelegentlich so stark ist, daß auch unsere armseligen Riechorgane ihn wahrnehmen (Abb. 120). Bei dieser Gelegenheit sollten wir auch nicht
der Tiere aus der ewigen Nacht der Tiefsee vergessen, deren Augen
und Leuchtorgane uns früher mancherlei Interessantes lehrten. Wie
wohl bei ihnen die Geschlechter sich finden? Vielleicht hat jener
Forscher recht, der annahm, daß die bunten Lichter auf ihrem Körper, die die Formen des Tieres als Bild bunter Lämpchen erscheinen
lassen, den Geschlechtern helfen, sich gegenseitig zu erkennen. Wer
aber wird das wohl je beweisen können?

Wir brauchen übrigens gar nicht bis in die Nacht der Tiefsee
hinabzusteigen, wenn wir nach Verhältnissen suchen, in denen die
Annäherung der Geschlechter auf Schwierigkeiten stößt. Auch unser
Spulwurm lebt ja in ewiger Nacht. Allerdings finden sich im Darm
in der Regel gleichzeitig eine große Anzahl vor, die sich mit Hilfe
ihrer Tastsinnesorgane gegenseitig aufspüren können, um zur Vereinigung zu schreiten, bei der sich das eingekrümmte Hinterende

des Männchens um die Mitte des Weibchens schlingt, und die vorher erwähnten Borsten des männlichen Hinterendes die Verbindung der Geschlechter bewerkstelligen. Sollte es aber vorkommen, daß sich einmal nur ein einziger Wurm in einem Darm findet, dann kann ihm keine Macht der Welt zur Fortpflanzung verhelfen. Manche Schmarotzer oder andere Tierformen, deren Lebensweise es mit sich bringt, daß sie in Gefahr sind, vereinzelt bleiben zu müssen, entziehen sich dem dadurch, daß von frühester Jugend an das Männchen zeitlebens mit dem Weibchen vereinigt bleibt. Bei manchen festsitzenden Meerestieren haften die Männchen wie Schmarotzer an dem Weibchen (Abb. 121), bei einem Wurm, der im Blut des Menschen schmarotzt und eine böse Krankheit hervorruft, trägt das Männchen zeitlebens das Weibchen in einer Rinne seines Körpers umher (Abb. 122); alles aber übertrifft jener Meereswurm, dessen weibliche Tiere pflaumengroße Säcke darstellen, an denen ein langer, bandförmiger Rüssel hängt,

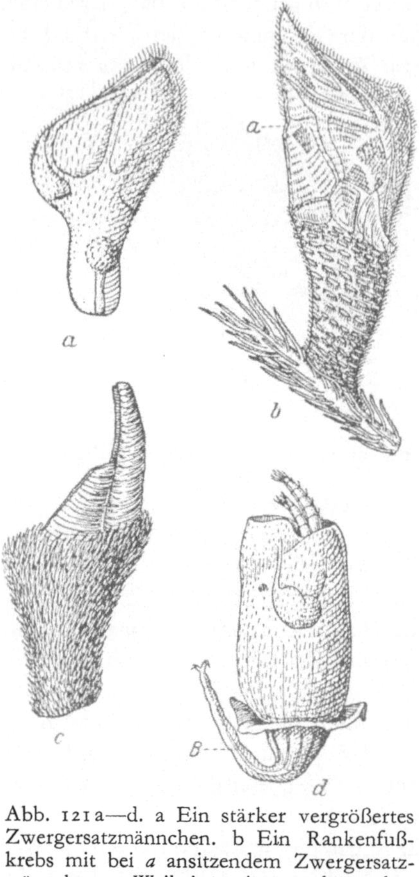

Abb. 121 a—d. a Ein stärker vergrößertes Zwergersatzmännchen. b Ein Rankenfußkrebs mit bei *a* ansitzendem Zwergersatzmännchen. c Weibchen eines anderen derartigen Krebses. d Das zugehörige Zwergmännchen, das mit dem Stiel *B* im Weibchen feststeckt.

während die Männchen mikroskopisch kleine Wesen sind, die zeitlebens im Geschlechtsapparat des Weibchens schmarotzen (Abb. 123).

So ist denn immer in irgendeiner einfachen oder unerwarteten Weise
für die richtige Vereinigung der Geschlechter vorgesorgt: die Fortpflanzung ist ja das Endziel tierischen Lebens.

Muß nun noch besonders hervorgehoben werden, welchen Einfluß
die Notwendigkeit der Vereini-
gung der Geschlechter zur Fortpflanzung auf die gesamte Gestaltung des Lebens so vieler
Tierarten ausübt, besonders,
wenn sich dann dieser Notwendigkeit als zweite die Sorge für
die Nachkommenschaft zugesellt?

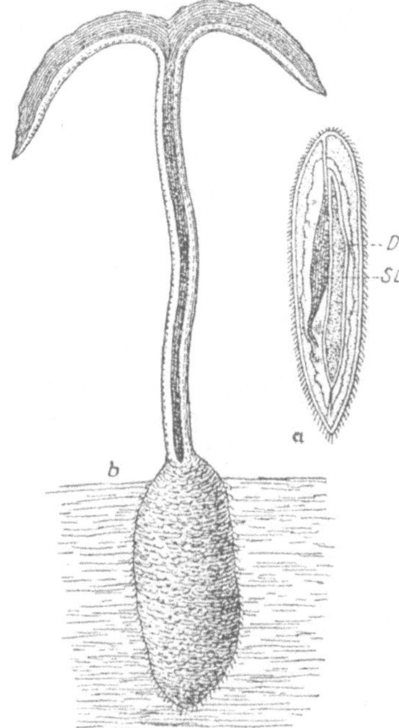

Abb. 122   Abb. 123

Abb. 122. Der Wurm Schistosomum. Das dicke Männchen trägt das schlanke
Weibchen in einer Rinne.

Abb. 123 a u. b. Der Wurm Bonellia. b Das Weibchen ungefähr in Lebens-
größe. a Das stark vergrößerte Männchen. *D* rückgebildeter Darm,
SL Samenleiter.

Ein jedes Kind kennt das Zusammenleben eines Tauben- oder
Schwalbenpärchens; wir alle wissen von den Kämpfen der Hirsche
zur Brunftzeit, von dem Hochzeitsflug der Bienenkönigin mit den
Drohnen, von der Vorstellung, die der verliebte Pfau oder Trut-
hahn seinem Weibchen gibt. Unendliche Dinge ließen sich über die
Beziehungen der Geschlechter und ihre Bedeutung für das Leben

verschiedener Tierarten erzählen. Aber das ist ein so beliebter
Gegenstand aller möglichen mehr oder minder ernst zu nehmenden
Bücher, daß wir hier von weiteren Berichten absehen können. Uns
bleibt ohnehin noch mancherlei zu tun übrig.

4. Von den Geschlechtsunterschieden und Geschlechtshormonen

Wir wissen, daß das die Geschlechter wesentlich Unterscheidende
die Geschlechtsdrüse ist. Wir wissen aber auch, daß man meist die
Geschlechter an gewissen äußeren Geschlechtszeichen erkennt, am
Geweih des Hirsches, den Sporen des Hahnes usw. Nun ist es uns
ferner aus dem täglichen Leben bekannt, daß junge Tiere meist diese
äußeren Zeichen noch nicht erkennen lassen, obwohl sie geschlechtlich
verschieden sind, und daß andererseits sich alte Tiere (auch Menschen) oft dem Aussehen des anderen Geschlechts nähern. Das legt
die Frage nahe, welcher Art wohl die Beziehungen zwischen Geschlechtsdrüse und äußeren Geschlechtszeichen sein mögen. Einige
Auskunft geben uns da auch bereits die Erfahrungen des täglichen
Lebens. Denn wir wissen vom Beispiel des Ochsen oder Wallachen,
daß kastrierte Männchen die Eigenschaften ihres Geschlechts nicht
zur Entwicklung bringen. Es muß also von der Geschlechtsdrüse
selbst ein geheimnisvoller Einfluß ausgehen, der zur Entwicklung
der äußeren Geschlechtszeichen nötig ist.

Es sind uns nun im Reich des Lebendigen allerlei Erscheinungen
bekannt, die uns auf die richtige Fährte führen können. Wer hat
nicht schon von der Schilddrüse gehört, deren übermäßige Entwicklung den Kropf hervorruft? Gelegentlich kommt es nun vor,
daß sie bei einem Individuum mangelhaft entwickelt ist oder gar
fehlt; dann ist der ganze Körper und besonders auch das Gehirn
nicht zur richtigen Ausbildung befähigt, und das Ergebnis ist ein
Idiot (Abb. 124). Wird diesem Körper aber dann künstlich der feh-
lende Schilddrüsenstoff zugeführt, so kann die normale Entwicklung
wieder hergestellt werden. Die Schilddrüse verfertigt also einen
Stoff oder, wie man gewöhnlich sich ausdrückt, sie besitzt eine
innere Ausscheidung, die zur Vollendung einer richtigen Entwicklung notwendig ist. Solche inneren Ausscheidungen, die wichtige
Lebensvorgänge regulieren, nennt man Hormone (zu deutsch: „Send-
boten"). Heute kennen wir eine ganze Anzahl von Drüsen mit in-
nerer Ausscheidung, die ihnen oft auch nur neben ihren anderen

Aufgaben zukommt, die für diese oder jene Betätigung des Lebens
unerläßlich ist. Solche sind die Nebenniere, die Unterhirndrüse, die
Bauchspeicheldrüse, die Leber. Genau das gleiche gilt nun, wenigstens bei den höheren Wirbeltieren, für die Geschlechtsdrüse, und es
ist jetzt allgemein bekannt, welch beträchtliche Rolle die verschiedenen Hormone in der Medizin spielen, ja daß es eine ganze
Wissenschaft von den Hormonen gibt.

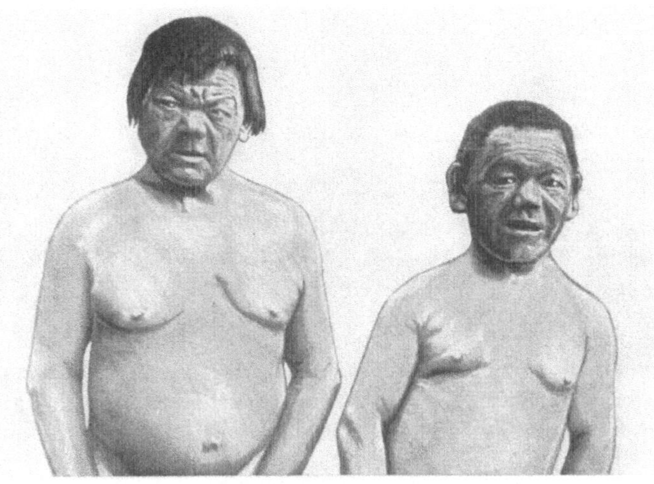

Abb. 124. Kretins durch Schilddrüsenmangel.

Die Hauptaufgabe der Geschlechtsdrüse ist es bekanntlich, Geschlechtszellen zu erzeugen. Daneben aber verfertigt sie mit Hilfe
besonderer Zellen eine Ausscheidung, die unerläßlich ist für die
richtige Entwicklung der äußeren Geschlechtszeichen. Wie man das
wohl beweisen kann? Etwa folgendermaßen: Junge Ratten oder
Meerschweinchen wurden kastriert. Dann entwickelten sie späterhin
die äußeren Geschlechtszeichen nicht oder nur unvollkommen. Ent-
fernte man aber einem Männchen die Hoden und setzte ihm dafür
Eierstöcke ein, so nahm es später völlig das Aussehen eines Weibchens an und benahm sich auch wie ein solches (Abb. 125). Ähnliche
Versuche kann man auch an Geflügel ausführen, dessen Geschlechts-
verschiedenheit im Gefieder leicht in die Augen springt. Kastrierte
Hennen oder Enten nehmen dann auch ohne Einpflanzung eines

Hodens das männliche Aussehen und Gefieder an, werden „hahnen-fedrig" (Abb. 126). Ich erinnere mich, wie einmal ein Kollege eine Ente zum Zweck solcher Versuche kastriert hatte und ich ihr einen Platz in meiner eigenen Entenzucht gewährt hatte. Als ich einige

Abb. 125a. Männliches Meerschweinchen, dem Eierstöcke eingepflanzt wurden, mit starker Zitzenentwicklung.

Zeit später meine Tiere kontrollierte, bemerkte ich unter den Enten einen Erpel, der nicht bei den getrennt gehaltenen Weibchen sein durfte. Als ich dem Wärter wegen seiner vermeintlichen Unaufmerksamkeit Vorwürfe machte, erklärte er mir, ich hätte das Tier

Abb. 125b. Ein solches männliches Tier, Junge säugend.

selbst hineingesetzt. Beim Nachschauen des Nummerringes ergab es sich dann, daß es die kastrierte Ente war, die inzwischen ein völlig männliches Aussehen angenommen hatte.

Merkwürdigerweise ist diese enge Wechselbeziehung zwischen Geschlechtsdrüse und äußeren Geschlechtzeichen nicht im ganzen

Tierreich anzutreffen. Bei Insekten, besonders Schmetterlingen, kann man nämlich nachweisen, daß die beiden Dinge völlig un-

Abb. 126a. Weibliche Ente.

Abb. 126b. Männliche Ente.

abhängig voneinander sind. Bei einem bekannten Obstbaumschädling, dem Schwammspinner, sind äußerlich die Geschlechter sehr verschieden; zu einem großen weißen Weibchen gehört ein kleines

graubraunes Männchen (Abb. 127). Diesen Schmetterling hat man
zu Versuchen benutzt, die genannte Tatsache zu beweisen. Zunächst
wurden jungen Raupen die Geschlechtsdrüsen herausgeschnitten.

Abb. 126c. Kastriertes Weibchen, das männliches Gefieder angelegt hat.

Die Falter, die sich aus solchen kastrierten Raupen entwickelten,
besaßen dann natürlich keine Geschlechtsdrüsen, sahen aber in ihren

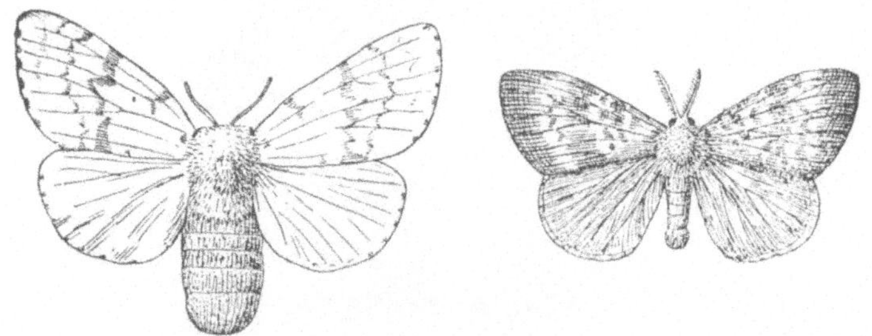

Abb. 127. Schwammspinner, links Weibchen, rechts Männchen.

äußeren Geschlechtszeichen völlig normal wie richtige Weibchen
und Männchen aus. Dann führte man bei anderen Raupen wieder
die gleiche Operation aus, vertauschte dann aber die Geschlechts-

232

drüsen, setzte also der männlichen Raupe an Stelle der herausgenommenen Hoden einen Eierstock ein, entsprechend der weiblichen Raupe einen Hoden. Dann wurden aus solchen Raupen Falter erhalten, die andere Geschlechtsdrüsen besaßen, als sie eigentlich haben sollten. Trotzdem zeigten sich äußerlich alle Zeichen des ursprünglichen Geschlechts. Ein Tier mit dem Leib voller Eier sah ganz männlich aus, ein anderes mit einem Hoden im Innern ganz weiblich. Die äußerlichen Geschlechtszeichen entwickelten sich also so, wie es einmal festgelegt war, unabhängig davon, was die Geschlechtsdrüse tat.

5. Vom Zwittertum

Unerschöpflich ist die Fülle der Probleme und Tatsachen, die sich auf Geschlecht, Befruchtung, Fortpflanzung beziehen. Nur eine kleine Auswahl und nicht viel mehr als Andeutungen können wir aus all dem geben. Da sind etwa ein paar Fragen, die sich uns aufdrängen, die: Sind stets bei den Tieren die beiden Geschlechter auf zwei Individuen verteilt oder gibt es auch solche, bei denen ein Wesen beiderlei Geschlechts ist? Muß es überhaupt stets zwei Geschlechter geben oder kann sich nicht auch ein Ei ohne Befruchtung entwickeln? Gibt es nicht auch geschlechtslose Tiere, die sich auf irgendeine andere Art als durch Eier fortpflanzen?

Was die erste Frage betrifft, so ist es wohl allgemein bekannt, daß unter höheren wie niederen Tieren, ja gelegentlich auch beim Menschen, einzelne Individuen als sogenannte Naturwunder vorkommen, die beiderlei Geschlechtsorgane im gleichen Körper vereinigen und deshalb Zwitter genannt werden. Solche Ausnahmszwitter sind aber nicht fortpflanzungsfähig. Es gibt aber auch ganze Tiergruppen, die stets zwittrig sind, bei denen also jedes Einzelwesen gleichzeitig männlich und weiblich ist. So sind etwa die Regenwürmer Zwitter, ebenso die Blutegel (Abb. 128), die Gartenschnecken und die Wegschnecken (Abb. 129); jedes Einzeltier betätigt sich hier bei der Fortpflanzung tatsächlich gleichzeitig als Männchen und Weibchen. Wenn also etwa zwei Weinbergschnecken zur Fortpflanzung schreiten — im Frühjahr könnt ihr das leicht selbst beobachten —, so finden sie sich in eigenartiger Weise derart zusammen, daß jede die andere als Männchen begattet und als Weibchen gleichzeitig von der anderen begattet wird; jede legt später befruchtete Eier ab (Abb. 130). Teilweise haben sie auch die Fähigkeit der Selbstbegattung, wovon sie mehr oder minder häufig Gebrauch machen. Merkwürdigerweise ist letzteres bei den Zwittern gar nicht sehr häufig; gewisse, im Meere festgewachsen lebende Krebstiere tun es regelmäßig und von bekannteren, wenn auch nicht sehr geschätzten Tieren, die Bandwürmer. Die Seltenheit dieses Vorkommens ist eine

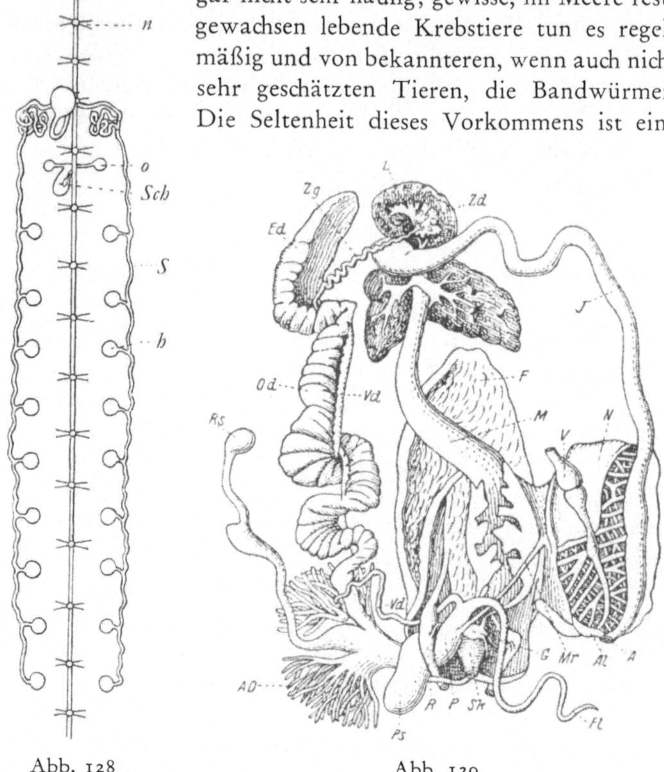

Abb. 128 Abb. 129

Abb. 128. Geschlechtsorgane eines Blutegels, *h* Hoden, *S* Samenleiter, *o* Eierstock, *Sch* Scheide, *n* Nervenstrang.

Abb. 129. Anatomie einer Schnecke, um den verwickelten Geschlechtsapparat zu zeigen. *Zd* Zwitterdrüse, *Zg* Zwitterdrüsengang, *Ed* Eiweißdrüse, *Od* Eileiter, *Vd* Samenleiter, *Rs* Samenbehälter, *AD* Anhangsdrüse, *Ps* Penisscheide, *P* Penis, *Fl* Peitschenanhang, *L* Leber, *F* Fuß, *M* Mitteldarm, *V* Herz, *J* Darm, *Sk* Schlundkopf, *Al* Atemloch, *G* Gehirn, *A* After, *Mr* Muskel, *R* Fühlertasche, *N* Niere.

recht merkwürdige Tatsache, über die sich die Naturforscher viel den Kopf zerbrochen haben. Es muß ihr eine größere Bedeutung

234

zukommen angesichts der Tatsache, daß bei manchen Zwittern, deren Eier künstlich befruchtet werden können, die Besamung mit dem Samen eines anderen Einzeltieres stets gelingt, nie aber mit dem eigenen Samen. Da ähnliches auch im Pflanzenreich vorkommt, so scheint es, daß unter gewissen Umständen Selbstbefruchtung schädlich sein muß und deshalb von der Natur verhindert wird.

Abb. 130. Liebesspiel der Weinbergschnecke vor der Begattung.

Eine sehr häufige Erscheinung ist es, daß Zwitter nicht gleichzeitig als Männchen und Weibchen in Tätigkeit sind, sondern daß sie erst eine Zeitlang Männchen spielen, und dann für den Rest ihres Lebens nur noch Weibchen sind. So gibt es gewisse Krebse, die in ihrer Jugend als Männchen frei im Meer herumschwimmen, die Weibchen aufsuchen und begatten. Nach einer gewissen Zeit setzen sie sich aber als Hautschmarotzer auf anderen Tieren fest, wandeln ihren ganzen Körperbau völlig um und werden dabei zu Weibchen, die sie auch bleiben. Es ist wirklich kaum glaublich, wie unerschöpflich die Natur in ihren Einrichtungen ist; man könnte wohl einen ganzen Tag nur von den verschiedenen Arten von Zwittern und ihrer Lebensweise erzählen. Aber wir müssen weiter eilen.

6. Jungfernzeugung

Nun kommen wir zur zweiten Frage, der Entwicklung ohne Befruchtung. Vielleicht ist es euch schon bekannt, daß das etwas recht Häufiges ist; denn zum mindesten wißt ihr, daß die männlichen

Bienen oder Drohnen aus unbefruchteten Eiern, durch sogenannte Jungfernzeugung, entstehen. Aber sehr selten ist es, daß die Jungfernzeugung die einzige Fortpflanzungsart ist. Gewöhnlich ist es so, daß solche Tiere sich meist oder zu gewissen Zeiten ohne Befruchtung fortpflanzen. Dann treten aber plötzlich auch Männchen auf, und zwischen die Serie jungfräulicher Generationen wird dann doch eine

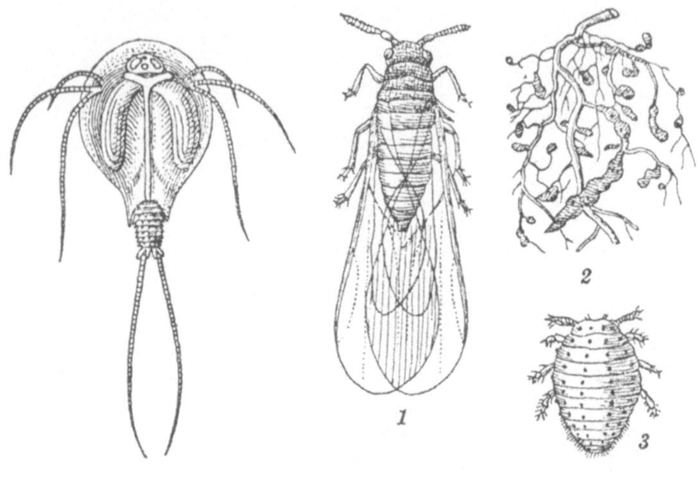

Abb. 131. Der Kiemenfußkrebs.
Abb. 132. *1* Geflügeltes Weibchen der Reblaus, *2* Wurzelgallen, der an den Wurzeln lebenden Generation, *3* Flügellose Form.

Befruchtung eingeschaltet. Terrarienliebhaber kennen wohl die sogenannten Stabheuschrecken, die in warmen Ländern zu Hause sind und wie dürre Äste ausschauen. Bei ihnen findet man meist nur Weibchen, die sich jungfräulich vermehren, und nur ganz selten werden auch Männchen gefunden. Vielleicht ist dem einen oder anderen von euch einmal eines der merkwürdigsten Tiere begegnet, die es bei uns gibt, ein absonderlicher Krebs, Kiemenfuß genannt (Abb. 131). Dieses Wesen, dessen Form man es anzusehen glaubt, daß es einen letzten unzeitgemäßen Rest vorweltlicher Geschöpfe darstellt, kommt nur an ganz gewissen, dem Sammler wohlbekannten Orten vor, in Wasserlachen, die einen Teil des Jahres über

236

ausgetrocknet sind. Heute treffen wir die Stelle vielleicht noch trocken an, morgen ist sie durch einen Regenguß in eine Lache verwandelt, und in wenigen Tagen wimmelt sie von den Krebschen. Auch sie pflanzen sich meist jungfräulich fort, und Männchen gehören zu den größten Seltenheiten. Die Eier entwickeln sich aber merkwürdigerweise erst, wenn sie im Schlamm eingetrocknet waren und dann wieder angefeuchtet werden.

Wie gesagt, wechselt die Jungfernzeugung gelegentlich in ganz regelmäßiger Weise mit einer Fortpflanzung nach Befruchtung ab, und in solchen Fällen kommt dann etwas zustande, was man einen Lebenskreis nennt. Das bekannteste Beispiel dafür, dem auch eine weitgehende praktische Bedeutung zukommt, sind Blattläuse, Rebläuse und ähnliche Schädlinge unserer Nutzflanzen. Bei einer Reblaus etwa schlüpft im Frühjahr aus einem Ei, das unter der Erde überwintert hatte, ein Weibchen aus, die Stammutter aller Sommergenerationen (Abb. 132). Sie legt Eier, die sich ohne Befruchtung entwickeln, und immer wieder nur Weibchen liefern, die ihrerseits das gleiche tun. Die betreffenden Weibchen leben in ganz bestimmter Weise bald an den Wurzeln, bald an den oberirdischen Teilen des Rebstockes und sind oft in aufeinanderfolgenden Generationen auch äußerlich verschieden. Endlich gegen Herbst zu entstehen plötzlich aus jungfräulichen Eiern Weibchen und Männchen: die begatteten Weibchen legen dann befruchtete Eier, die nichts anderes sind als die überwinternden Eier, von denen wir ausgingen.

Vielleicht fällt bei all dem auf, daß aus den befruchteten Eiern immer nur Weibchen ausschlüpfen, aus den jungfräulichen aber im Sommer Weibchen, im Herbst Weibchen und Männchen. Dann erinnern wir uns auch, daß bei der Biene alle befruchteten Eier Weibchen, nämlich Arbeiterinnen und Königinnen liefern, alle jungfräulichen aber Drohnen, d. h. Männchen. Da ist also sichtlich ein Zusammenhang vorhanden zwischen Jungfernzeugung, Befruchtung und Geschlechtsbestimmung. Die Fragen, die dies aufwirft, wollen wir aber noch unterdrücken, da wir sie nicht beantworten können, bevor wir noch allerlei Wichtiges gelernt haben.

Fragen wir uns aber statt dessen noch etwas anderes. Wenn ein und dasselbe Ei, etwa das Ei der Biene, die Fähigkeit hat, sich sowohl nach Befruchtung wie jungfräulich zu entwickeln, so muß es irgend etwas geben, das die gleiche Wirkung auf das Ei hat, wie das

Eindringen der Samenzelle, nämlich, es zum Beginn der Entwicklung anzuregen. Könnte man herausfinden, was das ist, so vermöchte man womöglich ein jedes Ei künstlich zu zwingen, sich ohne Befruchtung, jungfräulich zu entwickeln. Das ist denn auch wirklich gelungen. Es zeigte sich, daß es nur gewisser chemischer oder ähnlicher Reize bedarf, um ein Ei zur jungfräulichen Entwicklung zu veranlassen. Wenn die Samenzelle in das Ei eindringt, so ruft sie ganz eigenartige Veränderungen in der Beschaffenheit des Zelleibs hervor, die näher zu beschreiben leider hier nicht möglich ist, da wir da wieder an der Grenze stehen, die nur überschreiten kann, wer genug Physik und Chemie vorher erlernt hat. Es gibt nun Lösungen von Stoffen (und auch einige andere Mittel), die genau die gleichen Zustände im Ei hervorrufen; behandelt man dann Eier mit solchen, so beginnen sie alsbald die jungfräuliche Entwicklung. Seeigel und Frosch sind, wie so oft, die beliebten Versuchstiere, mit denen dies gelingt. Ja, neuerdings ist der Versuch auch bei Kaninchen gelungen, trotz der großen Schwierigkeiten, an die unbefruchteten Eier heranzukommen. Bis dahin hatte das nur ein Zeitungsschreiber auf seine Art fertiggebracht. Eines Tages las ich in der Zeitung, daß es dem berühmten Professor soundso in Paris gelungen sei, durch künstliche Jungfernzeugung junge Bären zu erzeugen. Das erstaunte mich einigermaßen, bis mir ein Licht aufging, was dem Zeitungsmann passiert war: das französische Wort für Seeigel bedeutet auch Bärchen!

7. Ungeschlechtliche Fortpflanzung

Nun auch noch zu der dritten Frage, ob es Tiere gibt, die kein Geschlecht haben und sich doch fortpflanzen. Tatsächlich gibt es auch eine ungeschlechtliche Fortpflanzung, also eine Vermehrung, bei der Ei- und Samenzellen nicht beteiligt sind. Meistens ist das einfach eine Teilung des gesamten Tieres in zwei oder mehr Teile, deren jeder sich alsbald wieder zu einem ganzen Tier ergänzt. Wir erinnern uns sicher noch an die mikroskopische Amöbe, die mit ihrem weichen, formlosen Zelleib im Wassertropfen umherkroch und all ihre Vettern, die einzelligen Tiere. Wir fangen ein solches Tierchen aus einem Wassertropfen und setzen es in eine nahrungsreiche Umgebung. Schon nach wenigen Tagen sind daraus Tausende geworden, alle durch immer wiederkehrende Zweiteilung entstanden. Die ist

aber sehr einfach verlaufen. Der Zelleib schnürte sich in der Mitte
ein, dann teilte sich der Kern in zwei, der Leib schnürt sich ganz
durch, und zwei neue, dem alten gleiche Tierchen sind da (Abb. 133).
Vielleicht erinnern wir uns auch an den Süßwasserpolyp, dessen
Kunst, seine Nahrung mit vergifteten Pfeilen zu schießen, wir früher

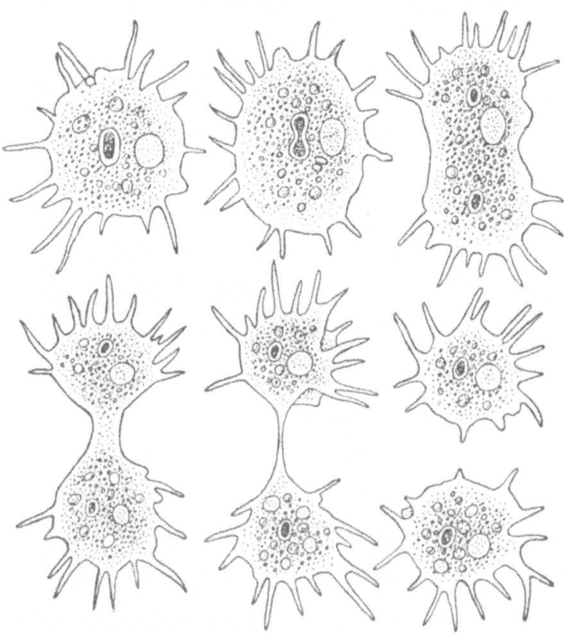

Abb. 133. Zweiteilung eines Wechseltierchens (Amöbe) in sechs Stadien.

bewunderten. Beobachten wir ihn sorgfältig ein paar Tage lang, so
sehen wir wohl an seinem schlauchförmigen Leib seitlich einen war-
zenartigen Auswuchs auftreten, der größer und größer wird. Bald
entwickelt er an seinem freien Ende Fangfäden und erscheint nun
als ein kleiner Polyp, der aus der Flanke des Muttertiers heraus-
gesproßt ist. Nach einiger Zeit löst er sich los und beginnt ein selb-
ständiges Leben, während schon wieder neue Knospen am Mutter-
tier gewachsen sind und er selbst auch beginnt, seinesgleichen zu erzeugen. Das nennt man dann eine ungeschlechtliche Vermehrung durch
Knospung, die vollständig zur Vermehrung des Tieres genügen

würde. Aber merkwürdig genug, es scheint, daß auf die Dauer
Lebewesen sich nicht ohne einen geschlechtlichen Vorgang erhalten
können. Amöbe wie Polyp mögen sich lange Zeit hindurch durch
Teilung und Knospung vermehren, einmal kommt aber auch für sie
unfehlbar der Augenblick, wo eine geschlechtliche Fortpflanzung
beginnt. Der Polyp hört auf, Knospen abzustoßen, erzeugt Eier und

Abb. 134. Süßwasserpolypen an einem Algenfaden; der unterste trägt oben
ein Ei, unten einen Kranz von Hoden. Der nächste hat zwei Knospen, der
oberste hat sich zusammengezogen.

Samenzellen und pflanzt sich wie jedes andere Tier fort (Abb. 134).
Wie soll aber die Amöbe sich geschlechtlich fortpflanzen? Wir
hörten doch, daß ihr Leib nur aus einer einzigen Zelle besteht;
wie sollte er da Eierstock oder Hoden bilden können? Das kann er
nun allerdings nicht; wohl aber vermag er sich selbst in Geschlechtszellen umzuwandeln. Der ganze Amöbenleib zerfällt in lauter kleine
Zellen, die dann paarweise miteinander wie Ei und Samenzelle verschmelzen, und der erfahrene Mikroskopiker kann versichern, daß
das eine wirkliche Befruchtung ist. Daraus entsteht natürlich wieder
eine Amöbe.

240

Hier stehen wir nun wieder vor einem der größten Rätsel des
Lebens. Eine Zelle vermag sich immer und immer wieder zu teilen,
aus einem Lebewesen werden Millionen. Aber schließlich ist alle
Teilungskraft aufgebraucht. Sie kommt nur wieder, wenn das Leben
gewissermaßen von neuem begonnen wird mit der Verschmelzung
von zwei Zellen, mit einem Befruchtungsprozeß. Wir sagen da
wohl, daß da eine Verjüngung eintritt. Aber wir wollen ruhig gestehen, daß wir uns darunter bis jetzt noch nichts ganz Bestimmtes
vorstellen können, wenn auch immerhin etwas mehr als unter dem
Jungbrunnen des Märchens. Bevor wir aber daran denken können,
das zu verstehen, müssen wir nun endlich erst erfahren, was wirklich
im einzelnen bei der Befruchtung vor sich geht.

X. Feinheiten von Befruchtung
und Geschlechtsbestimmung

Wir müssen diesen Abschnitt mit dem Eingeständnis eines Un-
rechts eröffnen: wir behandelten bisher eine wichtige Persönlichkeit
recht zurücksetzend, die es gar nicht verdiente. Wir erwähnten
bisher immer nur so nebenbei den Kern der Zelle, so daß er fast
als ein nebensächliches Gebilde erscheinen konnte. Jetzt soll er dafür
zu um so höherer Ehre kommen. Denn im winzigen Raum dieses
mikroskopisch kleinen Bläschens spielen sich die vielleicht größten
Wunder des Lebens ab, und der Forscher, dessen heißes Bemühen
es ist, von den Geheimnissen des Lebens den Schleier zu lüften,
sieht sich immer wieder genötigt, seine Fragen an dies unscheinbare
Gebilde zu richten.

Eines erfährt er da ziemlich leicht; nämlich, daß Leben und
Leistungen der Zelle an die Anwesenheit des Kernes gebunden sind.
Wir haben schon so oft von der kleinen Amöbe gehört, deren Körper
eine einzige Zelle ist. Mit einem feinen Saugröhrchen fischen wir
uns eine aus einem Wassertropfen heraus und zerschneiden sie mit
scharfem Messer in zwei Stücke, von denen das eine den ganzen
Kern enthält, das andere nichts davon. Beide werden nun eine Zeitlang umherkriechen, aber während das kernhaltige Stück Nahrung
aufnimmt und verdaut, ist die kernlose Hälfte nicht mehr dazu
imstande, und sie geht dann auch bald zugrunde (Abb. 135). Die
Anwesenheit des Kernes ist eben für das Leben der Zelle unbedingt

erforderlich. Dies allein zeigt uns schon, daß eine Kenntnis der Tätigkeit des Kernes in der Zelle von grundlegender Bedeutung sein muß. Mit dieser Erkenntnis kehren wir wieder zur Befruchtung zurück und achten nunmehr mehr auf den Zellkern als auf alles andere.

1. Die Zelle, der Zellkern und die Befruchtung

Wir wissen schon, daß bei der Befruchtung die Eizelle mit der Samenzelle verschmilzt. Aber wir stellen uns das wohl nicht richtig

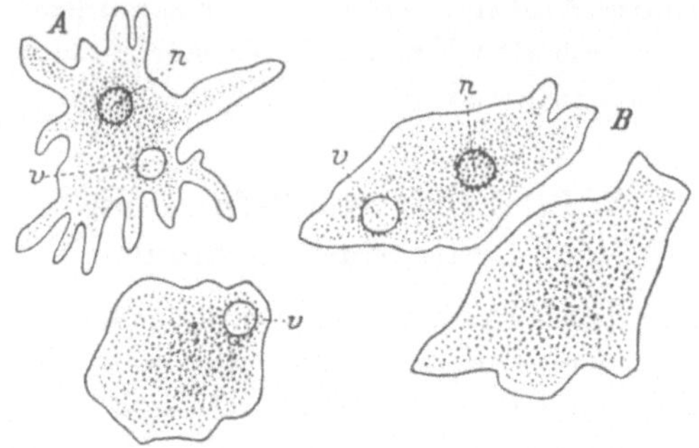

Abb. 135. Durchschneidungsversuch mit einer Amöbe. *n* Kern, *v* zusammen-
ziehbares Nierenbläschen. *A* die Amöbe, *B* die Teilstücke,
deren eines den Kern besitzt.

vor. Wenn zwei Wassertropfen oder Quecksilberkugeln auf einer Unterlage rollend miteinander zusammentreffen, verschmelzen sie auch, und ein einziger Tropfen entsteht. So ist es aber nicht bei der Befruchtung. Wenn die Samenzelle sich in die Eizelle eingebohrt hat, so verschmilzt wohl ihr bißchen Zelleib mit dem der Eizelle. Aber dann kommt erst die Hauptsache: Der Kern der Samenzelle löst sich vom Rest los und wandert, von geheimnisvoller Kraft angezogen, zu dem Kern der Eizelle hin. Hat er ihn erreicht, dann verschmelzen beide zu einem. Das erst ist die wirkliche Befruchtung.

Zunächst erscheint es uns allerdings nicht recht verständlich, warum das gerade die Hauptsache sein soll. Nun, laßt uns einmal ein paar Überlegungen anstellen und einige neue Tatsachen kennenlernen. Welchen Einfluß hat denn die Befruchtung auf das Ei? Natürlich zunächst den, es zu veranlassen, sich zu entwickeln, sich zu teilen und immer wieder zu teilen, bis aus den vielen aus den

242

Teilungen hervorgegangenen Zellen ein junges Lebewesen aufgebaut ist. Sollte dazu der Anstoß etwa durch die Verschmelzung der Kerne gegeben werden? Sicher nicht, denn wir kennen schon Tatsachen, die dagegen sprechen: die Jungfernzeugung, die zeigt, daß das Ei sich auch ohne Befruchtung entwickeln kann, und die künstliche Jungfernzeugung, die zeigt, daß das Ei durch chemischen Anstoß zur Entwicklung gebracht werden kann. Auf noch gar manche Art läßt sich der gleiche Schluß beweisen. So kann man eine Samenzelle in ein Ei eindringen lassen, und sie dann durch ein Betäubungsmittel lähmen, so daß die Kernvereinigung nicht stattfinden kann; das Ei entwickelt sich aber trotzdem. Oder man kann durch die lähmende Wirkung der Radiumstrahlen eine Samenzelle so schwächen, daß sie zwar noch in die Eizelle eindringen kann, aber zu der Vereinigung der Kerne nicht mehr fähig ist. Trotzdem entwickelt sich das Ei. Ja, man kann von einer Eizelle ein Stück Zelleib ohne Kern abschneiden und es befruchten, und obwohl nun gar kein Eikern da ist, mit dem sich der Samenkern vereinigen könnte, entwickelt sich das abgeschnittene und befruchtete Eistück zu einem Tier. Für die Anregung zur Entwicklung ist also die Kernverschmelzung gewiß nicht nötig. Wozu aber dann?

Um die Wiege des Neugeborenen stehen die Tanten und Gevattern und streiten sich, ob das Kind dem Vater oder der Mutter gleicht; eine entdeckt die Augen des Vaters, die andere die Nase der Mutter und so fort. In Wirklichkeit gleicht das Kind natürlich beiden Eltern und wenn auch dieser oder jener hervortretende Zug von einem der Eltern zu kommen scheint, so haben doch bei Berücksichtigung aller Einzelzüge beide Teile mehr oder minder gleich viel beigetragen. Wenn wir lieber von dem heiklen Gegenstand der Familienähnlichkeit auf ein ungefährlicheres Beispiel übergehen, so zeigt ein Maultier, das die Stute zur Mutter und den Esel zum Vater hat, deutlich die Züge beider. Da es sich aus der Vereinigung einer Eizelle mit einer Samenzelle entwickelt hat, so müssen in der Pferdeeizelle die Eigenschaften eines Pferdes irgendwie enthalten sein, nicht anders in der Eselsamenzelle die eines Esels. Da haben wir wohl das Recht, zu fragen: wo sind in diesen Zellen die Stoffe enthalten, auf denen die Vererbung von Eigenschaften von Eltern zu Kindern beruht?

Kehren wir noch einmal zu den gerade erwähnten Versuchen zurück, bei denen eine Samenzelle in das Ei eindringt, die Entwicklung anregt, aber die Kernverschmelzung ausbleibt. Verfolgen wir diese Entwicklung, so sehen wir, daß dabei der nicht mit dem Eikern verschmelzende Samenkern wie ein unbeteiligter Zuschauer liegenbleibt und schließlich aufgelöst wird, verschwindet. Nun stellen wir uns einmal vor, wir könnten diesen Versuch so ausführen, daß Ei und Samenzelle nicht von der gleichen Tierart herstammen, sondern von verschiedenen, noch verschiedeneren als Esel und Pferd. Wir erhalten also bei der Befruchtung ein Verschmelzen der Zelleiber, aber keine Verschmelzung der Zellkerne. Sind nun die Vererbungsstoffe im Leib der Samenzelle enthalten, dann müssen die Eigenschaften des Vaters auch im entstehenden Bastardwesen sichtbar werden. Sind aber die Vererbungsstoffe im Kern enthalten, so darf das sich entwickelnde Tier nur mütterliche Eigenschaften zeigen, da ja der väterliche Samenkern von der Teilnahme an der Entwicklung ausgeschlossen wurde. So verläuft der Versuch denn auch wirklich und zeigt uns, daß wir im Kern den Hauptsitz der Vererbungsstoffe zu suchen haben.

Warum nun aber die Verschmelzung bei der Befruchtung? Warum sollten die väterlichen Vererbungsstoffe nicht auch ihre Wirkung ausüben können, ohne daß die beiden Kerne verschmelzen? Um das zu verstehen, müssen wir uns zuerst einmal genauer ansehen, was mit den Kernen nach der Befruchtung geschieht, und da können wir uns an niemand besseren zur Aufklärung wenden als an unseren guten alten Spulwurm. Denn kein Lebewesen hat, vielleicht mit Ausnahme des stacheligen Seeigels, soviel zu unserer Kenntnis dieser Grundlagen der Lebensvorgänge beigetragen, wie der Spulwurm. Wir wissen heute, daß all die Dinge, mit denen wir uns jetzt beschäftigen wollen, in allen wichtigen Punkten bei allen Lebewesen, Tieren und Pflanzen, gleich verlaufen. Aber nicht ein jedes Wesen ist der Erforschung gleich günstig. Das eine bildet nur wenige Eier, und wir können nicht genug für unsere Studien erhalten. Bei einem anderen ist es schwer, sie gerade im richtigen Zeitpunkt zu erhalten; bei wieder einem anderen sind die Eizellen dermaßen mit Nährstoffen vollgeladen, daß dadurch die feineren Vorgänge verdeckt werden. Aber gerade der Pferde-Spulwurm erwies sich in allen diesen und manchen anderen Punkten als ideales Tier, und allein durch die Kenntnisse, die er uns hierin vermittelte, hat er es redlich verdient, daß sein Name den Titel eines Buches bildet. Was geht also nun in seinen Eizellen nach der Befruchtung vor sich?

2. Zellteilung und Chromosomen

Immer noch müssen wir unsere Ungeduld zügeln; denn wir haben nun einen Punkt erreicht, an dem wir nicht weiterkommen, ehe wir unser Rüstzeug vervollkommnet haben. Bis jetzt gingen wir stets sehr vorsichtig um einen Gegenstand herum, der als einer der bedeutungsvollsten in der Wissenschaft vom Leben zu betrachten ist. Wir hörten so vieles von der Zelle, auch von ihrer Fähigkeit, sich zu teilen, wobei auch der Kern in zwei geteilt wird; wir kümmerten uns aber nie weiter um die Einzelheiten dieses Vorgangs. Das müssen wir nun nachholen und werden auch sehr bald einsehen, warum.

Nach allem, was wir soeben erfuhren, wird es uns nicht weiter in Erstaunen setzen, daß das Hauptinteresse sich dem Zellkern zuwendet. Deshalb wollen wir ihn jetzt endlich einmal näher anschauen und uns zu dem Zweck eines kleinen Kunstgriffes bedienen, den die findigen Mikroskopiker herausgebracht haben. Wir durchtränken nämlich die Zelle zunächst mit einer blauen, roten oder schwarzen Farbstofflösung. Nun sind die Zellen aus allen möglichen Stoffen aufgebaut, und manche von ihnen haben eine ganz besondere Vorliebe für bestimmte Farbstoffe. So lieben etwa die Fetttröpfchen im Zelleib ganz besonders eine Sudanrot genannte Farbe; wird die Zelle damit durchtränkt, so saugt das Fett die ganze Farbe auf, und wir sehen dann im mikroskopischen Bild eine farblose Zelle, gefüllt mit rotgefärbten Fetttröpfchen. Beim Durchprobieren vieler Arten von Farbstoffen zeigte es sich, daß in dem Zellkern stets kleine Kügelchen und Körnchen zu finden sind, die eine besondere Vorliebe für eine ganze Gruppe von Farbstoffen zeigen. Man nennt sie den färbbaren Stoff des Zellkerns oder mit einem griechischen Wort: Chromatin. Als man dann an farbstoffdurchtränkten Zellen die feineren Vorgänge bei der Zellteilung untersuchte, da zeigte sich bald, daß der färbbare Stoff oder Chromatin sichtlich die interessanteste Rolle bei dem ganzen Vorgang spielt.

Im Kern einer zur Teilung sich anschickenden Zelle sieht man als erstes Zeichen eine Zusammenballung und Zusammenlagerung der Chromatinkörnchen zu einzelnen Gruppen (Abb. 136). Diese werden immer deutlicher und erscheinen schließlich als eine Anzahl von Fäden oder Stäbchen oder hufeisenförmigen Schlingen — bei

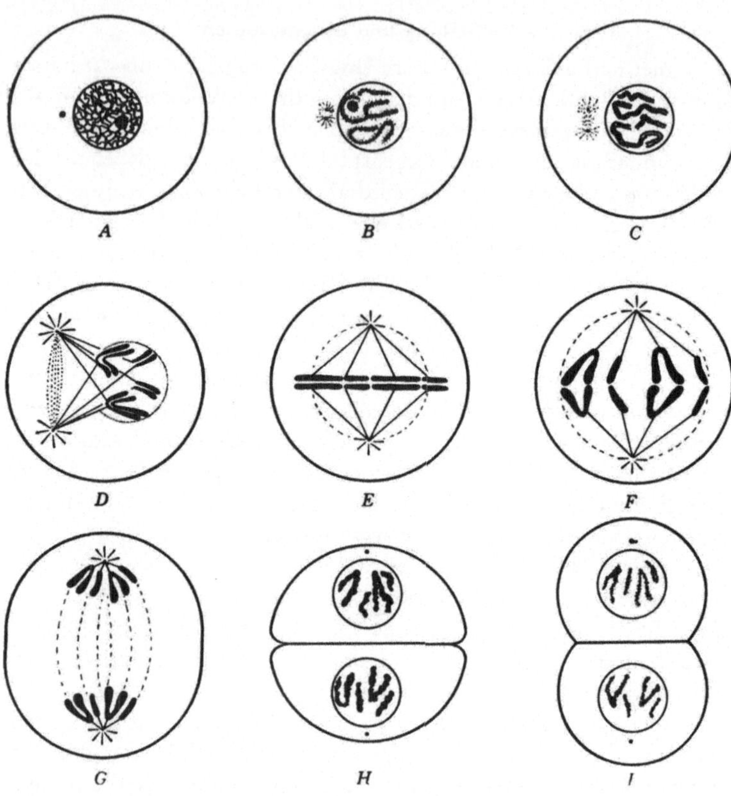

Abb. 136. Die Teilung der Zelle. *A, B, C* die Ausbildung der Chromosomen im Kern. *D, E* die Ausbildung der Teilungsspindel. *E, F, G, H* die Verteilung der Längsspalthälften der Chromosomen nach den beiden Polen und Durchschnürung der Zelle. *I* die Tochterzellen kehren wieder in den Ruhestand zurück.

verschiedenen Zellarten ist das verschieden —, die nun sichtlich die auffallendsten Gebilde in der Zelle darstellen. Tatsächlich waren diese Schleifen schon immer da, konnten aber vor diesem Zeitpunkt nur schwer sichtbar gemacht werden. Man hat sie die färbbaren Körperchen, die Kernschleifen genannt oder, wieder mit einer griechischen Bezeichnung: *Chromosomen;* und das ist eines der wenigen fremden Kunstwörter, die wir uns einprägen wollen. Sind nun die Chromosomen fertig, so platzt plötzlich der Kern, und die Schleifen oder Fäden liegen frei im Zelleib, wo sie sich sofort in der Mitte zu einem schönen Kranz anordnen.

Inzwischen sind aber auch im Zelleib merkwürdige Dinge vorgegangen. In der Nähe des Kernes trat ein winziges Kügelchen auf und teilte sich alsbald in zwei. Jede Hälfte wanderte dann an einen der entgegengesetzten Pole der Zelle. Nun beginnt auch der Zellleib selbst sich zu verändern. Seine Stoffe ordnen sich zu Reihen und Zügen an, die alle nach jenen Körperchen an den Polen hinstrahlen und sich in der Mitte, da, wo die Chromosomen liegen, treffen. Wollten wir uns ein ungefähres Bild machen, wie die Zelle jetzt aussieht, so könnten wir uns eine durchsichtige Erdkugel vorstellen. Von dem Nord- und Südpol etwas nach innen liegt je ein Kügelchen, von dem aus Fäden nach der durch den Äquator der Kugel gelegten Schnittfläche gespannt sind. Hier ist je ein Faden an eines der Hufeisen angeheftet, die hier im Kranz liegen, alle mit den freien Schenkeln nach dem Äquator und mit der Biegung nach dem Erdmittelpunkt gerichtet. Diese Hufeisen sind natürlich die Chromosomen.

Hat die Zelle nun diesen Zustand erreicht, so teilen sich alle Chromosomen der Länge nach. In unserem Bild würden sich die Hufeisen so spalten, daß zwei gleiche Hufeisen, aber natürlich nun von nur halber Dicke, entständen. Diese genauen Spalthälften beginnen aber alsbald von den angehefteten Fäden gezogen nach den Polen zu gleiten, immer ein Spaltteil nach dem Nordpol, der andere nach dem Südpol. So kommt natürlich zu jedem Zellpol genau das gleiche an Chromosomenzahl und an Chromosomenmasse. Der Rest des Vorgangs ist nun wohl nicht sehr schwer zu erraten: die Chromosomen werden wieder unsichtbar, wenn die färbbare Substanz sich im Kern verteilt, und so entsteht wieder ein gewöhnlicher Ruhekern. Nun liegt an jedem Pol ein Tochterkern, gleichzeitig hat sich aber der Zelleib im Äquator der Kugel eingeschnürt, die von außen einschneidende Spalte wird tiefer und zerschneidet schließlich die Kugel in zwei Halbkugeln. Im Zelleib verschwinden auch jene fädigen Reihen, und so ist alles wieder wie zu Anfang. Aber anstatt einer Zelle haben wir zwei völlig gleiche Zellen.

Es ist wohl nicht allzuviel Phantasie nötig, um zu erkennen, daß
wir hier vor einer sehr wichtigen Enthüllung stehen. Denn wenn
ein so verwickelter Ablauf aufgeboten wird, um jene färbbaren
Stoffe des Zellkernes so genau zu verteilen — und es ist wohl klar,
daß der ganze verwickelte Vorgang nur das eine Ziel haben kann,
diese Stoffe möglichst genau zu verteilen —, so muß ihnen wohl
eine überragende Wichtigkeit zukommen. Diese Überzeugung wird
auch bestärkt, wenn wir uns etwas genauer im Tier- und Pflanzenreich umsehen. Da stellen wir mit Erstaunen fest, daß diese Zell-
teilungsvorgänge in allen wesentlichen Punkten stets die gleichen
sind. Die Zellen des Menschen teilen sich in der gleichen Weise wie
die des Spulwurms, des Krebses, des Vogels, des Apfelbaums, des
Grases, des Pilzes und was es sonst noch an Getier und Gewächsen
gibt. Im Mittelpunkt des Vorganges stehen aber stets jene Chromosomen, deren Wesen den Forscher so fesselt, daß er sie seit ihrer
Entdeckung vor weniger als 80 Jahren immer wieder von neuem
studiert und oft von frischen Entdeckungen belohnt wird. So kam
man auch dazu, sich mit ihrer Zahl zu beschäftigen, und da zeigte
es sich, daß in allen sich teilenden Zellen einer bestimmten Tier-
oder Pflanzenart diese Zahl stets die gleiche ist. Bei der Teilung
irgendeiner Zelle eines Pferde-Spulwurms treten stets vier Chromosomen hervor, bei einer Salamanderzelle 24, bei einer Zelle des
Menschen 48, bei gewissen Krebsen 180 und so bei jedem Lebewesen eine unveränderlich feststehende Zahl. Diese Gesetzmäßig-
keit läßt uns sicher die winzigen Gebilde, die nur bei vielhundert-
facher Vergrößerung sichtbar werden, noch bedeutungsvoller erscheinen. Nun aber ist es Zeit, zu unserem Ausgangspunkt zurück-
zukehren. Denn das war ja alles nur Vorbereitung für das Verständnis der feineren Vorgänge bei der Befruchtung.

3. Die Chromosomen vor und bei der Befruchtung,
ein notwendiges, aber etwas schwieriges Kapitel

Wir haben es wohl noch nicht vergessen, daß bei der Befruchtung
die Kerne der Ei- und Samenzelle sich vereinigen und daß dann die
Kette der Zellteilungen beginnt, die aus dem befruchteten Ei ein junges Lebewesen sich formen lassen. Schauen wir uns nun einmal die
erste Teilung der Eizelle nach der Befruchtung, etwa bei unserem
Spulwurmei, an; da finden wir, wie erwartet, die für den Spulwurm

charakteristische Zahl von vier Chromosomen in der Teilungsfigur
vor. Wer merkt es schon, wo wir hinauswollen? Die Eizelle und die
Samenzelle waren doch richtige Zellen wie andere auch. Wenn alles
Gesagte wortwörtlich wahr ist, so müßten ihre Kerne stets die vier
Spulwurm-Chromosomen enthalten. Nun vereinigen sich aber doch
die beiden Kerne bei der Befruchtung, und trotzdem sollen in der
ersten Teilung nur vier Chromosomen und nicht etwa $4 + 4 = 8$
vorhanden sein? Da muß doch irgend etwas nicht stimmen.

Reden wir nun nicht viel, sondern schauen einfach ins Mikroskop
(Abb. 137). Da erblicken wir in dem Spulwurmei den Kern der Eizelle und den von der eingedrungenen Samenzelle herstammenden
Kern dicht beieinanderliegend. Nun bilden sich in jedem von ihnen
die Chromosomen aus, die nachher in die erste Eiteilungsfigur eintreten sollen, und zwar sind es zwei in jedem Kern, also die halbe
der für andere Spulwurmkerne charakteristischen Zahl. Wenn sich
nun die beiden Kerne auflösen (die beim Spulwurm nicht erst richtig
miteinander verschmolzen, sehr zum Vorteil unserer Untersuchung)
und die Chromosomen sich zur ersten Teilung im Kranz anordnen,
sind ihrer vier da, zwei aus dem Eizellkern, zwei aus dem Samenzellkern. Jedes wird in der ersten Teilung geteilt, und so bekommt
jede Tochterzelle wieder vier und so fort bei den weiteren Teilungen.
Nun erkennen wir den Hauptpunkt: von den Chromosomen jeder
Zelle, die von einem befruchteten Ei abstammt, kommt die Hälfte
von der Mutter her auf dem Wege über den Eikern, und die andere
Hälfte vom Vater durch die Vermittlung des Samenkernes. So er-
schließt sich uns eines der wichtigsten Geheimnisse der Befruchtung,
die Vereinigung der mütterlichen Chromosomen mit der gleichen
Zahl väterlicher. Nun können wir noch einen Schritt weiter gehen:
wir hatten bereits den Schluß gezogen, daß die Stoffe, an deren
Gegenwart die Vererbung der elterlichen Eigenschaften geknüpft ist,
im Zellkern zu finden sein müssen. Nun eröffnet sich uns die Aussicht, geradeswegs auf die Chromosomen deuten zu können als die
sichtbaren Vererbungsträger!

Da müssen wir nun nochmals Einhalt gebieten und den Schritt
zurücklenken zu einem Punkt, über den wir einfach hinweggegangen
waren: nämlich das unerklärliche Vorhandensein der halben Zahl
von Chromosomen in Ei- und Samenzellen, die sich dadurch sichtlich von allen anderen Zellen des Körpers unterscheiden. Wir

können nun versichern, daß diese Zellen ursprünglich genau solche
Zellen sind wie die anderen Körperzellen, also auch die gleiche

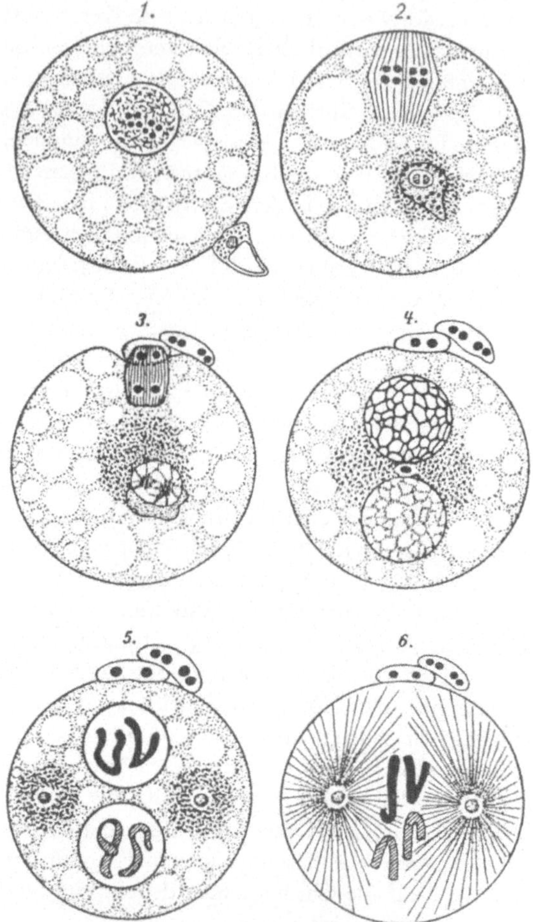

Abb. 137. Die Befruchtung des Ascariseies. *1.* Die zuckerhutförmige Samenzelle sitzt der Eizelle an. *2.* Sie ist eingedrungen, während der Eikern die
Reifeteilung durchläuft. *3.* Der Eikern macht die zweite Reifeteilung. Die
eingedrungene Samenzelle wandelt sich in einen Samenkern um. *4.* Eikern
und Samenzellkern nebeneinanderliegend. *5.* In beiden treten je zwei Chromosomen auf. *6.* Die vier Chromosomen in der ersten Teilungsfigur des
entwickelnden Eies.

Chromosomenzahl besitzen, nämlich vier in unserem Beispiel. Es
muß also in der Lebensgeschichte der Geschlechtszellen, bevor sie

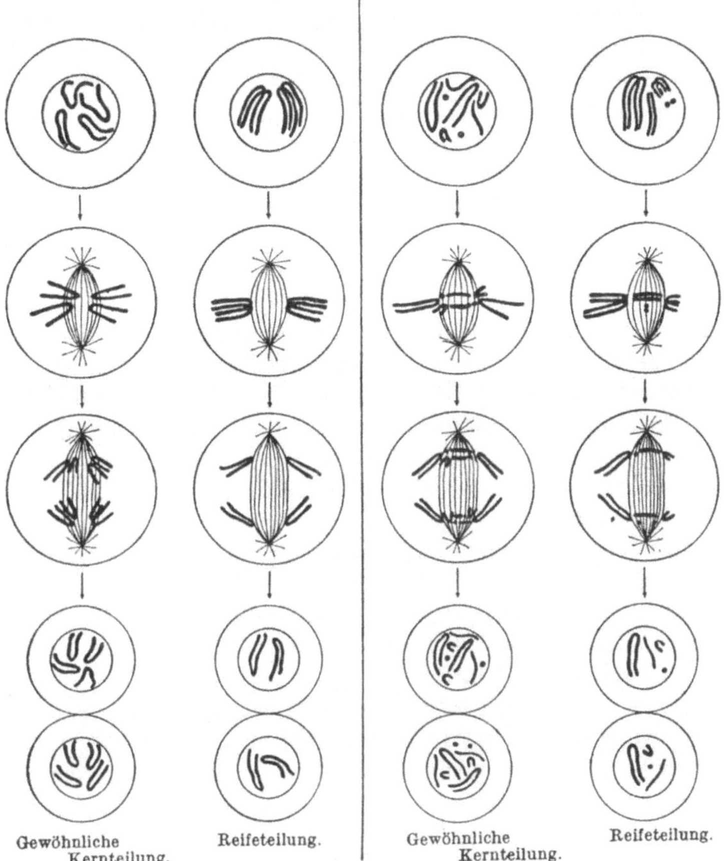

Abb. 138. Vergleich der Reifeteilung mit einer gewöhnlichen Kernteilung.
Links bei Annahme einer Normalzahl von vier gleichförmigen Chromosomen.
Rechts bei Annahme einer Normalzahl von acht Chromosomen, die paarweise
verschieden geformt sind.

befruchtungsfähig sind, ein Zeitpunkt vorkommen, in dem die
Herabsetzung der Chromosomenzahl auf die Hälfte erfolgt. Tatsächlich macht eine jede Geschlechtszelle diesen Zustand durch. Es

251

ist nur eine kleine Besonderheit in dem uns jetzt wohlbekannten Vorgang der Zellteilung nötig, um den gewünschten Erfolg zu erzielen. Da hinterher die Zellen zur Befruchtung reif sind, so nennt man diesen besonderen Vorgang auch die Reifeteilung (Abb. 138). Wir erinnern uns, daß in einer gewöhnlichen Teilung der Spulwurmzelle vier Chromosomen im Kern auftraten, sich dann im Kranz anordneten und ein jedes eine Spaltung in zwei Tochterhälften erfuhr. Auch vor der Reifeteilung der männlichen und weiblichen Geschlechtszellen erscheinen die vier Chromosomenschleifen im Kern. Aber sie liegen nicht unabhängig voneinander, sondern sind paarweise zusammengeschlossen und treten auch in dieser Form zur Teilung im Zelläquator an. Wenn wir bei dem Vergleich der Chromosomen mit Hufeisen bleiben, so liegen bei einer gewöhnlichen Spulwurmzellteilung vier Hufeisen im Kranz oder in einem Stern beisammen. Bei dieser besonderen Teilung liegen aber je zwei Eisen aufeinander, so daß, wenn wir von oben darauf blicken würden, nur zwei Eisen sichtbar wären. Bei der gewöhnlichen Teilung würde sich nun jedes Eisen in zwei ähnliche Eisen spalten, die nach den Polen auseinanderrücken. Bei dieser Reifeteilung findet aber keine solche Spaltung statt, sondern von den paarweise aufeinanderliegenden Eisen rückt je eines nach jedem Pol. Da wir zwei solcher Hufeisenpaare hatten, so erhält natürlich jeder Pol zwei ganze Chromosomen, und so sind durch die Reifeteilung aus einer unreifen Zelle mit vier Chromosomen zwei befruchtungsreife Zellen mit je zwei Chromosomen entstanden.

Nun noch ein wenig Geduld, daß wir diesen Weg zu Ende gehen, bevor wir ermüden. Lassen wir die folgenden uns jetzt wohlbekannten Dinge einmal vor unserem Auge vorbeiziehen: eine jede Körperzelle eines bestimmten Lebewesens hat eine festgelegte Zahl von Chromosomen in ihrem Kern. Da bei der Befruchtung Ei wie Samenzelle je die Hälfte dieser Zahl mitbringen, die dann immer genau gleichmäßig auf alle späteren Tochterzellen mit der Zellteilung verteilt werden, so muß jede Körperzelle zur Hälfte väterliche, zur anderen Hälfte mütterliche Chromosomen besitzen. Nun nehmen wir einmal den einfachsten Fall an, nämlich, daß die richtige Chromosomenzahl nur zwei betrüge, was wirklich bei einer gerade darum sehr berühmten Spulwurmart vorkommt. Dann enthält die reife Ei- oder Samenzelle natürlich nur ein Chromosom, die unreife aber wie jede andere Zelle zwei. Wir lernten nun, daß vor der Reifeteilung sich die Chromosomen paarweise zusammenlegen. In unserem Fall ist nur ein Paar vorhanden, von denen das eine Stück vom Vater, das andere von der Mutter stammt. Das, was sich da zusammenschließt, ist also ein väterliches und ein mütterliches Chromosom, und wenn dann in der Reifeteilung das eine nach diesem, das andere nach jenem Pol wandert, so hat diese Teilung somit Chromosomen väterlicher und mütterlicher Herkunft getrennt.

Bei nur zwei Chromosomen kann das gar nicht anders sein, aber auch bei anderen Zahlen ist es ebenso. In den Zellen mancher Tierformen kann man das ganz direkt sehen, indem die verschiedenen Chromosomen in der Zelle sichtlich verschieden sind. Da mag eines wie ein großes, das andere wie ein kleines Hufeisen erscheinen, ein drittes wie ein Stab und ein viertes wie eine Kugel (Abb. 138 rechts). Wer errät nun, wie es in einer solchen Zelle aussieht? Muß nicht jede dieser Sorten genau zweimal vertreten sein, eine von dem Vater und eine von der Mutter kommend? Das ist tatsächlich der Fall. Wenn dann eine solche Geschlechtszelle sich zur Reifeteilung anschickt, muß sich dann nicht bei der paarweisen Vereinigung Gleiches mit Gleichem zusammenfinden? Also väterliches Hufeisen mit mütterlichem Hufeisen, väterlicher Stab mit mütterlichem Stab, väterliche Kugel mit mütterlicher Kugel? Auch dies zeigt uns das Mikroskop. So enthält also jede Zelle, ob wir es äußerlich sehen können oder nicht, zwei ganz gleiche Sätze väterlicher und mütterlicher Chromosomen.

Nun müssen wir uns wieder an etwas schon Bekanntes erinnern, die Tatsache, daß ein für gewöhnlich befruchtungsbedürftiges Ei durch allerlei Chemikalien zur jungfräulichen Entwicklung gezwungen werden kann. Ein solches Ei enthält dann die halbe Chromosomenzahl, wie sie der reifen Geschlechtszelle zukommt. Das entstehende Lebewesen ist aber ein richtiges und vollständiges Tier: der eine Chromosomensatz im Ei muß also alles enthalten haben, was zur normalen Entwicklung benötigt ist. Nun erinnern wir uns auch des anderen Versuches: Von einem Seeigel wurde ein Stück Zelleib ohne Kern abgeschnitten und mit einer Samenzelle befruchtet. Auch hieraus entwickelt sich eine richtige Seeigellarve, obwohl doch nur der eine Chromosomensatz der Samenzelle vorhanden ist; also enthielt auch dieser alles Nötige. So zeigt es sich, daß in einer jeden Zelle, die von einem befruchteten Ei stammt, zwei völlig gleichartige Chromosomensätze vorhanden sind, von denen ein jeder alles Nötige enthält, um ein den Eltern gleiches Wesen hervorzubringen.

Nun ist vielleicht mancher Leser noch nicht zufrieden mit diesen Anzeichen dafür, daß die Chromosomen wirklich die Stoffe enthalten, deren Wirkung uns als die Vererbung der elterlichen Eigenschaften auf die Kinder erscheint, und er wünscht direkte Beweise. Hat er sich überlegt, wie ein solcher Beweis etwa geführt werden könnte? Das ist nun nicht ganz so einfach, ist aber trotzdem gelungen. Wie das geschah, können wir aber jetzt noch nicht verstehen, denn wir haben erst das Ineinandergreifen von einigen Rädern im großen Uhrwerk kennengelernt und werden erst später verstehen können, wie die ganze Uhr läuft. Deshalb wollen wir hier nur versichern, daß der geforderte Beweis sowohl für einzelne Erbeigenschaften gelungen ist als auch, daß man in einem Fall auf gar bewundernswerte Weise feststellen konnte, in welchem Chromosom des betreffenden Tieres (einer Fliege), ja, sogar an welcher Stelle im Chromosom der Hervorbringer bestimmter Erbeigenschaften liegt.

4. Geschlechtschromosomen und Geschlechtsbestimmung

Vielleicht ist der eine oder der andere der verehrten Leser ungehalten, daß der Weg durch diese etwas verwickelten Dinge, nicht wie sonst durch eine kleine Abschweifung, hier und da mit einem Ausblick über Land und Meer erleichtert wurde. Wie gerne möchten wir es; aber nicht ein jeder Weg erlaubt Unterbrechung und Rast. Hier befinden wir uns auf einem Pfad, der rüstig in einem Anlauf bis zum Ziel durchschritten werden muß. Sonst möchten wir uns verirren und den Weg nicht mehr bei hellem Tag finden. So laßt uns also nach diesem kurzen Verschnaufen auf dem einmal begonnenen Pfad weiterschreiten.

Da wollen wir uns einmal zunächst über die, nach allem, was wir lernten, selbstverständliche Tatsache klar werden, daß die Zahl der Chromosomen in den Zellen eines Lebewesens, das sich aus einem befruchteten Ei entwickelt, stets eine gerade Zahl sein muß, denn wir sahen ja, wie stets ein Chromosomensatz vom Vater und einer von der Mutter stammte, jede Chromosomenart immer zweimal vorhanden war. Das erscheint so selbstverständlich, daß es zunächst niemand glauben möchte, wenn man ihm von einer ungeraden Chromosomenzahl spräche. Trotzdem stand man eines Tages vor der unleugbaren Tatsache, daß es Zellen mit ungerader Chromosomenzahl gibt, und zwar fand man das zuerst in den jungen unreifen Samenzellen von Wanzen. (Woraus übrigens der Leser wieder einmal ersehen kann, daß in einem bestimmten Augenblick die stinkende Wanze für den Naturforscher viel wichtiger sein kann als der schönste Paradiesvogel.) Nehmen wir einmal an, wir hätten die Zahl von sieben Chromosomen festgestellt, und versuchen uns ihr weiteres Schicksal auszudenken (Abb. 139).

In den Reifeteilungen dieser Samenzellen soll ja doch die Zahl der Chromosomen auf die Hälfte herabgesetzt werden, und wir wissen genau, wie das geschieht, nämlich indem sich die Chromosomen zu Paaren zusammenlegen und dann einzeln nach den Polen auseinanderrücken. Was muß nun bei diesen Samenzellen der Wanzen sich ereignen? Die Chromosomen legen sich zu Paaren zusammen; aber dabei bleibt eines, das siebente, übrig, für das gar kein Partner vorhanden ist, mit dem es sich vereinigen könnte. Es bleibt ihm also gar nichts anderes übrig, als, ein einsamer Junggeselle, in den Chromosomenkranz der drei glücklich vereinigten Paare einzutreten. Wenn nun die Chromosomen zur Vollendung der Reifeteilung nach den beiden Polen auseinanderrücken, so muß eben das einzelne Chromosom auch nach einem der beiden Pole, diesem oder jenem, wandern. Das bringt aber eine sehr bedeutungsvolle Folgerung mit sich: von den zu Paaren angeordneten sechs Chromosomen gelangen zu jedem Pol drei, um dort in den Kern der gereiften Samenzelle einzutreten. Das siebente aber kommt allein zu einem der beiden Pole, somit erhält die Tochterzelle, in die es gelangt, vier Chromosomen, während die andere nur drei hat. Die Reifeteilung führt also bei ungerader Chromosomenzahl zur Entstehung von zwei Arten von Samenzellen, von denen die eine ein Chromosom mehr besitzt als die andere, in unserem Beispiel 4 und 3. Da aber eine jede unreife Samenzelle einer solchen männlichen Wanze diese Reifeteilung durchmacht, bevor sie befruchtungsfähig wird, so bestehen schließlich alle zur Befruchtung dienenden Samenzellen des Tieres aus zwei Sorten: die eine Hälfte besitzt ein Chromosom mehr als die andere Hälfte!

Was das nun wohl bedeuten mag? Etwas sehr Einfaches, wie wir sogleich sehen werden, wenn es auch sehr mühevoller Arbeit bedurfte, bis das alles so schön klar wurde, wie es uns jetzt erscheint.

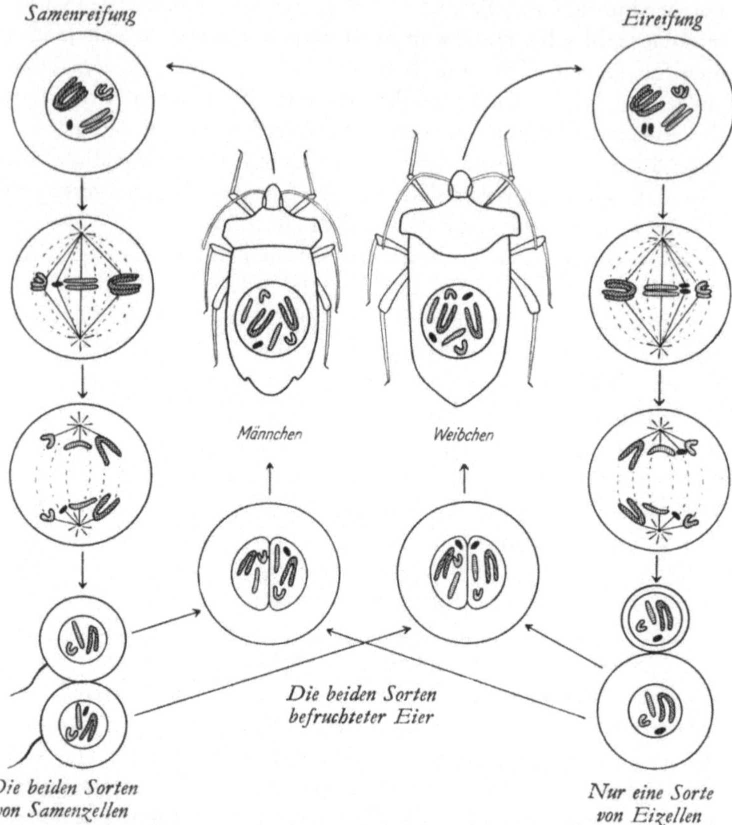

Abb. 139. Die geschlechtsbestimmenden Chromosomen einer Wanze. Das Geschlechtschromosom solid schwarz, die andern Chromosomen schraffiert. Vom Männchen ausgehend links die Samenreifung, vom Weibchen ausgehend rechts die Eireifung, unten die Befruchtung.

Ist es euch aufgefallen, daß wir bisher nur von den Samenzellen einer männlichen Wanze — wir hätten ebensogut auch sagen können einer Fliege oder eines Menschen — sprachen? Wie steht es nun aber mit den Eizellen des zugehörigen weiblichen Tieres? Untersuchen

256

wir sie auch einmal in bezug auf die Chromosomen. Da stellen wir fest — allerdings nicht so schnell, wie wir das hier lesen, sondern nach vielen Monaten mühsamer Arbeit —, daß alles ganz so, wie es sein sollte, verläuft. Die Chromosomenzahl ist eine gerade, nämlich eines mehr als beim Männchen, also acht, wenn es dort sieben waren, 24, wenn es dort 23 sind. Zur Reifeteilung vereinigen sie sich richtig in Paaren, und jede der reifen Tochterzellen erhält auch richtig die Hälfte, also vier, wenn die unreife Zahl acht betrug.

Nun noch eine ganz kleine Anstrengung unseres Verstandes, und es wird uns plötzlich wie Schuppen von den Augen fallen. Wir wissen jetzt, daß — um bei dem gewählten Zahlenbeispiel zu bleiben — die unreifen Samenzellen des Männchens sieben Chromosomen enthalten und, wie jetzt zugefügt sei, alle Zellen des männlichen Tieres. Wir wissen ferner, daß die unreifen Eizellen des weiblichen Tieres und — wie wir wieder zufügen, alle Zellen des Weibchens — acht Chromosomen besitzen. Wir wissen ferner, daß die reifen, zur Befruchtung fähigen Samenzellen zweierlei Art sind, solche mit vier und solche mit drei Chromosomen, daß aber alle reifen Eier unserer Tierart vier Chromosomen enthalten. Und jetzt malen wir uns einmal die Befruchtung aus. Da dringt die Samenzelle in die Eizelle ein, die Kerne vereinigen sich, und die Chromosomen beider addieren sich, um die Chromosomenzahl des sich aus dem befruchteten Ei entwickelnden Tieres zu ergeben. Da sehen wir, daß in dem betrachteten Fall zwei Möglichkeiten gegeben sind. Die Eizelle mit ihren vier Chromosomen kann entweder von einer Samenzelle befruchtet werden, die auch vier Chromosomen enthält, und dann muß das entstehende Lebewesen acht Chromosomen in all seinen Zellen besitzen. Oder aber die Eizelle mit ihren vier Chromosomen wird von einer Samenzelle der anderen Sorte, einer mit drei Chromosomen, befruchtet, und das sich entwickelnde Tier muß dann sieben Chromosomen in allen seinen Zellen zeigen. Merkt ihr nun, wo es hinausgeht? Das Tier mit sieben Chromosomen war ja ein Männchen, das mit acht Chromosomen ein Weibchen! Die beiden Sorten von Samenzellen mit der ungleichen Chromosomenzahl waren also für die Bestimmung des Geschlechts verantwortlich: kommt die Samenzelle mit der niederen Chromosomenzahl, drei in unserem Beispiel, zur Befruchtung, so muß ein Männchen entstehen, befruchtet aber die Samenzelle mit der höheren Zahl, vier im Beispiel, so wird ein Weibchen erzeugt! Die Samenzelle mit vier Chromosomen enthält aber das ungerade Chromosom Nummer 7. Nennen wir es ruhig das Geschlechtschromosom. Die Samenzelle mit drei Chromosomen hat somit kein Geschlechtschromosom. Aber alle Eier haben ein Geschlechtschromosom, in der Figur als das kleinste gezeichnet, was gar keine Bedeutung hat. Es hat also das weibliche Geschlecht außer den gewöhnlichen drei Paaren von Chromosomen zwei Geschlechtschromosomen, das männliche Geschlecht nur eines. Die Reifeteilung beim Männchen produziert zur Hälfte weibchenbestimmende Samenzellen mit einem Geschlechtschromosom, zur anderen Hälfte männchenbestimmende Samenzellen ohne Geschlechtschromosom. Daher sind zwei Befruchtungsarten möglich, die zu befruchteten Eiern mit zwei resp. nur einem Geschlechtschromosom führen, Weibchen und Männchen. Also zwei Geschlechtschromosomen = Weibchen, ein Geschlechtschromosom = Männchen. Wer hätte es wohl gedacht, daß die regelmäßige Erzeugung von zwei Geschlechtern auf einer so einfachen und doch so sicher arbeitenden Maschinerie beruht?

5. Eine merkwürdige Probe auf das Exempel

Im Rechenunterricht wird stets verlangt, daß auf ein Exempel auch die Probe gemacht wird, um zu sehen, ob es stimmt. Das hier war ja auch eine Art von Rechnung, und sie möchte uns zweifellos noch zuverlässiger erscheinen, wenn wir eine Probe auf ihre Richtigkeit ausführen könnten. Nun, hier ist eine:

Wir hörten bereits im letzten Abschnitt allerlei über Tiere, deren Geschlechtsverhältnisse nicht ganz so einfach wie gewöhnlich sind, bei denen eine Art von Lebenskreislauf vorkommt, indem verschiedene Fortpflanzungsarten und verschiedenes Auftreten der Geschlechter abwechseln. Erinnern wir uns einmal an den Fall der Blatt- und Rebläuse. Im Frühjahr schlüpfen aus Eiern, die im vorhergehenden Herbst befruchtet waren, ausnahmslos weibliche Tiere aus, die nun die Stammütter all der Nachkommen werden, die den Sommer über ihr Zerstörungswerk am Rebstock vollziehen. Da keine Männchen vorhanden sind, so muß diese Stammutterlaus sich durch Jungfernzeugung fortpflanzen und aus ihren unbefruchteten Eiern entstehen wieder Weibchen. Auch diese vermehren sich jungfräulich und erzeugen nichts als weibliche Tiere und so fort bis

in den Herbst hinein. Aber nun schlüpfen plötzlich aus den unbefruchteten Eiern beide Geschlechter, Männchen und Weibchen, aus.

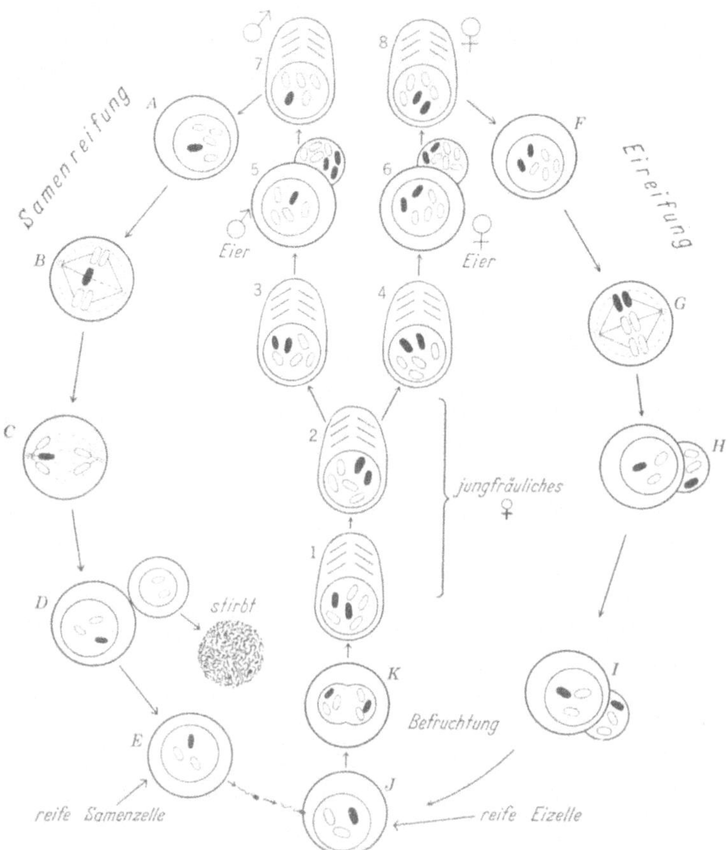

Abb. 140. Das Verhalten der Geschlechtschromosomen im Lebenszyklus der
Blattläuse. Schwarz das Geschlechtschromosom. Die Zahl der Chromosomen
ist *5* beim Männchen, *6* beim Weibchen. Vom Männchen oben ausgehend die
Stadien der Samenreifung *A—E*. Vom Weibchen oben ausgehend, die Stadien der Eireifung *F—I*, *K* die Befruchtung, *1* das befruchtete Dauerei.
2 die jungfräulichen Weibchen. *3* und *4* die Männchen und Weibchen
erzeugenden jungfräulichen Weibchen. *5* und *6* das Männchen resp. Weibchen erzeugende Ei. Im ersteren die Entfernung des einen Geschlechts-
chromosoms aus dem Ei. *Ovogenese* = Eireifung, *Spermatogenese* = Samenreifung, *Parthenogenese* = Jungfernzeugung; *Sexupare* = Geschlechtstiererzeuger,
♂ = männlich, ♀ = weiblich.

Die Männchen befruchten die Weibchen und die befruchteten Eier sind die überwinternden Eier, aus denen die Stammütter des nächsten Jahres schlüpfen.

Auf den ersten Blick scheinen sich diese Dinge nun gar nicht mit dem zusammenzureimen, was wir eben über die Geschlechtschromosomen hörten. Wohl ist es begreiflich, daß die jungfräulichen Weibchen nur wieder Weibchen erzeugen, denn wir wissen ja, daß alle Eier in bezug auf ihre Chromosomen gleich sind. Wenn wir noch hinzufügen, daß bei dieser Jungfernzeugung die Reifeteilung ausfällt, somit das reife Ei genau den gleichen Chromosomenbestand besitzt wie das unreife oder irgendeine andere Zelle des Weibchens, so erscheint uns diese Einzelheit des Geschlechtskreislaufs der Reblaus einleuchtend. Nun sehen wir aber im Herbst aus den gleichen unbefruchteten Eiern plötzlich beide Geschlechter entstehen; wirft das nicht wieder alles über den Haufen? Da müssen wir uns doch erst einmal die Chromosomen der so erzeugten Männchen anschauen. Da sehen wir mit Erstaunen, daß diese Männchen, genau wie in unserem Wanzenbeispiel ein Chromosom weniger haben als die Weibchen. Haben die Weibchen sechs, und das ist diesmal die wirkliche Zahl, dann zeigen die Männchen nur fünf (Abb. 140).

Was da wohl vorgegangen ist? Da müssen wir schon einmal die Eier, die ohne befruchtet zu sein, Männchen ergaben, sehr genau anschauen. Da finden wir, daß sie in einem bestimmten Augenblick, ehe die jungfräuliche Entwicklung zum Männchen beginnt, einfach ein Chromosom hinauswerfen und damit die männliche Zahl von fünf Chromosomen herstellen. So wird gerade durch das, was zunächst gar nicht in die Rechnung zu passen schien, ihre Richtigkeit auf das beste bestätigt. Damit sind aber noch nicht alle Schwierigkeiten überwunden. Im Herbst befruchten die Männchen die Weibchen. Wenn alles dabei so verliefe, wie wir es früher sahen, dann müßten die Männchen zwei Arten von Samenzellen bilden, weibchenerzeugende mit drei Chromosomen und männchenerzeugende mit zwei Chromosomen. Wir wissen aber, daß aus den befruchteten Eiern nach der Überwinterung nur Weibchen ausschlüpfen. Aber auch an diesem Punkt zeigte die genaue Untersuchung, wie wundervoll die scheinbare Ausnahme die Regel bestätigt. Denn als man die Reifeteilung der Samenzellen dieser Männchen untersuchte, zeigte es sich, daß zwar ganz richtig drei Chromosomen zu einem, zwei zu dem andern Pol wanderten und zwei Arten von Samenzellen entstanden. Sogleich hinterher zerfallen aber die Zellen mit den zwei Chromosomen und gehen zugrunde, so daß zur Befruchtung nur die weibchenerzeugenden drei-chromosomigen Samenzellen übrigbleiben. Das ist der Grund, weshalb nur Weibchen aus den befruchteten Eiern schlüpfen. Ist das nicht wirklich eine feine Probe aufs Exempel?

Ich irre mich wohl nicht in der Annahme, daß jetzt die Gedanken des Lesers zu der so volkstümlichen Frage überspringen, ob es nicht möglich sei, das Geschlecht der Nachkommenschaft willkürlich zu bestimmen. Aus dem, was wir nun wissen, können wir leicht eine Antwort ableiten. Welche Möglichkeiten erschließen sich da? Der Fall der Reblaus zeigt uns eine. Hier gehen natürlicherweise alle männchenerzeugenden Samenzellen zugrunde und nur die weibchenerzeugenden bleiben übrig. Da muß ja wohl irgendeine wirksame Kraft dahinter stecken und mit einiger Einbildungskraft könnten wir uns ja vorstellen, daß es uns gelänge, die Ursache festzustellen und dann künstlich ein männliches Lebewesen zu zwingen, nur die eine oder andere Art von Samenzellen zu erzeugen. Bis jetzt gehört aber diese Möglichkeit noch in das Reich der Phantasie, ja, es ist noch nicht einmal ein Weg sichtbar, auf dem man zum Ziel gelangen könnte, so wollen wir auch, statt ins Reich des Ungewissen zu fliegen, lieber den sicheren Boden der Tatsachen unter unseren Füßen behalten, vielleicht uns auch freuen, daß der Menschheit die gewaltigen Fragen noch erspart sind, die sich aus einer praktischen Beherrschung der Geschlechtsbestimmung ergeben würden.

6. Geschlechtschromosomen beim Menschen und die Vererbung der Bluterkrankheit

Nun müssen wir wieder auf einen Punkt zurückkommen, den wir früher mit einer Vertröstung auf spätere Antwort abtaten, nämlich die Frage des Beweises dafür, daß in den Chromosomen die Träger der Erbeigenschaften zu erblicken sind. Man könnte vielleicht diese Annahme dadurch beweisen, daß ein bestimmtes Chromosom sich finden ließe, das in besonderer Weise auf die Nachkommenschaft übertragen wird und dann festgestellt würde, ob Erbeigenschaften, von denen man annimmt, daß sie durch das betreffende Chromosom übertragen werden, in derselben Art und Weise auf die Nachkommenschaft verteilt wurden. Da sollten ja nun die Geschlechtschromosomen eine schöne Möglichkeit an die Hand geben. Nehmen wir wieder den Fall eines Wesens an, das acht Chromosomen im weiblichen und sieben im männlichen Geschlecht besitzt. Die acht Chromosomen des Weibchens bestehen, wie wir nun schon oft genug gehört haben, aus zwei Sätzen zu je vier, die bei der Befruchtung vom Vater und von der Mutter her zusammengekommen waren. Das Männchen dagegen hat in seinen sieben Chromosomen drei gleichartige Paare von den Eltern her, aber ein siebentes ohne einen Partner, nämlich das Geschlechtschromosom. Wo hat nun das Männchen sein Geschlechtschromosom her? Natürlich von der Mutter, denn die männchenbestimmende Samenzelle hatte ja kein Geschlechtschromosom. Nun stellen wir uns einmal vor, daß in diesem Chromosom außer den Dingen, die mit der Geschlechtsbestimmung zusammenhängen, auch noch andere Eigenschaften vererbt würden, etwa die Erbanlage einer bestimmten Erkrankung. Dann könnten wir wohl aus der Art, wie die Krankheit vererbt wird, ersehen, ob sie wirklich der Verteilungsart dieses Chromosoms auf die Nachkommenschaft entspricht.

So allgemein ausgedrückt haben wir das wohl nicht verstanden, nicht wahr? Also wenden wir uns an einen wirklichen Fall, der noch dazu das persönliche Interesse besitzt, das wir an unseren eigenen Angelegenheiten nehmen. Auch beim Menschen verläuft die Verteilung der Geschlechter mit Hilfe der Geschlechtschromosomen genau wie bei jener Wanze. Mann und Frau haben 23 Paare oder 46 gewöhnlicher Chromosomen. Dazu hat die Frau 2 Geschlechtschromosomen, der Mann aber nur eines. (Eine kleine Verwicklung, deren Kenntnis wir hier nicht brauchen und die den Leser nur verwirren würde, lassen wir absichtlich weg.) So verläuft die Geschlechtsbestimmung mittels des ein- oder zwei Geschlechtschromosomenmechanismus genau wie in den vorigen Beispielen: alle reifen Eier mit dem einen Geschlechtschromosom, die Hälfte der Samenzelle mit, die andere Hälfte ohne dieses und zwei Arten von Befruchtung.

Da gibt es eine böse Krankheit, die Bluterkrankheit genannt. Bei davon betroffenen Personen sind selbst kleine Blutungen kaum stillbar und mögen zur Verblutung führen. Es ist lange bekannt, daß diese Krankheit in gewissen Familien erblich ist und aus Fami-

lienurkunden und Kirchenbüchern konnte man die Stammbäume
solcher Familien durch Jahrhunderte verfolgen. Da zeigte sich ein

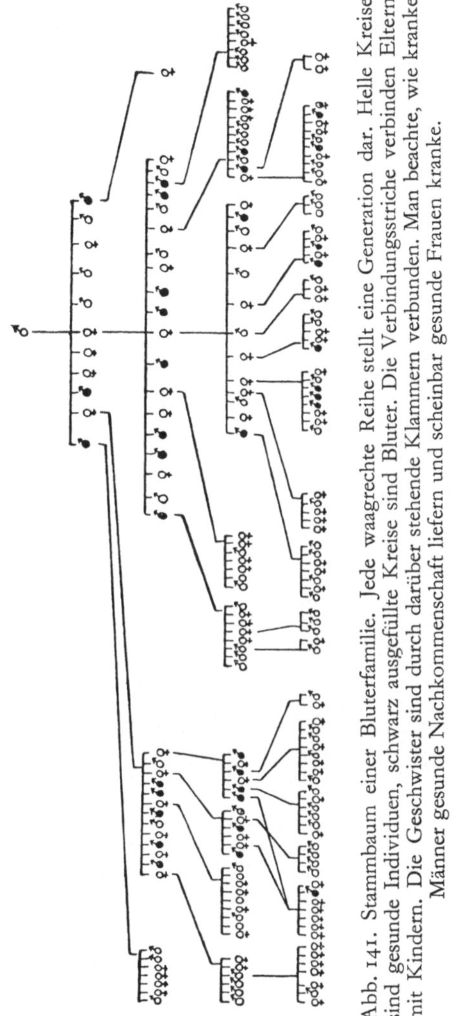

Abb. 141. Stammbaum einer Bluterfamilie. Jede waagrechte Reihe stellt eine Generation dar. Helle Kreise sind gesunde Individuen, schwarz ausgefüllte Kreise sind Bluter. Die Verbindungsstriche verbinden Eltern mit Kindern. Die Geschwister sind durch darüber stehende Klammern verbunden. Man beachte, wie kranke Männer gesunde Nachkommenschaft liefern und scheinbar gesunde Frauen kranke.

ebenso regelmäßiger wie merkwürdiger Vererbungsgang (Abb. 141).
Zunächst besteht die Tatsache, daß in solchen Familien nur Männer

von der Bluterkrankheit betroffen werden. Heiratet nun ein solcher blutender Mann (wie wir der Kürze halber sagen wollen) eine gesunde Frau, so sind auch all seine Kinder gesund. Die Söhne unter ihnen werden selbst wieder nur gesunde Nachkommenschaft er-

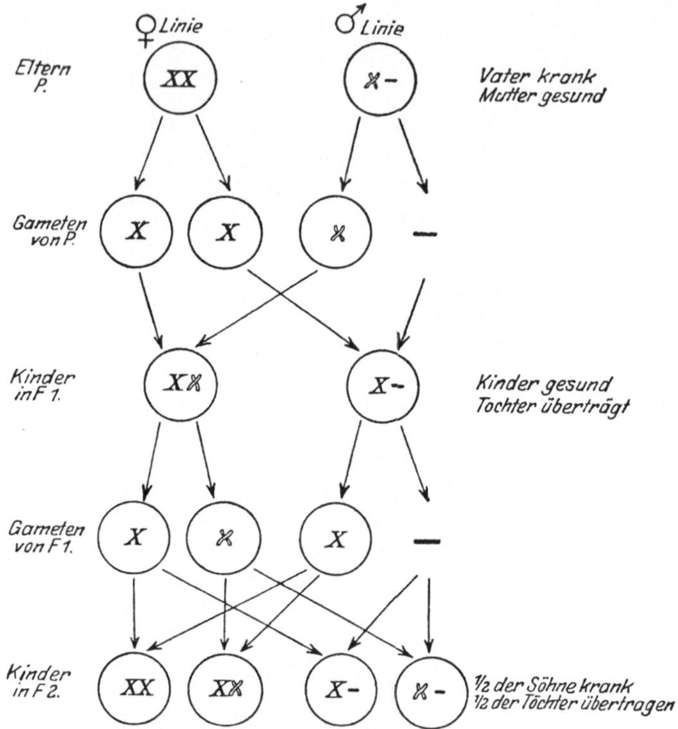

Abb. 142. Übertragung der Bluterkrankheit auf die Chromosomen bezogen. Das die Krankheit vererbende Chromosom *x* ist im Umriß gezeichnet. Gameten bedeutet das gleiche wie Geschlechtszellen. F_1 ist die erste Nachkommengeneration der Ausgangseltern, F_2 die Enkelgeneration.

zeugen. Anders die Töchter. Ihre Töchter von einem gesunden Vater (also die Enkelinnen in der weiblichen Linie des ursprünglichen Bluters) sind wieder sichtlich gesund, aber von den Söhnen (also den Enkeln in der weiblichen Linie) sind die Hälfte wieder Bluter. Von den scheinbar gesunden Enkelinnen des ursprünglichen

264

Paares hat die Hälfte wieder ausschließlich gesunde Nachkommenschaft, ist also erblich gesund, die andere Hälfte aber, obwohl scheinbar gesund, vererbt wieder die Krankheit auf die Hälfte ihrer Söhne.

Nun zu den Chromosomen, um zu zeigen, daß die Vererbung der Krankheit gar nicht anders vor sich gehen kann, wenn es richtig ist, daß der Erbstoff, der die Krankheit verursacht, in den Geschlechtschromosomen gelegen ist (Abb. 142). Der kranke Mann heiratet eine gesunde Frau. Wenn wir, um kurz zu sein, ein Chromosom, in dem die Krankheit vererbt wird, als krankes Chromosom bezeichnen, so besitzt der blutende Mann ein krankes Geschlechtschromosom, nämlich sein 47. Chromosom, dem ja ein gleichartiger Partner fehlt. In der Abbildung sind die Geschlechtschromosomen mit x bezeichnet. (Tatsächlich sprechen die Vererbungsforscher von einem x-Chromosom.) Die reifen Samenzellen dieses Mannes sind nun zweierlei Art: die einen mit 23 gewöhnlichen Chromosomen, dazu ein krankes Geschlechtschromosom; die anderen mit nur 23 gewöhnlichen Chromosomen. Die gesunde Frau aber hat in ihren unreifen Eiern 46 gewöhnliche Chromosomen und zwei gesunde Geschlechtschromosomen, alle reifen Eier enthalten also 23 gewöhnliche Chromosomen und ein gesundes Geschlechtschromosom. Männliche Nachkommenschaft wird nur erzeugt, wenn ein solches Ei von der Samenzelle ohne Geschlechtschromosom befruchtet wird. Die somit erzeugten Söhne erhalten also nur das gesunde Geschlechtschromosom ihrer Mutter, sind folglich selbst gesund und haben keine Möglichkeit, die Krankheit zu vererben. Wird aber ein Ei der gesunden Mutter von der anderen Sorte Samenzellen des kranken Vaters befruchtet, so erhält es neben den 46 gewöhnlichen Chromosomen ein gesundes Geschlechtschromosom von der Mutter und ein krankes vom Vater. Wie verhält sich die daraus sich entwickelnde Tochter? Drei Möglichkeiten sind denkbar: entweder macht sich das kranke Chromosom trotz seines gesunden Partners bemerkbar und das Mädchen ist krank; oder aus der Wirkung des kranken und gesunden kommt ein mittelkrankes Ergebnis heraus; oder aber die Wirkung des gesunden Chromosoms läßt die Wirkung des kranken nicht aufkommen und das Kind ist gesund, obwohl es ein krankes Chromosom in jeder Zelle hat. Dies letztere ist der Fall.

Nun lassen wir dies scheinbar gesunde Mädchen, unsichtbar eine Trägerin des kranken x-Chromosoms, wieder einen gesunden Mann heiraten und Kinder bekommen. Was ereignet sich da? In ihren Eizellen besteht das Geschlechtschromosomenpaar aus einem gesunden und einem kranken Partner. Wenn also in der Reifeteilung die gepaarten Chromosomen auseinanderrücken, so muß das gesunde nach dem einen, das kranke nach dem anderen Pol wandern. Somit werden zwei Arten von befruchtungsfähigen Eiern erzeugt, eine Hälfte mit einem gesunden, die andere mit einem kranken Geschlechtschromosom; natürlich immer dazu die 23 gewöhnlichen Chromosomen. Der gesunde Mann aber liefert wieder die beiden Sorten von Samenzellen; weibchenerzeugende mit einem gesunden und männchenerzeugende ohne Geschlechtschromosom. Denken wir nun einmal nach, welche Möglichkeiten jetzt gegeben sind, nehmen auch vielleicht ein Stück Papier zur Hand, es uns klarzumachen, ebenso wie es in Abb. 142 geschah. Es sind die folgenden vier: I. Eine Eizelle mit gesundem Geschlechtschromosom wird befruchtet von einer Samenzelle ohne Geschlechtschromosom. Ergebnis: ein gesunder Sohn. 2. Eine Eizelle mit krankem Geschlechtschromosom wird befruchtet von einer Samenzelle ohne Geschlechtschromosom. Ergebnis: ein kranker Sohn. 3. Eine Eizelle mit gesundem Geschlechtschromosom wird von der weibchenerzeugenden Samenzelle mit gesundem Geschlechtschromosom befruchtet. Ergebnis: eine gesunde Tochter. 4. Endlich wird die Eizelle mit krankem von der Samenzelle mit gesundem Geschlechtschromosom befruchtet; eine gesunde Tochter entsteht, die aber wieder ebenso wie ihre Mutter die Krankheit weiter vererben kann. Wenn diese vier Möglichkeiten ganz nach Zufall, also im Durchschnitt gleich oft eintreten, erhalten wir also wirklich genau das Ergebnis, das für die Vererbung jener Krankheit so charakteristisch ist. Damit haben wir bewiesen, daß eine Erbanlage, hier die für Bluterkrankheit, im Gang ihrer Vererbung genau der Verteilung bestimmter Chromosomen folgt und das — was in Hunderten anderer Fälle in ähnlicher Weise bewiesen werden konnte — zeigt wieder, daß die Chromosomen wirklich die Träger der Vererbungsstoffe sind.

Nun dürft ihr endlich das Buch zuklappen, um den von all dieser Weisheit brummenden Kopf auszuruhen. Meinetwegen dürft ihr sogar schelten, daß dieses Buch so nett und harmlos begann und jetzt immer mehr Anforderungen an die Aufmerksamkeit stellt. Leider habe ich keinen anderen Trost zur Hand als den des Zahnarztes: nur einen Augenblick noch, dann ist es vorüber, oder auch den des griechischen Weisen: „Denn vor die Tugend haben die Götter den Schweiß gesetzt", hinzufügend, daß der Weg zur Tugend noch nicht ganz zum Gipfel geführt hat. Ein kurzer, aber steiler Aufstieg steht uns noch bevor.

XI. Die Grundlagen der Vererbungslehre

Um die Mitte des vorigen Jahrhunderts sah der stille Garten des Königsklosters in Brünn gar merkwürdige Dinge. Da hatte Gregor Mendel, der spätere Abt des Klosters, zahllose Erbsenpflanzen ausgesät, aber beileibe nicht für die Klosterküche. Die einen blühten rot und die anderen weiß, manche wuchsen hoch, andere niedrig und wieder andere waren sonstwie verschieden. Kam die Zeit der Blüte, so bestäubte er sorgsam die Blüten, so wie er es für richtig hielt, ehe ihm die honigsammelnden Insekten ins Handwerk pfuschen konnten, sammelte später wieder die Samen und säte sie auf besonderen Beeten im Frühling wieder aus. Als er das viele Jahre hindurch getan hatte, schrieb er darüber ein kleines Schriftchen, das von Zahlen und Formeln wimmelte, in dem er verkündete, daß er das Gesetz entdeckt habe, nach dem die Eigenschaften der Pflanzen vererbt werden. Aber fast kein Mensch las es und diejenigen, die es sahen, fanden nichts Bemerkenswertes dahinter. Als der Abt unbekannt nach 20 Jahren starb, hatte es immer noch niemand gelesen. Da kamen um die Wende dieses Jahrhunderts drei Forscher auf die gleiche Fährte und gruben jenes verlorene Schriftchen wieder aus. Heute ziert ein Marmorstandbild Mendels die Stadt Brünn und eine ganze Wissenschaft, der Mendelismus, mit deren Ausbau zahlreiche Jünger beschäftigt sind, führt seinen Namen. Was haben die Erbsen im Klostergarten die Welt gelehrt?

1. Mendels Grundversuche

Wir trafen schon einmal die Tanten an der Wiege des hoffnungsnungsvollen Sprößlings an, eifrig erörternd, ob er die Nase des Vaters, die Augen der Mutter und so fort habe. Die Ähnlichkeit des Kindes mit seinen Eltern, das von den Vorfahren überkommene körperliche Erbgut, wird von uns selbstverständlich als aus lauter Einzelzügen zusammengesetzt betrachtet. Will man also einen Einblick in die Vererbung der Eigenschaften erhalten, die ein Lebewesen kennzeichnen, so ist es sicher die erste Aufgabe, zu erkennen, wie sich ein solches Einzelmerkmal vererbt. Da ist es nun wohl ohne weiteres klar, daß ein solcher Einblick nicht erlangt werden kann, wenn beide Eltern in der betreffenden Eigenschaft sich gleichen. Wenn etwa ein langhaariges Pudelpärchen wieder ebensolche Junge erzeugt, so wissen wir zwar, daß die Eigenschaft Langhaarigkeit vererbt wird, aber sonst nichts. Wollten wir aber erfahren, wie sie auf die Nachkommenschaft verteilt wird, und ob und wie sie von diesen wieder weiter gegeben wird, so müßten wir schon ein langhaariges Tier mit einem nicht-langhaarigen paaren. Ein solcher Vorgang würde dann eine Kreuzung oder Bastardierung genannt und die Nachkommen daraus Bastarde. Das ist allerdings nicht genau der Sinn des Wortes, wie er im Volk verstanden wird. Ein Hundezüchter möchte kaum die Nachkommen aus der Kreuzung eines schwarzen und eines weißen Pudels Bastarde nennen, so wenig wie der Laie damit einverstanden wäre, die Kinder einer blauäugigen Mutter und eines schwarzäugigen Vaters als Bastarde zu bezeichnen. Diesem Wort klebt eben aus alten Zeiten eine herabsetzende Bedeutung an, aus der Zeit, da man darunter das Kind von einem Vater edlen Blutes und einer Mutter unedlen Blutes verstand. Der Hundeliebhaber hält sich auch heute noch an den alten Sprachgebrauch und nennt Bastarde die Jungen einer edlen Hündin mit einem Köter. Wir wollen uns aber von Anfang an von diesem sprachlichen Vorurteil freimachen und als Bastard stets jegliches Wesen bezeichnen, dessen Eltern sich voneinander in wenigstens einer erblichen Eigenschaft unterscheiden.

Das, was Mendel sich nun vorgenommen hatte, war, die Vererbung der Einzeleigenschaften in der Weise zu erforschen, daß er Erbsenformen miteinander kreuzte, die sich zunächst nur in einer einzigen Erbeigenschaft voneinander unterschieden: also etwa eine rotblühende Rasse mit einer weißblühenden, eine hochwüchsige mit einer niederen, eine gelbsamige mit einer grünsamigen. Was war nun der Erfolg? Doch halt, jetzt wollen wir für einen Augenblick die geschichtliche Gerechtigkeit beiseite setzen. Wir wissen nämlich jetzt, daß in Mendels Versuchen in einem kleinen Punkt nicht der denkbar einfachste Fall vorlag und wir werden das Ganze besser verstehen, wenn wir mit einem einfacheren Beispiel beginnen.

Die zierliche Wunderblume kommt unter anderem auch in rotblühenden und weißblühenden Rassen vor (Abb. 143). Um zu

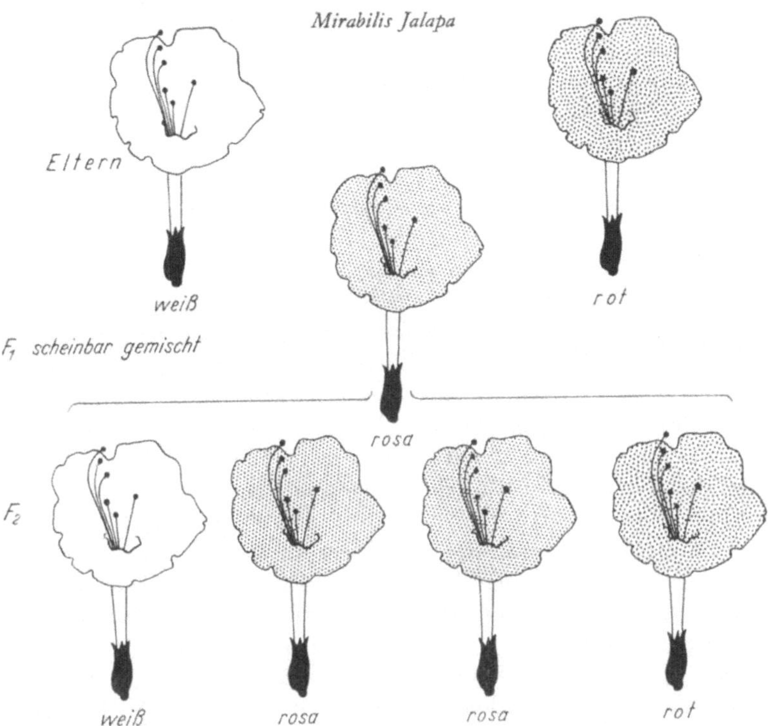

Abb. 143. Mendelspaltung bei Kreuzung einer weißen Wunderblume *(alba)* mit einer roten *(rosea)*.

erkennen, wie diese Blütenfarbe vererbt wird, bestäuben wir einmal den Griffel der roten mit dem Pollen der weißen Blüte oder auch, was keinen Unterschied macht, umgekehrt. Aus deren Samen ziehen wir dann Bastardpflanzen heran, die alle hellrot blühen. Das erscheint uns ja auch verständlich, daß sich ein tiefes Rot mit Weiß zu einem Hellrot mischt. Nun ziehen wir aus den hellrotblühenden Bastarden einen neuen Jahrgang, in dem entweder jede Blüte mit ihrem eigenen Pollen oder dem einer hellroten Schwesterblüte bestäubt wird. Was erwartet ihr wohl in dem neuen Jahrgang, den wir jetzt den zweiten Bastardjahrgang nennen? Wieder hellrote Blüten? durchaus nicht! Unser Beet sieht vielmehr jetzt schön bunt aus. Es enthält sowohl weiße als auch rote und hellrote. Es erscheinen also im zweiten Bastardjahrgang wieder neben den hellroten Bastardblumen die reinen Farben weiß und rot der ursprünglichen Eltern. Jetzt wiederholen wir den Versuch auf vielen Beeten mit zahllosen Pflanzen und erhalten stets das gleiche Ergebnis.

Wie wir so das Auge über die Beete des zweiten Bastardjahrganges schweifen lassen, fällt uns eine Regelmäßigkeit in der Zahl der drei Sorten von Blütenfarbe auf. Von roten und weißen sind etwa gleich viele vorhanden, von hellroten aber etwa soviel wie von den beiden anderen Sorten zusammen. Da lohnt es sich wohl einmal, die Blüten auszuzählen. Das Ergebnis ist jedesmal das gleiche: genau die Hälfte ist hellrot, genau ein Viertel weiß und das restliche Viertel rot. Das ist uns nun zunächst noch unverständlich und so müssen wir geduldig noch einen Jahrgang ziehen. Den ziehen wir aber so, daß wir jede der drei Sorten rein halten, also die Griffel roter Blüten nur mit Pollen roter Blüten bestäuben, ebenso bei den weißen und hellroten. Im nächsten Jahr säen wir dann getrennte Beete aus für die Samen der drei Blütensorten. Kommt dann die Blütezeit, so wird unser Beet aus den Samen der roten Blüten wieder nur ausschließlich rote Wunderblumen enthalten, ebenso das Beet mit den Samen der weißen nur weiße; auf dem Beet der Samen von den hellroten Elternpflanzen finden sich aber wieder genau wie im Vorjahr alle drei Sorten, und zwar wieder zur Hälfte hellrot, und je ein Viertel rot und weiß. So können wir den Versuch beliebig viele Jahrgänge fortsetzen: aus rot- und weißblühenden Pflanzen werden wir immer wieder nur rote oder weiße Nachkommenschaft erhalten, aus den hellroten aber stets alle drei Sorten. Das ist nun der Grundversuch, aus dem wir mit Mendel das Gesetz der Vererbung, das dahinterstecken muß, zu erkennen versuchen wollen.

2. Ihre Erklärung

Man hat im Lauf der Jahre eine Menge von Eigenschaften der Tiere, Pflanzen und des Menschen untersucht, Farben, Formen, chemische Besonderheiten, Instinkte und so fort. Es zeigte sich dabei für die meisten, daß der Ablauf der Vererbung der gleiche ist wie in unserem Beispiel und wo es zunächst anders aussah, ließ er sich schließlich doch auf das gleiche Gesetz zurückführen. Um es zu erkennen, wollen wir uns nochmals über folgendes klar werden: In dem ersten Bastardjahrgang hatten sich die Eigenschaften der Eltern scheinbar zu einem Mittelding vermischt. Aber nur scheinbar, denn im zweiten Bastardjahrgang waren die beiden Elternformen rot und weiß wieder aus dem hellroten Bastard heraus erschienen. Sie waren wieder völlig rein in der betrachteten Eigenschaft, denn sie lieferten immer nur wieder Nachkommen ihresgleichen. Dagegen spalteten die Nachkommen der hellroten Bastardform immer wieder in die drei Arten rot, weiß, hellrot auseinander. (Merkt euch das Wort „spalten" für diesen Vorgang!)

Nun sind wir an einem Punkt angelangt, an dem wir einiges von dem, was wir über Geschlechtszellen und Befruchtung hörten, verwenden können, zunächst nur ganz allgemein, später aber auch in den feinsten Einzelheiten. Denken wir einmal an die rein rotblühende Ausgangspflanze, die stets nur rote Nachkommenschaft hervorbringt. Bei der Befruchtung der Eizellen durch das Pollenkorn bringt, wie wir wissen, jede der beiden Geschlechtszellen die gleichen Erbeigenschaften mit. Zu diesen gehört hier natürlich das rote Blühen und so muß Eizelle wie Samenzelle (Pollen ist das Wort für Samenzelle im Pflanzenreich) die Eigenschaft „rote Blüte" enthalten und alle Geschlechtszellen sind einander in diesem Punkt gleich. Das gleiche gilt natürlich auch für die weiße Rasse; wir brauchen im letzten Satz nur weiß für rot zu setzen. Wird die Bastardbefruchtung ausgeführt, so kommt eine Eizelle, die die Eigenschaft „rot" enthält, zusammen mit einer Samenzelle, die die Eigenschaft „weiß" enthält (oder auch umgekehrt).

Um die vielen Worte zu sparen, wollen wir von jetzt ab einfach von roten und weißen Geschlechtszellen reden; es wird das wohl niemand mißverstehen und glauben, daß sie wirklich gefärbt seien. Im Bastard mischt sich nun der Einfluß der väterlichen und mütterlichen Geschlechtszellen und er blüht hellrot. Jetzt kommen wir zu der wichtigen Frage nach der Beschaffenheit der Geschlechtszellen dieses Bastards. Die nächstliegende Idee wäre natürlich, daß sie alle die Eigenschaft hellrot tragen. Was wäre dann die Folge? Die

Bastardnachkommen müßten dann auch hellrot sein. Tatsächlich sehen wir aber die Spaltung, bei der die Elternsorten wieder rein herauskommen. An diesem Punkt setzt nun die geniale Schlußfolgerung Mendels ein, ein Kolumbusei, wie so viele große Gedanken: Wenn die Nachkommenschaft einheitlich ist, wie die Eltern waren, dann waren auch die Geschlechtszellen, aus denen sie hervorgeht, nur einer Art. Ist aber die Nachkommenschaft verschiedenartig, so müssen auch die Geschlechtszellen, aus denen sie sich entwickelte, verschiedenartig gewesen sein. Nun hatte die Beobachtung gezeigt, daß bei der „Spaltung" die ursprünglichen Elternformen wieder rein hervorgehen. Die reine Form entsteht nur aus gleichartigen Geschlechtszellen; es müssen also reine rote Geschlechtszellen beiderlei Geschlechts dagewesen sein, um die rote Elternform wieder zu erzeugen und rein weiße, um die weiße Form wieder entstehen zu lassen. Mit anderen Worten: der hellrote Bastard aus rot und weiß kann nicht hellrote Geschlechtszellen gebildet haben; seine Geschlechtszellen müssen vielmehr rein die Eigenschaften der beiden Eltern enthalten, sie müssen teils weiß sein (nur die Eigenschaft weiß enthalten), teils rot (nur die Eigenschaft rot einschließen). Der Bastard also bildet reine Geschlechtszellen in bezug auf die Eigenschaften beider Eltern.

Nun ist mit einem Schlag der Erfolg des Versuches klar. Der hellrotblühende Bastard erzeugt in gleicher Zahl rote und weiße Geschlechtszellen, also rote und weiße Eier, rote und weiße Pollenkörner. Bei der Befruchtung sind dann vier Möglichkeiten gegeben: 1. ein rotes Ei wird von rotem Pollen befruchtet. Es entsteht eine rotblühende Pflanze, die ihrerseits rein ist, d. h. nur die Eigenschaft rot weiter vererben kann; 2. ein weißes Ei wird von weißem Pollen befruchtet und die sich entwickelnde weißblühende Pflanze ist wieder rein weiß, wie die weißen Großeltern; 3. und 4. ein rotes Ei wird von weißem Pollen befruchtet oder umgekehrt und eine hellrote Bastardpflanze von gleichem Aussehen und Erbbeschaffenheit wie die Mutterpflanze muß entstehen, die also ihrerseits wieder zwei Sorten von Geschlechtszellen hervorbringt und so fort. So erklärt die einfache Erkenntnis, daß der Bastard Geschlechtszellen bildet, die in bezug auf die elterlichen Eigenschaften rein sind, das gesamte Ergebnis. Dies ist die Grundlage von Mendels Gesetz. Alles weitere sind nur Folgerungen daraus.

3. Mendels Gesetze und die Chromosomen, ein Abschnitt zum Denken

Ehe wir solche Folgerungen kennenlernen, müssen wir unseren
Blick nochmals rückwärts wenden. Ob nicht schon dem einen oder
anderen aufmerksamen Leser der Gedanke weiterer Zusammenhänge gekommen ist? Wir reden da stets von Erbeigenschaften,
die in den Geschlechtszellen weitergegeben werden. Wir hören, daß

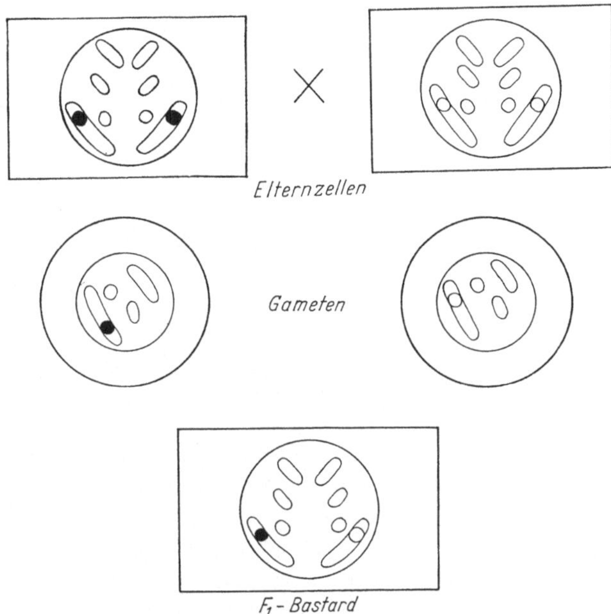

Abb. 144. Chromosomen und Mendelspaltung. Kreuzung roter und weißer
Wunderblumen.

im Bastard die Hälfte der Geschlechtszellen die eine, die andere
Hälfte die andere Eigenschaft mitbekommt. Ruft das nicht unsere
Erinnerung an andere Erfahrungen wach, wo auch die eine Hälfte
der Geschlechtszellen etwas anderes erhielt als die andere, nämlich
ein Chromosom mehr? Sollte hier nicht irgendwo der Schlüssel
zu der ganzen *Mendel*spaltung liegen, sollten nicht die Chromosomen hinter der ganzen Erscheinung stecken? Da wollen wir doch
gleich einmal zusehen! Der springende Punkt war, daß der Bastard

Geschlechtszellen bildet, die in bezug auf die Eigenschaften der Eltern rein sind. Wenn nun wirklich, wie wir sahen, die Chromosomen die Fuhrwerke sind, auf denen die Erbeigenschaften von Zelle zu Zelle fahren, so ist es wünschenswert, zuzusehen, ob damit jene Tatsache verständlicher wird. Nehmen wir also an, daß in einem der Chromosomen der rotblühenden Pflanze die Eigenschaft rot niedergelegt sei; in dem entsprechenden Chromosomenpaar der

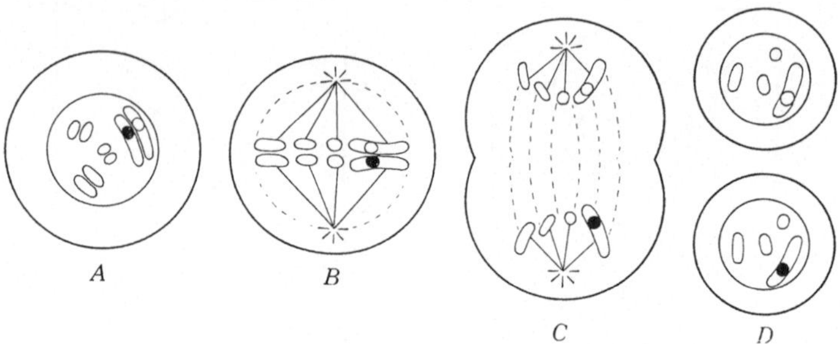

Abb. 145. Chromosomen und Mendelspaltung. (Forts.). Die Chromosomen bei der Geschlechtszellenreifung des Wunderblumenbastards. *A* Chromosomenpaarung in den Geschlechtszellen des Bastards. *B* u. *C* Reifeteilung des Bastards. *D* Die beiden Arten von Geschlechtszellen des Bastards.

weißen Pflanze hieße es weiß. Auch hier wollen wir uns jetzt die Sprache etwas erleichtern, indem wir in bildlichem Sinn von weißen und roten Chromosomen sprechen (Abb. 144—146). Es enthält also jede reife Geschlechtszelle, gleich ob Ei oder Pollen, der roten Pflanze neben anderen ein rotes Chromosom, jede der weißen Pflanze ein weißes Chromosom. Bei der Bastardierung kommt somit im befruchteten Ei ein weißes und ein rotes Chromosom zusammen, und der Bastard muß dieses Paar in jeder seiner Zellen besitzen.

Nun kommt wieder der kritische Punkt, die Bildung der Geschlechtszellen des Bastards. Ich denke, wir haben noch nicht vergessen, was die Chromosomen bei der Reifung der Geschlechtszellen tun: wie sich die beiden Partner eines Paares, ein vom Vater und ein von der Mutter stammendes, zusammenlegen und dann ein jedes nach einem Teilungspol wandert. Erfolgt dies nun bei unserem Bastard, so legt sich im Kranz der Chromosomen auch das rote mit dem weißen zusammen, und bei der Teilung rückt das rote zu dem einen, das weiße zu dem anderen Pol. So entstehen zwei befruchtungsfähige Geschlechtszellen, die nur entweder ein weißes oder ein rotes Chromosom enthalten, Geschlechtszellen, die in bezug auf weiß und rot rein sind. Da erkennen wir denn nun klar, warum der Bastard nur reine Geschlechtszellen liefert: weil die Trennung der Chromosomenpaare bei der Reifungsteilung gar keine andere Möglichkeit zuläßt. Wir sehen auch, daß die ganze Erscheinung der

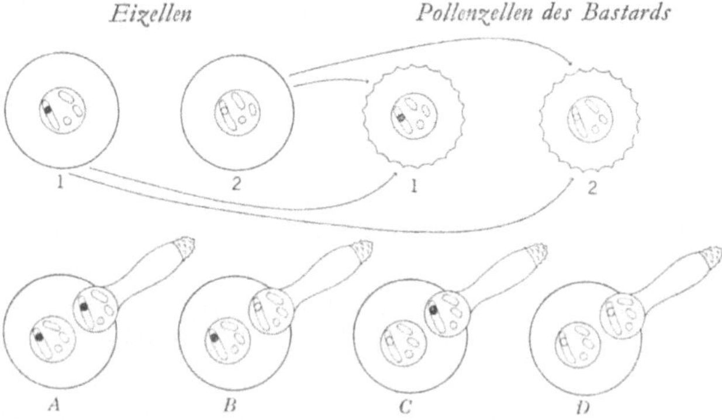

Abb. 146. Chromosomen und Mendelspaltung (Fortsetzung). Die vier Möglichkeiten der Befruchtung zwischen den Geschlechtszellen des Bastards.

*Mendel*schen Vererbung einfach eine Folge aus der Tatsache ist, daß die betreffenden Eigenschaften ihren Sitz in den Chromosomen haben. *Mendel* selbst konnte dies noch nicht ahnen, denn damals waren die Chromosomen noch nicht entdeckt. Um so bewundernswerter der Scharfblick, der ihn die im allgemeinen richtige Erklärung finden ließ.

Nun ist es auch an der Zeit, daß wir erklären, warum wir uns bisher an das Beispiel der Wunderblume hielten, anstatt *Mendels* ursprünglichen Erbsenversuchen zu folgen. Der Grund ist der, daß bei sehr vielen mendelnden Eigenschaften, wie man kurz sagt, so auch bei denen der Erbsen, die elterlichen Eigenschaften im Bastard sich nicht zu einem Mittelding zusammenfügen, wie rot und weiß zu hellrot, sondern daß eine Eigenschaft vollständig vorherrscht und die andere gar nicht im Bastard sichtbar werden läßt. Wird also eine rotblühende Erbse mit einer weißblühenden gekreuzt, so unterdrückt das Rot das Weiß im Bastard und er blüht rot. Die Gesetze selbst werden aber durch diese Besonderheit gar nicht betroffen. Auch dieser Bastard bildet zur Hälfte rote, zur anderen Hälfte weiße Geschlechtszellen, und im nächsten Jahrgang erscheinen wieder ein Viertel rein rote, ein Viertel rein weiße und zwei Viertel Bastarde, die nur wegen des Vorherrschens von rot auch rot erscheinen. Es werden also in Wirklichkeit erhalten drei Viertel rote (von denen aber nur das eine Viertel rein ist) und ein Viertel weiße. Das ist also eine kleine Verwicklung, die man leichter versteht, wenn man vorher den einfacheren Fall der Wunderblume kennt.

4. Noch ein Abschnitt zum Denken: Vererbung mehrerer Eigenschaftspaare

Nun sind wir aber noch lange nicht zufrieden, so wenig, wie es *Mendel* selbst war. Wir hatten zu unserem Kreuzungsversuch sorgfältig Pflanzen und Tiere ausgesucht, die sich nur in einer Eigenschaft voneinander unterschieden. Es wäre uns aber wohl viel leichter geworden, solche zu finden, die sich in mehreren Punkten verschieden zeigten; so richtet sich unser Interesse auf die Frage, wie wohl die *Mendelspaltung* verläuft, wenn mehrere verschiedene Eigenschaftspaare von den Eltern in die Kreuzung eingebracht werden. Die Antwort darauf ist recht einfach. Denken wir uns, wir kreuzen wieder zwei Wunderblumen, von denen die eine rot blüht und große Blumenblätter hat, die andere weiß blüht und kleine Blumenblätter zeigt. Der Bastard soll wieder die Mitte zwischen den Eltern halten, hat also hellrote, mittelgroße Blumenblätter. Nun ziehen wir wieder hieraus den zweiten Bastardjahrgang, und wenn er in Blüte steht, zählen wir die Blüten aus. Zunächst achten wir nur auf die Farbe und stellen selbstverständlich ein Viertel rote, zwei Viertel hellrote, ein Viertel weiße fest. Nun zählen wir nochmals, achten aber diesmal nur auf die Größe der Blumenblätter und finden wieder erwarteterweise ein Viertel große, zwei Viertel mittlere, ein Viertel kleine. Nun zählen wir nochmals und achten auf beides zugleich. Da wird es uns nicht wundern, daß wir rote Blumen finden sowohl mit großen wie mit kleinen und mittleren Blättern, ebenso weiße und hellrote mit allen Größenarten von Blütenblättern. Das heißt also, daß jede Eigenschaft ihre *Mendel*spaltung ausführt, ohne sich um die anderen zu kümmern, und daß dann der Zufall alle Möglichkeiten zusammenwürfelt, wie es nur denkbar ist, wobei jede denkbare Zusammenstellung gleich viel Aussicht hat, zu erscheinen. Je mehr Eigenschaftspaare also da sind, um so mehr verschiedene Zusammenstellungen sind möglich, da jede mit jeder anderen zusammen erscheinen kann. Das ist also eine Art von Würfelspiel im zweiten Bastardjahrgang, und die Zahl der verschiedenen möglichen Würfe wächst sehr schnell mit der Zahl der Eigenschaftspaare. Wenn sich die gekreuzten Tiere oder Pflanzen in zehn verschiedenen Eigenschaftspaaren unterscheiden, dann sind im zweiten Bastardjahrgang bereits mehr als eine Million verschiedener Zusammenstellungen der Eigenschaften möglich, und ein Beet, das eine solche Zucht enthielte, erschiene wie ein hoffnungsloses Gemisch aller erdenklichen Formen; und es müßte ein recht großes Beet sein, daß es jede mögliche Form auch nur einmal zeigte.

Wir sagten vorher, daß der Zufall alle irgend möglichen Zusammenstellungen zusammenwirft. Ich las eimal in einer Zeitung einen jener gelehrt sein sollenden Aufsätze unter dem Strich, die viele Worte und wenig Sinn enthalten, über den Zufall. Er begann: „Der Zufall kennt kein Gesetz." Wäre das richtig, so gäbe es z. B. keine Versicherungsgesellschaften, deren Erfolg auf der genauesten Kenntnis der Gesetze des Zufalls beruht, auch keine Spielhölle in Monte Carlo und keine vernünftige Anwendung der *Mendel*schen Vererbungsgesetze. Das, was wir Zufall nannten, hat eben in Wirklichkeit auch seine Gesetze, nach denen es sich genau vorausberechnen läßt, wie oft bestimmte Zusammenstellungen unter einer bestimmten Anzahl von Fällen vorkommen müssen: Diese Gesetze sind die der Wahrscheinlichkeit.

Nehmen wir einmal an, wir wollten den Gang der Vererbung zweier mendelnder Eigenschaften feststellen und dabei zur Abwechslung einmal ein Beispiel aus dem Tierreich benutzen. Sicher habt ihr schon beim Tierhändler Meerschweinchen gesehen, die der Tierliebhaber in allen möglichen Rassen züchtet: schwarze, weiße, gescheckte, langhaarige, kurzhaarige und viele andere. Wir nehmen nun zwei heraus, die sich in zwei Eigenschaften voneinander unterscheiden: ein schwarzes mit den gewöhnlichen kurzen Haaren und ein weißes mit langem Seidenhaar (Abb. 147). Die beiden paarweise einander gegenüberstehenden mendelnden Eigenschaften sind also schwarz-weiß, kurzhaarig-langhaarig. Die Bastarde aus beiden sind nun alle schwarz und kurzhaarig; somit haben wir einen ähnlichen

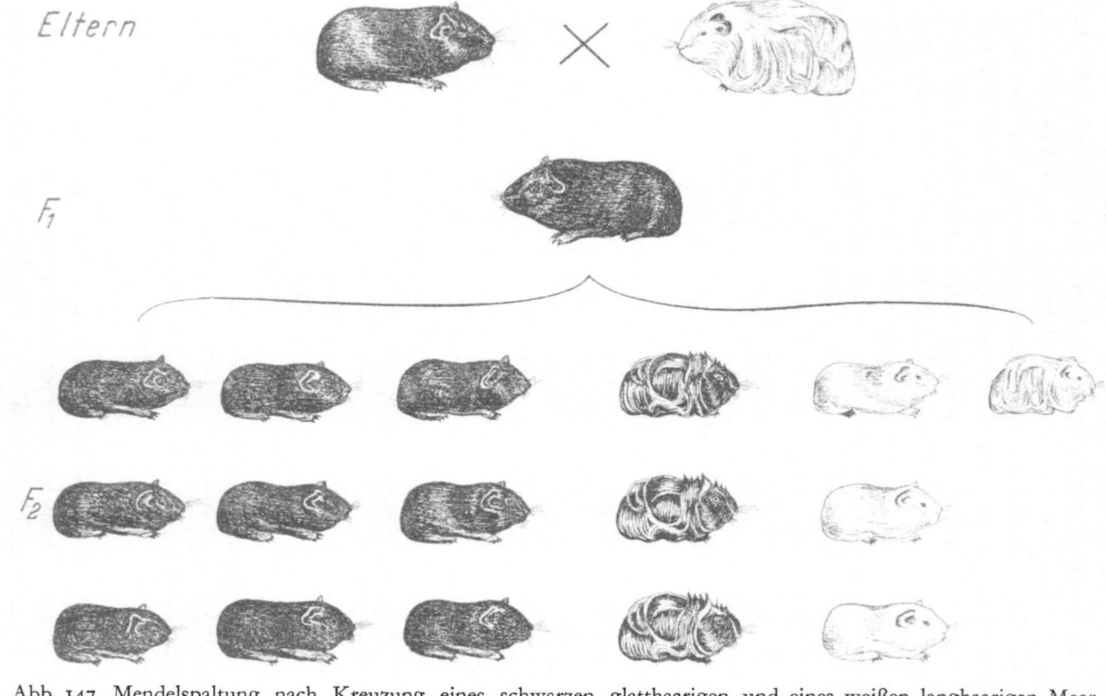

Abb. 147. Mendelspaltung nach Kreuzung eines schwarzen glatthaarigen und eines weißen langhaarigen Meerschweinchens. In der ersten Reihe die Eltern, in der zweiten Reihe der Bastard. Darunter die Mendelspaltung in der zweiten Bastardgeneration.

Fall vor uns wie bei *Mendels* Erbsen, wo im Bastard die Eigenschaften nicht als ein Mittelding zwischen denen der Eltern erscheinen, sondern eine die andere unterdrückt: schwarz unterdrückt weiß, kurzhaarig aber langhaarig. Nun soll wieder der zweite Bastardjahrgang gezogen werden, in dem die *Mendel*spaltung eintritt. Wir wissen, daß der Bastard reine Geschlechtszellen bildet, wobei jede Erbeigenschaft selbständig verteilt wird. Also schwarz wie weiß, kurzhaarig wie langhaarig werden unabhängig voneinander auf die Geschlechtszellen verteilt, wie es der Zufall gibt. Wenn nichts dem Zufall nachhilft, also ihn nach der einen oder anderen Seite beeinflußt, so werden alle Möglichkeiten der Zusammenstellung der beiden Eigenschaftspaare gleich oft vorkommen: Die Wahrscheinlichkeit ist für alle die gleiche.

Es sind aber nun vier Möglichkeiten für die Geschlechtszellen gegeben: sie können enthalten entweder schwarz und kurzhaarig oder weiß und kurzhaarig, oder schwarz und langhaarig oder weiß und langhaarig. Werden recht viele solche Geschlechtszellen erzeugt, dann wird jede Art im Durchschnitt gleich oft vorhanden sein. Das trifft in gleicher Weise für die Eizellen des Bastardweibchens wie für die Samenzellen des Bastardmännchens zu. Wenn es nun zur Befruchtung kommt, und nichts die freie, zufällige Vereinigung irgendeiner Eiart mit irgendeiner Samenzellart verhindert, so kann jede der vier Eizellarten von irgendeiner der vier Samenzellarten befruchtet werden, da ja jede Sorte beider gleich häufig vorhanden ist. Unter einer großen Zahl von Fällen ist also jede Möglichkeit gleich oft gegeben; vier verschiedene Eier mit vier verschiedenen Samenzellen ergeben aber sechzehn verschiedene Möglichkeiten.

Nun nehmt einmal einen Bogen Papier zur Hand und schreibt diese sechzehn Möglichkeiten auf: Also zuerst das Ei schwarz-kurzhaarig mit allen vier Arten Samenzellen befruchtet; dann ebenso das Ei weiß-kurzhaarig und in gleicher Weise die Eier schwarz-langhaarig und weiß-langhaarig. Das sind die sechzehn Möglichkeiten. Nun wollen wir nicht vergessen, daß weiß von schwarz, langhaarig von kurzhaarig unterdrückt werden, wenn sie im gleichen Tier zusammenkommen. Nun nehmen wir einen Blaustift und unterstreichen alle die Befruchtungen, die gleichzeitig schwarz und kurzhaarig zusammenbringen. (Ob weiß und langhaarig auch noch dabei sind, ist gleichgültig, da sie ja unterdrückt werden.) Wir werden genau neun solche unterstreichen können. Dann unterstreichen wir mit Rotstift die Befruchtungen, die schwarz und langhaarig (ohne kurzhaarig dabei) zusammenbringen und finden drei solche. Nun kommt ein gelber Strich unter weiß und kurzhaarig (wieder ohne schwarz, das das Weiß unterdrücken würde) und es sind wieder drei. So bleibt nur noch eine von den sechzehn Befruchtungsmöglichkeiten übrig, die nicht unterstrichen wurde, die Verbindung von nur weiß und langhaarig. So finden wir also, daß im zweiten Bastardjahrgang unter sechzehn Jungen neun schwarz und kurzhaarig, drei schwarz und langhaarig, drei weiß und kurzhaarig, eines weiß und langhaarig sein müssen. Das, was wir Zufall nannten, läßt sich also in seiner Wirkung genau berechnen; der wirkliche Versuch wird aber immer mit dieser Berechnung übereinstimmen.

Das lehrt uns nun eine weitere wichtige Folgerung der *Mendel*schen Gesetze, nämlich, daß wir nicht nur voraussagen können, was aus der Bastardspaltung im zweiten Jahrgang herauskommt, sondern auch wie viele von jeder Sorte erscheinen. Es gehört nur ein ganz klein wenig Rechenkunst dazu, das für jede andere Zahl von Eigenschaften auszurechnen. Das gleiche Beispiel lehrt uns aber noch viel Wichtigeres. Wir hatten zur Kreuzung ein schwarz-kurzhaariges und ein weiß-langhaariges Tier verwandt. Im zweiten Bastardjahrgang waren diese beiden Sorten wieder richtig zum Vorschein gekommen. Außerdem erschienen aber weiß-kurzhaarige und schwarz-langhaarige, also etwas ganz Neues. Was bedeutet das aber allgemein gesprochen? Es bedeutet, daß die Bastardierung uns in den Stand setzt, jede denkbare Zusammenstellung von Eigenschaften in einem Tiere zu erzielen, falls wir zwei kreuzbare Elterntiere besitzen, die die Eigenschaften mitbringen. Wenn wir eine gescheckte Rindviehrasse mit langen Hörnern besitzen, und der Nachbar eine schwarze Rasse mit kurzen Hörnern, und wir wünschen eine gescheckte Rasse mit kurzen Hörnern, so können wir sie durch Bastardierung nach genau vorausberechenbaren Gesetzen erhalten. Sehen wir von der praktischen Wichtigkeit dieser Erkenntnis für Tier- und Pflanzenzucht ab, so eröffnet sich uns da plötzlich eine überraschende Aussicht auf die wichtigsten allgemeinen Fragen, die wir von anderer Richtung herkommend schon öfters berührt haben.

5. Wir verstehen nun, wie der Züchter arbeitet

Wir wenden unseren Blick wieder zurück zu der an den unsterblichen Namen *Darwins* geknüpften Anschauung von der Herkunft der jetzt lebenden Wesen. *Darwin* hatte das Wort von der natürlichen Zuchtwahl geprägt, ein Gegenstück zu der künstlichen Zuchtwahl, die der Tier- und Pflanzenzüchter zur Verbesserung seiner Rassen ausübt. Unter der Nachkommenschaft der Haustiere, meinte er, sind immer auch solche, die etwas von dem Wesen ihrer Eltern abweichen. Der scharfe Blick des Züchters erkennt sie und wenn er glaubt, daß diese besonderen Eigenschaften seinen Zwecken dienlich seien, so wählt er solche Einzeltiere aus, um von ihnen weiterzuzüchten. In ihrer Nachkommenschaft werden aber wieder einzelne sein, die die betreffende wünschenswerte Eigenschaft in noch höherem Maße zeigen und sie werden wieder zur Nachzucht ausgewählt. So wird mit jedem Jahrgang die günstige Eigenschaft gesteigert, bis der Züchter sich am Ziel sieht und die gewünschte Neuheit durch folgerichtige Zuchtwahl Schritt für Schritt erzüchtet hat. Nach *Darwin* arbeitet nun auch die Natur in der gleichen Weise. Nur ist es da nicht das denkende Hirn des Züchters, das auswählt, sondern der unerbittliche Kampf ums Dasein, der Lebensuntüchtiges ausmerzt, Tüchtiges überleben läßt und die nützlichen Eigenschaften so von Jahrgang zu Jahrgang steigert, daß sie über ihre Mitbewerber immer wieder den Sieg davontragen. So wie sich der Züchter einer kleinen Besonderheit, die das ungeübte Auge kaum bemerken würde, bemächtigt und sie folgerichtig durch Auswahl der Besten immer mehr bis zur Vollkommenheit steigert, so wählt auch der Kampf ums Dasein aus den kleinen Abweichungen von der Norm, die zum Wesen des Lebens gehören, die Brauchbaren aus und steigert sie durch fortgesetzte Auswahl so, daß schließlich etwas ganz Neues entsteht.

Wir sahen nun soeben am Meerschweinchenbeispiel, daß etwas Neues auf ganz andere Weise entstehen kann, nämlich durch neue Zusammenstellungen von Eigenschaften nach Bastardierung. Das macht uns aber mißtrauisch und veranlaßt uns, die erfolgreiche Tätigkeit des Züchters einmal etwas genauer unter die Lupe zu nehmen. Es ist wahr, er bringt merkwürdige Dinge fertig. In der Tierzucht gibt es auch Moden wie bei Kleidern, und wenn eine bestimmte Form oder Farbe Mode wird, so kann der Züchter garantieren, daß er in einer gewissen Zeit ein solch neumodisches Tier machen kann. Schauen wir nun einmal genauer zu, wie er es macht. Manche müßige Frauen benötigen als Gegenstand ihrer Liebe jene lächerlichen Geschöpfe von Schoßhündchen, und da es langweilig wäre, immer das gleiche Spielzeug zu haben, so wechselt auch hier die Mode. Heute ist der Gipfel der Schönheit ein Hündchen mit spindeldürren Beinen und so wenig Haaren, daß es ständig vor Frost zittert; morgen aber besitzt die wahre Schönheit fast gar keine Beine und den Pelz eines Polarbären; dann kommen lange Köpfe, kurze Köpfe, gespaltene Nasen, krumme Waden, Triefaugen und viele andere Schönheiten. All diese Neuheiten muß der Hundezüchter liefern. Aber wie bringt er wohl Dackelbeine, Pudelhaare, Jagdhundrumpf, Mopskopf und Bulldoggennase zusammen? Durch Zuchtwahl? Niemals! Einzig und allein durch Bastardierung. Wie man in den Wald hineinruft, so schallt es auch wieder heraus; was der Züchter in die Rassen hineinbastardiert, das bekommt er auch wieder heraus. Hat er eine Bulldogge und einen Dackel, so kann er durch Bastardzusammenstellung auch ein Tier mit Spaltnase und krummen Beinen bekommen. Hätte er aber keine Dackel, so bekäme er wohl nie ein Tier mit krummen Beinen fertig. Fragt ihr ihn nun aber, was ihn zum Erfolg geführt hat, so wird er versichern: Zuchtwahl. Gewiß hat er auch ausgewählt, nämlich die gewünschten Eigenschaftszusammenstellungen in den Nachkommen der Bastarde. Sonst aber nichts.

Das nimmt nun allerdings dem Erfolg des Züchters etwas von dem Geheimnisvollen, mit dem er seit alten Zeiten umgeben wurde. Wir können keine Zauberei mehr darin erblicken, wenn wir die mächtigen Mastschweine sehen, deren Leib fast auf dem Boden schleift, die die Kunst des Züchters aus jenen armseligen struppigen Geschöpfen herangezüchtet hat, die auf *Dürers* Kupferstich um den verlorenen Sohn schnuppern. Denn wenn wir nachforschen, was da geschehen ist, finden wir, daß vor langer Zeit aus Ostasien eine dort heimische Schweineart gebracht wurde, deren wichtigste Eigenschaft die Neigung zu gewaltigem Fettansatz war. Sie wurde mit unseren armseligen Schweinen gekreuzt, oder, wie der Züchter sagen würde, diese wurden veredelt, und die richtige Auswahl der wünschenswerten Zusammenstellungen unter den Bastardnachkommen ergab das erfreuliche Zuchtresultat. Kombinationszüchtung nennt man das jetzt und wendet sie in großem Maßstab in Tier- und Pflanzenzucht an.

6. Die Entstehung und Erhaltung neuer Erbeigenschaften

Nun fürchte ich, es gründlich mit denen unserer Leser verdorben zu haben, die selbst Züchter sind, und so muß ich es doch versuchen, sie wieder zu versöhnen. Einmal, indem ich versichere, daß es eine sehr große Leistung war, zu entdecken, wie man die Gesetze der Bastardierung praktisch anwendet, ohne eine Ahnung von ihrem Bestehen zu haben. Sodann noch eine weitere Verbeugung vor ihrem Scharfblick in einem anderen Punkt. Doch da müssen wir zuerst etwas weiter ausholen.

Die Zuchtwahl kann also neue Eigenschaften nicht schaffen und doch müssen sie irgendwoher kommen. Wenn wir an die uns am nächsten vertrauten Haustiere denken, etwa an den Hund, so unterliegt es doch wohl keinem Zweifel, daß er einmal vom Menschen aus einem Wildhund gezähmt wurde. Schauen wir uns nun die Wildhunde in der Natur, wie Wölfe, Schakale, Füchse an, so finden wir niemals solche mit Mopsköpfen oder Dackelbeinen oder Pudelhaaren oder bunter Scheckung. Nehmen wir eine andere Form, die Maus. In der Natur hat sie stets die graue Wildfarbe, aber die Liebhaber, die Mäuschen züchten, können uns weiße, schwarze, braune, gelbe, gescheckte, silbrige und viele andere zeigen. Wo kommen sie her? Würden wir aufmerksam alle Mäuse im Freien betrachten, so würden wir schließlich doch einmal unter Millionen eine weiße oder schwarze oder gescheckte finden. Aber sie hätte wohl in der Natur nicht viel Erfolg. Schon früher sagten wir einmal, daß die Zuchtwahl sicher diesen Joseph, der sich im bunten Rock mausig macht, ausmerzen würde. Greifen wir ihn aber heraus und züchten wir ihn in der Gefahrlosigkeit unseres Käfigs weiter, dann können wir leicht einen Stamm weißer oder schwarzer Mäuse heranziehen. Ebenso ist es mit den Hunden. Ein dackelbeiniger Wolf, der in der Natur plötzlich entstünde, wäre sicherlich verloren; seine Stammesgenossen fräßen ihn auf. Findet ihn aber ein Mensch auf, oder tritt beim Hundezüchter in einer wildhundartigen Zucht ein dackelbeiniges Tier auf, dann sagt sich sein Besitzer: aha, den könnte ich ganz gut zum Dachsschliefen gebrauchen, da er mit seinen kurzen Beinen das Wild in die Röhre hinein verfolgen kann. So greift er ihn heraus und züchtet eine Dackelnachkommenschaft. So machten es wohl in Wirklichkeit die alten Ägypter, auf deren Grabmonumenten schon Dackel abgebildet sind. Allerdings ist das nur eine Mutmaßung. In einem recht ähnlichen Fall ist aber die Geschichte wirklich bekannt. Vor etwa einem Jahrhundert fiel in der Schafherde eines amerikanischen Farmers ein Lamm mit Dackelbeinen. Da er manchen Ärger und Verlust dadurch erlitten hatte, daß seine Schafe die Hürden übersprangen, kam ihm dies Tier gerade recht, und er züchtete eine Rasse dackelbeiniger Otterschafe daraus. Später aber verlor sich das Interesse an ihnen und man ließ sie aussterben. Da haben wir also den Punkt, an dem der Scharfblick des Züchters wirklich vonnöten ist, in dem Erkennen plötzlich auftretender neuer Erbeigenschaften, die ihm von Nutzen sein können.

Das kommt uns nun wohl etwas überraschend, daß neue Eigenschaften ganz plötzlich und von Anfang an in aller Vollkommenheit herausspringen sollen, ohne daß irgendein Grund dafür sichtbar wäre. Es sollte uns aber eigentlich geradezu selbstverständlich erscheinen, wenn wir ein wenig darüber nachdenken, was wir über *Mendel*gesetze und Chromosomen wissen. Jene Gesetze hatten uns gelehrt, daß die Eigenschaften nach Bastardierung wie die Würfel im Becher durcheinandergewürfelt werden können, ohne ihre Einheitlichkeit zu verlieren. Wir hatten dies Würfelspiel verstehen gelernt, als wir erkannten, daß es irgend etwas in den Chromosomen Gelegenes ist, das die Eigenschaften bestimmt, und daß die Eigenschaften dem Spiel der Verteilung der Chromosomen folgen müssen. Das, was in den Chromosomen enthalten ist, ist nun natürlich nicht die Eigenschaft selbst, sondern irgendein Stoff, ein Eigenschaftsbestimmer, der dafür verantwortlich ist, daß im richtigen Augenblick und an der richtigen Stelle die richtige Eigenschaft entsteht.

Man nennt einen solchen Eigenschaftsbestimmer, der an einer bestimmten Stelle eines bestimmten Chromosoms liegt, ein „Gen“. Das plötzliche Auftreten einer neuen Erbeigenschaft kann daher nur heißen, daß ein Gen sich verändert hat und verändert bleibt. Man sagt, das Gen hat mutiert, z. B. von einem Gen für schwarze Haare zu einem für weiße Haare. Die selbstverständliche Folge ist, daß, wenn man nun das neue weißhaarige Tier mit dem

schwarzen, von dem es kommt, kreuzt, wir ein Eigenschaftspaar
haben, das mendelt, genau wie die roten und weißen Erbsenblüten.
Tatsächlich konnte man so im Mendelversuch mit plötzlich neu
entstandenen Erbeigenschaften beweisen, daß die einzige Art, wie
Eigenschaften entstehen, durch Mutation eines Gens ist. Wenn wir
auch noch nicht ganz genau, d. h. chemisch und physikalisch wissen,
was da im Chromosom vorgeht, so können wir doch schon nach
Willen solche Mutationen auslösen, nämlich durch Bestrahlung der
Chromosomen mit Röntgenstrahlen oder durch Behandlung mit
Senfgas. Doch diese Andeutung von Dingen, die schon eine ganze
Wissenschaft ausmachen, müssen hier genügen; sie helfen uns wenig-
stens, die Fragen, von denen wir ausgingen, zu beantworten.

7. Wie arbeitet die Zuchtwahl in der Natur und wie entstehen neue Formen

Nun können wir wieder zu der natürlichen Zuchtwahl zurückkehren und das jetzt Gelernte anwenden. Nehmen wir an, wir
hätten irgendeine Tier- oder Pflanzensorte, die in einer bestimmten
Gegend lebt und gedeiht. Sie muß daher all den Bedingungen
ihres Wohnorts wie Klima, Feuchtigkeit, Bodenbeschaffenheit angepaßt sein. Eine typische Kälteform könnte nicht in den Tropen
leben und umgekehrt. Nun wissen wir, daß die Erbträger in den
Chromosomen mutieren können und daß die Kreuzungen einer
Mutante mit der Stammform zu einer gewöhnlichen Mendelspaltung führt. Im Lauf der Zeit werden also in der Bevölkerung
der Art, die wir studierten, viele Mutanten sich anhäufen und sich
nach der Art, die wir studierten, zu allen möglichen Kombinationen
verbinden. Unter diesen Kombinationen mögen solche sein, die
schwächer sind als der Rest der Bevölkerung und daher mit ihm
nicht konkurrieren können. Sie werden zurückbleiben und verschwinden; die Zuchtwahl hat sie ausgemerzt. Andere sind vielleicht
besser geeignet zu überleben und werden daher bevorzugt, indem
sie sich stärker vermehren und so schließlich die ganze Bevölkerung
übernehmen. Wieder andere mögen nicht gut oder schlecht sein
und bleiben so in bestimmten Zahlen erhalten in der gut angepaßten, balanzierten Bevölkerung. Nehmen wir nun einmal an, daß
durch ein geologisches Ereignis plötzlich oder auch allmählich ein
klimatischer Faktor sich ändert. Nun ist plötzlich die Masse der

Bevölkerung nicht mehr gut angepaßt und zum Aussterben verurteilt. Aber da sind vielleicht einige Mutanten oder Kombinationen von solchen vorhanden, deren Eigenschaften sie auch in der veränderten Umgebung lebensfähig machen. Es ist klar, daß sie nun die früheren Formen ersetzen werden und durch weitere Mutationen sich wieder völlig der neuen Umgebung anpassen können. Das wäre dann ein Erfolg der Zuchtwahl, die aus einem erblichen Gemenge das am besten Lebensfähige erhält auf Kosten des schlechter Angepaßten, und die Anpassungsfähigkeit ist die Folge der Gegenwart vieler verschiedener Kombinationen von Erbeigenschaften, die, gegebenenfalls, hochkommen können.

Dies ist so wichtig, daß wir es uns noch etwas näher ansehen wollen. Denken wir etwa an das zurück, was wir von der Widerstandsfähigkeit unseres Spulwurmes den Verdauungssäften gegenüber hörten. Stellen wir uns dann einmal die Vorfahren dieses Wurmes vor, die in Wasser oder feuchter Erde lebten. Sicher wird gar oft einer in den Darm eines Schweins gelangt und dort einfach verdaut worden sein. Nun gab es wohl auch bei jenen Würmern eine Menge plötzlich entstehender Eigenschaften verschiedener Art. Da soll einmal die Eigenschaft entstanden sein, ein bestimmtes Enzym zu erzeugen, das die Wirkung der Verdauungsenzyme des Wirts aufhebt; eine Fähigkeit, die zunächst wertlos und gleichgültig war. Nun wurde ein solcher Wurm von einem in der Erde wühlenden Schwein verschluckt und siehe da, das Enzym verhinderte das Verdautwerden und gestattete dem Wurm, sich in der neuen Umgebung anzusiedeln. (Vorausgesetzt, daß er auch die sonstigen, dazu nötigen Eigenschaften besaß). So können wir uns also schon vorstellen, daß das, was schließlich als eine sehr nützliche Anpassung erscheint, ursprünglich als bedeutungsloses Erzeugnis des Zufalls erschien, dem erst in neuer Umgebung plötzlich eine lebenswichtige Bedeutung zuteil wurde.

Dieses Spulwurmbeispiel war nur ein angenommener Fall, über den wir nichts weiter als Vermutungen anstellen können. Aber mit dem täglichen Fortschritt, den die Versuche zahlreicher wißbegieriger Forscher bringen, sind viele beobachtete und experimentell untersuchte Fälle des Arbeitens der Zuchtwahl in einer erblich gemischten Bevölkerung einer Tier- oder Pflanzenart bekannt geworden. Vielleicht der erste Fall, der genau studiert

wurde, war dieser: Der bekannte Schädling, die Nonne, ein Nachtfalter, hat weiße Flügel mit Zickzackbinden. Als große Seltenheit
fand man früher eine Mutante mit schwarzen Flügeln. Als vor
etwa 80 Jahren Deutschland mehr und mehr industrialisiert
wurde, bemerkte man, daß die schwarze Nonne an Zahl zunahm,
und zwar gerade in den stark industrialisierten Gebieten. Schließlich wurde es so, daß die vordem so seltene schwarze Form die
weiße fast völlig verdrängte. Was war da vorgegangen? Aus einem
Studium der Vererbung der schwarzen Form und der Zeit, die
benötigt war, um Oberhand zu bekommen, konnte man genau
berechnen, wieviel Vorteil die schwarze über die weiße Form haben
mußte, um sie in den Industriegebieten zu verdrängen. Worin aber
bestand dieser Vorteil? Es kann gezeigt werden, daß die dunkle
Nonne nicht nur äußerlich schwarz ist, sondern außerdem mehr
widerstandsfähig gegen die Giftsalze, mit denen die Futterbäume im
Industriegebiet durchtränkt sind. So wurden sie gegenüber der weißen
Stammform begünstigt, ausgewählt durch die natürliche Zuchtwahl.

Dies eine Beispiel, denen alle andern im Prinzip gleichen, möge
genügen. Nur noch eine Frage wollen wir zum Schluß dieser viel
zu kurzen Erörterung der Abstammungslehre, wie sie vom Standpunkt der Vererbungslehre gesehen aussieht, noch stellen. Können
die Beispiele, die wir jetzt besprachen, auch erklären, wie z. B.
die Barten der Walfische, Form und Bau des Maulwurfs, die Mundgliedmaßen der Biene, Augen und Gleichgewichtsorgane oder die
zuckerzangenähnlichen Anhänge der Seeigel sich einstmals entwickelten? Viele Forscher glauben, daß sich all dies langsam aus
kleinen, ausgewählten Mutanten aufgebaut haben kann. Andere
sind aber skeptisch und haben besondere Gedanken entwickelt, wie
sich diese großen und verwickelten Umwandlungen vollzogen haben
können. Aber wir müssen ja irgendmal Schluß machen, und so tun
wir es jetzt mit einem Fragezeichen, das kommende Gelehrte sicher
auswischen werden.

XII. Die Entwicklung des Individuums

Nun sind wir von unserer ergiebigen Forschungsreise ins weite
Gebiet der Vererbung zurückgekehrt und setzen uns wieder geduldig ans Mikroskop, um von unserem Lehrmeister Ascaris den
Rest seiner Geschichte zu hören.

1. Ascaris lehrt uns im allgemeinen was Entwicklung ist

Die Geschichte eines Lebewesens beginnt ja — das können wir ruhig sagen, ohne damit die Frage beantworten zu wollen, wer zuerst da war, die Henne oder das Ei — mit dem befruchteten Ei

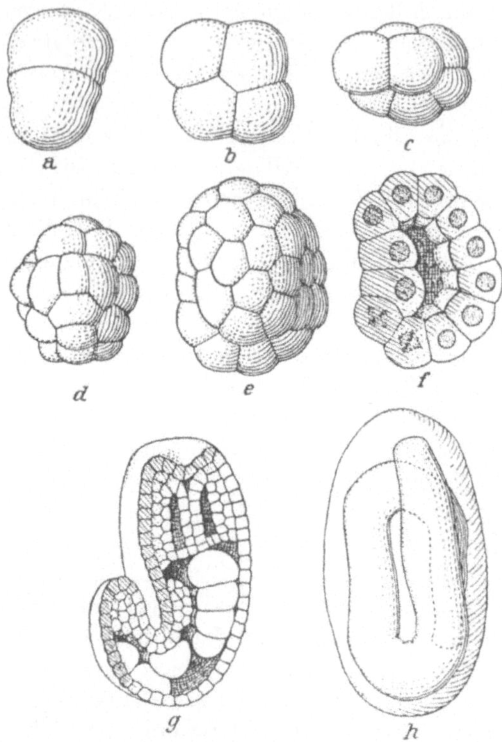

Abb. 148a—h. Spulwurmentwicklung. a—c Eifurchung, d—f Bildung einer hohlen Blase; die beiden Zellen unten sind die späteren Geschlechtszellen, g—h Ausbildung des jungen Würmchens in der Eischale, g in der Mitte durchschnitten.

und endet, wenn der aus dem Ei entstandene Organismus den Zustand der Fortpflanzungsfähigkeit erreicht hat. Von dieser Geschichte ist uns ein Hauptteil noch unbekannt, die Entwicklung aus dem Ei. Wohl haben wir gelegentlich schon gehört, daß es im wesentlichen eine immer wiederkehrende Folge von Zellteilungen ist,

288

die aus der Eizelle den vielzelligen Körper entstehen läßt. Aber wir
fühlen doch das Bedürfnis, darüber etwas mehr zu erfahren, denn
schließlich ist ja ein Lebewesen mit all seinen verschiedenartigen
Teilen etwas mehr als nur ein ungeordneter Haufen von Zellen.
So ist es denn gerade die Ordnung der auf die Befruchtung folgenden Zellteilungen, die uns bemerkenswert scheinen muß.

Bei einem Spulwurm können wir diese Vorgänge, so im allgemeinen wenigstens, ziemlich mühelos mit anschauen, wenn auch

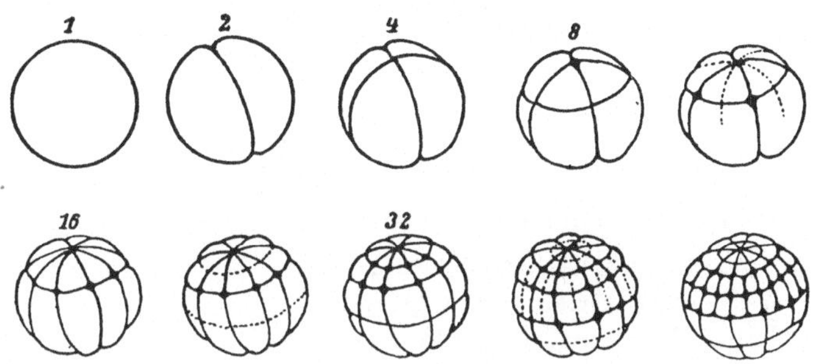

Abb. 149. Die Teilung (Furchung) eines Froscheies bis zu 64 Zellen.

die Erforschung aller wissenswerten Einzelheiten nur ausdauerndem
Fleiß möglich ist (Abb. 148). Da sehen wir nun, daß die befruchtete
Eizelle sich zunächst in zwei Tochterzellen teilt, die ihrerseits wieder
das gleiche tun usw., bis wir nach einiger Zeit einen Haufen kleiner
Zellen vor uns sehen, der von außen etwa wie eine Brombeere
erscheint, wobei jede Zelle einer der kleinen Teilbeerchen verglichen
würde. Nach einiger Zeit zeigt uns das Mikroskop, daß dieser
Zellhaufen längliche Gestalt annimmt, und daß Zellen erkennbar
werden, die im Innern liegen und von den äußeren umkleidet werden. Während die Längsstreckung fortschreitet, wird es klar, daß
im Innern ein Hohlraum aufgetreten ist, um den die inneren Zellen
als Wand eines Rohres herumliegen. Das ist der Anfang eines
Darmes. Die äußeren Zellen aber bilden eine gleichmäßige Schicht,
die schon als Haut angesprochen werden kann und dazwischen
liegen noch allerlei Gruppen von Zellen, in denen wir die Anfänge
von Muskeln, Nerven, Geschlechtsorganen erblicken. Noch eine
kurze Zeit und in der Eischale liegt ein winziges Würmchen, das
bereits alle Teile des erwachsenen Tieres zeigt.

Das klingt nun alles recht einfach und ist es wohl auch, wenn man es nur so in den großen Zügen betrachtet. Sobald man aber dann in die feineren Einzelheiten eindringt, ergibt sich eine Fülle von Vorgängen und Fragestellungen, die es begreiflich erscheinen lassen, daß ihre genaue Erforschung bei den verschiedenen Formen des Tierreiches eine ganze Wissenschaft darstellt. Denn bei aller Gemeinsamkeit der großen Grundzüge sind begreiflicherweise die Einzelheiten recht verschieden bei einem Polypen, einem Wurm, einem Käfer, einer Schnecke, einem Hühnchen oder Menschen. Wir sind nun wohl schon bescheiden geworden und erwarten gar nicht mehr, von allem, was es gibt, unterrichtet zu werden. Wir wollen zufrieden sein, wenn wir einigermaßen verstehen, was so in den großen Zügen vor sich geht.

2. Auswicklung oder Entwicklung, eine wichtige Frage

Da fesselt uns zunächst der Vorgang, der die Eizelle zuerst in einen Zellhaufen zerlegt. Man gebraucht dafür die merkwürdige Bezeichnung Furchung, die, wie so viele, genau genommen, unrichtige Bezeichnungen auf die ungenügenden Kenntnisse vergangener Zeiten zurückzuführen sind, aber aus Pietät erhalten bleiben. Als man noch keine Ahnung von Zellen und Zellteilung hatte, beobachtete man, wie an der Oberfläche des sich entwickelnden Froscheies tiefe Furchen auftraten (Abb. 149, 150). Heute wissen wir, daß diese Furchen nur das Oberflächenbild der durchschneidenden Spalten darstellen, durch die die einzelnen Zellen bei der Teilung der ursprünglichen Eizelle getrennt werden. Aber der Name Furchung ist doch geblieben, ähnlich wie alte Leute häufig noch die elektrische Straßenbahn Pferdebahn nennen. Diese Eifurchung stellt also den Anfang der Entwicklung eines jeden Tieres, welches es auch sein möge, dar.

Verfolgen wir sie nun auf das allergewissenhafteste, Zellteilung für Zellteilung, so bemerken wir mit Verwunderung, daß sie bei ein und derselben Tierart mit erstaunlicher Regelmäßigkeit vor sich geht. Jede Teilung findet nach ganz bestimmtem Plan und nach bestimmter Zeit statt und jede Zelle erhält ihre ganz bestimmte Lage. Hätten wir eine ganze Anzahl solcher gefurchten Eier, etwa eines Spulwurmes oder einer Schnecke vor uns, so könnten wir in jedem jede einzelne Zelle an Lage, Form, Aussehen als gleichwertig den entsprechenden in anderen gleichaltrigen Eiern ansprechen. In vielen Fällen vermöchten wir schon in den Anfangsbildern der Entwicklung ganz bestimmte Gruppen von Zellen zu unterscheiden, die, wenn wir sie bei der weiteren Entwicklung genau im Auge behalten, später ganz bestimmte Teile liefern werden: eine Gruppe nur Haut, eine andere nur Darmzellen, eine

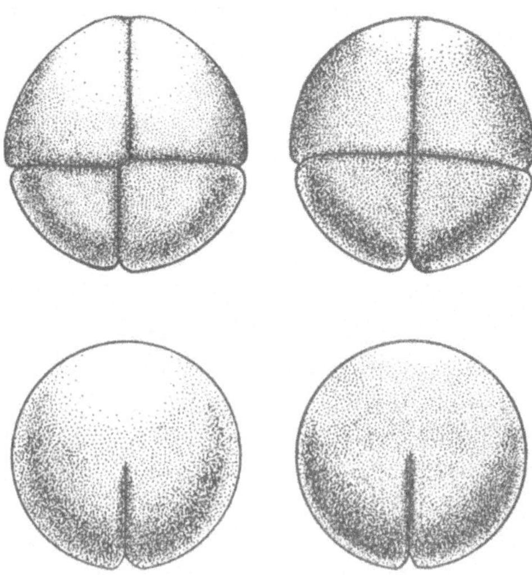

Abb. 150. Genauere Darstellung der ersten beiden Teilungen des Froscheies, von den beiden Polen betrachtet.

dritte nur Nervenzellen, eine vierte nur Geschlechtszellen. Das ist nun sehr merkwürdig und wir müssen versuchen, uns auszudenken, was es bedeutet. Jede dieser Zellen ist doch schließlich nichts anderes als ein Stück des ursprünglichen Zelleibs des Eies, der durch all die Teilungen in viele kleine Stücke, in Furchungszellen, zerlegt wurde. Wenn nun eine solche Gruppe von Zellen später stets ein ganz bestimmtes Organ liefert, etwa den Darm, so sollte man wohl glauben, daß der betreffende Zelleibbezirk des ungefurchten Eies, aus dem jene Gruppe von Zellen durch die Furchungsteilung herausgearbeitet wird, auch schon die entscheidenden Stoffe für die Bildung eines Darmes enthalten haben muß. Denken wir das aber weiter aus, so hieße es, daß im Zelleib des Eies bereits verschiedenartige Stoffe in bestimmter Regelmäßigkeit eingelagert sind, die es bedingen, daß aus einem bestimmten Bezirk nur ein bestimmtes Organ hervorgehen kann. Die unentwickelte Eizelle wäre also auch unsichtbar schon ein Abbild dessen, was sich später aus ihr entwickelt.

Dieser Gedanke erinnert in gewissem Maße an die naiven Vorstellungen der Naturforscher früherer Jahrhunderte. Unter ihnen waren viele fest überzeugt, daß in dem unentwickelten Ei bereits das vollständige verkleinerte Abbild des zukünftigen Wesens liege, und sie glaubten es mit ihren unvollkommenen Mikroskopen sogar zu sehen und malten es ab. Nun hatte dieses winzige, nach ihrer Meinung im Ei eingewickelte Tier natürlich auch die Eier für die folgende Generation in sich und in diesen mußte auch wieder das ganze zukünftige Tier eingewickelt liegen. So kam man denn ganz folgerichtig zum Schluß, daß im Ei der Stammutter Eva bereits die ganze zukünftige Menschheit eingeschachtelt lag. Darüber lachen wir nun. Aber vielleicht lachen unsere Urenkel einmal ebenso über uns. Immerhin werden sie etwas weniger Grund dazu haben, denn wir begnügen uns wenigstens nicht, Schlüsse über das Vorhandensein irgendwelcher Stoffe im Ei zu ziehen, sondern wir versuchen auch, sie zu beweisen.

Wie ist dies aber möglich? Sehr einfach — im Reden nämlich, in der Ausführung ist es nicht ganz so leicht — man braucht nur bestimmte Teile des Eies zu entfernen und dann zu sehen, was sich aus einem solchen Ei entwickelt; oder man mag die Leibesmasse des Eies durcheinanderschütteln und durcheinanderrühren, so daß alle Teile aus ihrer natürlichen Lage gebracht werden. Oder man kann auch, nachdem die Furchung begonnen und das Ei sich in 2, 4, 8, 16 Zellen geteilt hat, diese Einzelzellen voneinander lösen und sehen, was sich aus ihnen entwickelt. All diese Versuche sind geschickten Händen gelungen. Aber der Erfolg war nicht immer der gleiche. Merkwürdig genug, die Eier verschiedener Tiergruppen verhielten sich verschieden. Da war eine Gruppe, die wirklich das zeigte, was wir nach unseren vorhergehenden Andeutungen erwarten sollten. War ein bestimmter Teil der Eimasse entfernt worden, dann entwickelte sich ein Tierchen, dem der betreffende Körperteil fehlte. Wurden die ersten beiden Furchungszellen voneinander getrennt und dann einzeln aufgezogen, so ergab eine nur eine rechte, die andere nur eine linke Tierhälfte (Abb. 151). Kein

Zweifel, hier hatten im Ei bestimmte, der späteren Organbildung dienende Stoffe eine unwiderruflich festgelegte Anordnung. Verwandte man nun aber gewisse andere Tierformen für die gleichen Versuche, so war der Erfolg ein ganz verschiedener. Man konnte irgendwelche Teile aus dem Ei herausnehmen oder seine Stoffe wild durcheinandermischen, trotzdem erhielt man ein ganzes Tier.

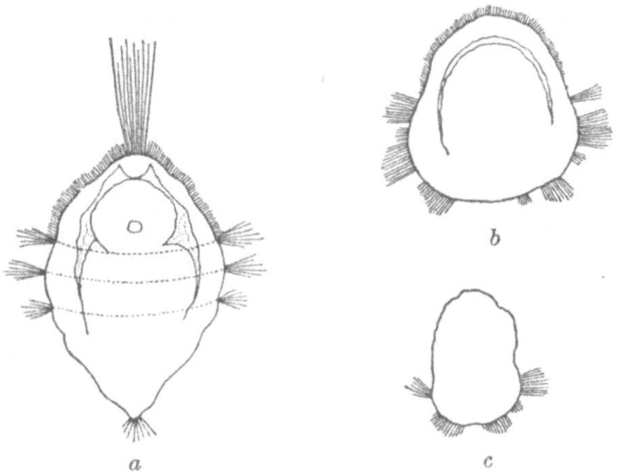

Abb. 151a—c. a Normale Schwimmlarve einer Elefantenzahnschnecke. b Larve, die aus einem Teil des Eies sich entwickelte und der das ganze Hinterende fehlt. c Unvollkommene Larve, die sich aus einer einzelnen Zelle des Vierzellen-Stadiums entwickelt hat.

Trennte man aber die Furchungszellen, so entwickelte sich aus jeder einzelnen ebenfalls ein ganzes Tierchen, nur von entsprechend geringerer Größe (Abb. 152). Das zeigt uns, daß es eben auch solche Eier gibt, in denen die Organstoffe noch nicht regelmäßig angeordnet sind und somit jedes Teilchen des Eizelleibs die gleichen Entwicklungsmöglichkeiten hat.

Dies sind nur ein paar bescheidene Beispiele der Art, wie man erforschen konnte, was bei der Entwicklung des Eis vor sich geht. Es ist klar, daß eine genauere Darstellung wohl ein ganzes Buch erfordern würde. So sei nur noch ein Versuch erwähnt, dessen richtige Deutung die Erforscher der Entwicklung seit Jahrzehnten zu immer neuen Versuchen anspornt, die immer noch nicht restloses Verständnis ermöglicht haben. Man kann aus einem Frosch-

oder Molchei, das sich etwas weiter entwickelt hatte, als das in Fig. 152
abgebildete, an einer ganz bestimmten Stelle ein Stück herausschnei-
den und es dann an einer ganz anderen Stelle unter die Haut
schieben. Wo das auch sei, wird die Haut gezwungen, ein Rückenmark, Hirn und Auge zu bilden. Die verpflanzten Zellen arbeiteten

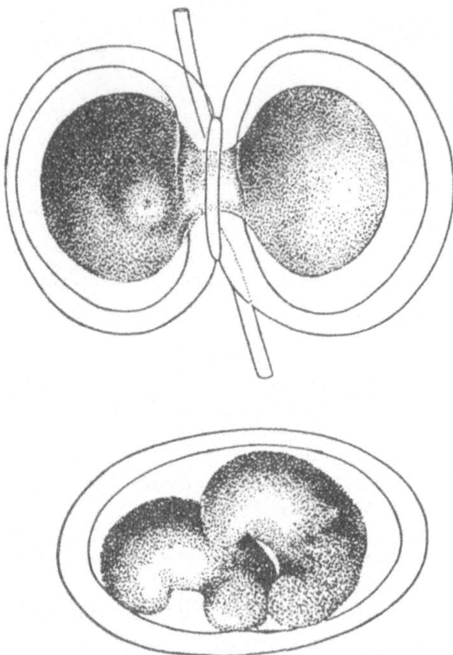

Abb. 152. Künstliche Durchschnürung eines Molcheies im Stadium von zwei
Zellen. Darunter die daraus entstehenden beiden Embryonen.

also als Anreger einer verwickelten Organentwicklung. Wenn wir
genau wüßten, was da vorgeht, wäre ein großer Teil des Geheim-
nisses der Entwicklungsvorgänge entschleiert.

3. Allgemeine Vorgänge bei der Organbildung

Wenn ein Maler ein Gemälde beginnt, so stellt er die Leinwand
in richtiger Beleuchtung vor sich auf, ordnet Palette und Pinsel in
der Hand und verteilt die Farben auf der Palette. Als einen ähn-

lichen Vorgang könnte man vergleichsweise auch die Furchung des
Eies auffassen, die Anordnung und richtige Verteilung des Hand-
werkszeuges, nämlich Zellen und organbildende Stoffe, bevor die
eigentliche, das Bild aufbauende Arbeit beginnt. Der Maler trägt
nun in sein Bild auch nicht gleich die feinsten Züge ein, sondern
beginnt mit dem Einteilen seiner Leinwand, dem Einzeichnen der
Umrisse und der Untermalung. So folgt auch in der Entwicklung
auf die Furchung der Aufbau des Körpers zunächst nur in großen
Umrissen. Das Zellmaterial ordnet sich zu den Anfangszuständen
der wichtigsten Organe um. Auch in diesen Vorgängen gibt es alle
möglichen Verschiedenheiten je nach der Tiergruppe, um die es
sich handelt und die Vorgänge werden begreiflicherweise um so
verwickelter, je höher die Tiergruppe in der Stufenleiter steht. Im
großen ganzen ereignen sich doch aber immer wieder gewisse einfachste Vorgänge, da alle Organe in ihren Anfängen als zellige
Häute, Röhren, Blasen, Stränge auftreten. So bilden sich die Anlagen von Darm und Haut im großen ganzen immer auf folgende Art:

Wenn die brombeerförmige Masse von Furchungszellen vollendet
ist, scheidet sie in ihrem Innern eine Flüssigkeit aus, die den Zellhaufen schließlich zu einer Blase aufschwillt, deren Wand von
einer Lage dicht nebeneinanderstehender Zellen gebildet ist. Nun
fangen diese Zellen an einem Punkt der Oberfläche an, langsam
in die Tiefe zu sinken, ohne dabei ihren Zusammenhang zu verlieren (Abb. 153). Wenn wir die Zellblase mit einem Gummiball
verglichen, so erhielten wir ein Bild dessen, was sich jetzt abspielt,
wenn wir mit dem Daumen den Ball an einer Stelle eindrücken.
Geht dies weiter und weiter — beim Beispiel des Gummiballes
müssen wir uns vorstellen, daß er aus so elastischem Stoff besteht,
daß die eingedrückte Stelle sich dicht an den Daumen schmiegt —
so haben wir schließlich eine Blase, in die ein blinder Sack hinein-
hängt, der sich nach außen öffnet. Im Vergleich ist wieder die Blase
der unberührt gebliebene Teil des Gummiballes, der hineinhängende
Sack der Teil der Gummiwand, den wir hineindrücken und die
Öffnung die Stelle, in der der Daumen steckt. Nun können wir
sagen, daß die äußere Blasenwand, die Haut und das innere Rohr
die Anlage des Darmes darstellen. Es fällt uns wohl nicht schwer,
uns vorzustellen, daß auf ähnliche Weise, durch Einstülpung, wie

man es nennt, irgendeine andere röhren- oder sackförmige Anlage
eines Organs gebildet werden kann. Wenn wir etwa die Entstehung
des inneren Ohres eines Wirbeltieres aus der Haut zu schildern
hätten, so müßten wir mit der gleichen Darstellung der Einstülpung

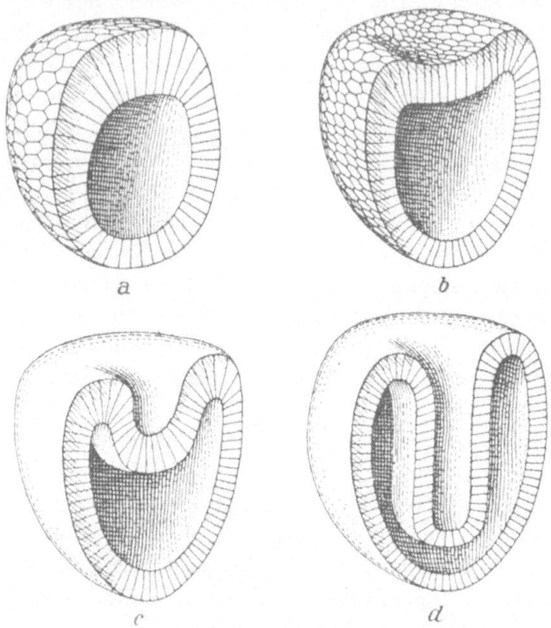

Abb. 153 a—d. Vier Stadien der Einstülpung des Urdarms aus dem Hohl-
blasenstadium in der Entwicklung vieler Tiere. Die einzelnen Stadien
aufgeschnitten dargestellt.

eines Sackes beginnen. Wächst dann die Öffnung eines solchen ein-
gestülpten Sackes zu, so ist er in eine Blase verwandelt. Schon früher
hörten wir, daß dies der Vorgang bei der Bildung der Linse im
Wirbeltierauge ist.

Neben solchen sackförmigen Einstülpungen sind auch rinnen-
förmige recht häufig. Stellen wir uns vor, daß sich eine Zellhaut in
einer ganzen Linie, nicht nur an einem Punkt, einstülpt, so erhalten
wir eine Rinne (Abb. 154). Wachsen ihre Ränder wieder zusammen, so ist ein Rohr gebildet, das dann unter der Haut liegt. Dies
ist etwa die Art wie Gehirn und Rückenmark der Wirbeltiere an-

gelegt werden. In einem Rohr, einer Haut, einem Sack können
ferner die Zellen auseinanderrücken und so eine Öffnung bilden;
oder um eine Öffnung herum können die Zellen zusammenrücken
und das Loch verschließen. Nun, ich denke, mit ein bißchen Ein-

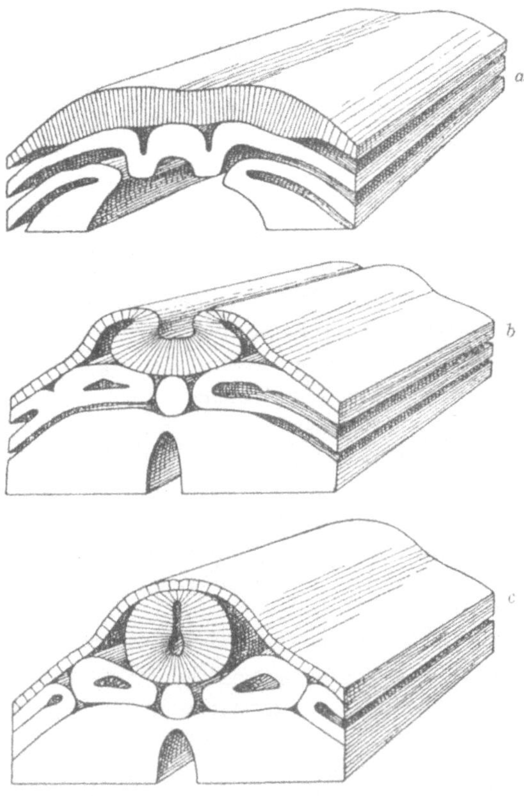

Abb. 154a—c. Stück aus dem Rücken eines Wirbeltierembryos in drei Stadien
der Entwicklung des Nervenrohres durch Einsenkung einer Rinne.

bildungskraft kann man sich schon vorstellen, wie durch Einstülpung, Einfaltung, Zusammenwachsen, Auseinanderreißen von
Zellhäuten und ähnliche Vorgänge sich aus dem Zellhaufen ein
junger Keim oder Embryo bildet, bei dem eine Haut allerlei
röhren- und sackförmige Organe umschließt. Das ist dann soweit

die Ausführung der Umrißlinien und Untermalung des Bildes. So
wie ein Maler tüchtig zu lernen hat, bis er diesen ersten Teil seiner
Kunst beherrscht, so müßten auch wir sehr fleißig sein, wenn wir
das, was hier nur wie im Fluge vorbeiglitt, in all seinen Einzelheiten und all seinem gesetzmäßigen Ineinandergreifen kennenlernen wollten.

Nun folgt schließlich die Vollendung des Bildes in all seinen
Einzelheiten, in Farbe, Zeichnung, Licht und Schatten. In der Entwicklung ist das der Ausbau einfacher Organanlagen zu leistungsfähigen Organen, also etwa die Ausgestaltung eines Darmes mit
all seinen Teilen oder eines Gehirns und Rückenmarks, beides aus
einem einfachen, dünnwandigen Zellrohr. Da müssen sich die Zellen
unendlich vermehren und in bestimmte Lagebeziehungen anordnen.
Da müssen sich die vorher ziemlich gleichartigen Zellbausteine
in all die verschiedenen Zellarten umwandeln, die uns schon
bekannt sind. Die einen strecken sich und lagern im Innern zusam-
menziehbare Fasern ab, werden zu Muskelzellen, die anderen lassen
Nervenfäden auswachsen, wieder andere speichern Farbstoffe oder
beginnen bestimmte Ausscheidungen herzustellen, kurz, all die
Feinheiten in Bau und Wirken des Körpers vollenden sich und
beginnen zu arbeiten. Das alles kann sich in Stunden und Tagen,
kann aber auch, wie unser eigenes Beispiel zeigt, sich erst im Lauf
von Jahren vollenden. Jeder einzelne Schritt aber bietet dem
Forscher Gelegenheit, neue Fragen zu stellen und zu beantworten.

4. Entwicklungskontrolle durch benachbarte Teile

Gar manche dieser Fragen sind uns schon früher in ganz anderem
Zusammenhang begegnet. So entsinnen wir uns wohl noch der
Dinge, die wir von dem Auswachsen einer Nervenzelle zum Nervenfaden hörten. Wir erinnern aus auch der interessanten Vorgänge
bei der Entwicklung eines Auges, wie sich von der blasenförmigen
Gehirnanlage ein Sack abschnürt, wie er sich zum doppelwandigen
Netzhautbecher einstülpt und da, wo er die Haut berührt, eine
Linse erzeugt. Dabei hatten wir eine Tatsache kennengelernt, die
für das gesamte Verständnis der Entwicklung von größter Bedeutung ist: die, daß ein Teil, in diesem Fall der Augenbecher, in
einem bestimmten Augenblick auf einen anderen Teil, hier die Haut,
einen Reiz ausübt, der ihn zwingt, eine besondere Umbildung zu er-

fahren, hier zu einer Linse. Wir sahen, wie das durch Versuche bewiesen werden konnte, bei denen ein Stückchen Bauchhaut, wenn mit dem Augenbecher in Verbindung gebracht, auch eine Linse erzeugen konnte.

Vorgänge verwandter Art spielen eine große Rolle bei Entwicklungsvorgängen, die es mit sich bringen, daß ursprünglich getrennte Teile zum Aufbau eines Ganzen zusammenwirken müssen; und sie geben uns zu manchen wichtigen Erkenntnissen und Überlegungen Anlaß. So können wir etwa an einem derartigen Fall auf das schönste aufzeigen, wie gefährlich es ist, Vorgänge in der Natur gewaltsam einigen Verallgemeinerungen unterordnen zu wollen. Wohl ein jeder richtige Junge hat einmal aus einem Teich einen Froschlaich gefischt, ihn heimgenommen und beobachtet, wie sich aus den kleinen schwarzen Eiern die zappelnden Kaulquappen entwickeln. Wer genau zusah, bemerkte, daß den Kaulquappen zuerst die Hinterbeine herauswachsen, während von den Vorderbeinen lange nichts zu sehen ist. Das hat nun darin seinen Grund, daß letztere sich unter einer Kiemendeckel genannten Hautfalte entwickeln und zunächst dort verborgen liegen, bis später die Haut gesprengt wird und die Beinchen zutage treten. Bei dieser Sprengung bildet sich nun an der Stelle des Kiemendeckels, auf die sichtlich die darunterliegenden Beinchen einen Druck ausüben, ein Loch, durch das dann die Gliedmaßen heraustreten. Es erscheint geradezu als selbstverständlich, daß es der Druck der Gliedmaßen ist, der den Kiemendeckel veranlaßt, das Loch zu bilden, also daß hier, wie bei der Linsenbildung, die Haut etwas auf Reiz hin ausführt. Nun kam jemand auf den Gedanken, einmal bei ganz jungen Kaulquappen die Anlagen der Vorderbeinchen herauszuoperieren und dann das Weitere zu verfolgen. Im rechten Augenblick aber bildete sich im Kiemendeckel das Loch, obwohl nun gar keine Beinchen da waren, die einen Druck hätten ausüben können. Dieser Fall und jener der Linsenbildung sind also so verschieden voneinander, wie jener kürzlich berichtete der Entwicklung einzelner Furchungszellen, die einmal halbe oder viertel Tiere, ein andermal ganze und nur verkleinerte Wesen ergaben. Doch lassen wir damit auch diese Frage auf sich beruhen — wir müssen ja leider an so vielen interessanten Dingen mit einem kurzen Seitenblick vorübergehen — und hören noch ein wenig von anderen wichtigen Fragen.

5. Die sogenannte Unsterblichkeit der Geschlechtszellen

Wenn wir uns die gewiß recht müßige Frage vorlegen, wer wohl im Zellenstaat die Hauptrolle spielt, so möchte wohl die Wahl schwanken zwischen den Nervenzellen und den Geschlechtszellen. Letztere sind es ja, auf denen der Zusammenhang des Lebewesens mit seinen Vorfahren beruht und damit sein ganzes Dasein, sie sind es, die die Fortdauer in Kindern und Enkel gewährleisten. Wenn wir versuchen, uns das im einzelnen auszumalen, so können wir zu allerlei ganz merkwürdigen Vorstellungen kommen. Ein Einzelwesen entwickelt sich aus einer Eizelle — wenn wir der Einfachheit halber hier Samenzelle und Befruchtung aus dem Spiel lassen — in deren Zelleib und Kern all das in irgendeiner Form enthalten sein muß, was es von seinen Vorfahren ererbt und was sein Wesen bestimmt. Dies Tier pflanzt sich selbst wieder durch Eizellen fort, in denen all die gleichen Eigenschaften enthalten sein müssen. Durch die Geschlechtszellen sind also unsere Nachkommen Fleisch von unserem Fleisch und Bein von unserem Bein und so immer weiter in alle Zukunft. Die Geschlechtszellen, die zur Entwicklung gelangen, stellen also den wirklich unsterblichen Teil des Körpers dar.

Zunächst gilt dies nur so im allgemeinen, insofern jede Zelle eines Körpers, also auch seine Geschlechtszellen in letzter Linie von den Teilungen der Eizelle herrühren. Aber dieser ununterbrochene Zusammenhang der Generationen durch die Geschlechtszellen hindurch geht noch weiter, wie die Untersuchung der Entwicklung dieser Zellen ergab. Auch hier hat sich unser Spulwurm als besonders geeigneter Forschungsgegenstand erwiesen, da man bei ihm jeden Schritt von Zelle zu Zelle genau verfolgen konnte. Da zeigte es sich, daß die Geschlechtszellen gleich vom ersten Anfang der Entwicklung an ausgesondert, als etwas Besonderes behandelt werden. Es liegt hier so — die Ascaris kommt sichtlich dem Forscher besonders freundschaftlich entgegen —, daß in den zukünftigen Geschlechtszellen die Chromosomen sich etwas anders verhalten als in den übrigen Körperzellen, so daß man sie leicht unterscheiden kann. Da sieht man nun, daß bei der ersten Teilung der Eizelle in zwei nur die eine den Geschelchtszellcharakter erhält, die andere nicht. Alle Zellen, die durch weitere Teilungen aus der letzteren hervorgehen, können nur Körperzellen werden. Die erstere aber vollführt noch mehrmals Teilungen, bei denen immer nur die eine Tochterzelle in der Linie der zukünftigen Geschlechtszellen liegt. Eine solche hört dann nach einer bestimmten Zahl von Teilungen auf, sich in zwei so verschiedenartige Zellen zu teilen: sie ist jetzt die Urgeschlechtszelle, aus deren weiteren Teilungen nur noch Geschlechtszellen hervorgehen. So geht also eine geradlinige ununterbrochene

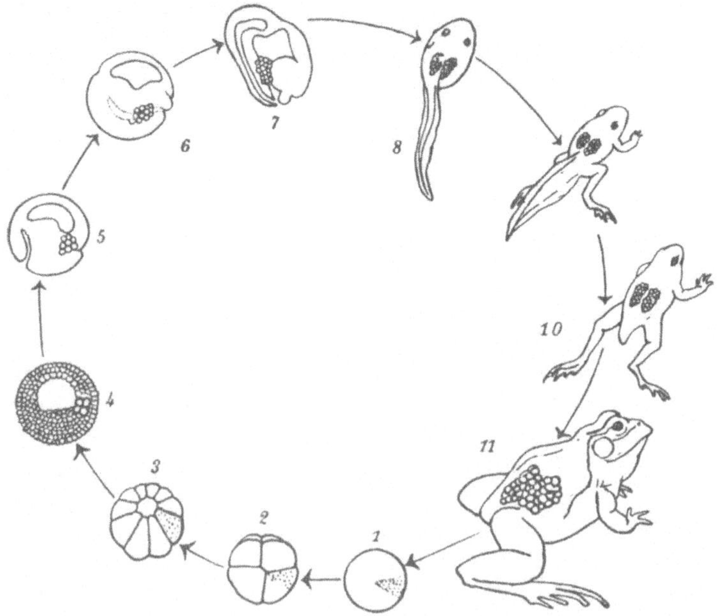

Abb. 155. Darstellung der Art, wie das Material der Geschlechtszellen vom Ei ab reserviert wird. *1* Das Ei, punktiert das Geschlechtszellenmaterial, *2* und *3* die Eifurchung. *4* Die hohle Kugel mit bereits kenntlichen Geschlechtszellen. *5—11* Die weitere Entwicklung bis zum Frosch mit den eingezeichneten Geschlechtszellen.

Bahn von der Eizelle durch die Entwicklung des Einzelwesens hindurch zu seinen Geschlechtszellen und so immer fort (Abb. 155). Die Geschlechtszellen bilden die ununterbrochene Kette, die sich von Geschlechtsfolge zu Geschlechtsfolge durch die Zeiten hindurchschlingt.

6. Ernährung des Embryo und Metamorphosen

Habt ihr schon einmal eine Fischzuchtanstalt besucht, in der Millionen von Forellen zum Aussetzen in die Bäche ausgebrütet

werden? Da kann man in den flachen Wasserbecken alle Stufen
vom Ei bis zum jungen Fischlein finden. Da bemerken wir unter
anderem, daß die ganz jungen Fischchen, die noch hilflos auf der
Seite liegen, am Bauch einen großen gelben Sack tragen (Abb. 156).
Das ist der Dottersack, sozusagen der Brotsack des jungen Wesens,
das sich selbst noch keine Nahrung verschaffen kann. Dann bemerken wir wohl auch, daß gar sorgfältig dafür gesorgt ist, daß
ständig ein Strom frischen Wassers durch die Becken fließt, meist so,

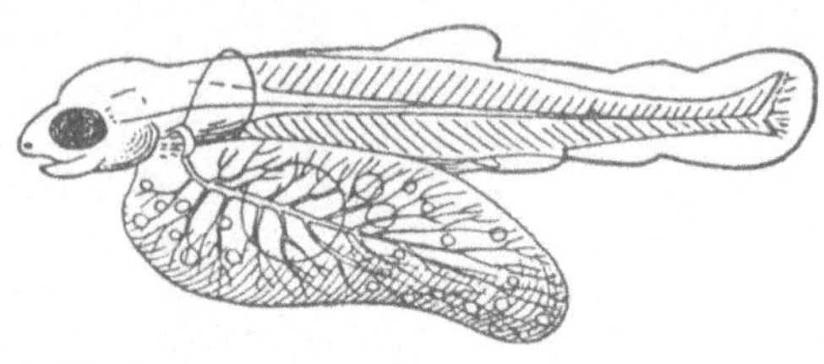

Abb. 156. Frisch geschlüpfte Forelle mit anhängendem Dottersack.

daß er wie ein Wasserfall von dem einen in den anderen Behälter
stürzt. Das hat nun — außer anderen Nebengründen — den Zweck,
dauernd den Fischchen frische Luft, Sauerstoff zum Atmen zuzuführen.
Da fällt uns nun das ein, was wir früher über Atmung und Ernährung hörten und wir begreifen ohne weiteres, daß ein sich ent-
wickelndes Ei ebenso Nahrungsstoffe für seine Leistungen braucht
wie ein erwachsenes Tier und in gleicher Weise auch Sauerstoff
zu ihrer Verbrennung. Der Erfüllung dieser Bedürfnisse dienen
eine Fülle von Einrichtungen, die ebenso verschieden sind, wie all
die zahllosen Einzelgruppen des Tierreichs.

Bei den meisten niederen Lebewesen und auch vielen höheren
ist die Versorgung mit Sauerstoff eine recht einfache. Er wird von
der Oberfläche des Eies und des sich entwickelnden Keimes aus der
umgebenden Luft oder dem Wasser aufgenommen. Würde die Luftzufuhr abgeschnitten oder das Wasser seines Luftgehaltes beraubt,
so müßte der Keim ersticken. Die jungen Forellen etwa wären in
luftarmem, abgestandenem Wasser dem Tod geweiht, in einem
luftdicht verpichten Hühnerei könnte sich kein Küken entwickeln.
Bei solchen Tieren aber, deren Junge ihre Entwicklung im Mutterleib durchmachen, muß für besondere Luftzufuhr gesorgt werden.
Diese Rolle übernimmt dann, wie wir uns denken können, das

mütterliche Blut, das in einem dichten Gefäßnetz den Keim umspinnt und seinen Sauerstoff in die Bluträume des heranwachsenden
Wesens übertreten läßt (Abb. 157). Wie aber bei unserem Liebling,
der Ascaris? Erinnert ihr euch noch an deren Atembesonderheiten
in ihrem sauerstofffreien Gefängnis? Nun, das ist mit den Eiern
genau das gleiche. Wir können sie in eine luftfreie Giftlösung legen,

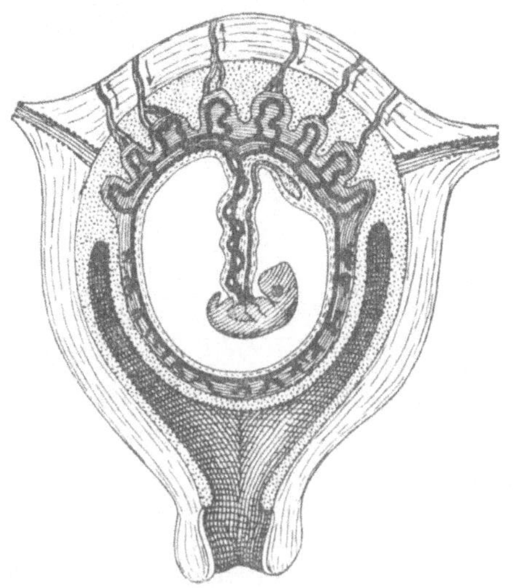

Abb. 157. Darstellung der Ernährung der menschlichen Frucht
in der Gebärmutter durch die Blutgefäße von deren Wandung aus.

die durch die dichte Eischale nicht einzudringen vermag, trotzdem
entwickelt sich im Innern das Würmchen. Es hat eben, genau wie
seine Mutter, die Fähigkeit, durch Vergärung der tierischen Stärke
die Atmung zu ersetzen.

Wie steht es nun mit der Nahrung, die im Verein mit dem Sauerstoff zum Aufbau des heranwachsenden Körpers dienen soll? Da
sind nun wieder in der Natur sehr viele Wege eingeschlagen. Einen
zeigte uns bereits die Forelle mit ihrem Dottersack. Ihre Mutter
gab ihr vorsorglicherweise genügend Nahrung mit auf den Weg,
um davon zu zehren, bis das Fischchen sich selbst kleine Krebschen
fangen kann. Bevor die ursprünglich winzig kleine Eizelle befruchtungsfähig wird, füllt sich ihr Zelleib mit kräftigen Nährstoffen,
Dotter genannt, an, so daß schließlich vor lauter Dotter kaum mehr

der Hauptteil des Eies sichtbar wird. So kommen, wie wir schon früher hörten, die großen Fisch- und Froscheier, die Hühner- und Straußeneier und die noch vielmals größeren Eier riesiger Haifische zustande. Der sich entwickelnde Keim schwimmt aber oben auf seiner Nahrungsdottermasse, die er allmählich verbraucht (Abb. 158). In vielen anderen Fällen aber wird dem Ei nur ein winziges

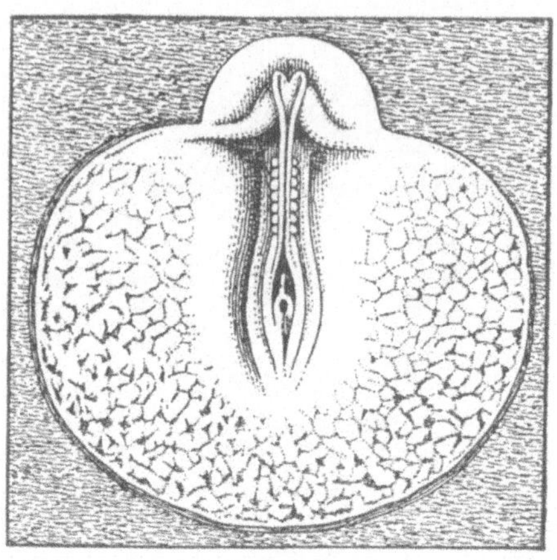

Abb. 158. Die auf dem Dotter schwimmende Keimscheibe eines Vogels. In der Mitte die Anlage des Tieres mit der noch offenen Rinne des Nervensystems, darum schildförmig der mit Blutgefäßen durchsetzte Hof, von dem aus der Dotter aufgesaugt wird.

bißchen Dotter mitgegeben und trotzdem aber wird es sich selbst überlassen. Dann muß der Keim schon auf einer sehr jungen Stufe ausschlüpfen und sich, im Wasser umherschwimmend, selbst ernähren, während er noch seine Entwicklung durchmacht. Ein Seeigelei schlüpft etwa auf dem Zustand einer mikroskopischen Hohlkugel aus und muß alle die Nahrungskosten der Entwicklung erst selbst verdienen, bis es zum faustgroßen Seeigel herangewachsen ist. Das bringt es mit sich, daß der Entwicklungsweg nicht ein ganz direkter sein kann, sondern daß mit dem Fortschritt der Entwicklung Hand in Hand das junge Wesen zum weiteren Lebenserwerb befähigt sein muß. So nimmt es allerlei Gestalten an und baut allerlei Organe auf, die es nur hierzu benötigt, die mit seiner eigentlichen Entwicklung gar nichts zu tun

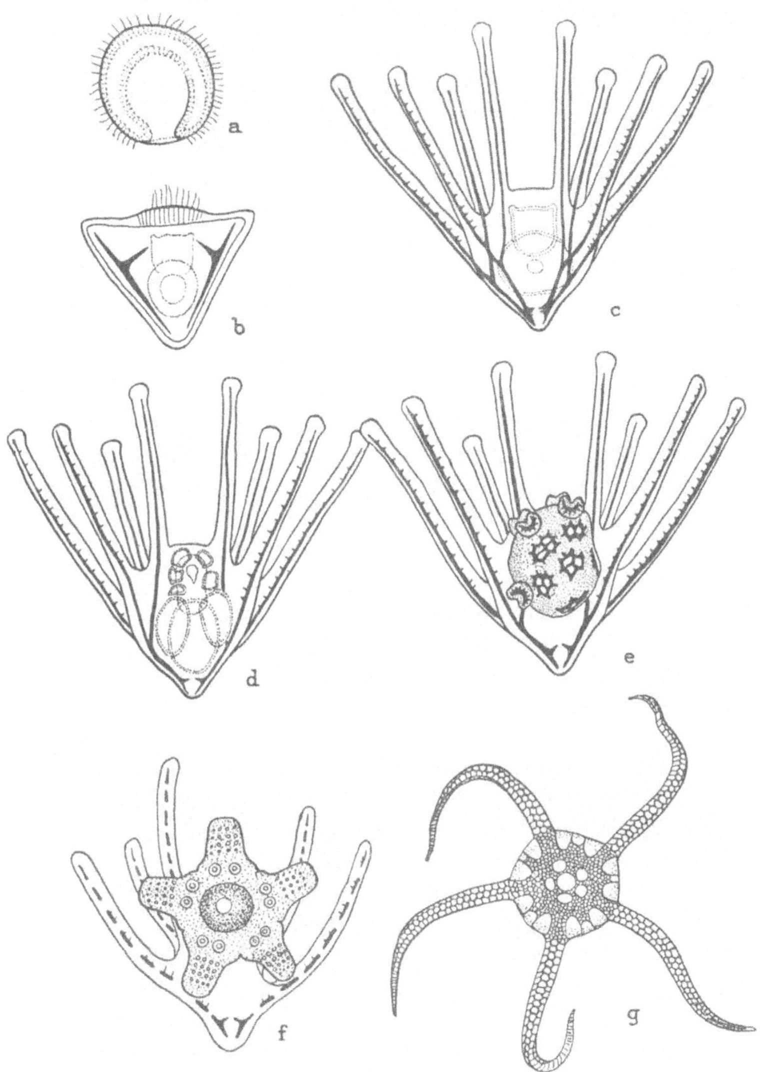

Abb. 159a—g. Entwicklung eines Schlangensternes (g) von der Urdarmlarve a zu der verwickelten Schwimmlarve d und durch eine Metamorphose, bei der große Teile (alles Nichtpunktierte) abgeworfen werden e, f.

haben und die später, wenn sie nicht mehr benötigt sind, wie alte Kleider weggeworfen werden. Solche Zustände nennt man dann Larven und viele Tiere durchlaufen eine ganze Reihe absonderlich aussehender Larvenzustände, die wir erst begreifen, wenn wir sie so betrachten, wie eben ausgeführt. Wenig geläufig dürften dem Leser all diese Larvenzustände eines Seeigels oder des nahe verwandten Schlangensterns sein (Abb. 159); aber schließlich sind die Schmetterlingsraupen, beginnend mit dem winzigen, aus dem Ei schlüpfenden Räupchen bis zur Puppe hinauf auch nicht anders zu verstehen. Wir können vielleicht zum Vergleich einen Menschen heranziehen, der nicht die Mittel besitzt, einen gelehrten Beruf zu ergreifen, und sich durch die Stufen eines Zeitungsjungen, Lehrlings, Arbeiters, Handwerkers und so fort durcharbeiten muß, bis er genug zum erstrebten Beruf beisammen hat.

Anders ist es bei lebend gebärenden Tieren. Da bezieht der Keim mit Hilfe verwickelter Einrichtungen all seine Nahrung aus dem Blut der Mutter. So braucht seine Entwicklung keine Umwege einzuschlagen, die die Notwendigkeit des Nahrungserwerbs erforderte, sondern geht geradewegs aufs Ziel zu, um so schneller, je besser die Ernährungseinrichtungen sind, je länger die Mutter für die Nahrung sorgen kann. Bei den höchstentwickelten Tieren, den Säugetieren, geht ja bekanntlich die Sorge, die Milchernährung, auch noch nach der Geburt weiter und ermöglicht so die ungestörte Vollendung der Entwicklung.

7. Ascaris lehrt uns zum Schluß seine und anderer Schmarotzer verwickelte Lebensschicksale vom Ei zum Wurm

Ein Schmarotzer, Ascaris, hat uns bisher den Weg durch alle Wunder der belebten Welt gewiesen. So wollen wir eine Pflicht der Dankbarkeit erfüllen, und die Schilderung der Lebensschicksale des heranwachsenden Lebewesens und damit unsere ganzen Betrachtungen beschließen, indem wir einige Schmarotzer und schließlich den Spulwurm selbst noch ihre Geschichte erzählen lassen. Einige, wie der Grubenwurm, haben uns schon früher allerlei erzählt. Jetzt wollen wir nur noch ein paar mit anhören, die besonders romantische Lebensschicksale haben.

Da lebt im Darm von allerlei Singvögeln ein kleiner Saugwurm, der sich, wie die meisten seines Geschlechts, vom Blutsaugen nährt.

Wie alle Schmarotzer, erzeugt er eine ungeheure Menge von Eiern, die mit dem Kot des Vogels nach außen gelangen. Kommen sie an einen feuchten Platz, so springt die Eischale auf und ein winziges Lärvchen schlüpft aus, das mit feinen Wimperhärchen schlagend im Wasser umherschwimmt. So schwimmt es, bis ihm eine kleine Schnecke mit durchsichtig gelbem Gehäuse begegnet, die an feuchten

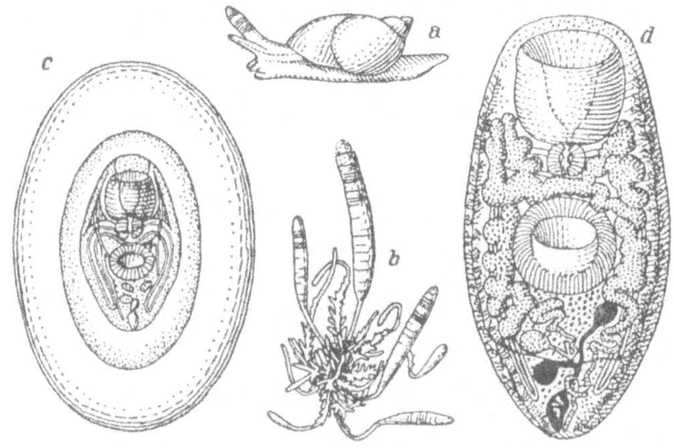

Abb. 160a—d. Der Saugwurm Distomum macrostomum. d Der Wurm. b Das verästelte Schlauchstadium in der Schnecke. a Die Schnecke mit dem geschwollenen Fühler. c Das eingekapselte Würmchen.

Plätzen lebt, die Bernsteinschnecke (Abb. 160). In ihre Haut bohrt sich die Larve ein und bohrt sich durch bis zur Leibeshöhle. Da verbleibt sie, nährt sich von den Säften der Schnecke und wächst dabei zu einem merkwürdigen, schlauchförmigen Gebilde heran, das nach allen Seiten Fortsätze treibt wie Spinnenfüße. Einer der Fortsätze wächst nun in das Fühlhorn der Schnecke hinein. Hier schwillt er tüchtig an, so daß der ganze Fühler zu einem wurst- oder wurmförmigen Gebilde aufgetrieben wird und von der Schnecke nicht mehr eingezogen werden kann. Gleichzeitig haben sich aber im Innern des Schlauches kleine Gruppen von Zellen von der Schlauchwand losgelöst und bilden sich langsam zu kleinen Saugwürmern um, die nun in das im Fühler steckende Schlauchende hineingedrängt werden. Nun fängt dies gar noch an, sich mit dunkeln Ringeln zu färben und zuckende Bewegungen auszuführen, so daß jetzt der

Fühler wie ein kleiner sich ringelnder Wurm aussieht. Ein Fink, der ihn erblickt, pickt ihn gierig ab und steckt sich damit von neuem mit den Saugwürmern an.

Das scheint ein recht verwickelter Entwicklungsgang zu sein und doch ist er noch recht einfach, verglichen mit den Schicksalen eines Vetters, des Leberegels, der in den Lebergängen von Schafen, Rindern und gelegentlich sogar Menschen lebt. Auch er legt Millionen von Eiern, die mit der Galle in den Darm und von da mit dem Kot nach außen gelangen. Auch aus ihnen schlüpft im Feuchten eine kleine Larve aus, die im Wasser umherschwimmt und sich schließlich auch in eine kleine Schnecke anderer Art einbohrt. In deren Leib wächst das Lärvchen dann wieder zu einem Schlauch heran. Der aber erzeugt nun aus Zellgruppen seines Inneren Mengen etwas andersartiger Schläuche, die frei werden und den Leib der Schnecke erfüllen. Diese ihrerseits erzeugen wieder auf ähnliche Weise kleine Lebewesen, die dem Saugwurm gleichen, aber ein Ruderschwänzchen wie eine Kaulquappe besitzen. Sie bohren sich nun wiederum ins Freie und schwimmen im Wasser umher. Wenn sie davon genug haben, werfen sie den Ruderschwanz ab, setzen sich an einem Grashalm fest und scheiden eine dichte Kapsel um sich ab. Weidet ein Schaf auf solcher Weide, so verschluckt es die Kapsel und der junge Leberegel kommt in seinem Darm zum Vorschein. Jetzt erst ist die Entwicklung des Wurmes abgeschlossen.

Ganz so wilde Lebensschicksale gibt es nun in der Gruppe der Rundwürmer, zu denen unser Spulwurm gehört, nicht. Immerhin muß auch da mancher allerlei erleben, bis er erwachsen ist. Da ist der böse Grubenwurm, der als Blutsauger im Darm des Menschen lebt und manches Unheil, besonders in Bergbaugegenden, anrichtet. Gelangen seine Eier auf dem üblichen Wege ins Freie, so schlüpft wieder in feuchter Erde ein Lärvchen aus, das sich so lange dort herumtummelt, bis ein unvorsichtiger Arbeiter barfuß kommt. Da bohrt es sich in die Haut ein und gelangt in den Blutstrom, der es durch den ganzen Körper fortführt, bis schließlich zur Lunge. Durch deren Wand bohrt es sich wieder und liegt jetzt auf der Lungenschleimhaut. Von hier wandert es die Luftröhre hinauf, wird mit dem Schleim in die Höhe gehustet, verschluckt, und gelangt so endlich an seinen richtigen Aufenthaltsort, den Darm, in dem es zum reifen Grubenwurm heranwächst.

Noch absonderlicher aber verhält sich unsere Ascaris. Ihre Eier
gelangen auch mit dem Kot in die Erde und im Innern der Eischale
entwickelt sich ein kleines Würmchen. Aus der Erde gelangen sie
dann durch schmutzige Kinderhände, Schweinerüssel, Pferdemäuler
in den Mund und den Darm, wo ein kleines Würmchen aus dem
Ei schlüpft. Nun sollte man meinen, daß es hier im Lande bleibt und
sich redlich nährt. Aber nein! Zunächst geht es auf die Wanderschaft,
bohrt sich durch die Darmwand und gelangt in die Leber, wandert
nach kurzem Verweilen weiter und bohrt sich zur Lunge durch,
kommt von hier in Luftröhre und Schlund und wird schließlich
wieder heruntergeschluckt. Erst jetzt ist das Würmchen wander-
müde, bleibt im Darm und wächst zum Schmarotzer heran, der
uns so treu durch dieses Buch geleitete.

Damit sind wir nun am Ende unserer Ausführungen angelangt.
Unbeengt von Raum und Zeit ließen wir unsere Blicke über Länder
und Meere streifen, blickten in die schwarze Nacht der Tiefsee, in
die dunklen Höhlen des Gebirges, in die Wunderwelt des Wassertropfens und die noch wunderbarere der lebendigen Substanz. Wir
versuchten einen, wenn auch nur bescheidenen Begriff vom Ablauf
der Lebensvorgänge zu erhalten, einen Blick in das Laboratorium
des lebendigen Körpers zu tun und die Lebewesen aus ihrem eigenen
Innern heraus wie aus dem Verhältnis zur Umwelt zu begreifen.
Bei aller Fülle von Tatsachen, die wir eng gedrängt und einander
überstürzend kennenlernten, konnten wir aber nur das allerein-
fachste, auf der geraden Linie Liegende uns vorführen. Denn hinter
jeder Seite dieses Buches steckt noch eine ganze Welt von Wissen,
von Tatsachen, von gelösten und ungelösten Problemen, steckt die
Arbeit Tausender und Abertausender von Geistesarbeitern, die
mühsam, Stein für Stein, den imposanten Bau der Lebenswissen-
schaft errichten. Ist es möglich, daß ein denkender Mensch einmal
hineingeblickt hat, ohne daß sich in ihm der Wunsch regt, weiteren
Anteil an all der stolzen Erkenntnis zu haben? Wohl kaum. Wohlan
denn! Rührt euch, von den hundertfachen Gelegenheiten zu weiterer
Belehrung Gebrauch zu machen, zur Vervollkommnung eures
eigenen Geistes und um eurer Pflicht zu genügen an der, ach so
nötigen Vervollkommnung des Menschengeschlechts mitzuarbeiten.

Sachverzeichnis